大数据科学丛书

R语言实战

数据整理、可视化、建模与挖掘

薛震 孙玉林 著

R IN ACTION
DATA COLLATION, VISUALIZATION,
MODELING AND MINING

本书是一本数据科学的入门与提升教程，全书共5篇，按照由浅入深、循序渐进的方式介绍R语言的基本语法与实际应用，并结合现实数据进行实战操作。内容涵盖R语言的安装与运行、数据对象的创建与编程、R语言初级与高级绘图、数据的管理与清洗、统计分析与数据降维、无监督与有监督学习、利用R Markdown创建动态报告和制作幻灯片等。本书为读者提供了相关案例的源码（获取方式见封底）。

本书适合对数据可视化、统计建模、数据分析、数据挖掘感兴趣的研究人员和工程技术人员阅读，也可作为高等院校数学、统计学、数据科学、计算机科学、人工智能、云计算、大数据分析、生物医学、工业统计等方向本科生或研究生的参考教程。

图书在版编目（CIP）数据

R语言实战：数据整理、可视化、建模与挖掘/薛震，孙玉林著. —北京：机械工业出版社，2024.6
（大数据科学丛书）
ISBN 978-7-111-75721-4

Ⅰ.①R… Ⅱ.①薛… ②孙… Ⅲ.①程序语言-程序设计-教材
Ⅳ.①TP312.8

中国国家版本馆CIP数据核字（2024）第087888号

机械工业出版社（北京市百万庄大街22号 邮政编码100037）
策划编辑：李晓波 责任编辑：李晓波
责任校对：甘慧彤 张亚楠 责任印制：李 昂
北京捷迅佳彩印刷有限公司印刷
2024年7月第1版第1次印刷
184mm×260mm · 24印张 · 639千字
标准书号：ISBN 978-7-111-75721-4
定价：159.00元

电话服务
客服电话：010-88361066
010-88379833
010-68326294

网络服务
机 工 官 网：www.cmpbook.com
机 工 官 博：weibo.com/cmp1952
金 书 网：www.golden-book.com
机工教育服务网：www.cmpedu.com

前 言

PREFACE

党的十九届四中全会指出："健全劳动、资本、土地、知识、技术、管理、数据等生产要素由市场评价贡献、按贡献决定报酬的机制。"这是我国首次将数据列为新的生产要素，体现了互联网大数据时代的新特征。如何快速地收集、整理海量数据，并从中发现、提取有用信息，是数据科学所面临的重要课题。R 语言是源代码开放、功能强大的数据分析软件，它在数据清洗与探索、数据分析与建模、数据可视化、机器学习、深度学习等方面具有优秀的表现，广泛应用于数学、统计学、数据科学、计算机科学、人工智能、云计算、生物医学、工业统计等方向，发展前景十分广阔。本书结合作者多年的科研与教学经验，将数据科学基础理论与其应用相结合，内容编排由点到面、由易到难，并通过实际操作演示讲授理论知识，帮助读者快速掌握利用 R 语言进行数据分析和数据挖掘的技能。

本书内容

R 语言入门知识

第 1~3 章为 R 语言入门知识部分，主要介绍 R 语言的数据对象和程序编写，内容包括 R 语言和 RStudio 的安装与运行、R 语言的数据对象、控制语句、内置函数、编写函数、程序调试等。

数据管理与预处理

第 4~5 章为 R 语言数据管理与预处理部分，主要介绍如何获取、清洗和管理数据，内容包括外部数据的读取和保存、利用爬虫获取数据、图像数据的读取与操作、利用 apply( ) 函数族对数据进行并行计算、缺失值处理、数据管道操作、长宽数据变换，以及对文本数据的预处理等。

基础绘图与语法绘图

第 6~7 章主要介绍如何使用 graphics 进行基础绘图，使用 ggplot2 包进行基于图形语法的绘图，它是数据可视化的重点内容，包括 ggplot2 包的几何对象生成、统计变换、分面和颜色设置、坐标系变换、绘制地图等方法，以及综合利用 ggplot2 包的可视化功能进行案例分析。

➘ R 语言高级绘图

第 8 章为 R 语言数据可视化的进阶内容，内容包括 plotly 包可交互图像可视化、ggplot2 拓展包可视化，以及可交互图等特殊统计图形的可视化等。

➘ 统计分析与数据建模

第 9~10 章为数据的统计建模部分，主要介绍常见统计分析方法的 R 语言实现，内容包括概率和分布、描述性统计、相关性分析、假设检验、方差分析、一元线性和非线性回归、多元线性回归、逐步回归、逻辑回归等。

➘ 特征提取与数据降维

第 11 章从实战出发，结合真实的数据集，介绍在数据分析时如何进行特征提取和数据降维处理，内容包括主成分分析、因子分析、多维尺度分析，以及 t-SNE 等数据降维方法的 R 语言实现。

➘ 无监督与有监督学习

第 12~13 章主要介绍如何使用无监督和有监督学习对数据进行聚类、分类等，内容包括 K 均值聚类、模糊聚类、LOF 和 COF 离群点检测、关联规则分析、决策树与随机森林分类、支持向量机分类等。

➘ 创建报告与幻灯片

第 14 章为 R 语言的拓展提升内容，主要介绍如何利用 R Markdown 输出动态数据分析报告、利用 R Markdown 制作幻灯片等，以便于 R 语言程序及分析结果的移植和分享。

本书特色

➘ 内容全面，重点突出

本书包括 R 语言的安装与运行、数据对象的创建与编程、初级与高级绘图、数据管理与清洗、统计分析、特征提取与数据降维、聚类分析、离群点检测、关联分析、有监督分类、自动创建数据分析报告等，基本覆盖了数据整理、数据可视化、数据建模和数据挖掘方面的大部分内容，并做到了重点难点突出。

➘ 内容简单，“小白”能懂

本书采用入门、初级、中级、高级、拓展的知识结构，内容由浅入深、循序渐进，符合认知规律，遵循数据处理流程，便于没有任何数据科学基础、很少接触计算机语言的读者学习使用，为一本“小白”也能看懂的书。

➘ 内容新颖，注重时效

本书采用主流的 R 语言包，关注前沿热点，紧跟时代潮流，使用当前热门的真实数据，案例的选取具有代表性、时代性。

↘问题驱动，强调实战

本书在内容安排上按照问题的背景与动机、原理与方法、实例分析以及计算机实现的顺序来编写，注重基础知识的讲解，理论介绍言简意赅，突出实战操作，使读者可以实现“照葫芦画瓢”“拿来即可用”的方式学习。

↘案例丰富，注解详细

本书选用了大量真实案例，每章均配有相应的示例代码和详细注释，并配有操作流程提示，便于读者自己动手练习。

↘章首导读，思路清晰

本书每章都有本章导读，并配有知识技能的思维导图，内容结构一目了然，便于读者从整体上理解所学内容。

↘在线答疑，贴心服务

本书提供在线服务 QQ 群(群号：689669836)，方便作者和读者零距离交流，在群里相互帮助，共同解决学习中遇到的问题。

学习资源

↘配套资源

本书所有内容和案例均配有操作代码与数据文件，读者可下载后自己动手练习（下载方式见封底）。

↘拓展资源

本书提供的源码文件中还包含书中未列的其他相关代码，这些代码可用于方法的对比分析，便于读者拓展和提高。

作 者

CONTENTS 目录

第二篇 R 语言数据整理实战

第三篇 R 语言数据可视化实战

第四篇 R 语言数据建模实战

第五篇 R 语言数据挖掘实战

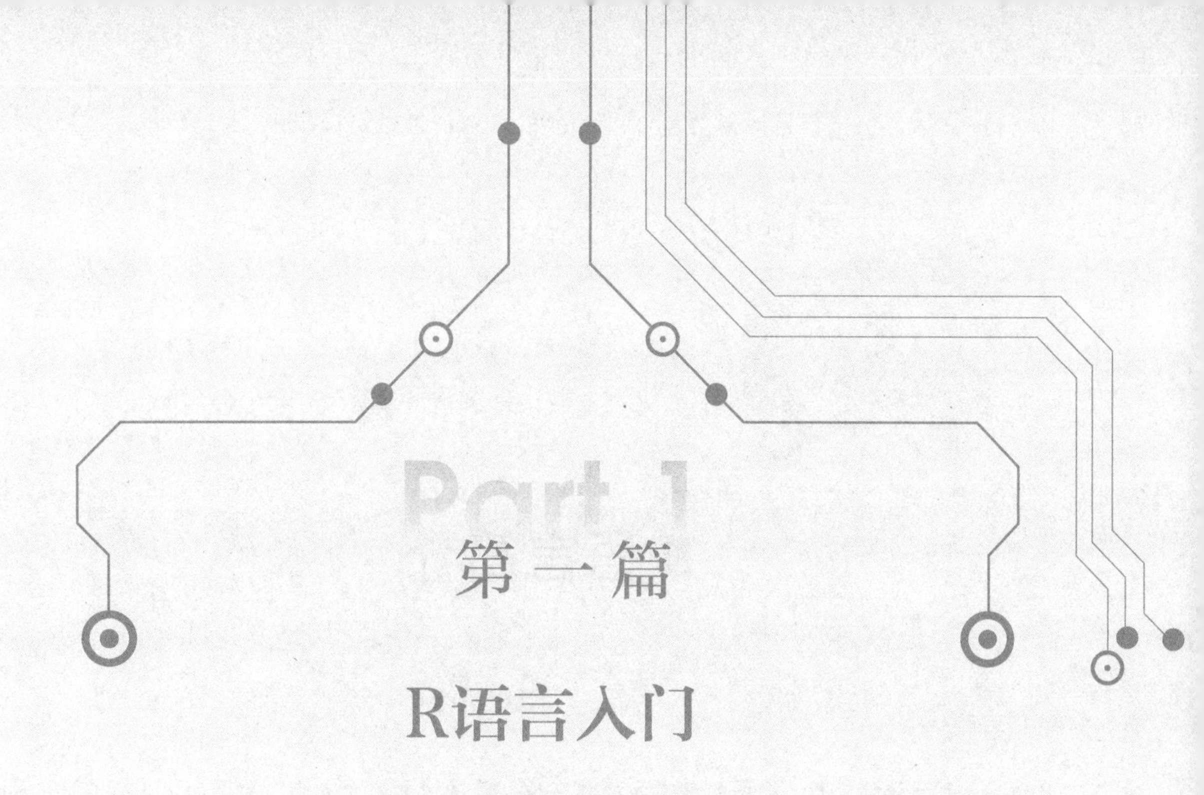

Part 1

第一篇

R语言入门

R 语言（简称 R）是一套完整的数据准备、处理、分析、建模、预测与可视化的软件系统，也是一款自由、免费、开源的编程语言，它对统计分析、数据可视化、机器学习及数据挖掘等任务，均有完备的解决方案。自 R 语言诞生以来，受到了众多使用者的青睐，在数据科学网站 KDnuggets 发布的 2019 年数据科学和机器学习工具调查结果显示，R 语言排名第二位；在 2020 年 IEEE 评选出的编程语言排名中，R 语言排名第六位；在 2021 年 TIOBE 语言排行榜上，R 语言排名第八位，这些都说明 R 语言已成为当前主流的数据科学编程语言之一。

在本篇 R 语言入门知识部分，将以循序渐进的方式介绍 R 语言的安装与运行、RStudio 的安装与设置、R 语言包的加载与使用、R 语言的数据对象、时间数据的操作、编写 R 语言程序、函数的调用与调试等，带领读者走进 R 语言的精彩世界。

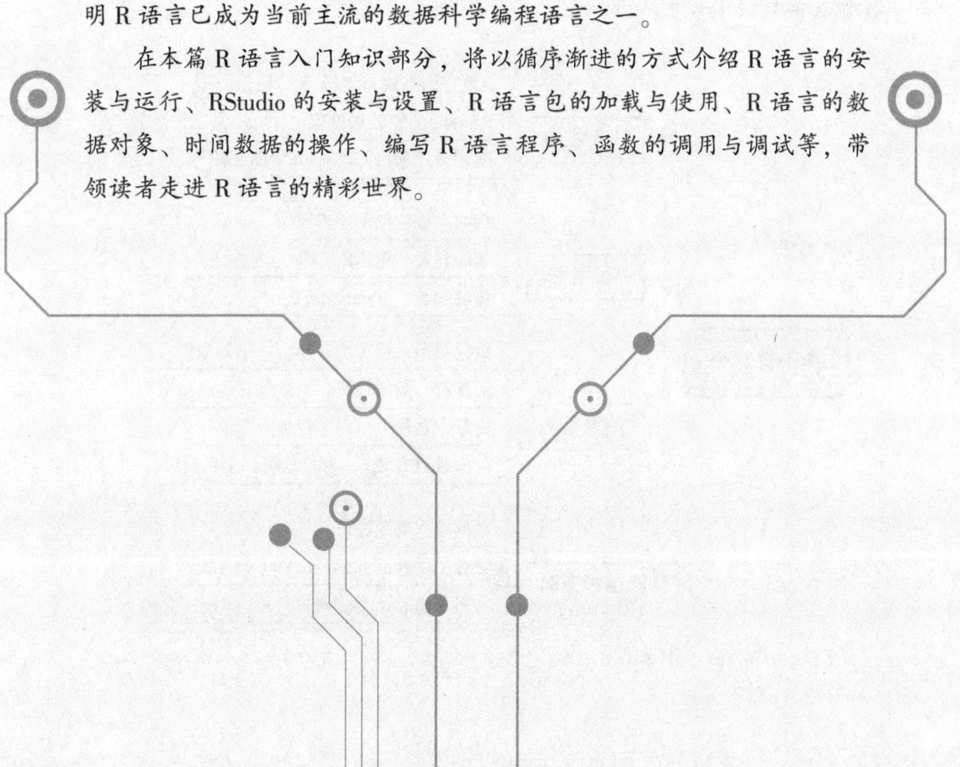

R语言简介

❖ 本章导读

R语言是用于统计分析、绘图的语言和操作环境，最早由新西兰奥克兰大学的Robert Gentleman和Ross Ihaka基于S语言编写创建。R语言是一种解释性的高级语言，无论使用者是否具有编程语言基础，在了解一些基础函数和语法后，就可以快速上手使用。本章从R语言的获取与安装入手，介绍R语言常用的应用开发界面RStudio的安装与设置、R语言包的特点与安装方法，以及R语言的数据类型、运算符、变量命名规则等基本语法。最后利用自带的IDE、RStudio、R语言脚本文件、R Markdown等方式运行R语言代码，让读者进行R语言操作的实战准备。

❖ 知识技能

本章知识技能及实战案例如下所示。

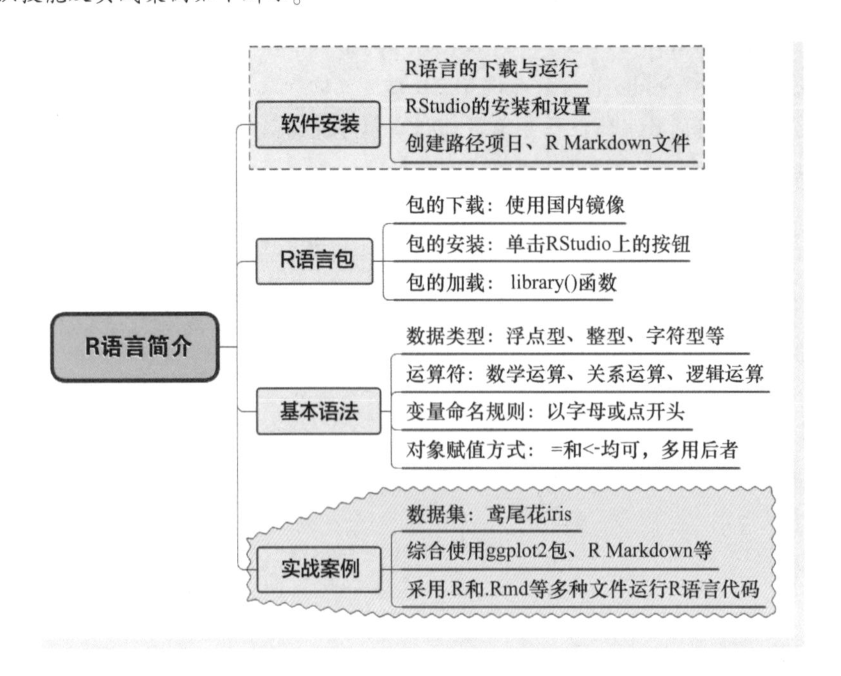

1.1 R 语言的下载与运行

R 语言的安装非常简单，使用者可直接到 R 语言官方网站 https://www.r-project.org/下载合适的版本，下载页面如图 1-1 所示，然后根据安装步骤安装即可。安装目录中尽可能不要包含中文路径，以防止出现无法正确使用 R 语言等问题。

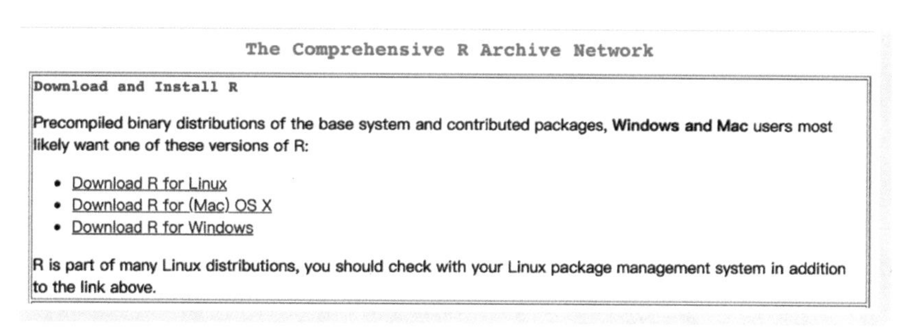

● 图 1-1　R 语言下载页面

在安装好 R 语言之后，单击桌面上的 R 语言图标，就可以看到图 1-2 所示的 R 语言自带的运行界面（集成开发环境，IDE）。

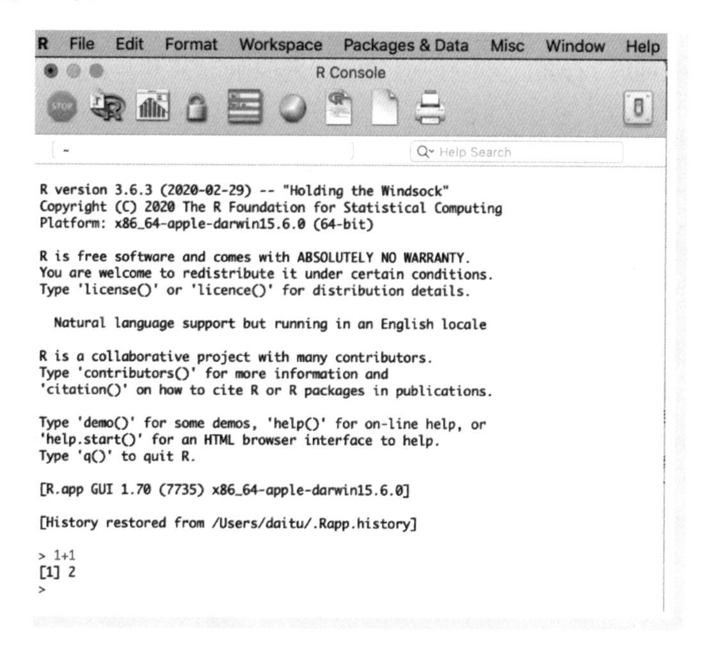

● 图 1-2　R 语言运行界面

在图 1-2 所示运行界面的 R Console 中，开始的一段文字用于显示 R 语言版本、贡献者等相关信息。下面行首的>符号表示在此输入代码，然后按回车〈Enter〉键执行代码，结果将会在下一行显示出来。

可以通过相关函数对 R 语言环境进行操作，常用的环境操作函数及其功能如表 1-1 所示。

表 1-1　常用的 R 语言环境操作函数及其功能

函　数	功　能
getwd()	获取当前的工作路径
setwd()	设置新的工作路径
ls()	列出当前工作环境中的所有对象
rm()	删除一个或多个对象
help()	获取相关内容的帮助或说明
options()	列出可用的选项说明
history()	显示最近使用过的历史命令
save()	保存内容到指定的文件中
load()	导入指定的内容到当前 R 语言环境中
q()	退出当前 R 语言运行环境

1.2 RStudio 安装与设置

RStudio 是 R 语言一款界面友好的 IDE，用其可以方便地编写、检查、调试、发布 R 语言程序和分析结果。

可以到其官方网站 https://posit.co/download/rstudio-desktop/下载 RStudio，下载界面如图 1-3 所示。

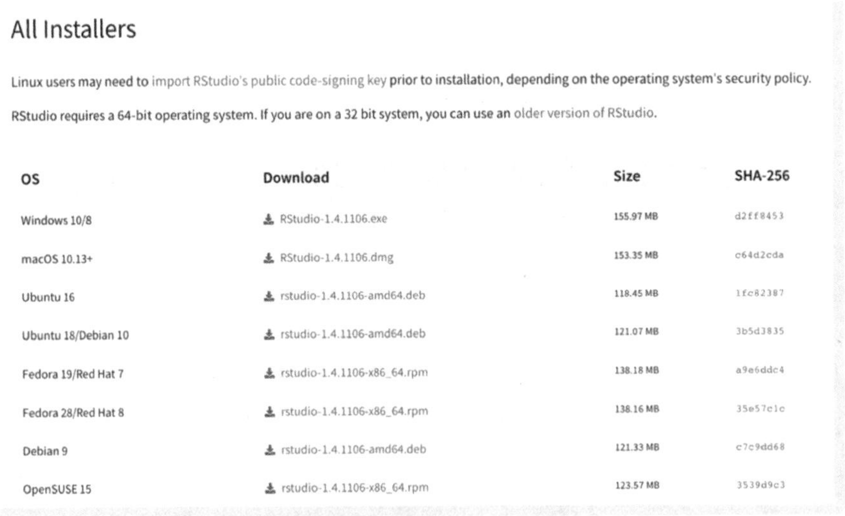

All Installers

Linux users may need to import RStudio's public code-signing key prior to installation, depending on the operating system's security policy.

RStudio requires a 64-bit operating system. If you are on a 32 bit system, you can use an older version of RStudio.

OS	Download	Size	SHA-256
Windows 10/8	RStudio-1.4.1106.exe	155.97 MB	d2ff8453
macOS 10.13+	RStudio-1.4.1106.dmg	153.35 MB	c64d2cda
Ubuntu 16	rstudio-1.4.1106-amd64.deb	118.45 MB	1fc82387
Ubuntu 18/Debian 10	rstudio-1.4.1106-amd64.deb	121.07 MB	3b5d3835
Fedora 19/Red Hat 7	rstudio-1.4.1106-x86_64.rpm	138.18 MB	a9e6ddc4
Fedora 28/Red Hat 8	rstudio-1.4.1106-x86_64.rpm	138.16 MB	35e57c1c
Debian 9	rstudio-1.4.1106-amd64.deb	121.33 MB	c7c9dd68
OpenSUSE 15	rstudio-1.4.1106-x86_64.rpm	123.57 MB	3539d9c3

图 1-3　RStudio 下载界面

选择合适的 RStudio 安装包后，按照安装向导一步步进行安装即可。安装完成后运行 RStudio，界面如图 1-4 所示。

在图 1-4 中，将 RStudio 运行界面划分为 A（软件菜单区）、B（程序编写区）、C（历史操作区）、D（命令行控制台）、E（环境、文件、绘图、包、帮助等窗口区）共 5 个部分。

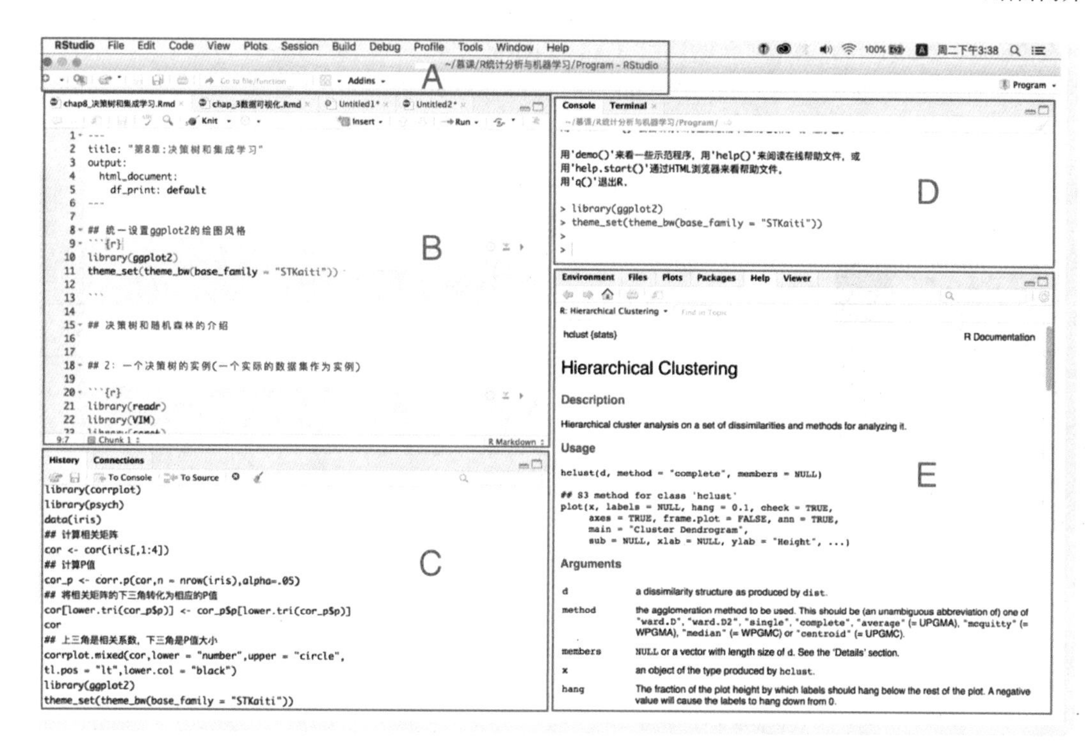

图 1-4　RStudio 运行界面

通过单击 Tools→Global Options 菜单命令，打开 Pane Layout 窗口，可以对 B、C、D、E 显示的内容进行调整，结果如图 1-5 所示。

图 1-5　RStudio 调整模块布局界面

在 RStudio 中，可以通过创建新的项目（New Project）的方式（见图 1-6），指定同一文件夹下所有程序文件的工作路径，不再需要利用 setwd( ) 函数分别对每个程序文件设置。运行所创建的路径项目文件（扩展名为.Rproj），就会自动启动 RStudio 并设置当前文件夹为工作目录。

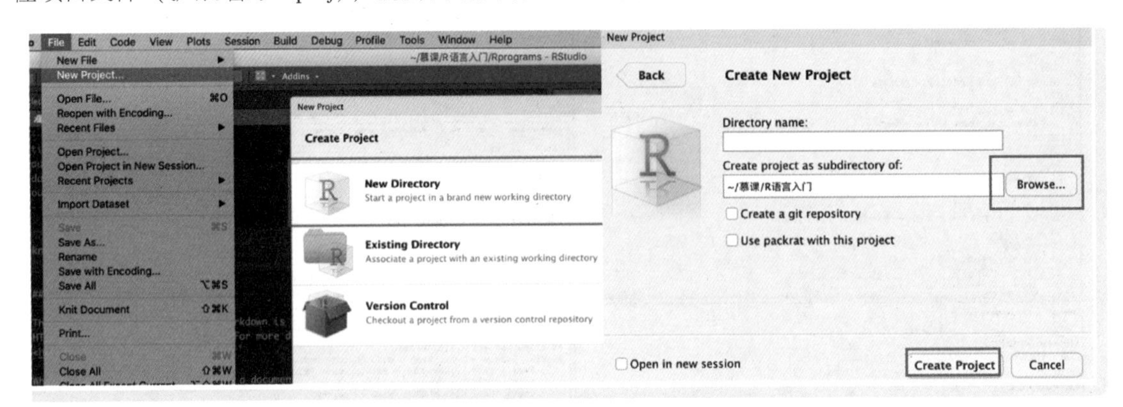

● 图 1-6　RStudio 中创建工作路径项目的方法

在 RStudio 中，还可以通过单击 File→New File 菜单命令创建 R Script、R Notebook、R Markdown、Shiny Web App 等形式的程序文件（见图 1-7），其中 R Markdown 文件是目前最常用的程序编写文件之一。它可以将程序分节执行，并在程序每节的下方输出相应的结果，方便程序调试和结果分析。

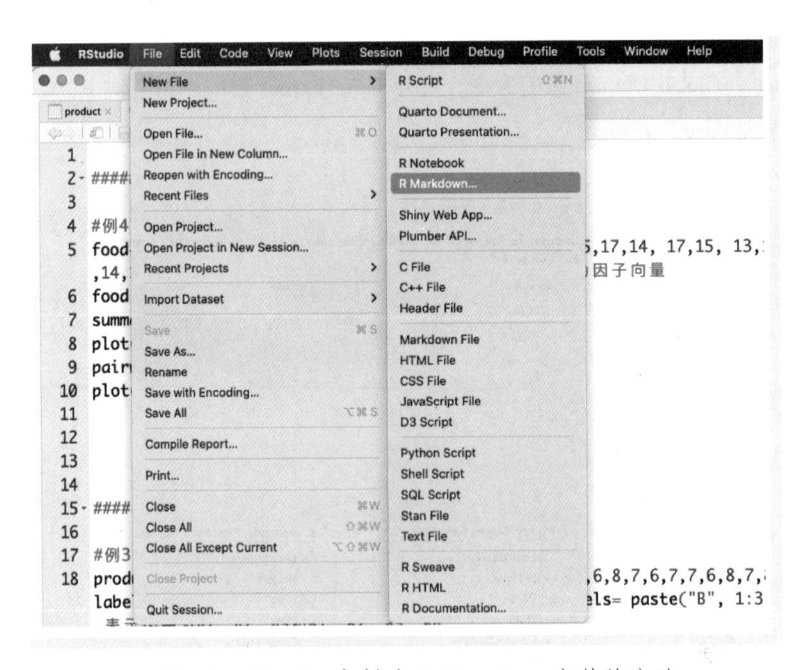

● 图 1-7　RStudio 中创建 R Markdown 文件的方法

1.3 R 语言包

R 语言包（Package）是指由函数、数据或预编译的代码，以一种定义完善的格式组成的集合，主要是方便使用者对包中函数的管理和调用。

在运行 R 语言时，有几个基础包是自动导入工作环境中的，包括 base、datasets、utils、grDevices、Graphics、stats 与 methods 等，其他的包只有在需要时才会加载。这样就可以大大降低 R 语言所占用的内存空间，从而提高计算效率。

经过开发者长期的努力，截至 2023 年 12 月，在 CRAN 上共有 20130 个包，R 语言已经成为使用便利和功能完备的开发环境。

可以通过运行下面的程序查看适合当前 R 语言版本的包的数量：

```
nrow(available.packages())
[1]20130
```

数量庞大的包，在强化 R 语言应用范围和功能的同时，无疑也增加了学习的难度，但是读者无须担心。本书将重点介绍一些经典的、常用的 R 语言包的使用方法，同时考虑包的受欢迎程度和流行程度，以减少读者的学习难度。

在利用 RStudio 下载包时，可以通过在 Tools→Global Options 菜单命令下的 Packages 页面，设置国内镜像加快下载速度，如图 1-8 所示。

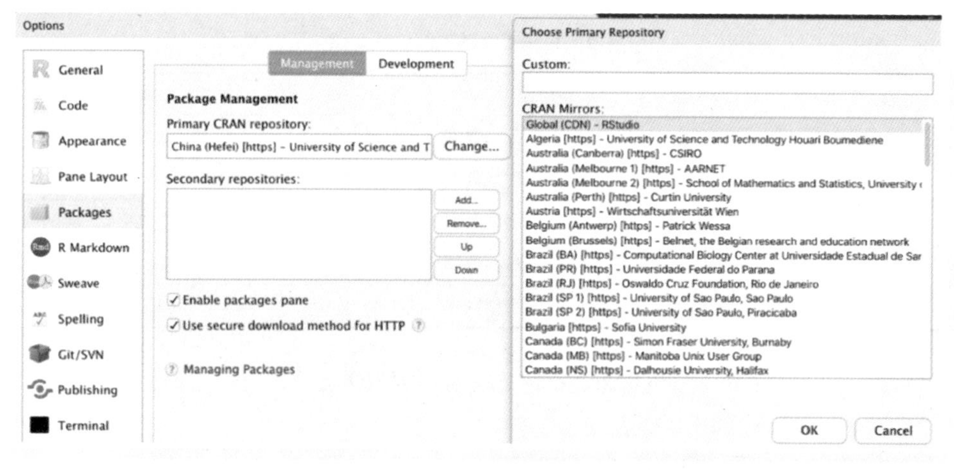

图 1-8　设置下载包时的国内镜像

使用 RStudio 安装包的过程如下：

➢ 单击 Tools→Install Packages 按钮，得到图 1-9 所示界面。

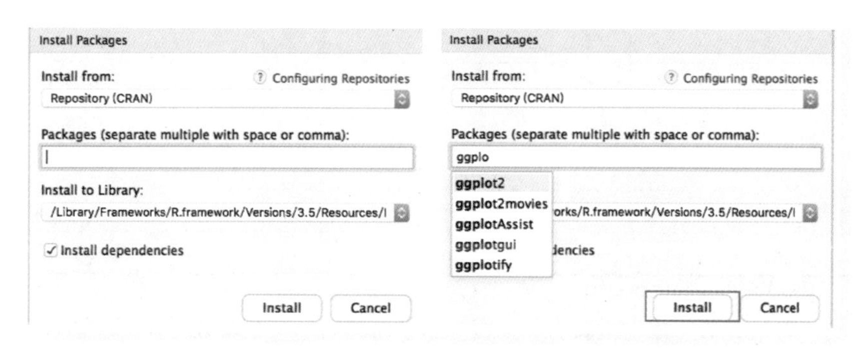

图 1-9　使用 RStudio 安装包

➢ 在 Packages 文本框输入包的名称，然后单击 Install 按钮，将自动安装指定的包及其关联包。

在 Github（网址 https://github.com/）上也有很多知名度很高的 R 语言包，如果某个包通过 CRAN 安装不成功或运行出错时，可以尝试使用 Github 安装。例如，安装 gganimate 包可使用下面的程序：

```
install.packages('devtools')
devtools::install_github('thomasp85/gganimate')
```

对已经安装好的包，在使用前需要通过 library( ) 函数加载到当前的工作环境中，这样就可以直接调用包中的函数或相关数据了。

1.4 数据类型与运算符

本节将主要介绍 R 语言中的数据类型、运算符的使用，以及变量的命名规则等。

R 语言的变量可以存储为多种不同的类型，使用 typeof( ) 或 class( ) 函数能够查看数据（对象）的类型。R 语言常见的数据类型如表 1-2 所示。

表 1-2　R 语言常见的数据类型

类　型	说　明	示　例
numeric	浮点型数据	3、0.5、NaN、Inf
integer	整数型数据	3L、4L
character	字符型数据	“A”“中文”“apple”
logical	逻辑型数据	TRUE、FALSE、NA
complex	复数型数据	1+2i、2i、1+0i

与其他编程语言类似，R 语言也是通过特定的符号实现数学运算、关系运算和逻辑运算等的运算操作，常用的数学运算符号如表 1-3 所示。

表 1-3　R 语言常用的数学运算符号

运算符号	说　明	示　例
+	加	2+2=4
-	减	10-2=8
*	乘	2*2=4
/	除	2/2=1
^或**	幂	2**2=4、2^2=4
%/%	求整数商	8%%3=2
%%	求余数	8%%3=2
( )	括号	(2+2)*2=8

表 1-3 中的运算优先级与数学运算的优先级一致，运算时从左至右进行，可以通过小括号( )来调整运算顺序。

在判断语句或循环语句中，经常使用关系运算或逻辑运算，R语言中的关系运算与逻辑运算符号如表1-4所示。

表1-4　R语言中的关系运算与逻辑运算符号

<table>
<tr><th>运算符号</th><th>说　明</th><th>示　例</th></tr>
<tr><td>==</td><td>等于</td><td>2==2，返回TRUE</td></tr>
<tr><td>!=</td><td>不等于</td><td>1!=NA，返回TRUE</td></tr>
<tr><td><</td><td>小于</td><td>2<3，返回TRUE</td></tr>
<tr><td>></td><td>大于</td><td>3>2，返回TRUE</td></tr>
<tr><td><=</td><td>小于等于</td><td>2<=2，返回TRUE</td></tr>
<tr><td>>=</td><td>大于等于</td><td>3>=3，返回TRUE</td></tr>
<tr><td>&</td><td>且</td><td>A>2&A<5</td></tr>
<tr><td>|</td><td>或</td><td>A>2 | A<5</td></tr>
<tr><td>!</td><td>非（取反）</td><td>!A</td></tr>
</table>

在R语言中，如果想要对一个变量、函数等进行命名，需要遵循标识符命名的以下规则：

1）可包含大小写字母a~z、A~Z、下画线（_）和点（.），不能包含其他符号，且命名对大小写是敏感的。

2）只能以字母或点开头，不能以数字或下画线开头，并且当以点开头时，第一个点之后不能紧接着是数字。

3）不能与其他保留命名符重复。保留命名符主要有if、else、repeat、while、function、for、in、next、break、TRUE、FALSE、NULL、Inf、NaN、NA、NA_integer、_NA_real_、NA_complex、_NA_character、...、..1、..2等，可通过运行"？reserved"查看。

1.5 运行R语言代码

下面以绘制鸢尾花数据集（iris）的散点图为例，介绍几种运行R语言代码的方式。

绘制散点图的程序如下所示，读者可以先暂时不用理解这段代码的含义，等学完后面的几个章节后，会发现这几行代码是非常简单的。

```
library(ggplot2)
data("iris")
ggplot(iris,aes(x= Sepal.Length,y = Sepal.Width))+
  geom_point(aes(colour = Species))+
  ggtitle("Scater plot")
```

（1）使用R语言自带的IDE运行代码

使用自带的IDE运行代码非常方便，只需要在控制台下输入相应的R语言程序，然后单击回车键，即会自动输出程序的运行结果。图1-10给出了上面绘图程序的运行结果，由于是绘制散点图，所以会自动弹出一个窗口，用于显示图像。

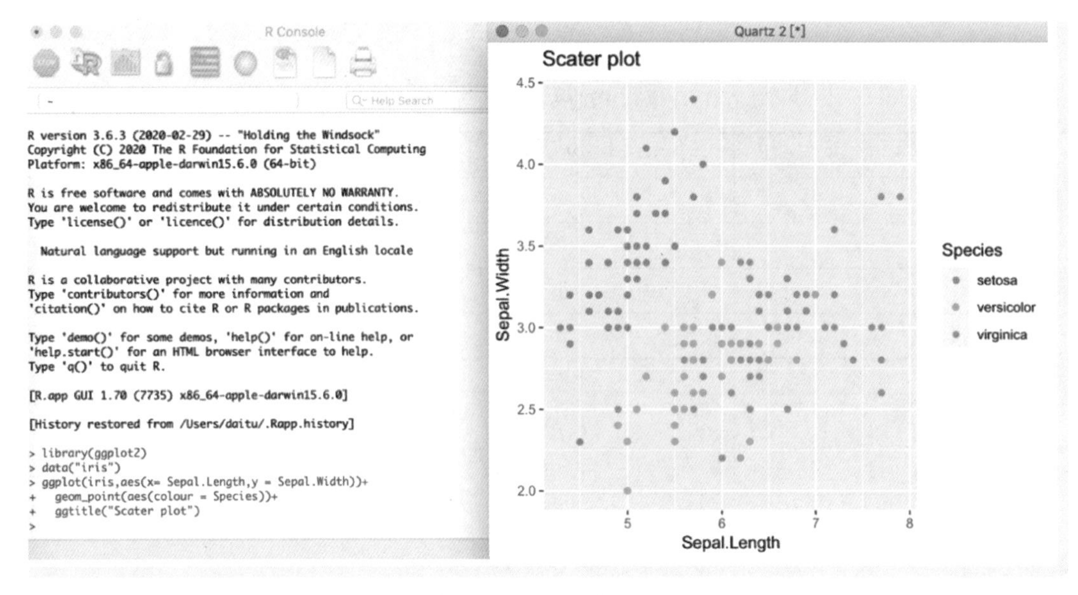

图 1-10　使用 R 语言自带的 IDE 运行代码

（2）使用 RStudio 的控制台运行代码

RStudio 的控制台本质上就是 R 语言自带 IDE 中的 R Consol，所以与前面（1）类似，输入程序按下回车键后即可输出对应的结果，不同的是 RStudio 自带图形显示区域，所以不会额外弹出一个绘图窗口，结果如图 1-11 所示。

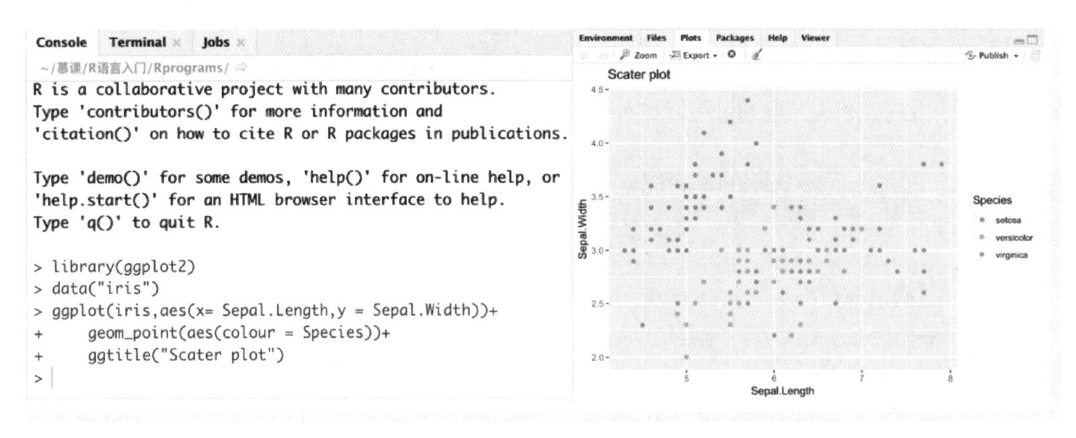

图 1-11　使用 RStudio 控制台运行代码

（3）使用 R 语言脚本文件运行代码

可以将代码写入 R 语言脚本中，并保存为一个扩展名为.R 的文件，建议读者使用该方法，其便于程序的移植和分享。打开文件，选中待运行的程序片段，使用〈Ctrl+Enter〉快捷键（或单击 Run 快捷按钮）即可运行程序，结果如图 1-12 所示。

（4）使用 R Markdown 文件运行代码

在 R Markdown 文件（扩展名为.Rmd）中，通过“```{r} 程序语句```”的格式，可以将程序切分为多个小节，单击右边的三角符号即可运行该小节程序，也可以通过单击 Run 按钮运行指定的小节程序，如图 1-13 所示。

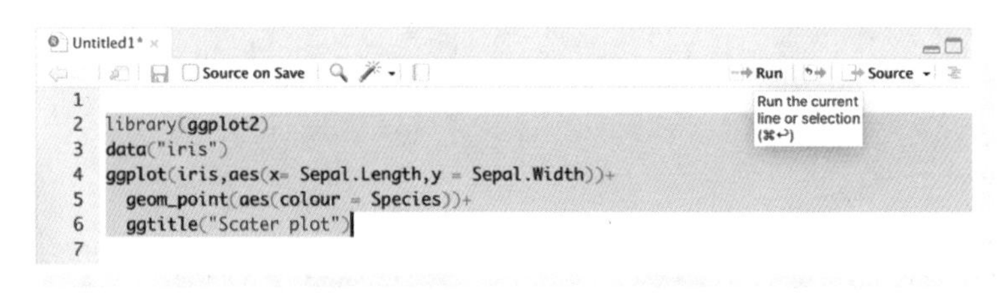

● 图 1-12　使用 R 语言脚本文件运行代码

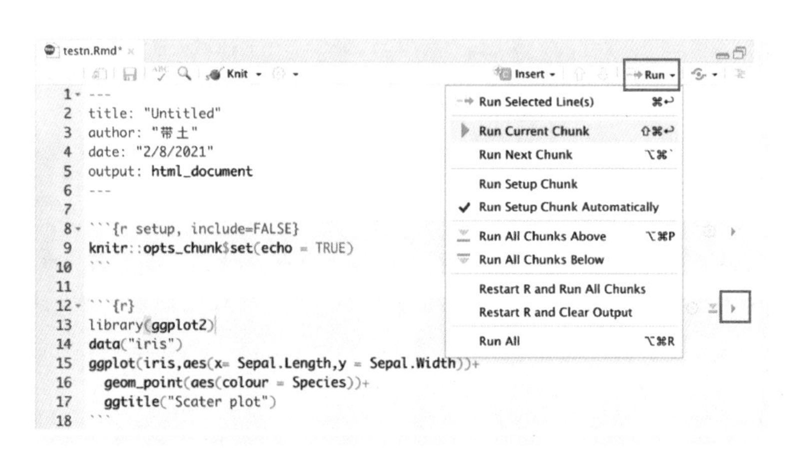

● 图 1-13　使用 R Markdown 文件运行代码

有关 R Markdown 文件的使用方法，将会在第 14 章进行详细介绍。

需要注意的是，在 R 语言中，使用“#”进行注释，“#”后面的注释语句不参与运算。使用“=”和“<-”都可以为一个对象进行赋值。例如，x = c(1:10) 和 x <- c(1:10) 是等价的，但使用“=”赋值并不常见，这是因为在 R 语言中“=”多用于函数内部参数的赋值，而且使用“<-”还可以反转赋值的方向，如 c(1:10) -> x 与上面的语句是等价的，本书推荐使用“<-”为对象赋值。

1.6 本章小结

本章主要介绍了 R 语言的获取、运行与基本使用方法。首先介绍了 R 语言的下载与运行、RStudio 的安装和设置、R 语言包，以及 R 语言的数据类型、基础运算等。最后以绘制数据的散点图为例，介绍了多种运行 R 语言代码的方式，这些都为后面多角度、全方位的学习与使用 R 语言奠定基础。

R语言数据对象

❖ 本章导读

R语言的数据对象（结构）十分丰富，常见的有向量、矩阵、数组、数据框、列表、时间数据等。不同的数据对象有其特定的用途，它们之间有的还可以相互转化，其中向量是最基本的数据结构，数据框在统计分析、可视化、数据挖掘等方面最常用，列表可以包含多种形式的数据对象，时间数据是实际项目分析中一个重要的序列指标。本章主要介绍R语言常见数据对象的创建、访问和基本使用方法等，为后面数据管理与分析的学习打下基础。

❖ 知识技能

本章的内容要点及知识技能如下所示。

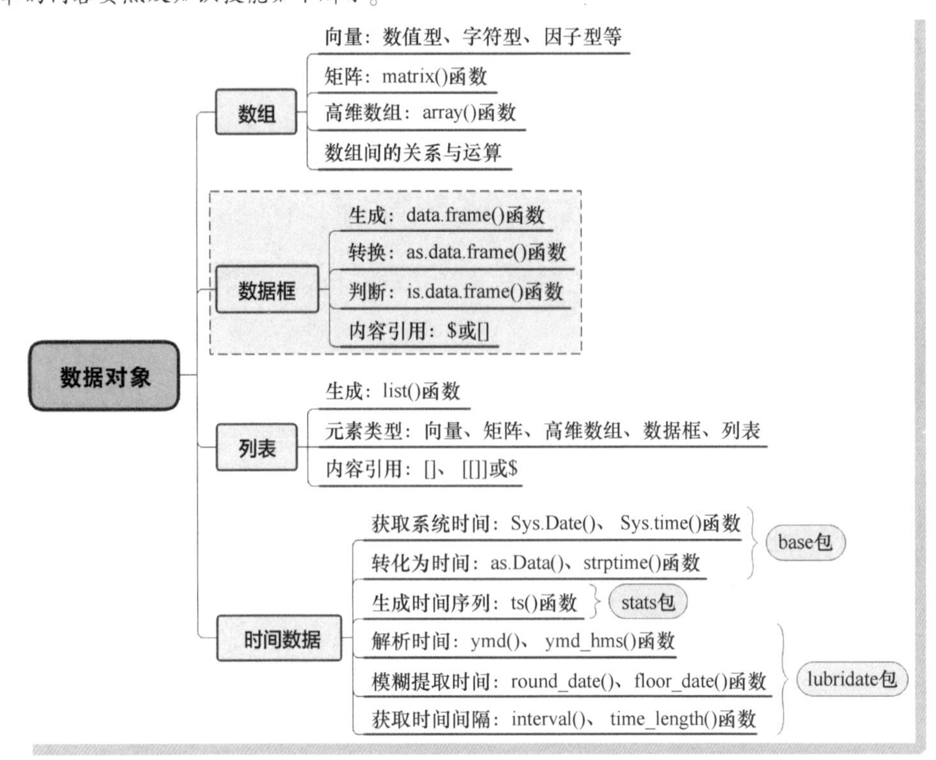

2.1 向量

向量是 R 语言中最基本的数据对象，用于保存同一类型的数据，可以包含一个或多个元素。向量中的元素可以是数值、字符串、逻辑值、缺失值等。本节主要介绍数值型向量、逻辑值向量、缺失值向量、字符型向量以及因子向量的生成与使用。

2.1.1 数值型

如果一个向量中所有元素都是数值，则它为一个数值型向量。

数值型向量的生成非常简单，而且灵活多变，可以利用 c( ) 函数生成，也可以使用“:”生成。下面的程序给出了数值型向量的几种生成方法。

```
## 只有单个数值的向量
5
## [1] 5
##给向量一个变量名
x <- 5
x
## [1] 5
## 通过“:”生成一个数值向量
x <- 1:5
x
## [1] 1 2 3 4 5
## 通过 c() 函数生成数值向量
x <- c(1,2,4,5,7)
x
## [1] 1 2 4 5 7
```

对于一个向量，可以使用 is.numeric( ) 函数判断其是否为数值型向量；使用 numeric( ) 函数并通过指定向量长度的参数，可以生成一个全 0 的数值向量；使用 as.numeric( ) 函数可以将其他类型的向量强制转化为数值型向量。相关程序如下：

```
## 判断是否为一个数值型数据
is.numeric(x)
## [1] TRUE
## 生成一个长度为 6 的数值向量
numeric(length = 6)
## [1] 0 0 0 0 0 0
## 将向量强制转化为数值向量
as.numeric(c("1",2,"3","A","012","12"))
## Warning: 强制改变过程中产生了 NA
## [1]  1  2  3 NA 12 12
```

在上面将字符型向量转换为数值型向量时，与数值相关的字符串均转化为了数值，而其他形式的字符串则转化成了缺失值 NA。

在 R 语言中，使用 seq( ) 和 rep( ) 函数，可以方便地生成有规律的向量。seq( ) 函数可以通过参数

from 指定初始值、to 指定结束值、by 指定步长，生成等步长的向量，或者通过参数 length.out 指定向量的长度，输出固定数量的等间距向量。rep( )函数则用于生成可重复元素的向量，其中参数 times 用于指定元素重复的次数、each 用于控制每个元素固定重复的次数。

```
## 通过 seq()函数生成数值向量
x <-seq(from = 2,to = 20,by = 5)
x
##[1]  2  7 12 17
## 2~20 等间距输出 5 个数值
x <-seq(from = 2,to = 20,length.out = 5)
x
##[1]  2.0  6.5 11.0 15.5 20.0
## 通过 rep()函数生成有重复元素的数值向量
x <- rep(1:3,times = 2)
x
##[1] 1 2 3 1 2 3
## 为某个元素单独指定重复次数
x <- rep(1:3,times = 1:3)
x
##[1] 1 2 2 3 3 3
## 每个元素重复两次并输出长度为 6 的向量
x <- rep(1:4, each = 2, len = 6)
x
##[1] 1 1 2 2 3 3
## 每个元素重复两次并输出长度为 12 的向量
x <- rep(1:4, each = 2, len = 12)
x
##  [1] 1 1 2 2 3 3 4 4 1 1 2 2
```

可通过多种方式获取向量中的指定元素，最常见的是采用切片索引获取指定位置的元素，位置索引使用中括号[ ]包裹。

在下面的示例中，x[1:5]是获取向量 x 中从第一个位置到第 5 个位置的所有元素。如果指定的索引超过了向量的长度，则会输出缺失值。索引前面有负号表示删除向量中这些位置的元素，即 x[c(-1:-5)]表示删除向量 x 的前 5 个元素。使用一个与 x 等长的逻辑向量，可以输出 x 中与逻辑向量中 TRUE 所在位置的对应值。获取一个向量的逆序可以使用 rev( )函数。

```
## 获取向量中的某些元素
x[1:5]
##[1] 1 1 2 2 3
x[c(1,5,10,15)]
##[1]  1  3  1 NA
## 删除向量的前 5 个元素
x[c(-1:-5)]    # x[-1:-5]
##[1] 3 4 4 1 1 2 2
## 使用 rev()函数对向量逆向排序
rev(x)
##  [1] 2 2 1 1 4 4 3 3 2 2 1 1
## 通过布尔值获取元素(能够整除 2)
```

```
x[x %% 2 == 0]
##[1] 2 2 4 4 2 2
```

2.1.2 逻辑型

在 R 语言中，逻辑值也称为布尔值，使用 TRUE（T）表示逻辑值“真”，使用 FALSE（F）表示逻辑值“假”，由 TRUE 或者 FALSE 组成的向量称为逻辑型向量。

```
## TRUE(T)或者 FALSE(F)
T  ## TRUE
##[1] TRUE
F  ## FALSE
##[1] FALSE
```

获取逻辑型向量，除了依次输入 TRUE 或 FALSE 之外，还可通过逻辑判断获取逻辑值。

在下面的例子中，虽然向量 x 与向量 y 长度不一样，但仍然可以比较它们对应元素的大小。在x>y 的输出结果中出现了警告，其实际比较内容为 x=(5,1,10,5,1)与 y=(1,8,9,10,20)，即自动扩充了较短的向量，使其与长向量等长。

```
## 通过判断获取布尔值
x <- c(5,1,10)
y <- c(1,8,9,10,20)
## 判断 x 中的元素是否大于 y 中对应的元素
x > y
## Warning in x > y: 长的对象长度不是短的对象长度的整倍数
##[1]  TRUE FALSE  TRUE FALSE FALSE
## 对比两个向量获取布尔值
x <- c(5,1,10)
y <- c(1,8,9,10,20,4)
y >= x
##[1] FALSE  TRUE FALSE  TRUE  TRUE FALSE
```

类似于数值型向量，也可以通过 c( )和 rep( )函数生成特定的逻辑型向量。

```
## 通过 c()、rep()等函数生成逻辑型向量
x <- c(T,T,F,F)
x
##[1]  TRUE  TRUE FALSE FALSE
x <- rep(c(TRUE,FALSE),c(2,3))
x
##[1]  TRUE  TRUE FALSE FALSE FALSE
```

2.1.3 缺失值

在 R 语言中，用 NA 表示缺失值，使用 is.na( )函数可以判断向量中每个元素是否为缺失值，使用 anyNA( )函数判断向量中是否存在缺失值。

```
NA
##[1] NA
```

```
x <- c(1,2,NA,3)
x
## [1]  1  2 NA  3
## 判断向量中的元素是否为缺失值
is.na(x)
## [1] FALSE FALSE  TRUE FALSE
## 判断向量中是否存在缺失值
anyNA(x)
## [1] TRUE
is.na("NA")   ## 字符串 NA 不是缺失值
## [1] FALSE
## 计算向量中缺失值的数量
sum(is.na(c(1,2,NA,NA,NA)))
## [1] 3
```

NaN（Not a Number）表示不是一个数值，可以使用 is.nan( )函数进行判断；Inf 表示无穷，可以使用 is.infinite( )函数进行判断。在 R 语言中，把 NaN 看作是缺失值，但不把 Inf 看作为缺失值。

```
## 判断是否为不是一个数
NaN   # not a number
## [1] NaN
## 判断是否为 NaN
is.nan(c(1,2,NaN))
## [1] FALSE FALSE  TRUE
## NaN 也会被认为是缺失值
is.na(c(1,2,NaN))
## [1] FALSE FALSE  TRUE
Inf        ## 无穷 Inf
## [1] Inf
is.infinite(c(1,2,Inf,-Inf))
## [1] FALSE FALSE  TRUE  TRUE
## 无穷 Inf 不会被认为是缺失值
is.na(c(1,2,Inf,-Inf))
## [1] FALSE FALSE FALSE FALSE
```

2.1.4 字符型

在 R 语言中，字符串通常使用半角的一对单引号（''）或双引号（" "）来表示，其中单引号字符串中可以包含双引号，但不可以再包含单引号，双引号也有类似的要求。

由字符串构成的向量称为字符型（或字符串）向量，使用 length( )函数可计算向量中元素的个数；使用 nchar( )函数可计算向量中每个元素的字符长度。

```
## 生成一个字符串
x <- "这是一个字符串"
length(x)     # 向量的长度
## [1] 1
nchar(x)      # 字符串中字符的长度
## [1] 7
```

```
## 使用c()函数生成一个字符型向量
x <- c("A","B","C","12","012")
x
## [1] "A"  "B"  "C"  "12"  "012"
length(x)
## [1] 5
nchar(x)
## [1] 1 1 1 2 3
```

使用 as.character( )函数可将数值向量的每个元素转化为字符串；使用 is.character( )函数可以判断向量是否为字符串；使用 character( )函数可以生成一个指定长度的空字符串。

```
## 通过as.character()函数将数值转化为字符串
x <- as.character(c(1:5))
x
## [1] "1" "2" "3" "4" "5"
## 判断向量是否为一个字符串
is.character(x)
## [1] TRUE
## 生成一个长度为5的字符串向量
character(length = 5)
## [1]"" "" "" "" ""
```

字符串是否一样，可以通过等于（==）进行判断；A%in%B 表示判断 A 中的每个元素是否在 B 中出现，出现则返回 TRUE；通过 which( )函数可以找出某个字符串在向量中出现的位置。

```
## 判断两个字符串是否相等
"A" == "A"
## [1] TRUE
## 判断字符串向量中的元素是否相等
c("A","B") == "AB"
## [1] FALSE FALSE
## 判断字符串元素是否在另一个向量中
c("A","B") %in% c("A","B","C","12","012")
## [1] TRUE TRUE
## 判断字符串在向量中的位置
which(c("A","B","C","12","012") == "12")
## [1] 4
```

拼接字符串可以使用 paste( )函数，利用参数 sep 指定拼接时的连接方式。

```
## 字符串拼接
paste(c("A","B","C","12","012"))
## [1] "A"  "B"  "C"  "12"  "012"
paste(c("A","B","C"),c(1:3),sep = "-")
## [1] "A-1" "B-2" "C-3"
```

提取字符串中的内容，同样可以使用切片操作进行，但是需要注意的是，x[ ]提取的是向量 x 中对应位置的内容；使用 strsplit( )函数可将字符串切片；使用 substr( )函数可获取参数 start 和 stop 之间的字符内容。

```
## 提取字符串中的元素
x <- "这是一个字符串"
x[1:2]
## [1] "这是一个字符串" NA
x[1]
## [1] "这是一个字符串"
## 字符串切片
strsplit(x,split = "是")
## [[1]]
## [1] "这"          "一个字符串"
## 提取字符串中的指定内容
substr(x,start = 2,stop = 5)
## [1] "是一个字"
substr(x,start = 2,stop = 20)
## [1] "是一个字符串"
## 提取字符串向量中的元素
x <-  c("A","B","cd","12","012")
x[2:5]
## [1] "B"  "cd"  "12"  "012"
```

在 R 语言中，使用 tolower( ) 或 toupper( ) 函数，可将字符串中的所有英文字母转化为小写或大写字母。

```
## 字符串中大小写转换
tolower(x)
## [1] "a"  "b"  "cd"  "12"  "012"
toupper(x)
## [1] "A"  "B"  "CD"  "12"  "012"
```

2.1.5 因子型

因子变量（简称因子）是 R 语言中用来存储类别的数据类型，它是一种特殊的字符型向量。

创建因子变量可使用 factor( ) 函数，其语法格式为：

```
factor(x=character(),levels, labels=levels,exclude =NA, ordered = is.ordered(x),nmax =
NA)
```

其中：

x：一个向量，可以是离散的数值也可以是离散的字符串等。

levels：用于指定各水平值，不指定时则由 x 的不同值来表示。

labels：用于指定各水平的标签，不指定时用各水平值对应的字符串表示。

exclude：指定需要排除不用的字符。

ordered：逻辑值，用于指定水平是否有顺序，可以表示各水平的等级。

nmax：因子水平的上限数量。

下面使用 factor( ) 函数生成 3 个因子变量 x、y、z，其中 x 指定了因子水平的标签，并且对因子水平指定了等级顺序；y 只指定了因子的水平和标签，未指定其顺序，是一个无序的因子变量；z 使用参数 exclude = "C"将字符 C 排除在外，因此在输出结果中，字符 C 所在的位置使用了 NA 进行表示。

```
## 生成因子变量
x <- factor(x = c("A","B","C","A","A","C","B"),          # 因子变量使用的向量
           levels = c("A","B","C"),                      # 按照升序排列的等级
           labels = c("apple","banan","cherry"),         # 每个 level 使用的标签
           ordered = TRUE)                               # 确定 levels 是否排序
x
## [1] apple   banan   cherry apple   apple   cherry banan
## Levels: apple <banan < cherry
y <- factor(x = c("A","B","C","A","A","C","B"),          # 因子变量使用的向量
           levels = c("A","B","C"),                      # 按照升序排列的等级
           labels = c("apple","banan","cherry"),         # 每个 level 使用的标签
           ordered = FALSE)                              # 确定 levels 是否排序
y
## [1] apple   banan   cherry apple   apple   cherry banan
## Levels: apple banan cherry
z <- factor(x = c("A","B","C","A","A","C","B"),          # 因子变量使用的向量
           levels = c("A","B","C"),                      # 按照升序排列的等级
           labels = c("apple","banan"),                  # 每个 level 使用的标签
           exclude = "C",                                # 要排除的字符
           ordered = FALSE)                              # 确定 levels 是否排序
z
## [1] apple banan <NA>   apple apple <NA>   banan
## Levels: apple banan
```

可以使用 as.factor( )函数将一个向量快速转化为因子变量；使用 is.factor( )函数可以判断向量是否为因子变量；使用 levels( )函数可以获取因子变量的水平（levels）属性；使用 nlevels( )函数则可以计算因子变量的水平数量。

```
## 将一个向量转化为因子变量
x <- rep(c(1,2,3),c(3,2,1))
y <- as.factor(x)
x
## [1] 1 1 1 2 2 3
y
## [1] 1 1 1 2 2 3
## Levels: 1 2 3
## 判断向量是否为因子变量
is.factor(x)
## [1] FALSE
is.factor(y)
## [1] TRUE
## 获取因子变量的 levels 属性
levels(y)
## [1] "1" "2" "3"
## 计算因子变量的 levels 数量
nlevels(y)
## [1] 3
```

还可以通过 gl( )函数生成因子变量，其语法结构为：

```
gl(n, k, length = n * k, labels =seq_len(n), ordered = FALSE)
```

其中：

n：一个正整数，表示因子的水平个数。

k：一个正整数，表示每个水平需要重复的次数。

length：一个正整数，表示因子变量的长度，默认为 n * k，通常可以忽略。

labels：用于指定因子水平的标签，默认值为 seq_len(n)(1:n)。

ordered：逻辑值，表示因子水平是否有序，默认值为 FALSE。

下面使用 gl()函数生成 2 个因子变量，其中 x 是一个长度为 12 的无序因子变量，y 是一个长度为 12 的有序因子变量。

```
## 使用 gl()函数生成因子
x <- gl(3, 4, labels = c("A","B","C"))
x
##  [1] A A A A B B B B C C C C
## Levels: A B C
x <- gl(3, 4, labels = c("C","B","A"),ordered = TRUE)
x
##  [1] C C C C B B B B A A A A
## Levels: C < B < A
```

2.1.6 类型转换

本小节介绍如何将数值型向量、字符型向量、因子等进行相互转化，使用到的函数通常为 as.**()系列函数，例如：

as.character()：将向量转化为字符型向量。

as.factor()：将向量转化为因子。

as.numeric()：将向量转化为数值向量。

这些函数的使用示例如下所示：

```
x <- c(1:7)
y <- c("apple","banan", "cherry","apple","apple","cherry","banan")
z <- factor(c("A","B","C","C","B","B","A"))
## 将数值转化为字符串
as.character(x)
## [1] "1" "2" "3" "4" "5" "6" "7"
## 将数值转化为因子变量
as.factor(x)
## [1] 1 2 3 4 5 6 7
## Levels: 1 2 3 4 5 6 7
## 将字符串转化为因子变量
as.factor(y)
## [1] apple  banan  cherry apple  apple  cherry banan
## Levels: apple banan cherry
## 将因子变量转化为数值
```

```
as.numeric(z)
##[1] 1 2 3 3 2 2 1
```

2.2 矩阵与高维数组

矩阵和高维数组可以看作是向量的扩充，它们的类型包括数值型、字符串型、逻辑型等。本节将分别介绍矩阵和高维数组的生成、引用，并对比分析它们之间的差异。

2.2.1 矩阵

可以使用 matrix( ) 函数生成矩阵，其中参数 data 用于指定生成矩阵使用的数据，参数 nrow 和 ncol 用于指定矩阵的行数和列数，参数 byrow 表示是否优先按行排列生成矩阵。

```
## 使用 matrix()函数生成矩阵
vec <- 1:24
mat <- matrix(data =vec,             ## 生成矩阵使用的数据
              nrow = 4,ncol = 6,     ## 指定矩阵的行数和列数
              byrow = FALSE,         ## 生成矩阵是否按行排列
              )
mat
##      [,1] [,2] [,3] [,4] [,5] [,6]
##[1,]    1    5    9   13   17   21
##[2,]    2    6   10   14   18   22
##[3,]    3    7   11   15   19   23
##[4,]    4    8   12   16   20   24
## 也可以按行排列 data 中的元素
mat <- matrix(data =vec,nrow = 4,byrow = TRUE)
mat
##      [,1] [,2] [,3] [,4] [,5] [,6]
##[1,]    1    2    3    4    5    6
##[2,]    7    8    9   10   11   12
##[3,]   13   14   15   16   17   18
##[4,]   19   20   21   22   23   24
```

针对多个等长的向量，可以使用 cbind( ) 或 rbind( ) 函数按照列或行组合生成矩阵。使用 diag( ) 函数可生成对角矩阵。

```
## 使用 cbind()函数生成矩阵
mat <-cbind(c(1,2,3),c(2,4,6),c(8,9,10),c(4,8,11))
mat
##      [,1] [,2] [,3] [,4]
##[1,]    1    2    8    4
##[2,]    2    4    9    8
##[3,]    3    6   10   11
## 使用 rbind()函数生成矩阵
mat <-rbind(c(1,2,3,4),c(2,4,6,8),c(8,9,10,11))
mat
```

```
##     [,1] [,2] [,3] [,4]
## [1,]    1    2    3    4
## [2,]    2    4    6    8
## [3,]    8    9   10   11
## 使用 diag()函数生成对角矩阵
mat <- diag(c(1,3,5))
mat
##     [,1] [,2] [,3]
## [1,]    1    0    0
## [2,]    0    3    0
## [3,]    0    0    5
```

在使用 matrix( )函数生成矩阵时，可以使用 dimnames 参数指定行名和列名，或者通过 colnames( )和 rownames( )函数分别指定行名和列名。

```
## 定义矩阵的行名和列名
mat <- matrix(1:12,nrow = 3,
              ## 通过一个列表指定行名和列名
              dimnames = list(
                c("row1","row2","row3"),              ## 行名
                c("col1","col2","col3","col4")        ## 列名
              ))
mat
##      col1 col2 col3 col4
## row1    1    4    7   10
## row2    2    5    8   11
## row3    3    6    9   12
## 通过 colnames()和 rownames()函数指定行名和列名
mat <- matrix(1:12,nrow = 3)
colnames(mat) <- c("col1","col2","col3","col4")       ## 列名
rownames(mat) <- c("row1","row2","row3")              ## 行名
mat
##      col1 col2 col3 col4
## row1    1    4    7   10
## row2    2    5    8   11
## row3    3    6    9   12
```

is.matrix(x)可用来判断 x 是否为矩阵；dim( )函数可用来计算矩阵的维度；nrow( )和 ncol( )函数用来计算矩阵的行数和列数；length( )函数则可用来计算矩阵中所有元素的个数。

```
## 判断是否为矩阵
is.matrix(mat)
## [1] TRUE
## 计算矩阵的维度
dim(mat)
## [1] 3 4
## 计算矩阵的行数
nrow(mat)
## [1] 3
## 计算矩阵的列数
```

```
ncol(mat)
## [1] 4
## 计算矩阵的元素个数
length(mat)
## [1] 12
```

在矩阵生成后，可以通过中括号及行列索引的方式获取矩阵中的某些元素。

在下面的示例中，mat［2,］表示获取矩阵 mat 中第二行的元素；mat［，2］表示获取矩阵 mat 中第二列的元素；mat［2：3，1：3］则表示获取矩阵 mat 中第 2 行到第 3 行、第 1 列到第 3 列所包含的元素。

```
## 获取矩阵中的元素
mat <- matrix(1:12,nrow = 3)
colnames(mat) <- c("col1","col2","col3","col4")          ## 列名
rownames(mat) <- c("row1","row2","row3")                 ## 行名
mat
##      col1 col2 col3 col4
## row1    1    4    7   10
## row2    2    5    8   11
## row3    3    6    9   12
## 通过[]与行列索引获取矩阵中的元素
## 获取某行
mat[2,]
## col1 col2 col3 col4
##    2    5    8   11
## 获取某列
mat[,2]
## row1 row2 row3
##    4    5    6
## 获取指定的行和列
mat[2:3,1:3]
##      col1 col2 col3
## row2    2    5    8
## row3    3    6    9
```

如果一个矩阵包含行名或列名，则也可以通过行名或列名的索引获取需要的元素。例如使用 mat["row2",]获取 row2 所表示的行；使用 mat[,"col3"]获取 col3 所表示的列；使用 mat[c("row2","row3"), c("col1","col1","col3")]则表示获取 row2、row3 行和 col1、col1、col3 列所对应的元素。通过中括号和逻辑判断索引，也可以获取符合某些条件的元素，例如 mat[mat >= 3]表示获取 mat 中大于等于 3 的所有元素。

```
## 通过行名或者列名获取矩阵中的元素
mat["row2",]            ## 获取指定行
## col1 col2 col3 col4
##    2    5    8   11
mat[,"col3"]            ## 获取指定列
## row1 row2 row3
##    7    8    9
```

```
## 获取指定的行和列
mat[c("row2","row3"),c("col1","col1","col3")]
##      col1 col1 col3
## row2    2    2    8
## row3    3    3    9
## 通过逻辑值获取矩阵中的元素
mat[mat >= 3]
##  [1]  3  4  5  6  7  8  9 10 11 12
```

矩阵与矩阵、矩阵与标量的四则运算，都是矩阵中对应位置元素的相应计算。

```
## 与矩阵相关的计算
mat + mat                ## 对应元素相加
##      col1 col2 col3 col4
## row1    2    8   14   20
## row2    4   10   16   22
## row3    6   12   18   24
mat- mat                 ## 对应元素相减
##      col1 col2 col3 col4
## row1    0    0    0    0
## row2    0    0    0    0
## row3    0    0    0    0
mat / mat                ## 对应元素相除
##      col1 col2 col3 col4
## row1    1    1    1    1
## row2    1    1    1    1
## row3    1    1    1    1
mat * mat                ## 对应元素相乘
##      col1 col2 col3 col4
## row1    1   16   49  100
## row2    4   25   64  121
## row3    9   36   81  144
mat * 2  # 会使用矩阵中的每个元素和 2 相乘
##      col1 col2 col3 col4
## row1    2    8   14   20
## row2    4   10   16   22
## row3    6   12   18   24
```

使用 diag( ) 函数可以获取矩阵的对角线元素，使用 upper.tri( ) 函数获取矩阵的上三角元素，使用 lower.tri( ) 函数获取矩阵的下三角元素，使用 t( ) 函数获取矩阵的转置。

```
## 获取矩阵的对角元素
diag(mat)
## [1] 1 5 9
## 获取矩阵的下三角形
mat2 <- mat
mat2[upper.tri(mat)] <- NA
mat2
##      col1 col2 col3 col4
## row1    1   NA   NA   NA
```

```
## row2    2    5   NA   NA
## row3    3    6    9   NA
## 获取矩阵的上三角形
mat2 <- mat
mat2[lower.tri(mat)] <- NA
mat2
##      col1 col2 col3 col4
## row1    1    4    7   10
## row2   NA    5    8   11
## row3   NA   NA    9   12
## 获取矩阵的转置
mat_t <- t(mat)
mat_t
##      row1 row2 row3
## col1    1    2    3
## col2    4    5    6
## col3    7    8    9
## col4   10   11   12
```

使用% * %可以进行矩阵的乘法，det( )函数用来计算矩阵的行列式。solve( )函数用来求解 AX = b 中 X 的值，如果不指定 b 时，默认 b = I （单位矩阵），即为矩阵 A 的逆矩阵。

```
## 矩阵乘法
mat %*% mat_t
##      row1 row2 row3
## row1  166  188  210
## row2  188  214  240
## row3  210  240  270
## 计算矩阵的行列式
mat <-cbind(1,2:4,c(2,4,1))
mat
##      [,1] [,2] [,3]
## [1,]    1    2    2
## [2,]    1    3    4
## [3,]    1    4    1
det(mat)
## [1] -5
## 计算矩阵的逆矩阵
mat2 <- solve(mat)
mat2
##      [,1] [,2] [,3]
## [1,]  2.6 -1.2 -0.4
## [2,] -0.6  0.2  0.4
## [3,] -0.2  0.4 -0.2
mat2 %*% mat
##              [,1]          [,2]          [,3]
## [1,] 1.000000e+00 -1.332268e-15 -1.443290e-15
## [2,] 5.551115e-17  1.000000e+00  1.110223e-16
## [3,] 0.000000e+00  1.110223e-16  1.000000e+00
```

2.2.2 高维数组

高维数组可以使用 array()函数生成（该函数还可以生成维度小于等于 2 的数组），通过参数 dim 指定数组的维度。例如 dim = c(2,4,2)表示生成一个 2 * 4 * 2 的数组，可以理解为由 2 个 2 * 4 的矩阵组成。使用 dim()函数可以获取数组在行、列、层（页）等维度上的数值，使用 length()函数则可以计算数组中元素的数量。

```
## 生成高维数组
arr <- array(data = 1:16,dim = c(2,4,2))
arr
##,, 1
##      [,1] [,2] [,3] [,4]
## [1,]    1    3    5    7
## [2,]    2    4    6    8
##,, 2
##      [,1] [,2] [,3] [,4]
## [1,]    9   11   13   15
## [2,]   10   12   14   16
## 查看数组的维度
dim(arr)
## [1] 2 4 2
## 计算数组所包含元素的数量
length(arr)
## [1] 16
```

在使用 array()函数生成数组时，同样可以利用参数 dimnames 指定每个维度上的名称，为数组 arr 的每行、每列、每层指定名称的程序示例如下所示。

```
## 生成数组时指定每个维度的名字
arr <- array(data = 1:16,dim = c(2,4,2),
         dimnames = list(c("row1","row2"),                 # 行名
                        c("c1","c2","c3","c4"),            # 列名
                        c("T1","T2") ))                    # 页名
arr
##,, T1
##      c1 c2 c3 c4
## row1  1  3  5  7
## row2  2  4  6  8
##,, T2
##      c1 c2 c3 c4
## row1  9 11 13 15
## row2 10 12 14 16
```

类似于矩阵，可以使用中括号[ ]和切片索引的方式获取数组的元素，例如获取高维数组 arr 第一行的元素可以使用 arr[1,,]，获取第一列的元素可以使用 arr[,1,]，获取第一页的元素可以使用 arr[,,1]。如果数组的维度有名称，还可以通过名称获取对应元素。

```
## 获取数组中的元素
arr[1,,]              ## 获取数组中的第 1 行
```

```
##     T1 T2
## c1   1  9
## c2   3  11
## c3   5  13
## c4   7  15
arr[,1,]              ## 获取数组中的第 1 列
##        T1 T2
## row1   1   9
## row2   2  10
arr[,,1]              ## 获取数组中的第 1 页
##        c1 c2 c3 c4
## row1   1  3  5  7
## row2   2  4  6  8
## 通过名称获取数组中的元素
arr["row1",,]         ## 获取数组中的第 1 行
##     T1  T2
## c1   1   9
## c2   3  11
## c3   5  13
## c4   7  15
arr[,"c1",]           ## 获取数组中的第 1 列
##        T1  T2
## row1   1   9
## row2   2  10
arr[,,"T1"]           ## 获取数组中的第 1 页
##        c1 c2 c3 c4
## row1   1  3  5  7
## row2   2  4  6  8
```

2.3 数据框

数据框（表）是 R 语言中常用的数据格式。数据框与矩阵结构相似，都是二维的数据格式，不同的是矩阵中所有元素都是同一种数据类型，而数据框的每一列可以是不同的数据类型。数据框中每一列为一个特征（变量），每一行为一个样本。

2.3.1 生成数据框

可以使用 data.frame( )、as.data.frame( ) 等函数生成数据框，它们均可以直接将一个矩阵转化为数据框。判断是否为数据框可使用 is.data.frame( ) 函数。

```
##使用矩阵生成数据框
mat <- matrix(1:12,ncol = 4)
df <- data.frame(mat)
colnames(df) <- c("col1","col2","col3","col4")
df
```

```
##   col1 col2 col3 col4
##1    1    4    7   10
##2    2    5    8   11
##3    3    6    9   12
## 使用 as.data.frame()函数将矩阵转化为数据框
as.data.frame(mat)
##   V1 V2 V3 V4
##1  1  4  7 10
##2  2  5  8 11
##3  3  6  9 12
## 判断是否为数据框
is.data.frame(df)
##[1] TRUE
```

使用 data.frame()函数生成数据框时，可以分别指定每个变量的名称及其对应的数据。在下面的程序中，生成了包含 name、age、sex、score 4 个变量 4 个样本的数据框，其中参数 stringsAsFactors = FALSE 表示不将其中的字符串变量转化为因子变量。

```
## 分别指定变量名生成数据框
df <- data.frame(name = c("张三","李四","王五","刘小红"),
               age = c(15,17,21,16),
               sex = c("男","男","男","女"),
               score = c(89,91,78,95),
stringsAsFactors = FALSE)
df
##    name age sex score
##1   张三  15  男    89
##2   李四  17  男    91
##3   王五  21  男    78
##4 刘小红  16  女    95
```

可以使用 str()函数获取数据框每个变量的数值类型和样本示例，也可以使用 head()函数获取数据框的前几行，使用 tail()函数获取数据框的最后几行，使用 summary()函数则可获取数据框的汇总信息。

```
## 查看数据框中的数据情况
str(df)
##'data.frame':    4 obs. of  4 variables:
##  $name :chr  "张三" "李四" "王五" "刘小红"
##  $age  : num  15 17 21 16
##  $sex  :chr  "男" "男" "男" "女"
##  $score: num  89 91 78 95
## 查看数据框的前两行
head(df,2)
##   name age sex score
##1 张三   15  男    89
##2 李四   17  男    91
## 查看数据框的后两行
tail(df,2)
```

```
##    name age sex score
## 3  王五  21  男    78
## 4 刘小红 16  女    95
## 使用 summary() 函数查看数据的情况
summary(df)
##      name               age             sex               score
##  Length:4           Min.   :15.00  Length:4           Min.   :78.00
##  Class :character   1st Qu.:15.75  Class :character   1st Qu.:86.25
##  Mode  :character   Median :16.50  Mode  :character   Median :90.00
##                     Mean   :17.25                     Mean   :88.25
##                     3rd Qu.:18.00                     3rd Qu.:92.00
##                     Max.   :21.00                     Max.   :95.00
```

使用 summary( )函数会针对字符串变量输出变量的长度和类型，对数值变量输出变量的最小值、均值、最大值等内容。

2.3.2 数据框操作

利用“$”和“[ ]”索引可灵活获取数据框中的内容。例如，使用 df $name 可以获取数据框 df 中的 name 变量；使用 df[c("name" , "age")]可以获取 df 中的 name 和 age 两个变量；使用 df[2:3,c ("name" ,"age" ,"sex")]可以获取 df 中指定行和列的样本；使用 df[df $sex = = "男" ,]可以获取 df 中 sex 为男的样本；使用 df $name[df $score > 90]可以获取 df 中 score 大于 90 的 name 取值。

```
## 通过$ 索引获取数据框中的变量
df$name
## [1] "张三"  "李四"  "王五"  "刘小红"
## 通过[ ]索引获取数据框中的变量
df[,1]
## [1] "张三"  "李四"  "王五"  "刘小红"
## 通过[ ]和变量名获取数据框中的变量
df[c("name","age")]
##    name age
## 1  张三  15
## 2  李四  17
## 3  王五  21
## 4 刘小红 16
## 获取数据框中指定的行和列
df[2:3,c("name","age","sex")]
##   name age sex
## 2 李四  17  男
## 3 王五  21  男
## 通过条件筛选获取数据框中指定的内容
df[df$sex == "男",]
##   name age sex score
## 1 张三  15  男    89
## 2 李四  17  男    91
## 3 王五  21  男    78
df$name[df$score > 90]
## [1] "李四"  "刘小红"
```

也可以根据需要修改数据框的内容。例如，使用 df $sex <- as.factor （df $sex） 将 df 中的 sex 变量转化为因子变量；通过给 df $major 变量赋值的方式为 df 添加一列新的变量；使用 rbind( ) 或 cbind( ) 函数将多个数据框按照行或列拼接（注意数据框的变量需要保持一致）；使用df[,c(-2)] 则可删除 df 中的第 2 列。

```
## 修改数据框中某列的数据类型
df$sex <- as.factor(df$sex)             #将字符串转化为因子变量
df$sex
## [1] 男 男 男 女
## Levels: 男 女
## 在数据框中添加新的变量
df$major <- c("统计学","计算机","统计学","统计学")
df
##    name age sex score  major
## 1  张三   15  男    89   统计学
## 2  李四   17  男    91   计算机
## 3  王五   21  男    78   统计学
## 4 刘小红  16  女    95   统计学
##按行拼接两个数据框
df1 <- df[1,]            # df 的第 1 行
df2 <- df[3:4,]          # df 的第 3~4 行
rbind(df1,df2)
##    name age sex score  major
## 1  张三   15  男    89   统计学
## 3  王五   21  男    78   统计学
## 4 刘小红  16  女    95   统计学
##按列拼接两个数据框
df1 <- df[,1:3]          # df 的第 1~3 列
df2 <- df["major"]       # df 的第 1 个变量
cbind(df1,df2)
##    name age sex  major
## 1  张三   15  男   统计学
## 2  李四   17  男   计算机
## 3  王五   21  男   统计学
## 4 刘小红  16  女   统计学
## 删除数据框中的某一列
df3 <- df[,c(-2)]
df3
##    name sex score  major
## 1  张三   男    89   统计学
## 2  李四   男    91   计算机
## 3  王五   男    78   统计学
## 4 刘小红  女    95   统计学
```

2.4 列表

列表是 R 语言中最灵活的数据结构之一，它可以包含向量、字符串、矩阵、高维数据、数据框等

数据对象，也可以包含列表或函数。本节主要介绍如何生成和使用列表。

2.4.1 生成列表

可以使用 list( ) 函数生成列表，只需要将列表的内容包含在小括号内即可；使用 is.list( ) 函数可以判断当前代码是否为列表；使用 str( ) 函数则可以输出列表中每个元素的概括性信息。

```
## 使用 list()函数生成一个列表
mylist <- list(c("A","B","C","A"),matrix(1:10,nrow = 2))
mylist
##[[1]]
##[1] "A" "B" "C" "A"
##[[2]]
##      [,1] [,2] [,3] [,4] [,5]
##[1,]    1    3    5    7    9
##[2,]    2    4    6    8   10
## 使用 list()函数生成列表,并指定元素的名称
mylist <- list(A = factor(c("A","B","C","A")),      # 因子变量
               B = matrix(1:10,nrow = 2),           # 矩阵
               C = "这是一个字符串")                  # 字符串
mylist
## $A
##[1] A B C A
##Levels: A B C
## $B
##      [,1] [,2] [,3] [,4] [,5]
##[1,]    1    3    5    7    9
##[2,]    2    4    6    8   10
## $C
##[1] "这是一个字符串"
## 判断是否为一个列表
is.list(mylist)
##[1] TRUE
## 通过 str()函数,查看列表的汇总信息
str(mylist)
##List of 3
##  $A: Factor w/ 3 levels "A","B","C": 1 2 3 1
##  $B: int [1:2, 1:5] 1 2 3 4 5 6 7 8 9 10
##  $C:chr "这是一个字符串"
```

使用 mylist $new <- D 的方式可将 D 作为新的内容添加到列表 mylist 中，并且 D 的名称为 new。

```
## 给列表添加新的内容
D = data.frame(name = c("张三","李四","王五"),
               age = c(18,20,15))
mylist$new <- D
mylist
## $A
##[1] A B C A
##Levels: A B C
```

```
## $B
##      [,1] [,2] [,3] [,4] [,5]
##[1,]    1    3    5    7    9
##[2,]    2    4    6    8   10
## $C
##[1] "这是一个字符串"
## $new
##  name age
##1 张三  18
##2 李四  20
##3 王五  15
```

2.4.2 列表操作

可以通过“[ ]”或双重中括号“[[ ]]”并与位置索引相结合的方式获取列表中的内容。例如，使用 mylist[1]和 mylist[[1]]获取列表 mylist 中的第 1 个元素。可以通过“[ ]”与“$”相结合的方式获取列表元素的内部元素。例如，mylist[[4]]$name 表示获取 mylist 中第 4 个元素 name 变量的取值。

```
## 获取列表中的内容
mylist[1]
## $A
##[1] A B C A
## Levels: A B C
mylist[[1]]
##[1] A B C A
## Levels: A B C
mylist$A
##[1] A B C A
## Levels: A B C
## 获取列表元素中的内容
mylist$D$name
## NULL
mylist[[4]]$name
##[1] 张三 李四 王五
## Levels: 李四 王五 张三
mylist$D[,1]
## NULL
```

可以使用 unlist( )函数将列表转化为非列表的形式。

```
## 通过 unlist()函数将列表转化为非列表的形式
x1 <- c(1:5)
x2 <- c(2,4,6)
x3 <- c("A","B","C")
unlist(list(x1,x2))
##[1] 1 2 3 4 5 2 4 6
unlist(list(x1,x2,x3))
##  [1] "1" "2" "3" "4" "5" "2" "4" "6" "A" "B" "C"
```

还可以使用 names( ) 函数为列表中的元素命名；若要删除列表中的某个元素，直接将其赋值为 NULL 即可。

```
## 给列表中的元素命名
list123 <- list(x1,x2,x3,x3)
list123
##[[1]]
##[1] 1 2 3 4 5
##[[2]]
##[1] 2 4 6
##[[3]]
##[1] "A" "B" "C"
##[[4]]
##[1] "A" "B" "C"
names(list123) <- c("var1","var2","char1","char2")
list123
## $var1
##[1] 1 2 3 4 5
## $var2
##[1] 2 4 6
## $char1
##[1] "A" "B" "C"
## $char2
##[1] "A" "B" "C"
## 删除列表中的某些内容
list123$char1 <- NULL
list123
## $var1
##[1] 1 2 3 4 5
## $var2
##[1] 2 4 6
## $char2
##[1] "A" "B" "C"
## 删除列表中的多个元素
list123[1:2] <- NULL
list123
## $char2
##[1] "A" "B" "C"
```

2.5 时间数据

在数据分析中，经常遇到与日期或时间相关的数据，将其称为时间数据或日期变量（日期值）。本节重点介绍如何使用 R 语言的基础包 base 和 stats，以及专业包 lubridate 进行时间数据的操作。

2.5.1 基础包处理时间数据

在 R 语言基础包 base 中，Sys.Date( ) 和 Sys.time( ) 函数都可以获取当前系统时间，前者只精确到日，后者则会精确到秒，并输出时区信息。

```
## 获取系统时间
Sys.Date()
## [1] "2023-12-02"
Sys.time()
## [1] "2023-12-02 14:09:43 CST"
```

若时间的存储类型为字符串，则可使用 as.Data( ) 或 strptime( ) 函数将其转化为时间数据，使用时需要指定 format 参数来表示时间字符串的形式，如表 2-1 所示。

表 2-1　时间数据的常用字符串形式

format 参数	说　明
%y	两位数字表示的年份（00~99），不带世纪（如数值为 18，表示 2018 年）
%Y	4 位数字表示的年份（0000~9999）
%m	两位数字的月份，取值范围是 01~12，或 1~12
%d	月份中的天，取值范围是 01~31
%e	月份中的天，取值范围是 1~31
%b	缩写的月份（如 Jan、Feb、Mar 等）
%B	英语月份全称（如 January、February、March 等）
%a	缩写的星期几（如 Mon、Tue、Wed、Thur、Fri、Sat、Sun）
%A	星期几的全称

```
##字符串转化为时间
as.Date(c("2021-02-01","2021-5-5"),format = "%Y-%m-%d")
## [1] "2021-02-01" "2021-05-05"
strptime(c("2021-02-01","2021-5-5"),format = "%Y-%m-%d")
## [1] "2021-02-01 CST" "2021-05-05 CST"
```

也可以使用 format( ) 函数将时间数据转化为指定格式的字符串。

```
## 将时间转化为字符串
mytime <- Sys.Date()
format(mytime,format = "%d-%m-%Y")
## [1] "02-12-2023"
format(mytime,format = "%Y 年%m 月%d 日")
## [1] "2023 年 12 月 02 日"
```

在基础包 base 中，weekdays( ) 函数可以获取时间数据的星期几；quarters( ) 函数可以获取时间数据所处的季度；months( ) 函数可以获取时间数据所处的月份。

```
## 获取时间数据所处的星期几
weekdays(as.Date("2021-02-01"))
## [1] "Monday"
## 获取时间数据所处的季度
quarters(as.Date("2021-02-01"))
## [1] "Q1"
## 获取时间数据所处的月份
```

```
months(as.Date("2021-02-01"))
## [1] "February"
```

在 R 语言基础包 stats 中，ts( )函数可以用于生成一个时间向量。该函数的第一个参数为时间向量中每个时间所对应的数值向量，参数 start 用于指定起始时间，参数 frequency 用于指定时间的增长单位，其中：frequency = 1 表示以年为单位增长；frequency = 4 表示以季度为单位增长；frequency = 12 表示以月为单位增长；frequency = 365 表示以天为单位增长。

```
## 生成一个时间向量
set.seed(123)
tsdata <- sample(1:10,20,replace = TRUE)
## 以年为单位增长
ts(tsdata,start = c(2021, 2, 1),frequency = 1)  # 起始时间为 2021 年 2 月 1 日
## Time Series:
## Start = 2022
## End = 2041
## Frequency = 1
##  [1]  3  3 10  2  6  5  4  6  9 10  5  3  9  9  9  3  8 10  7 10
## 以季度为单位增长
ts(tsdata,start = c(2021, 2, 1),frequency = 4)
##      Qtr1 Qtr2 Qtr3 Qtr4
## 2021         3    3   10
## 2022    2    6    5    4
## 2023    6    9   10    5
## 2024    3    9    9    9
## 2025    3    8   10    7
## 2026   10
## 以月为单位增长
ts(tsdata,start = c(2021, 2, 1),frequency = 12)
##      Jan Feb Mar Apr May Jun Jul Aug Sep Oct Nov Dec
## 2021       3   3  10   2   6   5   4   6   9  10   5
## 2022   3   9   9   9   3   8  10   7  10
## 以天为单位增长
ts(tsdata,start = c(2021, 2, 1),frequency = 365)
## Time Series:
## Start = c(2021, 2)
## End = c(2021, 21)
## Frequency = 365
##  [1]  3  3 10  2  6  5  4  6  9 10  5  3  9  9  9  3  8 10  7 10
```

2.5.2 lubridate 包处理时间数据

lubridate 是 R 语言中专业处理时间数据的包，相较于基础包 base 和 stats 的时间处理函数，使用 lubridate 包的函数处理时间数据时会更加容易、便捷。

在 lubridate 包中，根据字母 y（年）、m（月）、d（日）的任意组合，可以得到解析各种格式日期的函数。例如，使用 ymd( )函数可以解析排列顺序为年、月、日的时间；使用 mdy( )函数可以解析排列顺序为月、日、年的时间；其他类似。

```
## 时间处理包 lubridate
library(lubridate)
## 通过年、月、日组合解析时间
ymd(c("2020-2-1","2020,2,1","20200201","2020 年 2 月 1 日"))
## [1] "2020-02-01" "2020-02-01" "2020-02-01" "2020-02-01"
## 通过年、日、月组合解析时间
ydm(c("2020-2-1","2020,2,1","20200201","2020 年 2 日 1 月"))
## [1] "2020-01-02" "2020-01-02" "2020-01-02" "2020-01-02"
## 通过月、年、日组合解析时间
myd(c("2-2020-1","2,2020,1","02202001","2 月 2020 年 1 日"))
## [1] "2020-02-01" "2020-02-01" "2020-02-01" "2020-02-01"
## 通过月、日、年组合解析时间
mdy(c("2-1-2020","2,1,2020","02012020","2 月 1 日 2020 年"))
## [1] "2020-02-01" "2020-02-01" "2020-02-01" "2020-02-01"
## 通过日、年、月组合解析时间
dym(c("2-2020-1","2,2020,1","02202001","2 日 2020 年 1 月"))
## [1] "2020-01-02" "2020-01-02" "2020-01-02" "2020-01-02"
## 通过日、月、年组合解析时间
dmy(c("2-1-2020","2,1,2020","02012020","2 日 1 月 2020 年"))
## [1] "2020-01-02" "2020-01-02" "2020-01-02" "2020-01-02"
## 提取日期中的时间信息
mytime <- ymd_hms("2021-2-10 14:44:30")
mytime
## [1] "2021-02-10 14:44:30 UTC"
```

在 lubridate 包中，利用 second( )、minute( )、hour( )、month( )、year( )等函数，可以分别提取时间数据中的相关信息，常用的提取时间信息的函数如表 2-2 所示。

表 2-2 lubridate 包中常用的提取时间信息的函数

函数名	说明	函数名	说明
year( )	提取时间数据中的年	yday( )	返回每年的第几天
month( )	提取时间数据中的月	day( )	返回每月的第几天
week( )	从 1 月 1 日开始已发生的完整 7 天的数量加上 1	hour( )	提取时间数据中的小时
		minute( )	提取时间数据中的分
wday( )	返回每周的第几天	second( )	提取时间数据中的秒
mday( )	返回每月的第几天		

```
## 提取时间数据中的年
year(mytime)
## [1] 2021
## 提取时间数据中的月
month(mytime)
## [1] 2
## 输出从 1 月 1 日开始已发生的完整 7 天的数量,再加上 1
week(mytime)
## [1] 6
```

```
## 返回每周的某天
wday(mytime)
## [1] 4
## 返回每月的某天
mday(mytime)
## [1] 10
## 返回每年的某天
yday(mytime)
## [1] 41
## 返回每月的某天,和 mday 功能相同
day(mytime)
## [1] 10
## 提取时间数据中的小时
hour(mytime)
## [1] 14
## 提取时间数据中的分钟
minute(mytime)
## [1] 44
## 提取时间数据中的秒
second(mytime)
## [1] 30
```

lubridate 包除了能准确地提取时间的信息，还提供了模糊提取时间信息的函数。如，需要将未达到 30 分的时间舍去、分钟数据归 0、获取近似的时间等。使用 round_date( ) 函数可根据指定单位进行时间近似；floor_date( ) 和 ceiling_date( ) 函数可根据指定单位向下和向上进行时间近似。在这些函数中，可通过参数 unit 指定结果的精确程度，如 unit = "minute" 表示精确到分。

```
## 指定单位进行时间近似
round_date(ymd_hms("2021-2-20 14:44:35","2021-2-10 14:24:29"),unit = "minute")
## [1] "2021-02-20 14:45:00 UTC" "2021-02-10 14:24:00 UTC"
round_date(ymd_hms("2021-2-20 14:44:35","2021-2-10 14:24:29"),unit = "hour")
## [1] "2021-02-20 15:00:00 UTC" "2021-02-10 14:00:00 UTC"
round_date(ymd_hms("2021-2-20 14:44:35","2021-2-10 14:24:29"),unit = "month")
## [1] "2021-03-01 UTC" "2021-02-01 UTC"
## 指定单位向下进行时间近似
floor_date(ymd_hms("2021-2-20 14:44:35","2021-2-10 14:24:29"),unit = "minute")
## [1] "2021-02-20 14:44:00 UTC" "2021-02-10 14:24:00 UTC"
floor_date(ymd_hms("2021-2-20 14:44:35","2021-2-10 14:24:29"),unit = "hour")
## [1] "2021-02-20 14:00:00 UTC" "2021-02-10 14:00:00 UTC"
floor_date(ymd_hms("2021-2-20 14:44:35","2021-2-10 14:24:29"),unit = "month")
## [1] "2021-02-01 UTC" "2021-02-01 UTC"
## 指定单位向上进行时间近似
ceiling_date(ymd_hms("2021-2-20 14:44:35","2021-2-10 14:24:29"),unit = "minute")
## [1] "2021-02-20 14:45:00 UTC" "2021-02-10 14:25:00 UTC"
ceiling_date(ymd_hms("2021-2-20 14:44:35","2021-2-10 14:24:29"),unit = "hour")
## [1] "2021-02-20 15:00:00 UTC" "2021-02-10 15:00:00 UTC"
ceiling_date(ymd_hms("2021-2-20 14:44:35","2021-2-10 14:24:29"),unit = "month")
## [1] "2021-03-01 UTC" "2021-03-01 UTC"
```

lubridate 包还提供了一系列函数来实现时间间隔的提取与计算，其中 interval( ) 函数可以获取两个时间之间的间隔对象，然后通过 time_length( ) 函数计算间隔的长度。如 time_length （timeintv，unit = "day"） 表示计算间隔的天数。

```
## 计算时间的间隔
time1 <-ymd("2020-2-1")
time2 <-ymd("2021-10-25")
## 创建时间间隔对象
timeintv <- interval(time1,time2)
## 获取时间间隔多少天
time_length(timeintv,unit = "day")
## [1] 632
## 获取时间间隔多少个月
time_length(timeintv,unit = "month")
## [1] 20.77419
```

lubridate 包中其他时间处理函数的使用方法可以通过帮助文档进行获取。

2.6 本章小结

本章主要介绍了如何快速创建 R 语言常见数据对象的方法，内容包括向量、因子、矩阵、数组、数据框、列表的生成与引用，以及分别使用基础包 base、stats 和专业包 lubridate 对时间数据进行获取和处理等。

程序编写与函数

❖ 本章导读

R 语言支持两种经典的程序编写方式，一种是面向过程的编程方式，另一种是面向对象的编程方式。由于 R 语言在统计、数据可视化、数据挖掘等方面的应用较为广泛，而且这些应用使用面向过程的方式理解较为直观。本章重点关注面向过程的 R 语言编程，内容包括 R 语言中的条件判断语句、循环语句、内置函数，以及如何自定义函数等内容，同时还会简单介绍如何调试已经编写好的自定义函数等。

❖ 知识技能

本章的内容要点及知识技能如下图所示。

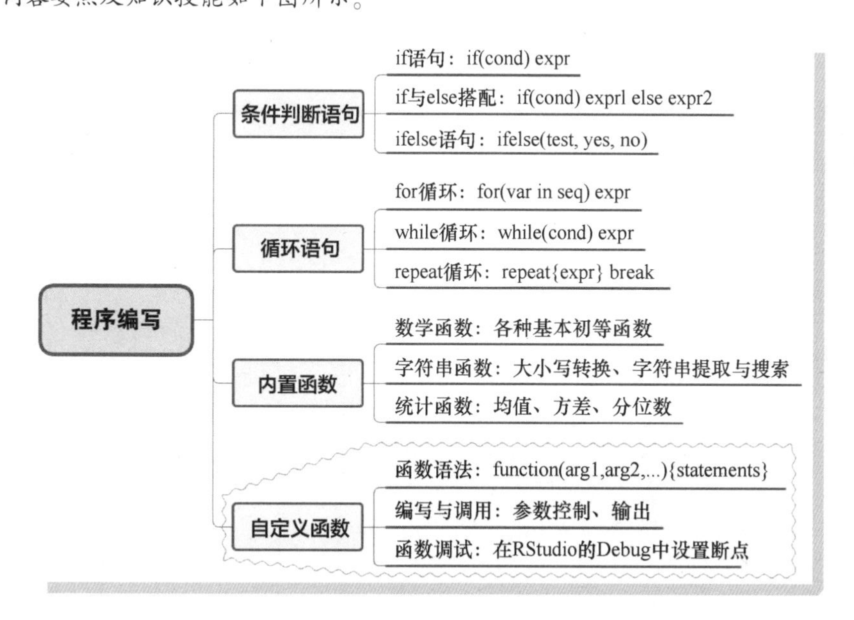

3.1 条件判断语句

条件判断程序结构通常是指，根据一个或多个要评估或测试的条件，定义条件为真时要执行的内容和条件为假时要执行的内容。

R 语言提供了多种用于定义条件判断的语句，其中常用的有：if 语句、if...else 语句与 ifelse 语句。下面将会使用具体的程序示例介绍上述几种条件判断语句的使用。

3.1.1 if 语句

if 语句的使用方式通常为：if（条件）表达式。其会通过条件判断的真假，决定是否执行表达式。如果条件为真，则执行表达式，否则不执行表达式。例如：下面的程序中，第一个 if 语句条件为真，则会输出 A+B 的结果；第二个 if 语句条件为假，则不会运行 print（A+B）语句，因此没有任何输出。

```
## 只使用 if 语句
A <- c(1,2,5,6,9)
B <- c(2,4,6,8,10)
## 如果条件为真,则执行程序片段
if(TRUE){
  print(A+B)
}
##[1]  3  6 11 14 19
## 如果条件为假,则不执行程序片段
if(FALSE){
  print(A+B)
}
```

if...else 语句的使用方式通常为：if（条件）表达式 1　else　表达式 2。它会通过条件判断的真假，决定是执行表达式 1 还是执行表达式 2。如果条件为真，则执行表达式 1，否则执行表达式 2。例如：下面的程序中，第一个 if...else 语句条件为真，则会输出 A+B 的结果；第二个 if...else 语句条件为假，则会输出 A * B 的结果。

```
## if 和 else 搭配使用
cond <- TRUE            # 定义一个条件
if(cond){               # 条件为真时执行的语句
  print(A+B)
}else{                  # 条件为假时执行的语句
  print(A * B)
}
##[1]  3  6  11  14  19
## 条件为假
cond <- FALSE           # 定义一个条件
if(cond){               # 条件为真时执行的语句
  print(A+B)
}else{                  # 条件为假时执行的语句
  print(A * B)
}
##[1]  2  8  30  48  90
```

3.1.2 ifelse 语句

ifelse 语句的使用方式通常为：ifelse(test，yes，no)，其可看作是“if（条件）表达式 1　else　表

达式2”语句的一个简化版本。ifelse语句在执行时如果test结果是真，则输出yes代表的内容，否则输出no所代表的内容。例如：下面的示例中，如何A中的元素大于B中的元素，则会输出对应元素的和，否则会输出对应元素的积。

```
## 使用 ifelse()语句
A <- c(1,3,5,7,9)
B <- c(10,8,6,4,2)
ifelse(A>B,A+B,A*B)
## [1] 10 24 30 11 11
```

针对上面程序的输出结果，输出内容的计算方式为：(1*10,3*8,5*6,7+4,9+2)。

使用ifelse语句进行上述例子的计算方式时，如果和test相关的计算有缺失值，那么输出中就会有缺失值NA，如果不想输出缺失值，可以使用dplyr包中的if_else()语句。它们的使用方式相同，但if_else()语句可以处理数据中有缺失值的情况，即其可以通过missing参数指定缺失值的替换数值。例如下面的示例中，针对缺失值的输出，if_else()使用0进行代替。

```
library(dplyr)
A <- c(1,3,5,7,9)
B <- c(10,8,NA,4,2)
ifelse(A>B,A+B,A*B)            # 有缺失值时会输出 NA
## [1] 10 24 NA 11 11
## 指定带有缺失值时的输出结果
if_else(A>B,A+B,A*B)
## [1] 10 24 NA 11 11
if_else(A>B,A+B,A*B,missing = 0)
## [1] 10 24  0 11 11
```

R语言中的条件判断语句还有switch()语句，但是不常用，这里就不再展开介绍了。

3.2 循环语句

循环语句通常在需要多次执行同一块代码的情况下使用，几乎所有的编程语言都提供循环语句的使用。R语言中的循环结构允许多次执行一个语句或语句组，常用的循环结构有：for循环、while循环与repeat循环。

3.2.1 for循环

for循环中，终止的条件通常是执行次数，常用的结构为for（var in seq）expr，即如果var在seq中，则执行expr。

下面的程序示例，利用for循环遍历向量vec中的所有元素，再判断其是否符合条件（大于8），然后进行相应的输出（输出取值与数值在向量中的位置）。

```
## 通过 for 循环获取向量中大于指定数值的数据与其位置
set.seed(12)
vec <- sample(1:10,15,replace = T)
```

```
for (ii in 1:length(vec)){
  ## 通过条件语句进行判断
  if (vec[ii] > 8){
    print(paste("第",ii,"个数据为:",vec[ii]))
  }
}
## [1] "第 2 个数据为: 10"
## [1] "第 10 个数据为: 9"
## [1] "第 12 个数据为: 10"
## [1] "第 13 个数据为: 10"
```

使用 for 循环，还可以在循环体中使用 break 语句提前跳出循环。例如：下面的程序中，如果已经输出了 5 个满足条件的元素，就使用 break 语句跳出 for 循环。

```
## 如果提前满足要求,则可通过 break 语句跳出循环
set.seed(12)
vec <- sample(1:20,30,replace = T)
reslen <- vector()                              # 保存满足条件的结果
for (ii in 1:length(vec)){
  ## 通过条件语句进行判断
  if (vec[ii] > 10){
reslen <- append(reslen,vec[ii])                # 往向量中添加一个元素
    print(paste("第",ii,"个数据为:",vec[ii]))
  }
  ## 如果已经获取了 5 个满足条件的元素,则跳出 for 循环
  if(length(reslen)>=5) break
}
## [1] "第 2 个数据为: 16"
## [1] "第 3 个数据为: 14"
## [1] "第 8 个数据为: 18"
## [1] "第 9 个数据为: 18"
## [1] "第 11 个数据为: 12"
reslen
## [1] 16 14 18 18 12
```

3.2.2 while 循环

while 循环将会重复地执行一个程序片段，直到条件不为真或者在程序片段中跳出循环，常用的格式为 while(cond) expr。例如：下面的第一段程序在使用 while 循环时，只有在遍历了 vec 中的所有元素后，循环计算才会结束。第二段使用 while 循环的程序中，则同样是利用 break 语句跳出循环体。相应的程序及输出如下所示。

```
## 通过 while 循环获取向量中大于指定数值的数据与其位置
set.seed(12)
vec <- sample(1:10,15,replace = T)
ii <- 1                                         # 初始化一个索引
while(ii <= length(vec)){
  ## 通过条件语句进行判断
```

```
  if(vec[ii] > 8){
    print(paste("第",ii,"个数据为:",vec[ii]))
  }
  ii <- ii + 1  ## 索引增加 1
}
## [1] "第 2 个数据为: 10"
## [1] "第 10 个数据为: 9"
## [1] "第 12 个数据为: 10"
## [1] "第 13 个数据为: 10"
## 如果 while 循环提前满足要求,则可通过 break 跳出循环
set.seed(12)
vec <- sample(1:20,30,replace = T)
reslen <- vector()                        # 保存满足条件的结果
ii <- 1                                   # 初始化一个索引
while(ii <= length(vec)){
  ## 通过条件语句进行判断
  if (vec[ii] > 10){
reslen <- append(reslen,vec[ii])          # 往向量中添加一个元素
    print(paste("第",ii,"个数据为:",vec[ii]))
  }
  ii <- ii + 1    ## 索引增加 1
  ## 如果已经获取了 5 个满足条件的元素,则跳出循环
  if(length(reslen)>=5) break
}
## [1] "第 2 个数据为: 16"
## [1] "第 3 个数据为: 14"
## [1] "第 8 个数据为: 18"
## [1] "第 9 个数据为: 18"
## [1] "第 11 个数据为: 12"
reslen
## [1] 16 14 18 18 12
```

3.2.3 repeat 循环

R 语言中的 repeat 循环是没有逻辑判断来控制的，一般用 break 语句跳出循环，其和 while 循环相比差一个判断条件。针对获取向量中前 5 个大于 10 的数值，利用 repeat 循环实现的程序如下，其同样通过 break 语句跳出循环体。

```
## repeat 循环语句
set.seed(12)
vec <- sample(1:20,30,replace = T)
reslen <- vector()                        # 保存满足条件的结果
ii <- 1                                   # 初始化一个索引
repeat{
  if (vec[ii] > 10){
    reslen <- append(reslen,vec[ii])      # 往向量中添加一个元素
    print(paste("第",ii,"个数据为:",vec[ii]))
  }
```

```
  ii <- ii + 1     ## 索引增加 1
  ## 如果已经获取了 5 个满足条件的元素，则跳出循环
  if(length(reslen)>=5) break
}
## [1] "第 2 个数据为: 16"
## [1] "第 3 个数据为: 14"
## [1] "第 8 个数据为: 18"
## [1] "第 9 个数据为: 18"
## [1] "第 11 个数据为: 12"
```

3.3 内置函数

R 语言允许用户根据需要解决的问题自定义函数，这一点是 R 语言与其他统计软件的最大差别，也是 R 语言的优势。R 语言提供的绝大多数内置函数均由专业人员编写，与自定义的函数没有本质上的差别。这些内置函数根据其功能分为：数学函数、字符串函数、统计函数等。本节将会介绍一些常用内置函数的使用方式。

3.3.1 常用的数学函数

常用的数学函数及其功能如表 3-1 所示。

表 3-1 常用的数学函数及其功能

函　数	功　能	函　数	功　能
abs( )	计算绝对值	tan( )	计算正切
sqrt( )	计算平方根	log( )	计算自然对数
floor( )	计算近似值	log10( )	计算以 10 为底的对数
trunc( )	计算截断值	exp( )	指数函数
cos( )	计算余弦		

表 3-1 所示的常用数学函数的使用示例如下。

```
abs(c(-1,0,10,-20))                    # 计算绝对值
## [1]  1  0  10  20
sqrt(c(-1,0,1,16))                     # 计算平方根
## Warning insqrt(c(-1, 0, 1, 16)): NaNs produced
## [1] NaN  0  1  4
floor(c(1.12,2.56,-1.3))               # 计算近似值
## [1]  1  2  -2
trunc(c(1.12,2.56,-1.3))               # 计算截断值
## [1]  1  2  -1
cos(c(0,pi/2,pi))                      # 三角函数
## [1]  1.000000e+00  6.123234e-17  -1.000000e+00
sin(c(0,pi/2,pi))                      # 三角函数
## [1]  0.000000e+00  1.000000e+00  1.224647e-16
```

```
tan(c(0,pi/2,pi))                 # 三角函数
##[1]  0.000000e+00  1.633124e+16  -1.224647e-16
log(c(0.1,0.9,1,2.55,10))         # 对数函数
##[1]  -2.3025851  -0.1053605  0.0000000  0.9360934  2.3025851
log10(c(0.1,0.9,1,10))            # 对数函数
##[1]  -1.00000000  -0.04575749  0.00000000  1.00000000
exp(c(0.1,0.9,1,10))              #指数函数
##[1]   1.105171    2.459603    2.718282  22026.465795
```

3.3.2 常用的字符串处理函数

R 语言基础包自带的常用的字符串处理函数及其功能如表 3-2 所示。

表 3-2 常用的字符串处理函数及其功能

函　数	功　能	函　数	功　能
tolower()	转化为小写	grep()	字符串搜索
toupper()	转化为大写	gsub()	字符串替换
substr()	提取字符串中的内容	strsplit()	字符串拆分

表 3-2 所示的常用的字符串处理函数的使用示例如下。

```
## 字符串的相关功能
tolower("abcderfASDF")                          # 转化为小写
##[1] "abcderfasdf"
toupper("abcderfASDF")                          # 转化为大写
##[1] "ABCDERFASDF"
substr("abcderfASDF",2,6)                       # 提取字符串中的内容
##[1] "bcder"
grep("[a-z]",c("abcd","ABCD","123abg"))         # 字符串搜索
##[1] 1 3
gsub("[a-z]","ABC",c("abcd","ABCD","123abg"))   # 字符串替换
##[1] "ABCABCABCABC" "ABCD"        "123ABCABCABC"
strsplit("This is a apple","a")                 # 字符串拆分
##[[1]]
##[1] "This is " " "         "pple"
```

3.3.3 常用的统计函数

R 语言基础包自带的常用的统计函数及其功能如表 3-3 所示。

表 3-3 常用的统计函数及其功能

函　数	功　能	函　数	功　能
sum()	求和	min()	最小值
mean()	均值	max()	最大值
sd()	标准差	quantile()	四分位数
median()	中位数	rnorm()	生成服从正态分布的随机数
range()	极值		

表 3-3 所示的常用的统计函数的使用示例如下。

```
## 统计函数的相关功能
vec <- c(1:20)
sum(vec)                                ## 求和
## [1] 210
mean(vec)                               ## 均值
## [1] 10.5
sd(vec)                                 ## 标准差
## [1] 5.91608
median(vec)                             ## 中位数
## [1] 10.5
range(vec)                              # 极值
## [1]  1 20
min(vec)                                # 最小值
## [1] 1
max(vec)                                # 最大值
## [1] 20
quantile(vec)                           # 四分位数
##    0%   25%   50%   75%  100%
##  1.00  5.75 10.50 15.25 20.00
rnorm(5,mean = 0, sd = 1)               # 生成服从正态分布的随机数
## [1] -0.2673848 -0.1991057  0.1311226  0.1457999  0.3620647
```

简单介绍了 R 语言中的一些内置函数的使用之后，下面将介绍如何自定义函数。

3.4 自定义函数

用户自定义的函数有很多优点。首先，自定义函数运行环境与其他脚本环境不同，即使它们有相同的变量名也不会影响脚本运行空间下的变量取值；其次，对一些烦琐的重复操作编写函数，可以使代码简洁明了，实现重复使用；最后，函数内部还可以嵌套函数，可以完成更加复杂的计算。R 语言中，用户可以很方便地自定义函数。

3.4.1 函数语法

用户可以很方便地使用 R 语言自定义函数，编写函数时常用的格式为：

```
functionname <- function(arg1,arg2,arg3,...){
statements
return(result)
}
```

上面的结构中，functionname 是函数的名称，使用 function( ) 来定义函数，arg1、arg2、arg3 等表示在函数中使用的参数，statements 表示函数的语句，最后通常使用 return( ) 函数输出需要的内容。如果没有使用 return( ) 指定输出内容，则会默认输出最后一个计算得到的结果。函数的主体使用大括号{ }包裹，如果程序较简单只有一行代码则可以省略大括号。函数返回的结果可以是向量、数据框、列表等数据类型。

3.4.2 函数编写

根据函数的编写格式要求，就可以编写符合自己计算要求的函数。例如，编写一个简单的函数，计算x^2+2x+1取值的程序如下所示。

```
## 编写一个简单的函数计算 x^2 +2x+1
myfun <- function(x) x^2+2 * x+1
## 使用该函数
myfun(0.5)
##[1] 2.25
myfun(c(0.5,1,3,5,9))
##[1]  2.25  4.00  16.00  36.00  100.00
```

上面的程序在自定义函数 myfun 中，由于在 function( )后的语句只有一行，所以省略了大括号的使用。在调用函数时，使用函数名并为其中的参数输入取值即可。

针对函数执行语句较多的情况，则需要使用{}包裹起来，以便准确地判断函数所要计算的内容，例如下面的示例中，定义了一个计算向量中所有元素的和的函数 vecsum( )。

```
## 编写一个计算向量和的函数
vecsum <- function(vec){
  ## 通过循环计算和
  res <- 0  # 初始化一个输出
  for(ii in 1:length(vec)){
    res <- res +vec[ii]
  }
  return(res)
}
## 调用定义好的函数
vec <- 1:100
vecsum(vec)
##[1] 5050
##vecsum(c(NA,1,2,3))  该语句会报错
```

上面定义的函数 vecsum( )，只需要输出一个向量参数 vec 即可进行运算，但是在调用 vecsum( )的示例中可以发现，当输入的向量中有缺失值时，程序就会出错。这是因为自定义的函数功能还不完整，无法处理数据中有缺失值的情况。针对这一问题，可以对程序进行进一步的调整，以完善函数的计算适应性。下面的程序则是添加了函数处理缺失值的功能。

```
## 为函数添加更多的功能,用于处理更多的情况
vecsumnew <- function(vec,removena = TRUE){
  ## 判断数据中是否有缺失值
  if(sum(is.na(vec)) == 0){          # 如果不存在缺失值
    ## 通过循环计算和
    res <- 0                         # 初始化一个输出
    for(ii in 1:length(vec)){
      res <- res +vec[ii]
    }
    }else{                           # 如果存在缺失值
```

```
    if(removena == TRUE){                   ## 如果采用剔除缺失值的方式
    vec <- vec[!is.na(vec)]                 # 剔除缺失值的向量
      ## 通过循环计算和
      res <- 0                              # 初始化一个输出
      for(ii in 1:length(vec)){
        res <- res +vec[ii]
      }
      }else{                                ## 如果不采用剔除缺失值的方式
      res <- NA                             # 输出结果为 NA
    }
    }
  return(res)                               # 输出结果
}

## 调用函数
vecsumnew(c(1,2,3,4,5,NA,7,8,NA,9,10))
## [1] 49
vecsumnew(c(1,2,3,4,5,NA,7,8,NA,9,10),removena = F)
## [1] NA
```

在上面自定义函数 vecsumnew( ) 中，通过条件判断语句针对不同的情况，进行不同的计算输出，从使用示例中可以发现，函数已经可以正确地处理带有缺失值的情况。

R 语言定义函数时，还可以使用特殊参数“...”。“...”参数表示一些可以传递给另一个函数的参数，常用于拓展一个函数的功能，而又不想复制原函数的整个参数列表时使用。例如：下面的程序自定义一个函数 fun1，计算一个向量的四分位数，并且使用箱线图进行数据可视化。在计算四分位数时可以使用 quantile( ) 函数，制作箱线图时可以使用 boxplot( ) 函数。但是这两个函数还有其他参数，在不想复制它们的参数列表而又想使用相应的参数功能时，可以使用“...”参数，函数的定义方式如下：

```
## 计算一个向量的四分位数,并制作箱线图
fun1 <- function(vec,...){
  #在 fun1 中可以使用 quantile()函数的参数
  print(quantile(vec,...))
  #在 fun1 中可以使用 boxplot()函数的参数
  boxplot(vec,...)
}
## 调用上面的函数
vec <- 10 * rnorm(100)
fun1(vec)
##         0%        25%        50%       75%       100%
## -21.4926000  -5.2596923  -0.3303216  7.0052593  21.3249109
```

定义好函数 fun1 之后，在使用时只输出一个参数 vec。运行程序后可获得数据的四分位数的同时，还可获得图 3-1 所示的箱线图。

因为定义 fun1( ) 函数时，使用了“...”参数，所以在调用 fun1( ) 时可以额外地输入 quantile( ) 函数和 boxplot( ) 函数中的参数，调整函数的输出结果。

在下面的程序中，使用 probs 参数控制调用 quantile( ) 函数的情况，使用 main、col、horizontal 等

参数控制调用 boxplot( ) 函数的情况，运行结果如图 3-2 所示。

```
## 为 fun1 中输入更多的参数
fun1(vec,probs = c(0.1,0.5,0.9),#quantile()函数中的参数
    ## boxplot()函数中的参数
    main = "boxplot",col = "blue",horizontal = TRUE)
##        10%         50%         90%
## -11.7055336  -0.3303216  11.4700200
```

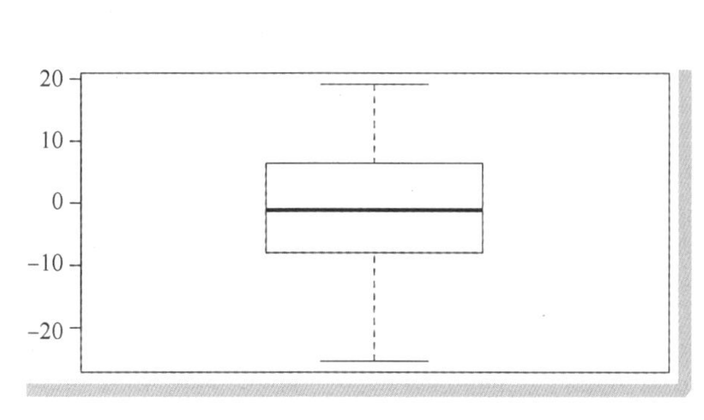

20
10
0
-10
-20

● 图 3-1　数据分布箱线图一

boxplot
-20
-10
0
10
20

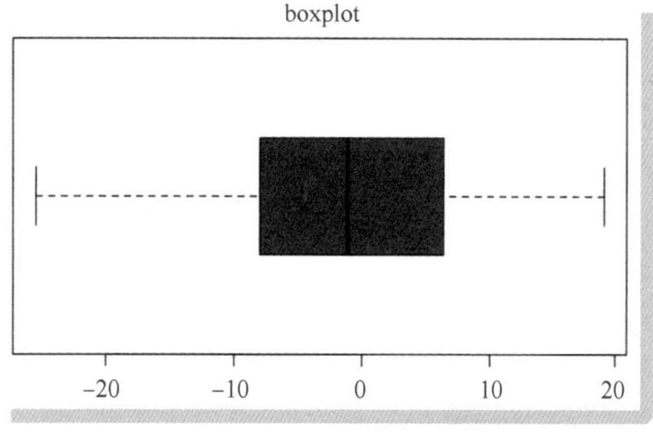

● 图 3-2　数据分布箱线图二

本小节详细介绍了使用 R 语言自定义函数的几种方式，下面将介绍如何使用 RStudio 对自定义的函数进行调试。

3.4.3　函数调试

自定义函数在调用时如果不出现错误，一般不会中间停止，会一直运行下去，直到输出函数的计算结果。因此，这样的运算方式可能会存在隐性的错误，而且不能通过观察中间变量的输出，对输出的最终结果是否正确进行直观判断。

针对上述程序调试所面对的问题，RStudio 提供了通过设置程序断点的方式，对函数进行调试。例如：在.R 格式的程序文件（chap3_函数调试.R）中，单击对应代码行的左侧，或者按下〈Shift+F9〉快捷键，就能在对应行设置一个断点，如图 3-3 所示。在程序的第 9 行出现一个红色的圆圈，表示该行已经设置了一个断点，当调用 vecsum( ) 函数时，运行到该行程序会自动停止。

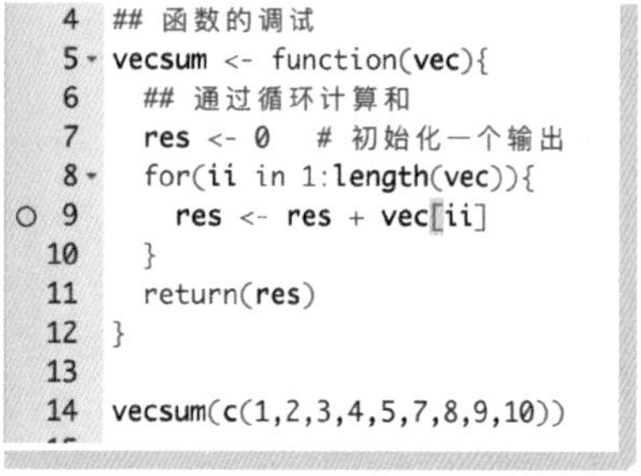

4 ## 函数的调试
5 vecsum <- function(vec){
6 ## 通过循环计算和
7 res <- 0 # 初始化一个输出
8 for(ii in 1:length(vec)){
9 res <- res + vec[ii]
10 }
11 return(res)
12 }
13
14 vecsum(c(1,2,3,4,5,7,8,9,10))

● 图 3-3　在程序函数中设置断点

设置断点后，通过单击 RStudio 的 Source 按钮运行程序文件，当 vecsum( ) 函数运行到第 9 行时，会受到断点的影响而停止，断点停止后 RStudio 的显示如图 3-4 所示。

由图 3-4 可以发现，此时 RStudio 已经进入了程序的调试状态，RStudio 的 Console 界面中可以通过单击 Stop 按钮退出程序调试状态，也可以通过按〈Enter〉键进入断点的下一步（该示例表示进行一次循环计算）。RStudio 的 Environment 界面中显示的则是当前 vecsum( ) 函数的环境变量空间，显示当时每个变量的取值情况。

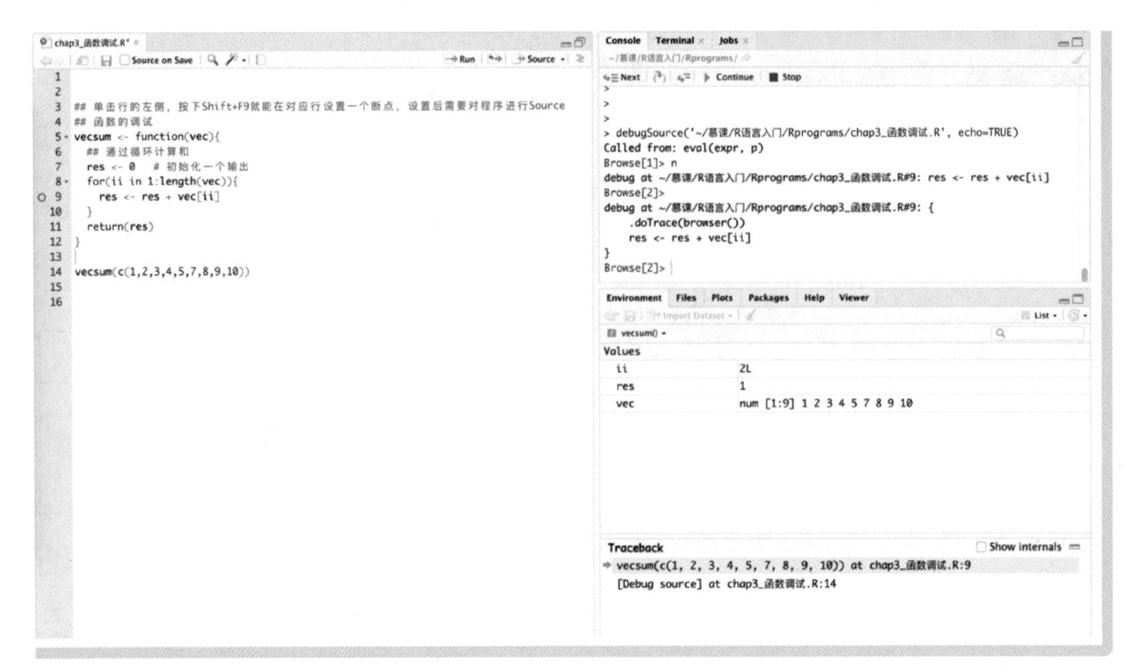

● 图 3-4　调用带断点的函数时 RStudio 的状态

需要注意的是，由于 R 语言是命令行式的编程语言，而且大多数是面向过程的程序，针对不复杂的程序，有时通过在命令行中执行相应的程序，比设置断点对程序进行调试更加方便。而且由于 R 语言具有丰富的包可以调用，所以使用 R 语言自定义函数的情况并不常见。

3.5 本章小结

本章主要介绍了如何使用 R 语言中的条件判断语句、循环语句、内置函数以及自定义函数。针对 R 语言的条件判断语句主要介绍了与 if、else 有关的内容；针对 R 语言的循环语句，主要介绍了 for、while 与 repeat 循环的使用方法，以及如何使用 break 语句提前终止循环；针对 R 语言中函数的使用，详细介绍了如何自定义函数以及对自定义的函数进行调试等。

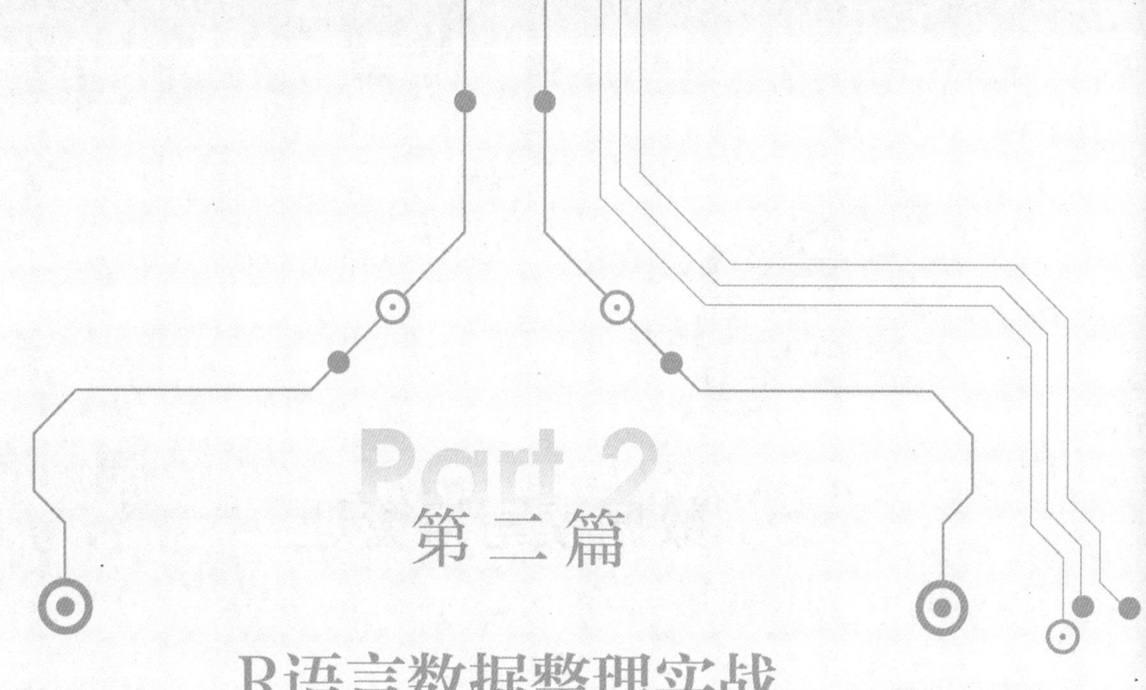

第二篇

R语言数据整理实战

在数据科学研究中，原始数据因为各种因素，通常是不符合或者不满足分析与建模需求的，此时需要花费较多时间来整理数据。数据整理工作通常包括数据的重塑、数据的合成、字符数据处理、日期数据处理等。

本篇将详细介绍数据导入与保存、数据并行运算、缺失值预处理、数据的管道操作以及长宽数据转换等内容，覆盖了数据框数据、图像数据、文本数据的基本处理方法，以及读写R语言数据、导入其他软件类型的数据、网络爬取数据等多种获取数据的手段，为系统学习R语言数据分析打下基础，为数据建模与数据挖掘提供可靠的数据支持。

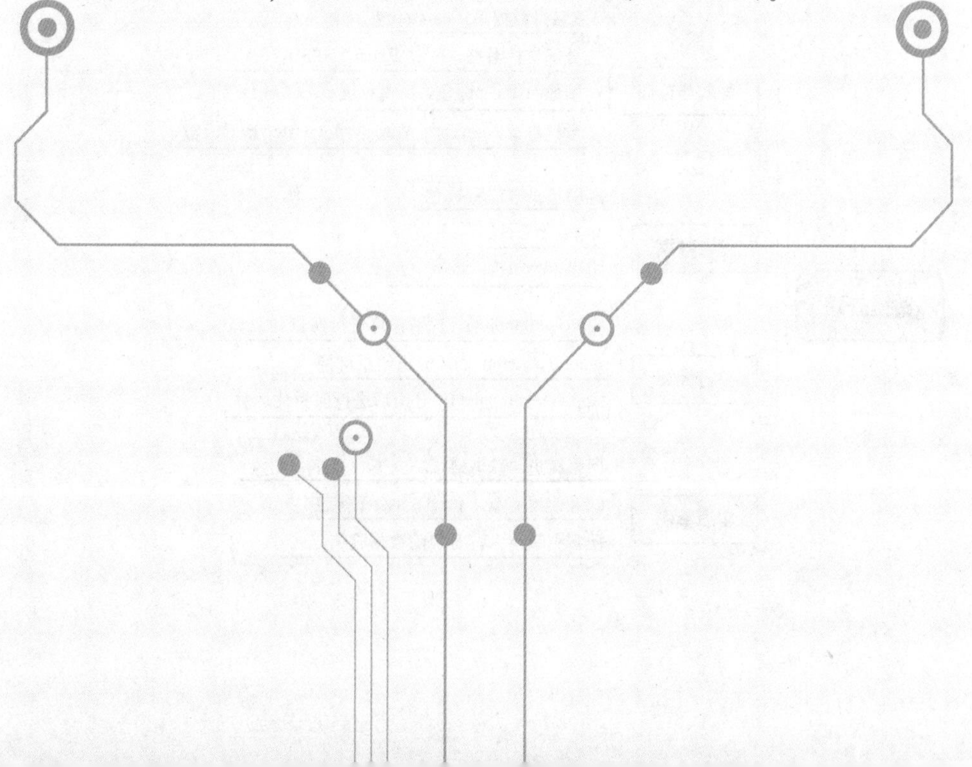

数据读写与管理

❖ 本章导读

数据读写与管理是数据科学中关键的任务之一，涉及有效地处理和存储数据。在R语言中，数据读写与管理通常使用内置的函数和包来处理文件和数据库。R语言除了基础包自带的数据导入和保存函数外，还有很多第三方包供其使用，可以方便操作各种类型的数据，例如从Excel文件中读取数据，从SAS文件中读取数据，通过爬虫获取网页的文本、网站、图像等。本章从实际需求出发，系统介绍R语言的数据导入与保存、从外部文件导入数据、图像数据的读取与操作，以及数据的并行计算等。

❖ 知识技能

本章知识技能及实战案例如下所示。

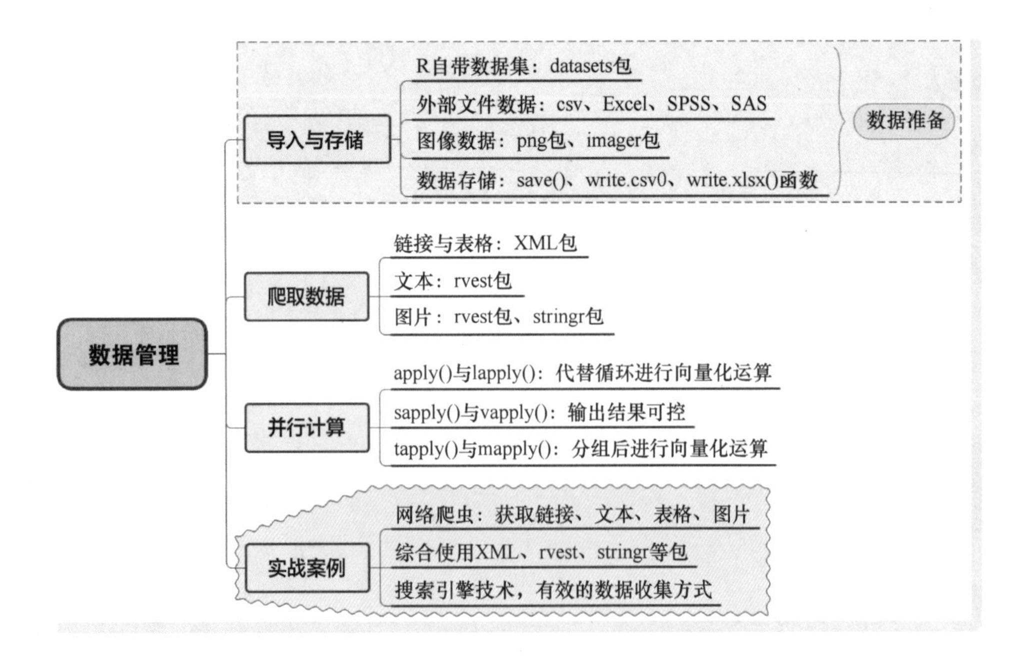

4.1 数据导入与保存

R 语言主要是通过 R 语言包来进行工作的，很多常用的 R 语言包中都会带有少量的数据集，而且 R 语言中还有很多专门导入数据的包，例如：在 datasets 包中就内置了各种类型的常用数据集，方便使用者调用和测试程序。针对 R 语言包中已经准备好的数据集，可以通过 data（“数据集名称”）函数进行导入。

下面的程序导入了 datasets 包中自带的数据集 Orange。

```
## 导入 R 语言包中自带的数据
data("Orange")
head(Orange,3)
##  Tree age circumference
## 1    1 118            30
## 2    1 484            58
## 3    1 664            87
```

导入的数据集 Orange 中有三个变量，分别为因子变量 Tree、树的年龄（生长天数）age，以及树的躯干周长 circumference（毫米）。

此外，R 语言可以通过 save( ) 函数将数据自动保存为 R 语言的数据格式，即文件后缀为.RData 或者.rda（.RData 的缩写形式）的数据。并且针对.RData 形式的数据，可以通过 load( ) 函数快速导入，通过 save( ) 函数保存的数据。使用 load( ) 函数读取后，会继续使用其在数据空间中的原始数据名称。

例如：在下面的程序中，使用 save( ) 可将 Orange 保存为.RData 格式的数据；不过无论文件的名称叫什么，通过 load( ) 函数导入数据后，数据名称仍然为 Orange。

```
## 将 Orange 数据保存到指定文件
save(Orange,file = "data/chap4/保存的 Orange.RData")
## 针对已经保存好的.rda 或者.RData 数据可使用 load() 函数
load("data/chap4/保存的 Orange.RData")
head(Orange,3)
##  Tree age circumference
## 1    1 118            30
## 2    1 484            58
## 3    1 664            87
```

save( ) 函数也可以同时保存多个数据变量。例如：在下面的程序中，同时保存了 tree、age、circum 三个数据变量，通过 load( ) 函数导入文件后，在 R 语言的变量空间将仍然会使用 tree、age、circum 表示三个新的数据。图 4-1 展示了重新导入数据后的 R 环境变量空间中的 3 个数据变量。

```
## 保存多个数据
tree <- Orange$Tree
age <- Orange$age
circum <- Orange$circumference
save(tree,age,circum,file = "data/chap4/保存多个数据.RData")
## 导入多个数据
load("data/chap4/保存多个数据.RData")
```

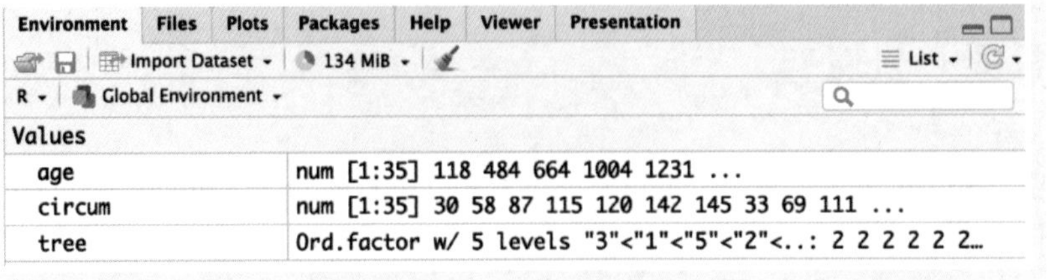

```
Environment  Files  Plots  Packages  Help  Viewer  Presentation
Import Dataset ▾  134 MiB ▾                              List ▾
R ▾  Global Environment ▾
Values
  age        num [1:35] 118 484 664 1004 1231 ...
  circum     num [1:35] 30 58 87 115 120 142 145 33 69 111 ...
  tree       Ord.factor w/ 5 levels "3"<"1"<"5"<"2"<..: 2 2 2 2 2 2...
```

• 图 4-1　重新导入数据后的 R 环境变量空间中的 3 个数据变量

4.2 从文件中导入数据

前面介绍的是 R 语言自有数据格式的保存和导入操作，接下来介绍如何使用 R 语言中的函数，导入其他格式的数据。

4.2.1 导入带有分隔符的数据

带有分隔符的数据文件中每一行表示一个数据样本，每一列表示一个数据变量，列与列之间通常使用〈Tab〉键（\t）、逗号（,）等分隔符分开。

R 语言可以通过多种方式读取带有分隔符的数据。例如自带包中的 read.delim( )、read.table( ) 等函数读取使用〈Tab〉键作为分隔符的数据文件，使用 read.csv( )、read.table( ) 函数和 readr 包中的 read_csv( ) 等函数读取使用逗号分隔的数据文件。

下面的示例，首先是介绍如何读取使用\t 分割的 txt 文件，其中 read.delim( ) 函数读取文件 Iris.txt 时不需要指定参数 sep，而使用 read.table( ) 函数时需要使用分隔符参数 sep 的取值，两个函数的使用示例如下所示：

```
## 导入使用\t 分割的 txt 文件
df <- read.delim("data/chap4/Iris.txt")
head(df,3)
##  Id SepalLengthCm SepalWidthCm PetalLengthCm PetalWidthCm     Species
## 1  1           5.1          3.5           1.4          0.2 Iris-setosa
## 2  2           4.9          3.0           1.4          0.2 Iris-setosa
## 3  3           4.7          3.2           1.3          0.2 Iris-setosa
## 使用 read.table()函数指定分隔符
df <- read.table("data/chap4/Iris.txt",header = TRUE,sep = "\t")
head(df,3)
##  Id SepalLengthCm SepalWidthCm PetalLengthCm PetalWidthCm     Species
## 1  1           5.1          3.5           1.4          0.2 Iris-setosa
## 2  2           4.9          3.0           1.4          0.2 Iris-setosa
## 3  3           4.7          3.2           1.3          0.2 Iris-setosa
```

通过逗号作为分隔符的 csv 文件是最常用的数据保存文件类型之一。下面的程序中分别展示了如何使用 R 语言自带的 read.csv( )、read.table( ) 函数导入 csv 文件。

```
## 使用 read.csv()函数导入 csv 文本数据
df <- read.csv("data/chap4/Iris.csv")
```

```
head(df,3)
##  Id SepalLengthCm SepalWidthCm PetalLengthCm PetalWidthCm    Species
##1 1          5.1          3.5           1.4          0.2 Iris-setosa
##2 2          4.9          3.0           1.4          0.2 Iris-setosa
##3 3          4.7          3.2           1.3          0.2 Iris-setosa
## 使用 read.table()函数指定分隔符
df <- read.table("data/chap4/Iris.csv",header = TRUE,sep = ",")
head(df,3)
##  Id SepalLengthCm SepalWidthCm PetalLengthCm PetalWidthCm    Species
##1 1          5.1          3.5           1.4          0.2 Iris-setosa
##2 2          4.9          3.0           1.4          0.2 Iris-setosa
##3 3          4.7          3.2           1.3          0.2 Iris-setosa
```

使用R语言自带的函数，当遇到较大的文件时（如文件有几百MB甚至达到几个GB)，数据的导入会很慢。为解决这种问题，可以通过readr包导入较大的数据，而且readr包在导入大文件时更加的稳定快速。

下面的程序示例展示了：使用read_delim()函数读取txt文件、使用read_csv()函数读取csv文件的方法，参数col_types可用于指定每个变量的数据类型，其中d表示数值型、c表示字符串类型等。

```
library(readr)
## 读取 txt 文件
df <- read_delim("data/chap4/Iris.txt",delim = "\t")
head(df,3)
## # A tibble: 3 x 6
##     Id SepalLengthCm SepalWidthCm PetalLengthCm PetalWidthCm Species
##  <dbl>         <dbl>        <dbl>         <dbl>        <dbl> <chr>
##1    1          5.1          3.5           1.4          0.2 Iris-setosa
##2    2          4.9          3             1.4          0.2 Iris-setosa
##3    3          4.7          3.2           1.3          0.2 Iris-setosa
## 读取 csv 文件
df <- read_csv("data/chap4/Iris.csv",col_names = TRUE,
            col_types = list("d","d","d","d","d","c"))
head(df,3)
## # A tibble: 3 x 6
##       Id SepalLengthCm SepalWidthCm PetalLengthCm PetalWidthCm Species
##  <dbl>         <dbl>        <dbl>         <dbl>        <dbl> <chr>
##1    1          5.1          3.5           1.4          0.2 Iris-setosa
##2    2          4.9          3             1.4          0.2 Iris-setosa
##3    3          4.7          3.2           1.3          0.2 Iris-setosa
```

想要将通过R语言处理好的数据保存为使用分隔符的文本数据（如逗号分隔符csv文件)，可以使用R语言基础包自带的write.csv()函数，也可使用readr包中的wtite_csv()函数保存较大的数据集。这两个函数的使用示例如下所示，在使用write.csv()函数时，参数quote=TRUE表示保存的数据使用双引号（“”）包裹。

```
## 将数据保存为 csv 格式可使用下面的方式
write.csv(df,file = "data/chap4/IrisWrite_1.csv",
          quote = TRUE,                  ## 保存的数据使用双引号包裹
```

```
        row.names = FALSE)          ## 不保存数据的行索引
write_csv(df,path = "data/chap4/IrisWrite_2.csv")
```

当然，R 语言中还有其他的包提供了读取类似数据的函数，这里就不再一一介绍了。

4.2.2 导入 Excel 表格数据

Excel 表格数据是最常见的数据保存方式之一，R 语言中有多个包可以对 Excel 表格数据进行读取和使用。其中针对数据的快速读取，可以使用 readxl 包中的 read_excel( ) 函数，该函数可以通过参数 sheet 指定所有读取的表格名称，通过参数 col_types 指定待读取数据中每列的数据类型，例如："text" 表示文本、"numeric" 表示数值、"guess" 表示读取时猜测变量的数据类型。使用 read_excel( ) 函数读取数据的示例如下所示。

```
library(readxl)  # 更注重 Excel 数据表的读取
df <- read_excel(path = "data/chap4/Iris.xlsx",
                 sheet = NULL,  # 默认不指定读取的数据表名称
                 # 可指定每个特征的数据类型
                 col_types = c("text", "guess", "numeric", "numeric", "numeric", "text"))
head(df,3)
## # A tibble: 3 x 6
##   Id SepalLengthCm SepalWidthCm PetalLengthCm PetalWidthCm Species
##   <chr>      <dbl>        <dbl>         <dbl>        <dbl> <chr>
## 1 1            5.1          3.5           1.4          0.2 Iris-setosa
## 2 2            4.9          3             1.4          0.2 Iris-setosa
## 3 3            4.7          3.2           1.3          0.2 Iris-setosa
```

readxl 包通常只是用于数据的读取工作，如果需要对 Excel 表格进行进一步的写入和编辑操作，可以使用 openxlsx 包。该包中的 read.xlsx( ) 函数可用于读取 Excel 数据表，write.xlsx( ) 函数可以将数据保存为 Excel 文件，这两个函数的使用程序示例如下所示。

```
library(openxlsx)
## 读取 Excel 数据,默认读取第一个数据表
df <- read.xlsx(xlsxFile = "data/chap4/Iris.xlsx",sheet = 1)
head(df,3)
##   Id SepalLengthCm SepalWidthCm PetalLengthCm PetalWidthCm     Species
## 1  1           5.1          3.5           1.4          0.2 Iris-setosa
## 2  2           4.9          3.0           1.4          0.2 Iris-setosa
## 3  3           4.7          3.2           1.3          0.2 Iris-setosa
## 读取时可使用 detectDates 参数检测数据表中的时间变量
scoredf <- read.xlsx(xlsxFile = "data/chap4/得分数据.xlsx",detectDates = TRUE)
str(scoredf)
## 'data.frame':    4 obs. of  5 variables:
##  $姓名:chr  "张三" "李四" "王五" "刘小红"
##  $生日: Date, format: "1995-04-02" "1997-01-15" ...
##  $性别:chr  "男" "男" "男" "女"
##  $专业:chr  "统计学" "统计学" "计算机" "统计学"
##  $得分: num  88 92 79 90
## 将数据表保存为 xlsx 格式
write.xlsx(scoredf,file = "data/chap4/得分数据 2.xlsx")
```

上面的程序中，读取 Excel 数据表时，还通过参数 detectDates 检测数据表中是否有时间变量，如果有则会将其以时间的形式读取到 R 语言环境中。

openxlsx 包处理读取和保存数据，还能对数据表格进行进一步的操作，例如：下面的程序示例表示是将一个 R 语言可视化图像，插入到保存好的数据表格中。首先通过 createWorkbook( ) 函数创建一个新的 Workbook 对象，再利用 addWorksheet( ) 和 writeData( ) 函数创建一个数据表“表 1”，并将数据写入其中。然后针对可视化得到的条形图，使用 insertPlot( ) 函数将其插入“表 1”中，最后通过 saveWorkbook( ) 函数将编辑好的数据表保存。最终数据表通过 Excel 打开后，其显示的内容如图 4-2 所示。

```
## 在 Excel 文件中插入一个可视化图
wb <-createWorkbook()                                  # 创建一个新的 Workbook 对象
addWorksheet(wb,sheetName = "表 1")                    # 添加一个数据表
writeData(wb,sheet = "表 1",x = scoredf)               # 在数据表中添加数据
par(family = "STKaiti")                                # 设置显示的字体
barplot(得分~姓名,data = scoredf)                      # 可视化一个条形图
insertPlot(wb,sheet = "表 1")
## 保存插入图像后的数据表
saveWorkbook(wb,"data/chap4/得分数据 3.xlsx",overwrite = TRUE)
```

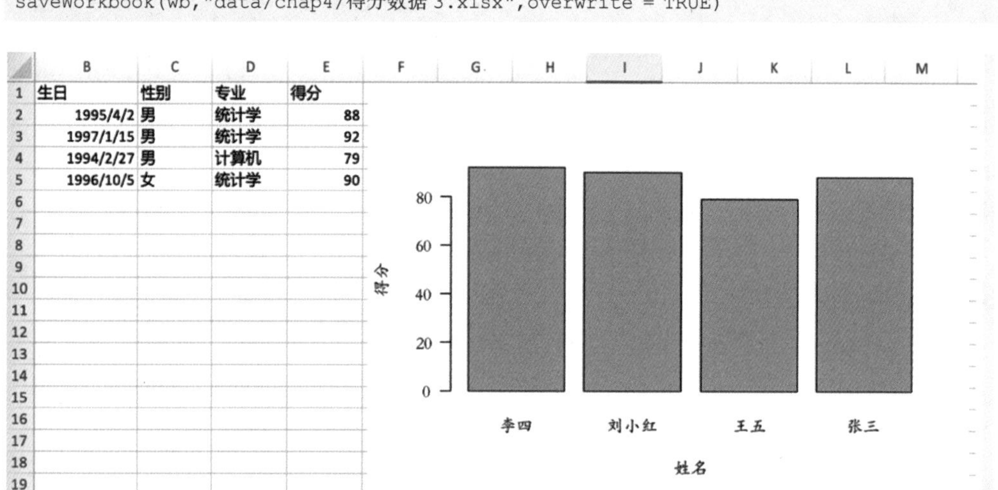

● 图 4-2 在 Excel 表中插入 R 语言绘制的条形图

➤ 说明：上面程序中的 par( ) 函数用来设置全局参数以控制图形的显示，其中 family = "STKaiti" 表示显示的文字为楷体。在 Windows 系统中不需要设置这个参数，默认即可正确显示中文，而在 mac OS 系统中通常需要设置参数 family = "STKaiti"（也可以指定其他字体）才能正确显示中文。

4.2.3 导入 SPSS 数据

SPSS 是常见的付费统计分析软件之一，针对 SPSS 保存的数据集，可以使用 R 语言多个包中的函数进行读取，例如：使用 foreign 包中的 read.spss( ) 函数；使用 Hmisc 包中的 spss.get( ) 函数；使用 haven 包中的 read_sav( ) 函数等。

下面使用一个 SPSS 输出的数据表格（Iris_spss.sav）为例，介绍如何使用前面提到的函数对数据进行读取。

```
## 导入 SPSS 数据
library(foreign)
spssdata <- read.spss("data/chap4/Iris_spss.sav",to.data.frame = TRUE)
head(spssdata,2)
##   Id SepalLengthCm SepalWidthCm PetalLengthCm PetalWidthCm         Species
## 1  1           5.1          3.5           1.4          0.2 Iris-setosa
## 2  2           4.9          3.0           1.4          0.2 Iris-setosa
```

foreign 包中的 read.spss( ) 函数在读取数据时，需要使用参数 to.data.frame 控制是否要将数据以数据框的形式读入 R 语言环境中。而使用 Hmisc 包中的 spss.get( ) 函数时，由于 spss.get( ) 是对 read.spss( ) 的进一步封装，所以使用时更加简单，不需要使用额外的参数即可对数据进行正确的读取，使用的程序示例如下所示。

```
library(Hmisc)
spssdata <- spss.get("data/chap4/Iris_spss.sav")
head(spssdata,2)
##   Id SepalLengthCm SepalWidthCm PetalLengthCm PetalWidthCm         Species
## 1  1           5.1          3.5           1.4          0.2 Iris-setosa
## 2  2           4.9          3.0           1.4          0.2 Iris-setosa
```

haven 包中提供了两个可以读取 SPSS 数据表的函数，分别是 read_sav( ) 函数和 read_spaa( ) 函数，两个函数的使用程序示例如下。

```
library(haven)
## 使用 read_sav() 函数
spssdata <- read_sav("data/chap4/Iris_spss.sav")
head(spssdata,2)
## # A tibble: 2 x 6
##      Id SepalLengthCm SepalWidthCm PetalLengthCm PetalWidthCm Species
##   <dbl>         <dbl>        <dbl>         <dbl>        <dbl> <chr>
## 1     1           5.1          3.5           1.4          0.2 Iris-setosa
## 2     2           4.9          3             1.4          0.2 Iris-setosa
## 使用 read_spss() 函数
spssdata <- read_spss("data/chap4/Iris_spss.sav")
head(spssdata,2)
## # A tibble: 2 x 6
##      Id SepalLengthCm SepalWidthCm PetalLengthCm PetalWidthCm Species
##   <dbl>         <dbl>        <dbl>         <dbl>        <dbl> <chr>
## 1     1           5.1          3.5           1.4          0.2 Iris-setosa
## 2     2           4.9          3             1.4          0.2 Iris-setosa
```

4.2.4 导入 SAS 数据

SAS 是一种典型的统计分析商业软件，其保存的数据格式通常使用.sas7bdat 后缀等。使用 R 语言 sas7bdat 包中的 read.sas7bdat( ) 函数可以读取 SAS 格式的数据，同时 haven 包中还包含读取 SAS 格式数据集的 read_sas( ) 函数。这些函数在读取 SAS 数据时不要求安装 SAS 软件。使用这两个函数读取 SAS

格式数据的程序示例如下。

```
library(sas7bdat)
sasdata <- read.sas7bdat("data/chap4/iris.sas7bdat")
head(sasdata,2)
##  Sepal_Length Sepal_Width Petal_Length Petal_Width Species
##1          5.1         3.5          1.4         0.2  setosa
##2          4.9         3.0          1.4         0.2  setosa
library(haven)
sasdata <- read_sas("data/chap4/iris.sas7bdat")
head(sasdata,2)
## # A tibble: 2 x 5
##  Sepal_Length Sepal_Width Petal_Length Petal_Width Species
##         <dbl>       <dbl>        <dbl>       <dbl> <chr>
##1          5.1         3.5          1.4         0.2 setosa
##2          4.9         3            1.4         0.2 setosa
```

4.2.5 导入 MATLAB 数据

MATLAB 又叫矩阵运算实验室，是功能强大的数学软件，它保存的数据格式通常使用.mat 后缀，使用 R.matlab 包中的 readMat( ) 函数可以读取该格式的数据。如果 mat 文件中保存有多个数据变量，使用 readMat( ) 函数导入数据后，会以列表的形式保存在 R 语言环境中。下面是通过 readMat( ) 函数导入 MATLAB 数据的程序示例。

```
library(R.matlab)
## 导入 MATLAB 数据
matdata <- readMat("data/chap4/ABC.mat")
str(matdata)
## List of 3
##  $ A: int [1:9, 1:3] 1 2 3 4 5 6 7 8 9 10 ...
##  $ B: int [1:10, 1] 1 2 3 4 5 6 7 8 9 10
##  $ C: int [1:2, 1:3, 1:3] 1 2 3 4 5 6 7 8 9 10 ...
##  -attr(*, "header")=List of 3
##  ..$ description:chr "MATLAB 5.0 MAT-file, Platform: windows, Software: R v2.15.0, Created
on: Sat Mar 31 19:50:00 2012                    "
##  ..$ version    :chr "5"
##  ..$ endian     : chr "little"
```

4.2.6 导入 Stata 数据

Stata 也是常见的商业统计分析软件，R 语言 haven 包中提供的 read_dta( ) 函数和 read_stata( ) 函数可用于读取 stata 格式的数据集。下面的程序示例是演示如何使用这两个函数读取 stata 格式的数据，可以发现，这两个函数功能一致，在使用时选择其中的任意一个皆可。

```
library(haven)
dtadata <- read_dta("data/chap4/iris.dta")
head(dtadata,2)
## # A tibble: 2 x 5
```

```
##  sepallength sepalwidth petallength petalwidth species
##        <dbl>      <dbl>      <dbl>      <dbl> <chr>
##1        5.10        3.5        1.40       0.200 setosa
##2        4.90        3          1.40       0.200 setosa
dtadata <- read_stata("data/chap4/iris.dta")
head(dtadata,2)
## # A tibble: 2 x 5
##  sepallength sepalwidth petallength petalwidth species
##        <dbl>      <dbl>      <dbl>      <dbl> <chr>
##1        5.10        3.5        1.40       0.200 setosa
##2        4.90        3          1.40       0.200 setosa
```

4.2.7 使用 RStudio 菜单导入数据

前面介绍了如何使用 R 语言中的函数读取各种文件数据，针对常见的数据类型不使用程序命令，使用 RStudio 也可以导入数据。在图 4-3 所示的菜单栏中，File 选项卡的 Import Dataset 菜单命令下，就提供了读取多种数据类型的操作，如读取文本（Text）、Excel、SPSS、SAS、Stata 等格式的数据。

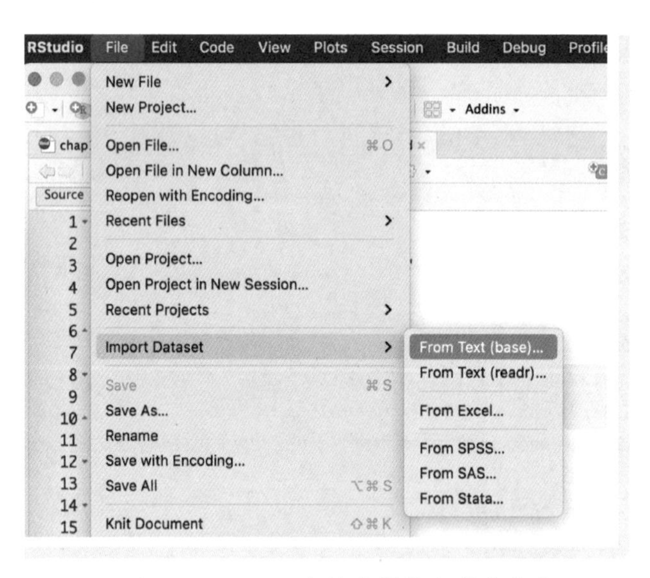

图 4-3 RStudio 中的数据导入菜单命令

通过单击图 4-3 所示的 From Text（base）按钮，从文件夹中选择要导入的数据文件，可呈现图 4-4 所示的数据读取预览示意图。

数据导入过程中可以根据数据的实际情况，进行相应的操作。例如，为导入的数据指定变量名、数据的编码方式、数据的分隔符等，然后单击 Import 按钮，即可将数据按照要求导入到 R 语言环境中。

通过按钮除了可以将数据导入之外，还可以在 RStudio 中将选中的数据、图像等进行保存，由于篇幅所限这里就不再讲述其过程了。

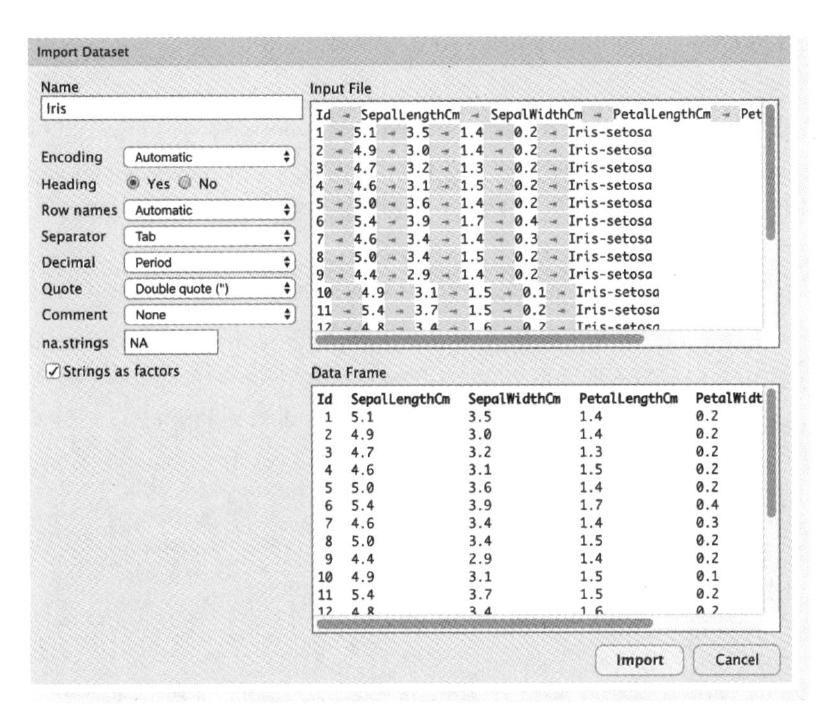

● 图 4-4　数据读取预览

4.3 网络爬虫爬取数据

4.2 节介绍了将不同类型的数据文件导入到 R 语言环境中的方式，本节将介绍如何使用 R 语言中的相关包，从网页上自动获取感兴趣的数据，也就是网络爬虫（Web Crawle）。

网络爬虫就是从网页中获取需要的信息，它是搜索引擎的一项重要技术。在数据分析与挖掘的准备和收集阶段，爬虫是一种非常有效的数据收集方式。R 语言中常用的从网页中获取信息的包有 RCurl、XML、rvest 等，还可利用 RSelenium 包或者 Rwebdriver 模拟浏览器爬取异步加载等爬取难度大的网页信息。下面详细介绍如何使用 RCurl、XML 和 rvest 包从网页中收集链接、数据表格、文本以及图片的方法。

4.3.1 从网页中获取链接和表格

XML 包中的 getHTMLLinks( ) 函数能够从网页中获取所有的链接信息，其中的 readHTMLTable( ) 函数能够从网页中获取所有的数据表格。下面介绍这两个函数的使用方法，演示从指定的网址中获取链接和表格，程序如下所示。

```
library(XML)
## 获取网页中的链接,检查 R 官网都有哪些链接
fileURL <- "https://www.r-project.org/"
fileURLnew <- sub("https", "http", fileURL)
links <-getHTMLLinks(fileURLnew)
```

```
length(links)
## [1] 38
```

上面的程序是使用 XML 包，获取 R 语言官方网站 https://www.r-project.org/中的可点击链接数量。只指定 getHTMLLinks()函数中的链接时，需要将 https 格式的网页链接调整为 http 形式，防止不能正确找到指定的网页（这也是 XML 包的一个缺点，有时不能正确找到 https 形式的网页）。从输出的结果可知，R 语言官网首页一共有 38 个可以点击的网络链接。

关于美国 NBA 技术统计网站 stat-nba.com 中包含 NBA 比赛和球队的信息数据，而且大部分数据都是通过表格的形式给出的，针对公牛队球员的数据信息（http://www.stat-nba.com/team/CHI.html），可以使用 readHTMLTable()函数读取网页下的数据表格，对数据进行爬取和查看的程序如下所示。

```
## 从网页中读取数据表格:公牛队球员的数据
fileURL <- "http://www.stat-nba.com/team/CHI.html"
Tab <-readHTMLTable(fileURL)
length(Tab)
## [1] 2
## 查看第 1 个数据表格的内容
NBAmember <- Tab[[1]]
head(NBAmember)
##        球员         出场 首发  时间  投篮   命中  出手   三分   命中  出手  罚球  命中  出手
## 1 扎克-拉文          60   60  34.8  44.9%  9.0  20.0  38.0%  3.1  8.1  80.2%  4.5  5.6
## 2 劳里-马尔卡宁      50   50  29.8  42.5%  5.0  11.8  34.4%  2.2  6.3  82.4%  2.5  3.1
## 3 科比-怀特          65    1  25.9  39.4%  4.8  12.2  35.4%  2.0  5.8  79.1%  1.6  2.0
## 4 奥托-波特          14    9  23.5  44.3%  4.4  10.0  38.7%  1.7  4.4  70.4%  1.4  1.9
## 5 温德尔-卡特        43   43  29.2  53.4%  4.3   8.0  20.7%  0.1  0.7  73.7%  2.6  3.5
## 6 赛迪斯-杨          64   16  24.9  44.7%  4.2   9.4  35.4%  1.2  3.5  58.3%  0.7  1.1
##    篮板 前场 后场 助攻 抢断 盖帽 失误 犯规 得分
## 1  4.8  0.7  4.1  4.2  1.5  0.5  3.4  2.2  25.5
## 2  6.3  1.2  5.1  1.5  0.8  0.5  1.6  1.9  14.7
## 3  3.6  0.4  3.1  2.7  0.8  0.1  1.7  1.8  13.2
## 4  3.4  0.9  2.5  1.8  1.1  0.4  0.8  2.2  11.9
## 5  9.4  3.2  6.2  1.2  0.8  0.8  1.7  3.8  11.3
## 6  4.9  1.5  3.5  1.8  1.4  0.4  1.6  2.1  10.3
## 查看第 2 个数据表格的内容
NBAmember2 <- Tab[[2]]
head(NBAmember2)
##                  球员  19-20 赛季   20-21 赛季   21-22 赛季 22-23 赛季 备注
## 1           奥托-波特 2725 万美元 2849 万美元
## 2           扎克-拉文 1950 万美元 1950 万美元 1950 万美元
## 3           赛迪斯-杨 1290 万美元 1355 万美元 1419 万美元
## 4     托马斯-萨托兰斯基 1000 万美元 1000 万美元 1000 万美元
## 5 克里斯蒂亚诺-费利西奥   816 万美元   753 万美元
## 6           科比-怀特   531 万美元   557 万美元   584 万美元 741 万美元
```

从输出结果可以看出，在指定的网页中获取了两个数据表格。

4.3.2 从网页中获取文本

网页中更有用的信息是其中有规律组织的文本数据，下面介绍如何使用 rvest 包获取指定网页中感兴趣的内容。豆瓣电影 Top 250（https://movie.douban.com/top250）是介绍高分电影的网页，下面的程序是从该网页中获取电影名称（第一个中文名）、评分、主题描述、评价人数等信息。

（1）获取电影的名字

```
## 使用 rvest 包获取网络数据
library(rvest)
library(stringr)
## 读取网页,获取电影的名称
top250 <- read_html("https://movie.douban.com/top250")
title <-top250 %>% html_nodes("span.title") %>% html_text()
head(title)
##[1] "肖申克的救赎"                " / TheShawshank Redemption"
##[3] "霸王别姬"                    "阿甘正传"
##[5] " / ForrestGump"              "这个杀手不太冷"
## 获取第一个名字
title <- title[is.na(str_match(title,"/"))]
head(title)
##[1] "肖申克的救赎"  "霸王别姬"      "阿甘正传"      "这个杀手不太冷"
##[5] "泰坦尼克号"    "美丽人生"
```

在获取电影名称的程序中，首先使用 read_html( )函数读取网页的信息，并保存为 top250，接着使用 html_nodes( )函数从 top250 中定位（"span.title"）指定的节点，最后使用 html_text( )函数获取相应位置的文本。从输出结果中可以发现，信息的提取并不完全是希望的那样，还提取了电影的第二个名字（即以/开头的结果），这是因为在该网页中第二个名字的定位也是"span.title"。针对上述情况，程序使用 str_match( )函数根据“/”符号进行数据筛选，剔除了不想保留的信息，最终只保留想要的内容。

（2）获取网页上的评分、主题描述、评价人数等信息并保存为表格

可以使用同样的方式来获取网页上的评分、主题描述和评价人数等信息，并将这些信息保存到统一的数据表格 filmdf 中，方便后面的数据分析和数据挖掘等。操作程序如下，程序中针对读取的多余信息，可以合理地使用 str_match( )函数进行字符串匹配和筛选，只保留有用的内容。

```
## 获取电影的评分
score <-top250 %>% html_nodes("span.rating_num") %>% html_text()
filmdf <- data.frame(title = title,score = as.numeric(score))
## 获取电影的主题描述
term <-top250 %>% html_nodes("span.inq") %>% html_text()
filmdf$term <- term
## 获取电影的评价人数
number <- top250 %>% html_nodes("div.star") %>% html_text()
## 提取评价人数
number <- str_match(number,"\\d+人评价")            # 提取特定字符串段
number <- str_match(number,"\\d+")                  # 提取特定数字
filmdf$number <- as.numeric(number)
head(filmdf)
##          title  score                    term   number
##1   肖申克的救赎  9.7            希望让人自由。  2246250
##2       霸王别姬  9.6                风华绝代。  1667734
```

```
## 3      阿甘正传  9.5          一部美国近现代史。  1691667
## 4 这个杀手不太冷  9.4 怪蜀黍和小萝莉不得不说的故事。  1876237
## 5     泰坦尼克号  9.4            失去的才是永恒的。  1650357
## 6       美丽人生  9.5                  最美的谎言。  1045689
```

上面的程序中，读者可能会好奇在使用 html_nodes( ) 函数时，为何使用"span.title"可以获取电影的名称，使用"span.rating_num"可以获取电影的评分等。这是因为在网页中不同位置的内容都有其名称和其对应的关键字，可以通过网页的检查工具进行查看和获取。如在上述的网页中，电影评分的相关信息如图 4-5 所示。从图中可以发现想要获取电影的评分可以通过提取网页中的"span.rating_num"字段来获取。

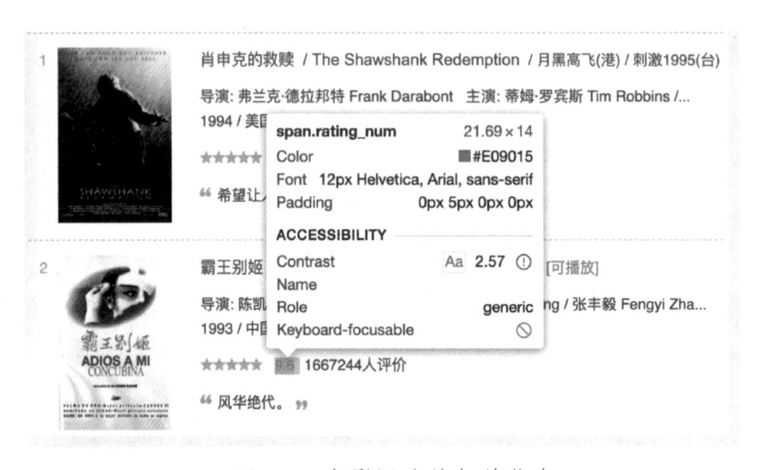

● 图 4-5 电影评分的相关信息

4.3.3 从网页中获取图片

网络爬虫除了可以获取链接、表格、文本等内容外，还可以获取网页中的图片，并将其下载。从豆瓣电影 Top 250（https://movie.douban.com/top250）下载电影图片的程序如下。

```
## 获取链接中的图片内容
imgdata <- top250 %>% html_nodes(xpath = '//*/img')
imgurl<- imgdata %>% html_attr("src")            # 图片的链接
imgname<- imgdata %>% html_attr("alt")           # 图片的名称
## 只保留前面 25 张图片的链接
imgname <- imgname[-26]
imgurl <- imgurl[-26]
## 将获取到的图片进行保存
for (ii in 1:length(imgname)){
  imgnameii <- paste(imgname[ii],"jpg",sep = ".")
  download.file(imgurl[ii],paste("data/chap4/图片/",imgnameii,sep = "/"))
}
```

在上面的程序中，先通过 html_nodes( ) 函数获取所有和图片有关的内容，然后通过 html_attr( ) 函数获取图片的地址链接和名称。需要注意的是该页面一共有 26 个图片的地址，其中最后一张为一个二维码图片，所以需要将其剔除。最后针对 25 张图片的地址，使用 download.file( ) 函数依次下载，并指定每个图片的下载位置进行保存。通过爬虫下载的图片如图 4-6 所示。

● 图 4-6 通过爬虫下载的图片

4.4 图像数据管理

图像数据是数据分析、机器学习等任务中常见的数据形式。针对图像数据的读取和预处理等操作，R 语言中有很多包可以使用，如：png 包可以读取.png 格式的数据；imager 包可以读取多种格式的数据，并且包含很多用于预处理图像的函数。

4.4.1 读取图像

针对导入图像数据的问题，可以分为一次导入一张图像和多张图像两种形式。一次导入一张图像，可以使用 png 包中的 readPNG( ) 函数读取 png 格式的图像，或者使用 imager 包中的 load.image( ) 函数读取多种格式的图像；一次导入文件夹下的所有图像数据，可以使用 imager 包中的 load.dir( ) 函数。相关函数的使用示例如下。

```
## 读取 png 图像
library(png)
impng <- readPNG("data/chap4/Rlogo.png")
dim(impng)  ## 图像为 76×100×4 的矩阵
##[1]  76 100   4
## 在 R 中可视化显示图像
r <-nrow(impng) / ncol(impng) # image ratio
plot(c(0,1), c(0,r), type = "n",xlab = "", ylab = "", asp=1)
rasterImage(impng, 0, 0, 1, r)  ## 可视化的两行程序要同时运行
```

上面的程序是通过 readPNG( ) 函数读取 png 格式的图像，然后通过 rasterImage( ) 函数将图像进行可视化显示的示例。从输出结果中可以发现，导入的图像在 R 语言环境中是一个 76×100×4 的矩阵形式，图像可视化后如图 4-7 所示。

```
## load.image 可以读取多种格式的图像
library(imager)
imjpg <- load.image("data/chap4/image.jpg")
plot(imjpg)
```

在上面程序中，使用 imager 包中的 load.image( ) 函数读取.jpg 格式图像（该函数还可读取其他格式的图像），然后使用 plot( ) 函数将图像进行可视化，得到的结果如图 4-8 所示。

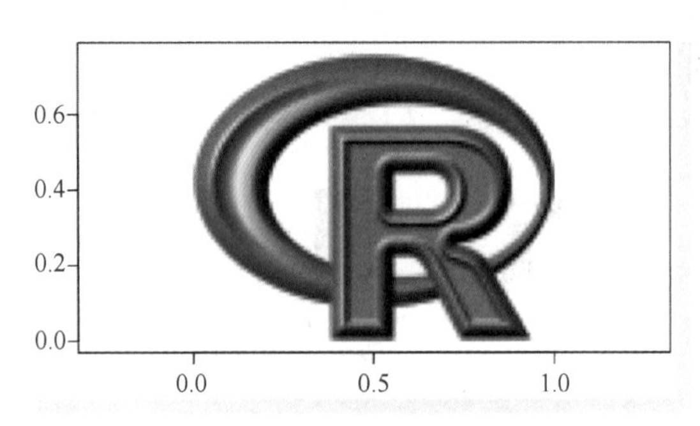

图 4-7　通过 png 包读取的图像

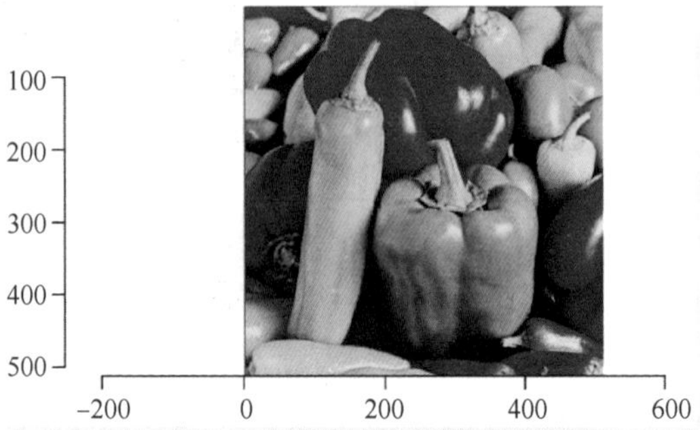

图 4-8　通过 imager 包读取图像

前面介绍的是从文件夹中读取单张图像，使用 imager 包中的 load.dir( ) 函数可以读取指定文件夹中的所有图像。下面的程序中从"data/chap4/图片"文件夹读取了 25 张图像，所有的图像保存在列表 loadimgs 中，其中第一张图像为高 270 宽 367 的 3 通道图像。

```
## 导入文件夹中的多张图像
loadimgs <- load.dir("data/chap4/图片")
loadimgs
## Image list of size 25
## 查看其中一张图像的情况
loadimgs[[1]]
## Image. Width: 270 pix Height: 367 pix Depth: 1 Colour channels: 3
```

4.4.2　图像操作

前面介绍了图像的读取，当图像读取后就可以对图像进行一些操作了，如转换图像的颜色空间等。下面介绍 imager 包中与图像相关函数的一些使用方式。

```
## 对图像进行相关操作
imjpg <- load.image("data/chap4/image.jpg")
## 查看图像的维度
width(imjpg)                         ## 图像的宽度
## [1] 512
height(imjpg)                        ## 图像的高度
## [1] 512
depth(imjpg)                         ## 图像或视频的帧数
## [1] 1
nPix(imjpg)                          ## 图像像素点值数 512×512×1×3
## [1] 786432
```

从上面的程序中可以发现，获取图像的宽度可以使用 width( )函数，获取图像的高度可以使用 height( )函数，使用 depth( )函数可计算图像或视频的帧数，使用 nPix( )函数可计算图像的像素点数量。

将彩色图像转化为灰度图像可以使用 grayscale( )函数，使用 RGBtoLab( )函数可以将 RGB 图像转化为 Lab 图像。这两个函数的使用程序如下，运行程序后可获得图 4-9 所示的转换效果。

```
## 将彩色图像转化为灰度图像
rgb2gray <- grayscale(imjpg)
plot(rgb2gray)
## 将彩色图像转换为其他颜色空间
rgb2lab <- RGBtoLab(imjpg)
plot(rgb2lab)
```

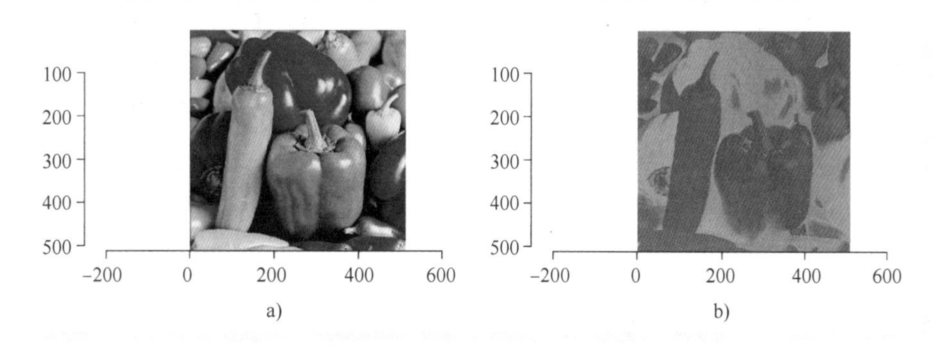

图 4-9　图像颜色空间转换

a）灰度图像　b）Lab 图像

图像旋转可使用 imrotate( )函数，该函数可通过参数 angle 控制图像旋转的角度，将 imjpg 旋转 90°和 150°的程序如下所示，图像旋转后的结果如图 4-10 所示。

```
## 图像旋转
imjpg2 <- imrotate(imjpg,angle = 90)
plot(imjpg2)
## 图像旋转
imjpg3 <- imrotate(imjpg,angle = 150)
plot(imjpg3)
```

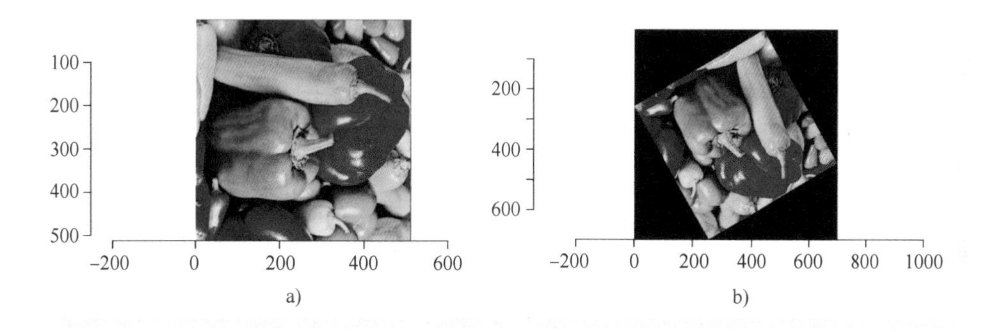

图 4-10　图像旋转

a）旋转 90°　b）旋转 150°

使用 imresize( )函数可以改变图像的尺寸，从而可以达到图像放大和缩小的效果，参数 scale 如果小于 1 表示将图像缩小，如果大于 1 表示将图像放大。下面的程序分别是将图像缩小 50%和放大一倍，运行程序后输出如图 4-11 所示。

```
## 改变图像的尺寸——缩小
imjpg4 <- imresize(imjpg,scale = 0.5)
plot(imjpg4)
## 改变图像的尺寸——放大
imjpg5 <- imresize(imjpg,scale = 2)
plot(imjpg5)
```

图 4-11 图像放大与缩小

a）缩小 50% b）放大 1 倍

保存预处理后的图像可以使用 save.image( )函数，该函数可通过参数 quality 指定图像的保存质量，函数的使用示例如下。

```
## 保存图像,通过参数 quality 指定图像的保存质量,默认为 0.7
save.image(imjpg4,file = "data/chap4/image_缩小.jpg",quality = 1)
save.image(imjpg5,file = "data/chap4/image_放大.jpg",quality = 1)
```

imager 包中还有更多和图像相关的函数，由于篇幅所限，这里就不一一介绍了，详细信息可以查看该包的帮助文档。

4.5 数据并行计算

在 R 语言中使用 for 循环等进行计算时是速度较慢的，为了提升数据的计算速度，R 语言提供了可供数据并行计算的函数，其中最常用的是 apply 系列函数。这些函数在计算时采用了向量化计算的思想，可以大大提升计算速度，本节将会通过具体的实例详细介绍 apply 系列函数的使用。

4.5.1 apply( )函数的使用

apply( )函数是最常用的向量化计算函数之一，通常可以代替循环，提升程序的计算速度。其可以对矩阵、数据框、数组等，按行或列根据指定的函数进行循环计算，其输出通常是一个向量、数组或者列表等。apply( )函数的使用格式如下所示：

```
apply(X, MARGIN, FUN, ...)
```

其中：X 是一个矩阵或数组；MARGIN 是 1 或 2，1 表示对行使用函数进行计算，2 表示对列使用函数进行计算；FUN 表示要应用的函数，可以是 R 中的函数，也可是自定义函数；... 表示更多参数（可选）。下面通过具体实例介绍 apply( ) 函数的使用。

（1）通过 apply( ) 函数对矩阵进行计算

下面的程序中，生成一个用于计算的矩阵 mat1，其是一个 4 行 6 列的矩阵，然后使用 apply( ) 函数计算矩阵中每行的最大值与行的和。计算时，参数 MARGIN 取值为 1，FUN 参数分别为 max 和 sum，对应的输出结果如下，计算后输出均是一个向量。

```
## 生成一个用于计算的矩阵
mat1 <- matrix(1:24,nrow = 4)
mat1
##      [,1] [,2] [,3] [,4] [,5] [,6]
## [1,]    1    5    9   13   17   21
## [2,]    2    6   10   14   18   22
## [3,]    3    7   11   15   19   23
## [4,]    4    8   12   16   20   24
## 使用 apply() 函数对每行进行相应的计算
apply(mat1, 1, FUN = max)          # 计算最大值
## [1] 21 22 23 24
apply(mat1, 1, FUN = sum)          # 计算每行的和
## [1] 66 72 78 84
```

下面的程序则是通过自定义的一个排序函数，使用 apply( ) 函数对矩阵中的每一行进行逆序排列。需要注意的是：针对 mat1 中的每一行使用 rev( ) 函数运算，会以一个列向量的形式输出，所以下面程序的输出结果是一个 6×4 的矩阵。

```
apply(mat1, 1, function(x) rev(x))   # 对每一行进行排序
##      [,1] [,2] [,3] [,4]
## [1,]   21   22   23   24
## [2,]   17   18   19   20
## [3,]   13   14   15   16
## [4,]    9   10   11   12
## [5,]    5    6    7    8
## [6,]    1    2    3    4
```

使用 apply( ) 函数对矩阵中的每列使用函数 FUN 进行计算时，只需要指定参数 MARGIN 的值为 2 即可。下面的程序分别计算 mat1 的每列最大值和每列的和，输出结果均为一个向量。同理，对 mat1 的每列进行逆序排列时，会输出一个 4×6 的矩阵。

```
## 使用 apply() 函数对每列进行相应的计算
apply(mat1, 2, FUN = max)                          # 计算最大值
## [1]  4  8 12 16 20 24
apply(mat1, 2, FUN = sum)                          # 计算每列的和
## [1] 10 26 42 58 74 90
apply(mat1, 2, function(x) rev(x))                 # 对每一列进行排序
##      [,1] [,2] [,3] [,4] [,5] [,6]
```

```
##[1,]    4    8   12  16   20   24
##[2,]    3    7   11  15   19   23
##[3,]    2    6   10  14   18   22
##[4,]    1    5    9  13   17   21
```

（2）通过 apply( )函数对高维数组进行计算

高维数组由于具有高于 2 的维度，因此在使用 apply( )函数对高位数组进行计算时，参数 MARGIN 的值可以为大于 2 的数值。下面介绍使用 apply( )函数对高维数组进行向量化计算，首先生成用于计算的数据 arr1，其是一个 3×4×2 的矩阵，程序如下所示。

```
## 如果是高维数组,还可以对更高的维度进行相关计算
arr1 <- array(1:24,dim = c(3,4,2))
arr1
##,, 1
##       [,1] [,2] [,3] [,4]
##[1,]    1    4    7   10
##[2,]    2    5    8   11
##[3,]    3    6    9   12
##,, 2
##       [,1] [,2] [,3] [,4]
##[1,]   13   16   19   22
##[2,]   14   17   20   23
##[3,]   15   18   21   24
```

下面对数据 arr1 的第三个维度进行计算，即计算每页（层）3×4 矩阵的最大值、和，以及对所有元素进行逆向排序，程序运行后输出结果如下。

```
## 对数组中的第三个维度进行计算
apply(arr1, 3, max)                        # 计算每页的最大值
##[1]  12 24
apply(arr1, 3, sum)                        # 计算每页的和
##[1]  78 222
apply(arr1, 3, function(x) rev(x))         # 对每一页进行排序
##        [,1] [,2]
##  [1,]   12   24
##  [2,]   11   23
##  [3,]   10   22
##  [4,]    9   21
##  [5,]    8   20
##  [6,]    7   19
##  [7,]    6   18
##  [8,]    5   17
##  [9,]    4   16
## [10,]    3   15
## [11,]    2   14
## [12,]    1   13
```

同样对高维数组的行或者列进行计算，只需要指定参数 MARGIN 的值为 1 或者 2 即可，下面的程序是计算 arr1 每列的和与每行的和。

```
## 计算每列的和与每行的和
apply(arr1, 2, sum)          # 计算每列的和
##[1]  48  66  84  102
apply(arr1, 1, sum)          # 计算每列的和
##[1]  92  100  108
```

4.5.2 lapply( )函数的使用

lapply( )函数主要用于对列表、数据框数据集进行向量化运算，并返回和输入长度同样的列表作为结果集。lapply( )函数开头的第一个字母“l”可以认为其表示列表。lapply( )函数的使用格式如下。

```
lapply(X, FUN, ...)
```

其中：X 通常表示待计算的列表（list）或数据框（data.frame）等类型的数据；FUN 表示计算时要调用的函数。下面通过具体的程序示例介绍 lapply( )函数的使用。首先生成一个列表 list1，其中有向量、矩阵和数据框等内容，程序如下。

```
## 对列表进行指定函数计算
list1 <- list(A = c(1,3,5,7,9),B = matrix(1:10,nrow = 2),
              C = data.frame(heigh = c(187,175,180),
                             wigth = c(80,70,75)))
list1
## $A
##[1] 1 3 5 7 9
## $B
##      [,1] [,2] [,3] [,4] [,5]
##[1,]    1    3    5    7    9
##[2,]    2    4    6    8   10
## $C
##  heigh wigth
##1  187    80
##2  175    70
##3  180    75
```

针对列表 list1 使用求和函数，计算列表中每个元素的和可以使用下面的程序。

```
## 对列表中的元素求和
lapply(list1,FUN = sum)
## $A
##[1] 25
## $B
##[1] 55
## $C
##[1] 767
```

lapply( )函数在使用 FUN 参数指定使用的计算函数时，可以通过指定的函数，继续指定其参数。例如：下面的程序中针对列表 list2，使用 quantile( )函数计算列表中每个元素的分位数，然后通过 quantile( )函数继续指定其参数 probs，用于控制计算哪些分位数。运行程序后会对 list2 中的元素 A 和 B 分别计算 25%、50%与 75%分位数。

```
## 计算时指定 FUN 对应函数所使用的参数
list2 <- list(A = c(1,3,5,7,9),B = matrix(1:10,nrow = 2))
lapply(list2,FUN = quantile,probs = c(0.25,0.5,0.75))      #计算四分位数中的 3 个
## $A
## 25% 50% 75%
##  3   5   7
## $B
##  25%  50%  75%
## 3.25 5.50 7.75
```

如果通过 lapply( )函数对一个向量进行运算，则会对每个元素进行指定函数的运算，并输出与向量等长的列表，例如：在下面的程序中对向量使用 seq( )函数进行计算，输出的列表有 4 个元素。

```
## 对一个向量使用指定的函数
lapply(c(2,4,6,8), seq)          #输出与向量等长的列表
##[[1]]
##[1] 1 2
##[[2]]
##[1] 1 2 3 4
##[[3]]
##[1] 1 2 3 4 5 6
##[[4]]
##[1] 1 2 3 4 5 6 7 8
```

4.5.3 sapply( )和 vapply( )函数的使用

sapply( )函数在使用时可认为是一个简化版的 lapply( )函数，其通过增加 2 个参数 simplify 和 USE.NAMES，可以让输出看起来更友好，返回值是向量，而不是列表。下面的程序是使用 sapply( )函数对 list1 计算元素的和，其输出结果为一个和列表等长的向量。对 list2 同样计算几个百分位数，其对应的输出结果也是和列表等长的向量。

```
## 可以将结果以非列表的形式返回
sapply(list1, FUN = sum)
##   A   B   C
##  25  55  767
sapply(list2,FUN = quantile,probs = c(0.25,0.5,0.75))    #计算四分位数中的 3 个
##      A    B
##25% 3   3.25
##50% 5   5.50
##75% 7   7.75
```

对比 lapply( )函数和 sapply( )函数的输出可以发现，sapply( )函数的输出更加清晰明了。

vapply( )函数与 sapply( )函数功能相似，但是 vapply( )函数可以预先指定返回值的类型，使得到的结果更加安全。例如：在下面的程序中对 list1 使用 vapply( )函数进行计算时，通过指定参数 FUN.VALUE = c(2)，表示对 list1 每个元素计算后输出的结果是一个长度为 1 的数值向量；而对 list2 使用 vapply( )函数进行计算时，通过指定参数 FUN.VALUE = c(2,2,2)，表示对 list2 每个元素计算后输出的结果是一个长度为 3 的数值向量。只有返回的类型一致才会获得正确的输出，否则会出错。

```
## c(2)表示每个输出是长度为 1 的数值,向量的内容可以改变
vapply(list1, sum, FUN.VALUE = c(2))
##   A   B  C
##  25  55 767
vapply(list2,FUN = quantile,probs = c(0.25,0.5,0.75),
       FUN.VALUE = c(2,2,2)) ##长度为 3 的向量
##      A    B
## 25% 3   3.25
## 50% 5   5.50
## 75% 7   7.75
```

针对输出的结果不仅可以指定其输出类型是数值，还可以指定其他的数据类型，例如字符串等。下面的示例中：使用自定义的计算向量众数的函数，同时对 sapply( ) 函数和 vapply( ) 函数进行调用。先定义一个对向量计算众数的函数 mymode( ) 和待计算的列表 list3，程序如下所示。

```
## 定义一个列表
list3 <- list(A = c(1,3,5,7),B = c(T,F,T,F,T),C = c("A","B","C","B"))
## 定义一个计算向量众数的函数
mymode <- function(x){
  tx <- table(x)  # 计算每个值出现的次数
  txdf <- as.data.frame(tx,stringsAsFactors = F)
  #计算出现次数最多的数值的位置和值
  mode <-txdf$x[which.max(txdf$Freq)]
  return(mode)
}
```

mymode( ) 函数定义好后，对 sapply( ) 函数和 vapply( ) 函数进行调用的程序如下所示（其中参数 FUN.VALUE = c("A") 表示列表 list3 中的每个输出是长度为 1 的字符串）。

```
sapply(list3,FUN = mymode)
##       A      B       C
##      "1"  "TRUE"    "B"
## 指定列表中每个输出是长度为 1 的字符串
vapply(list3,FUN = mymode,FUN.VALUE = c("A"))
##       A       B        C
##      "1"   "TRUE"    "B"
```

4.5.4 tapply( ) 和 mapply( ) 函数的使用

tapply( ) 函数可用于对数据进行分组后进行向量化运算，其可通过参数 INDEX 将待计算的数据集 X 进行分组（相当于 group by 的操作），然后再向量化应用指定的计算函数。例如：下面的程序中，对数据 x 通过 index 分成两组，然后使用 tapply( ) 函数计算每组的最大值，数值的组的数量等长。

```
## 对数据分组后在使用指定的函数
x <-seq(1:10)
index <- rep(c("A","B"),c(4,6))
## 前两个元素长度要相等
## 将数据 x 分为 A、B 两组后,计算每组的最大值
tapply(x, INDEX = index, max)
```

```
##  A  B
##  4  10
```

将 x 分为 A、B 两组后，计算每组 4 分位数的程序如下所示（其输出的结果为列表，元素的名称分别为 A 和 B）。

```
## 计算 A、B 两组的四分位数
tapply(x, INDEX = index, quantile)
## $A
##  0%   25%   50%   75%   100%
## 1.00  1.75  2.50  3.25  4.00
## $B
##   0%   25%   50%   75%   100%
##  5.00  6.25  7.50  8.75  10.00
```

mapply( )函数也是 sapply( )函数的变形，可看作是 sapply( )函数的多元版本，其第一参数为自定义的 FUN 函数，后面的参数可作为 FUN 函数的可接收参数。例如：在下面的程序中，使用 mapply( )函数时，先定义一个函数，该函数需要输入两个参数 x 和 y；后面的两个向量则会分别作为 x 和 y 输入到自定义的函数中进行运算，其输出结果如下所示。

```
## mapply()函数可看作是 sapply()函数的多元版本
mapply(function(x, y) seq(x) + y,
       c(a =  1, b = 2, c = 3),
       c(A = 10, B = 0, C = -10))
## $a
## [1] 11
## $b
## [1] 1 2
## $c
## [1] -9 -8 -7
```

针对程序输出的结果 a、b 和 c 分别对应于 seq(1)+10、seq(2)+0 与 seq(3)-10。

4.6 本章小结

本章主要介绍了 R 语言数据管理的相关内容，包括如何使用 R 语言更高效地对数据进行读取和保存；如何从文件中读取不同类型的统计数据；如何使用爬虫从网页中获取链接、表格、文本以及图像等内容；如何对图像进行读取以及进行简单的操作；最后介绍了如何使用 R 语言中的 apply( )函数族，对数据进行并行计算等内容。

数据清洗与操作

❖ 本章导读

数据清洗与探索性分析是数据分析与数据挖掘过程中的重要内容，数据科学家通常需要花费大量的时间对数据进行预处理。面对已经读取的一组数据，需要检查数据是否完整、是否含有缺失值。如果数据不完整，就需要针对不同的缺失情况，使用相应的缺失值处理方法来填补数据。在得到完整的数据后，又需要对数据进行探索分析，进一步全面认识数据的形式和内容。本章重点介绍如何使用R语言包对数据进行清洗和探索的操作，主要内容包括：发现数据中的缺失值和进行预处理，利用dplyr包对数据框进行选择、过滤、修改、融合，对数据进行长型和宽型的变换，对文本数据进行清洗和探索等。

❖ 知识技能

本章知识技能及实战案例如下所示。

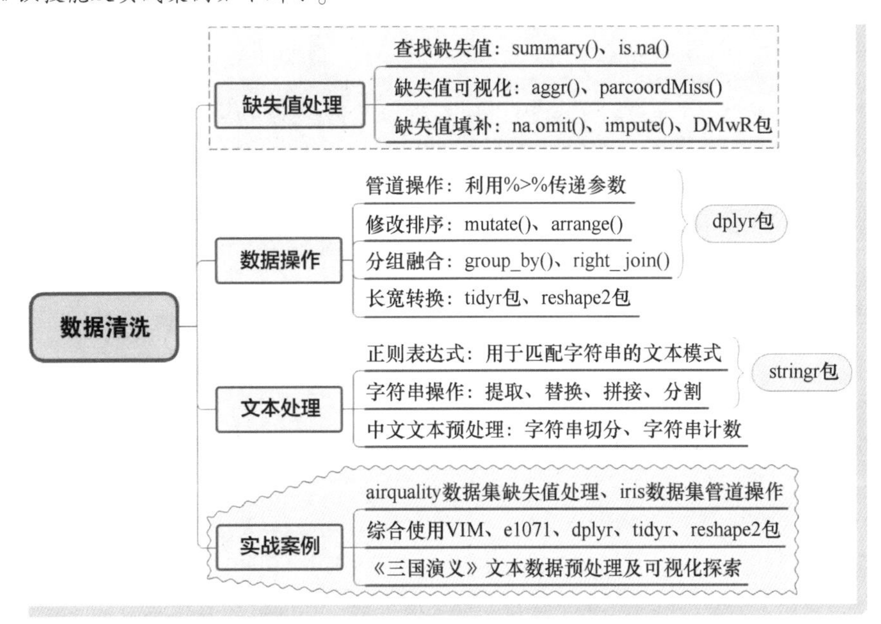

5.1 处理缺失值

数据缺失是指在数据采集、传输和处理等过程中，由于某些原因导致数据不完整的情况。在进行数据分析时，数据存在缺失值是很常见的。针对带有缺失值的数据集，如何使用合适的方法处理缺失值是数据预处理的关键问题之一。

缺失值的处理方法有很多，如剔除缺失值、简单的均值填充、KNN 缺失值填补等。接下来使用具体的数据集，结合 R 语言包中的相关函数，来处理数据中的缺失值。

5.1.1 发现缺失值

针对导入 R 语言环境中的数据，检查其是否存在缺失值最简单的方式之一是使用 summary( ) 函数。该函数会输出数据中每个变量的概括信息，同时也会输出含有缺失值的个数。在下面的程序中，针对导入的数据 airquality，通过 summary（airquality）可以输出每个变量的汇总信息，其中就包括每个变量的缺失值数量。从输出的结果中可以发现，Ozone 变量有 37 个缺失值，Solar.R 变量有 7 个缺失值。

```
## 导入带有缺失值的数据
data("airquality")
head(airquality)
##  Ozone  Solar.R  Wind  Temp  Month  Day
##1    41     190    7.4   67      5    1
##2    36     118    8.0   72      5    2
##3    12     149   12.6   74      5    3
##4    18     313   11.5   62      5    4
##5    NA      NA   14.3   56      5    5
##6    28      NA   14.9   66      5    6
## 通过数据汇总查看是否包含缺失值
summary(airquality)
##     Ozone          Solar.R           Wind             Temp
##  Min.   :  1.00  Min.   :  7.0  Min.   : 1.700  Min.   :56.00
##  1st Qu.: 18.00  1st Qu.:115.8  1st Qu.: 7.400  1st Qu.:72.00
##  Median : 31.50  Median :205.0  Median : 9.700  Median :79.00
##  Mean   : 42.13  Mean   :185.9  Mean   : 9.958  Mean   :77.88
##  3rd Qu.: 63.25  3rd Qu.:258.8  3rd Qu.:11.500  3rd Qu.:85.00
##  Max.   :168.00  Max.   :334.0  Max.   :20.700  Max.   :97.00
##  NA's   :37      NA's   :7
##     Month            Day
##  Min.   :5.000  Min.   : 1.0
##  1st Qu.:6.000  1st Qu.: 8.0
##  Median :7.000  Median :16.0
##  Mean   :6.993  Mean   :15.8
##  3rd Qu.:8.000  3rd Qu.:23.0
##  Max.   :9.000  Max.   :31.0
```

判断数据中是否有缺失值还可以使用 is.na( ) 函数。下面的程序是通过将 apply( ) 、is.na( ) 和 sum( ) 三个函数相结合使用，计算数据集中每个变量的缺失值个数。其计算结果和使用 summary( ) 函数计算的缺失值数量一致。

```
## 计算每个特征变量包含缺失值的数量
apply(is.na(airquality), 2, sum)
##  Ozone   Solar.R    Wind    Temp  Month    Day
##    37        7        0       0      0      0
```

5.1.2 缺失值分布可视化

探索数据中缺失值的情况，R 语言还可以利用可视化的方式，展现数据中缺失值的分布、数量等信息。例如：可利用 R 语言 VIM 包中的 aggr( ) 函数可视化查看数据缺失值的情况。

下面的程序是利用可视化方法，绘制出数据 airquality 中存在的缺失值情况，运行程序后可获得图 5-1 所示的图形。

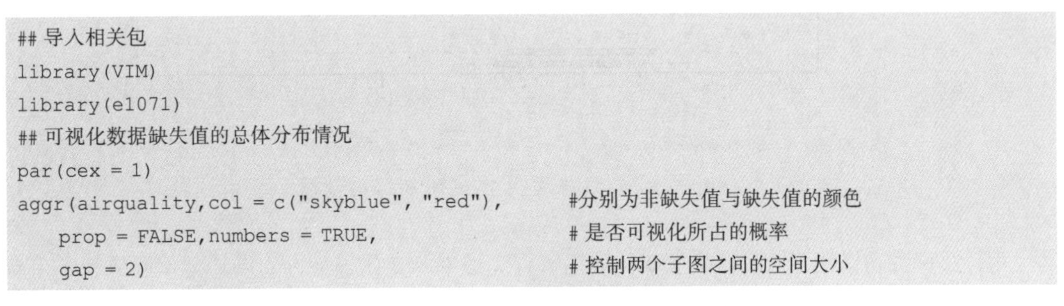

```
## 导入相关包
library(VIM)
library(e1071)
## 可视化数据缺失值的总体分布情况
par(cex = 1)
aggr(airquality,col = c("skyblue", "red"),          #分别为非缺失值与缺失值的颜色
    prop = FALSE,numbers = TRUE,                    # 是否可视化所占的概率
    gap = 2)                                        # 控制两个子图之间的空间大小
```

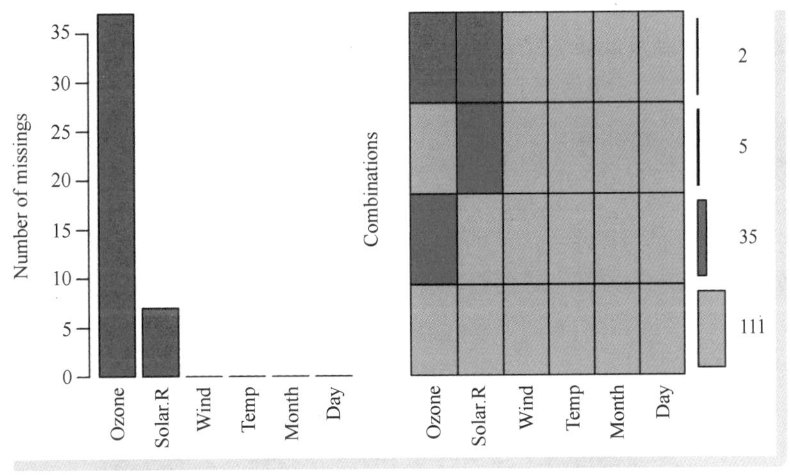

● 图 5-1 数据中缺失值情况可视化

图 5-1 中可以分为两部分进行分析，左边为每个变量缺失值情况的柱状图，发现有两个变量带有缺失值，右边为所有缺失值不同组合下的分布情况，红色表示有缺失值，蓝色表示没有缺失值，从图中可知完全没有缺失值的样本有 111 个，Ozone 和 Solar.R 同时有缺失值的样本有 2 个。

VIM 包中还提供了其他的可视化函数，如使用边缘图可视化函数 marginplot( ) 可视化两个带有缺失值的变量的。边缘图是对常规散点图的增强，可以为每个变量突出显示估算值。除了散点图，在图边距中还提供了可用值和估算值的箱形图以及估算值的单变量散点图。下面的程序是使用 marginplot( ) 函数可视化 Ozone 和 Solar.R 两个变量之间的关系和缺失值情况，运行程序可获得图 5-2。

```
## 分析数据集中 Ozone 和 Solar.R 两个变量之间的关系和缺失值情况
vars <- c("Ozone","Solar.R")
par(cex  =1) # 使用边缘图进行可视化
marginplot(airquality[vars])
```

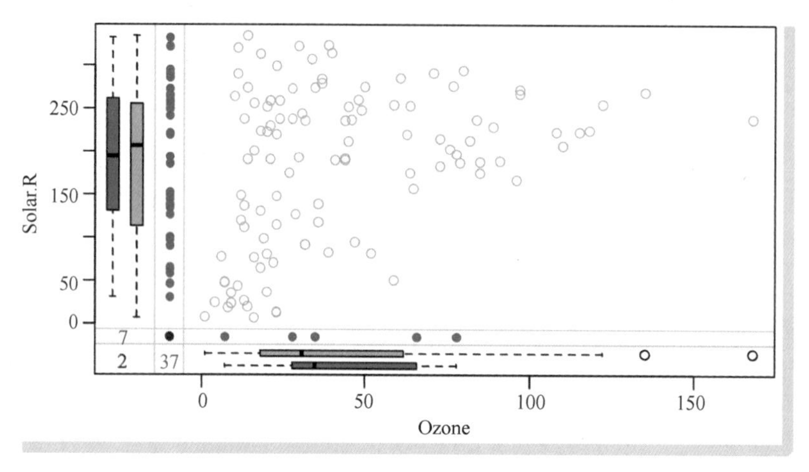

图 5-2　边缘图可视化缺失值的情况

平行坐标图可以用于分析缺失值填补后在所有变量中的变化趋势，如果其变化趋势和不带有缺失值的样本变化相似，则说明缺失值填补的效果较佳。VIM 包中的 parcoordMiss( ) 函数可以用来绘制平行坐标图。下面的程序是对 airquality 数据使用平行坐标图可视化其中的缺失值情况，运行程序后结果如图 5-3 所示，在图像中红色的虚线表示数据样本中包含缺失值。

```
## 平行坐标图可视化缺失值的分布
par(family = "STKaiti")
parcoordMiss(airquality, col = c("blue", "red"),
         lty = c(1,2),alpha = 0.8,main = "平行坐标图可视化缺失值",
         selection = "any")   # 如果有缺失值则样本使用红色虚线
```

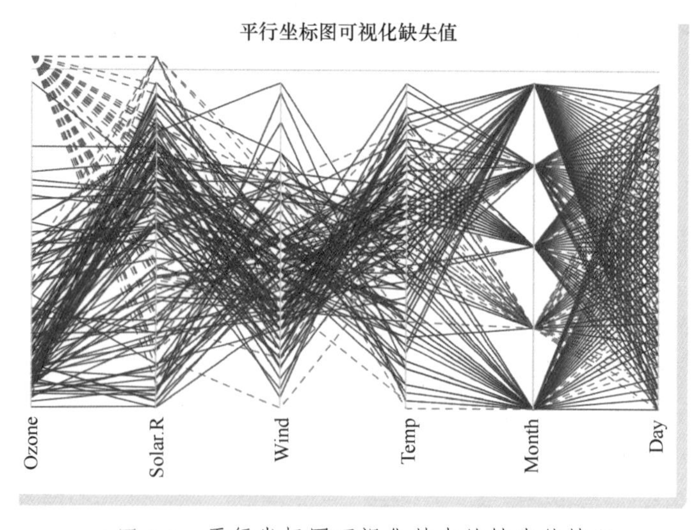

图 5-3　平行坐标图可视化其中的缺失值情况

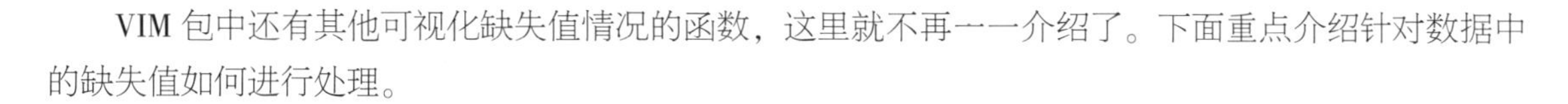

VIM 包中还有其他可视化缺失值情况的函数，这里就不再一一介绍了。下面重点介绍针对数据中的缺失值如何进行处理。

5.1.3 缺失值填补

数据中的缺失值最简单的处理方式之一是直接剔除带有缺失值的样本或变量。例如：使用 complete.cases( ) 函数和 na.omit( ) 函数只保留数据中没有缺失值的样本，它们的使用示例程序如下所示。

```
## 删除数据中带有缺失值的样本
myair <- airquality[complete.cases(airquality),]
apply(is.na(myair), 2, sum)
##  Ozone   Solar.R    Wind    Temp  Month    Day
##      0       0         0      0      0      0
## 也可以使用 na.omit()函数只保留没有缺失值的样本
myair <- na.omit(airquality)
apply(is.na(myair), 2, sum)
##  Ozone   Solar.R    Wind    Temp  Month    Day
##      0       0         0      0      0      0
```

如果数据中带有缺失值的样本较多，那么采用直接剔除的方式会删除数据中的大量样本，这样就无法很客观地对数据进行进一步分析了。针对这样的问题很多关于缺失值填补的方法被提出来，例如：针对不同的数据变量，可以使用均值、中位数、众数等方式进行缺失值填补的简单方法；使用 KNN 等方式进行缺失值填补的复杂方法。

下面首先介绍使用均值和中位数进行缺失值填补的简单方法，程序如下。

```
## 使用 is.na()函数查看 Ozone(臭氧)数据缺失值的位置
myair2 <- airquality
## 使用均值填补缺失值
myair2$Ozone[is.na(myair2$Ozone)] <- mean(myair2$Ozone,na.rm = TRUE)
## 使用中位数填补缺失值
myair2$Solar.R[which(is.na(myair2$Solar.R))]<-median(myair2$Solar.R,na.rm=TRUE)
## 可视化新数据的缺失值情况
aggr(myair2)
```

上面的程序中，针对数据中的 Ozone 变量的缺失值，通过该变量的均值进行填补，Solar.R 变量的缺失值则是使用中位数填补。数据填补后，使用 aggr( ) 函数可视化数据中缺失值的情况，可获得图 5-4 所示的结果，从图中可发现数据中已经没有缺失值了。

对变量进行简单的缺失值均值填补操作，还可以使用 impute( ) 函数。下面的程序是对数据集中的缺失值使用 impute( ) 函数进行均值填补后，还利用边缘图将填补的结果进行了可视化，运行程序后可获得图 5-5 所示的图像。

```
## 对数据使用均值填补也可以使用 impute()函数
myair2 <- airquality
myair2_mean <- as.data.frame(impute(myair2,what = "mean"))
## 添加两列是否为异常值的变量
myair2_mean$Ozone_imp <- is.na(myair2$Ozone)
myair2_mean$Solar.R_imp <- is.na(myair2$Solar.R)
```

```
## 分析数据集中 Ozone 和 Solar.R 两个变量之间的关系和缺失值的情况
vars <- c("Ozone","Solar.R","Ozone_imp","Solar.R_imp")
# 使用边缘图进行可视化
par(mai = c(0.85,1.5,0.4,1),family = "STKaiti")
marginplot(myair2_mean[vars],delimiter = "_imp",
        col = c("skyblue", "red", "orange","green"),
        main = "均值填补缺失值")
```

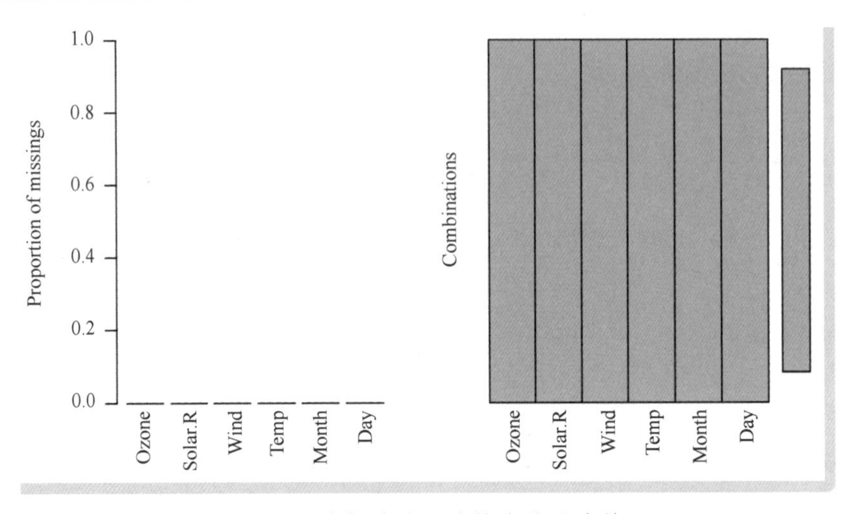

● 图 5-4 数据填补后的缺失值分布情况

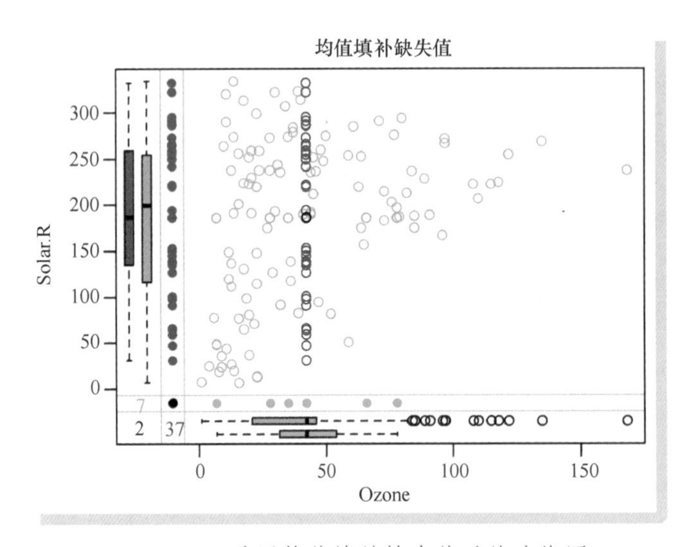

● 图 5-5 采用均值填补缺失值后的边缘图

图 5-5 中，蓝色的圆圈为非缺失值的散点图，红色圆圈为只有 Ozone 变量缺失的散点图，绿色圆圈为只有变量 Solar.R 缺失的散点图。两个变量中都有缺失值的样本共有 2 个，使用黑色的圆圈表示。

可以发现，使用均值填补的数据分布在两条线上，这是因为使用均值填补的简单方式并没有充分地考虑数据的整体分布情况，所以缺失值填充效果不是很好的。下面介绍两种考虑数据整体分布情况的缺失值填充方式，它们是基于 K 近邻算法的 KNN 缺失值填充与基于随机森林算法的随机森林缺失值填充。这两种方法在数据填充时，均会考虑数据在空间中的整体分布情况，其中 KNN 缺失值填充会使用带缺失值数据的 *K* 个近邻，然后通过加权平均的方式，生成缺失值位置的数据。下面的程序是使用 DMwR 包中的 knnImputation( ) 函数，利用缺失值附近的 10 个近邻数据进行加权平均填充，针对填充后的结果，通过边缘图进行可视化，运行程序后可获得图 5-6 所示的图像。

```
## 使用 KNN 方法来填补缺失值
library(DMwR2)
## 使用缺失值的 10 个近邻进行缺失值填充
myair2_knn <- knnImputation(myair2,k=10,scale = TRUE,meth = "weighAvg")
## 添加两列是否为异常值的变量
myair2_knn$Ozone_imp <- is.na(myair2$Ozone)
myair2_knn$Solar.R_imp <- is.na(myair2$Solar.R)
## 分析数据集中 Ozone 和 Solar.R 两个变量之间的关系和缺失值的情况
vars <- c("Ozone","Solar.R","Ozone_imp","Solar.R_imp")
# 使用边缘图进行可视化
par(mai = c(0.85,1.5,0.4,1),family = "STKaiti")
marginplot(myair2_knn[vars],delimiter = "_imp",
        col = c("skyblue", "red", "orange","green"),
        main = "KNN 填补缺失值")
```

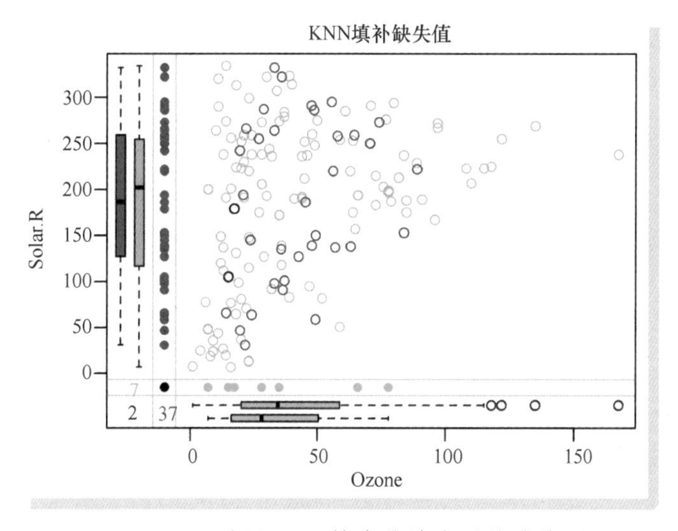

● 图 5-6　采用 KNN 缺失值填充后的边缘图

从图 5-6 中可以发现，KNN 缺失值填充的结果中，带缺失值的样本在填充后，数据的分布情况和非缺失的样本分布很接近，填充的效果相较于图 5-5 所示的均值填充效果更好。

基于随机森林的方式进行缺失值填充，可以使用 missForest 包中的 missForest( ) 函数。下面的程序是使用 missForest( ) 函数进行缺失值填充，然后使用边缘图可视化填充结果，运行程序后可获得图 5-7 所示的结果。从可视化结果中可以发现，其填充结果同样比使用均值填充的方式效果更好。

```
## 使用随机森林的方式填补缺失值
library(missForest)
myair2_mf <- missForest(myair2,ntree = 50)
myair2_mf2 <- myair2_mf$ximp    # 获取填充后的数据框
```

```
## 添加两列是否为异常值的变量
myair2_mf2$Ozone_imp <- is.na(myair2$Ozone)
myair2_mf2$Solar.R_imp <- is.na(myair2$Solar.R)
## 分析数据集中 Ozone 和 Solar.R 两个变量之间的关系和缺失值的情况
vars <- c("Ozone","Solar.R","Ozone_imp","Solar.R_imp")
# 使用边缘图进行可视化
par(mai = c(0.85,1.5,0.4,1),family = "STKaiti")
marginplot(myair2_mf2[vars],delimiter = "_imp",
          col = c("skyblue", "red", "orange","green"),
          main = "随机森林填补缺失值")
```

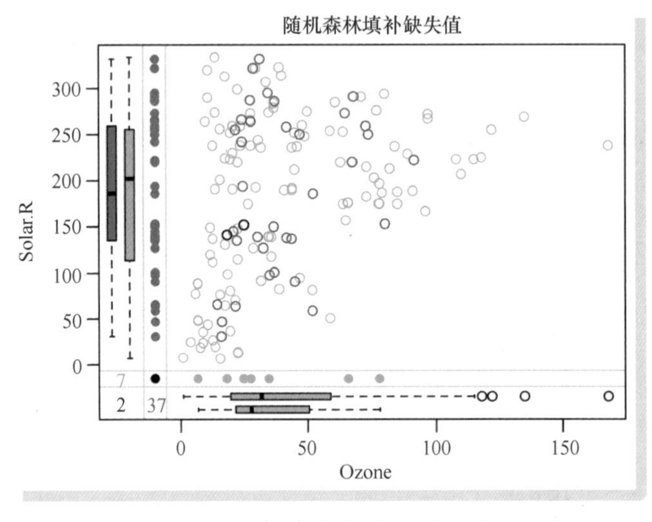

图 5-7　采用随机森林缺失值填充后的边缘图

缺失值填充的方法还有很多，例如：采用 mice 包中的 mice( ) 函数进行缺失值的多重插补等，这里就不再一一介绍了。

5.2 dplyr 数据操作

dplyr 是用来数据操作的一个 R 语言包，由 Hadley Wickham 编写维护。该包提供了一些功能强大、易于使用的函数，并且专注于操作数据框对象，对于数据探索分析和数据操作而言非常实用。dplyr 主要用于数据清理与操作，例如数据的重命名、选择、排序、过滤、融合等，同时还有数据的管道操作。

5.2.1 管道操作

%>%是来自 dplyr 包的管道函数，其作用是将前一步的结果直接传参给下一步的函数，从而省略了中间的赋值步骤，可以大量减少内存中的对象，节省内存，大大提升了 R 语言的工作效率和程序的可读性。其使用方式为：lhs %>% rhs，并且 lhs 通常为一个数值输出，rhs 通常为一个数值函数，其功能和 rhs(lhs) 函数几乎一致。下面将会通过具体的数据集示例，介绍如何更好地使用 dplyr 包中的管道

操作。

下面的程序是利用 iris %>% summary( )操作，查看数据集 iris 的汇总信息，该程序语句的功能和 summary(iris) 函数一致，运行程序后输出结果如下。

```
## 导入库
library(dplyr)
## 使用管道操作获取数据的汇总信息
data("iris")
iris %>% summary()
##  Sepal.Length    Sepal.Width     Petal.Length    Petal.Width
##  Min.   :4.300   Min.   :2.000   Min.   :1.000   Min.   :0.100
##  1st Qu.:5.100   1st Qu.:2.800   1st Qu.:1.600   1st Qu.:0.300
##  Median :5.800   Median :3.000   Median :4.350   Median :1.300
##  Mean   :5.843   Mean   :3.057   Mean   :3.758   Mean   :1.199
##  3rd Qu.:6.400   3rd Qu.:3.300   3rd Qu.:5.100   3rd Qu.:1.800
##  Max.   :7.900   Max.   :4.400   Max.   :6.900   Max.   :2.500
##        Species
##  setosa    :50
##  versicolor :50
##  virginica  :50
```

在 lhs %>% rhs 语句中，针对 rhs 代表的函数，还可以继续使用该函数中的其他参数。例如在下面的程序中，apply( )函数继续指定了额外两个参数的取值，对数据进行计算，其管道操作语句等价于 summary(apply(iris[,1:4] ,2,sum))，运行程序后输出结果如下。

```
## 在 rhs 对应的函数中,还可指定其他的参数
iris[,1:4] %>% apply(2,sum)
## Sepal.Length  Sepal.Width  Petal.Length  Petal.Width
##        876.5        458.6         563.7        179.9
```

管道操作的一个重要作用就是减少中间变量的生成，所以管道操作可以连续使用。例如在下面的程序中，在计算 iris 数据中 4 个变量的列的和后，继续使用 sort( )函数，对计算结果进行了排序操作，运行程序后输出结果如下。

```
## 连续使用多个管道操作
iris[,1:4] %>% apply(2,mean) %>% sort()
##  Petal.Width  Sepal.Width  Petal.Length  Sepal.Length
##    1.199333     3.057333     3.758000      5.843333
```

管道操作的结果可以复制给指定的变量，并且变量名称可以在前（使用<-）或者在后（使用->）。例如，下面的程序是将排序后的结果赋值给 result。

```
## 对管道操作的结果还可以赋值给指定的变量
iris[,1:4] %>% apply(2,mean) %>% sort() -> result
result
##  Petal.Width  Sepal.Width  Petal.Length  Sepal.Length
##    1.199333     3.057333     3.758000      5.843333
## result <- iris[,1:4] %>% apply(2,mean) %>% sort()  与上面的操作等价
```

对数据框进行管道操作后，对其输出的结果可继续使用管道操作和绘图函数相结合，进行数据可

视化。例如，在下面的程序中对计算后的排序结果，使用了条形图进行数据可视化，运行程序后可获得图 5-8 所示的图像。

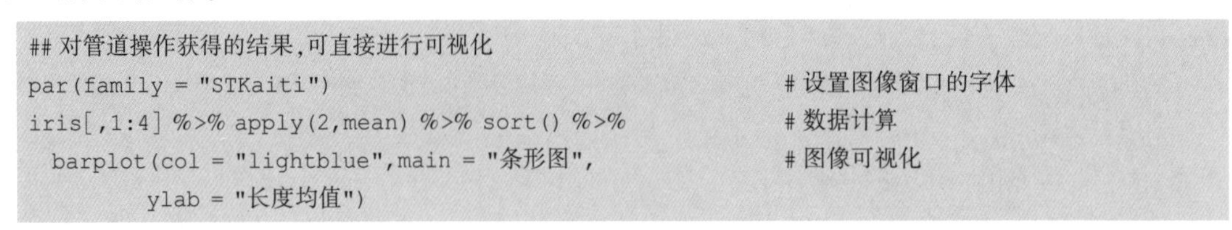

```
## 对管道操作获得的结果,可直接进行可视化
par(family = "STKaiti")                                    # 设置图像窗口的字体
iris[,1:4] %>% apply(2,mean) %>% sort() %>%                # 数据计算
  barplot(col = "lightblue",main = "条形图",                # 图像可视化
          ylab = "长度均值")
```

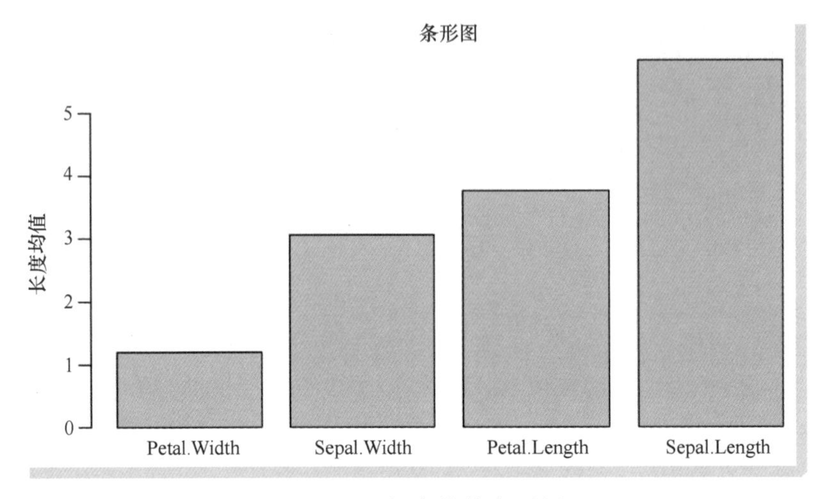

图 5-8　长度均值条形图

管道操作中，由于省去了中间变量，在遇到 function(A,f(A))的使用情况时，如何在 rhs 部分多次调用左边的数据输出 lhs 呢？针对这种情况可以使用点（.）进行表示。例如，在下面的程序中，在 paste0()函数的 LETTERS[.]参数中，这里的点（.）表示左边的输入 samlpe(1:5)。运行下面的程序，可以定义两种计算方式的结果并进行对比分析。可以发现，通过管道操作简化了程序的编写方式，使代码更整洁。

```
## 使用点表示管道中左边的内容
set.seed(123)
sample(1:5) %>% paste0(LETTERS[.])
## [1] "3C" "2B" "5E" "4D" "1A"
## 等价于:
set.seed(123)
A <- sample(1:5)
B <- LETTERS[A]
paste0(A,B)
## [1] "3C" "2B" "5E" "4D" "1A"
```

在下面的程序中，则是使用了两次点（.）来调用%>%左边的内容 iris[,1:4]。该段程序的功能是，分别计算 iris 中 4 个数值变量的每列均值和每列最大值，并将它们通过 c()函数组合，其中使用{}包裹起来的内容可以理解为其是一个 lambda 表达式，运行程序后输出结果如下。

```
## 使用点表示%>%左边的内容,点表示 iris[,1:4]
iris[,1:4] %>% {c(apply(.,2,mean), apply(.,2,max))}
```

```
## Sepal.Length  Sepal.Width  Petal.Length  Petal.Width  Sepal.Length  Sepal.Width
##    5.843333    3.057333      3.758000      1.199333      7.900000      4.400000
## Petal.Length  Petal.Width
##    6.900000    2.500000
```

有时在 lambda 表达式中，{}可能包裹多行的程序，所以其中的点（.）仍然可用来表示管道操作%>%左边的内容。例如，在下面的程序中，head(.,num)和 tail(.,num)的点(.)仍然表示%>%左边的 iris[,1:4]。

```
## 在 lambda 表达式中使用%>%
iris[,1:4] %>% {
  ## 进行数据拼接
  set.seed(123)                                  # 设置随机数种子
  num <- sample(1:5,size = 1)                    # 随机选择一个数字
  ## 这里的点表示 iris[,1:4]
  rbind(head(.,num),tail(.,num))                 # 拼接两个数据框
}
##     Sepal.Length  Sepal.Width  Petal.Length  Petal.Width
## 1            5.1          3.5           1.4          0.2
## 2            4.9          3.0           1.4          0.2
## 3            4.7          3.2           1.3          0.2
## 148          6.5          3.0           5.2          2.0
## 149          6.2          3.4           5.4          2.3
## 150          5.9          3.0           5.1          1.8
```

在下面程序的 lambda 表达式中，先给左边的数据重新命名，然后再调用，在命名语句“newiris <- .”中仍然使用点表示%>%左边的 iris[,1:4]。

```
## 还可以在 lambda 表达式中给左边的数据重新命名
iris[,1:4] %>% {
  newiris <- .                                          #等价于 newiris <- iris[,1:4]
  set.seed(123)                                         # 设置随机数种子
  num <- sample(1:5,size = 1)                           # 随机选择一个数字
  rbind(head(newiris,num),tail(newiris,num))            # 拼接两个数据框
}
##     Sepal.Length Sepal.Width Petal.Length Petal.Width
## 1            5.1         3.5          1.4         0.2
## 2            4.9         3.0          1.4         0.2
## 3            4.7         3.2          1.3         0.2
## 148          6.5         3.0          5.2         2.0
## 149          6.2         3.4          5.4         2.3
## 150          5.9         3.0          5.1         1.8
```

有关管道操作%>%的使用方式先介绍到这里，更多的内容可以查看函数帮助。

5.2.2 数据选择

使用 dplyr 包对数据进行选择（筛选），主要是通过 select()函数来完成的，其可通过列名选择子数据集。下面会介绍一些实际的使用案例，帮助读者学习如何更好地使用 select()函数进行数据选择。

1）通过列名选择数据中的一列或者多列，如下面的程序中，分别选择 iris 中的 Sepal.Length 列和 Sepal.Length、Sepal.Width 两列的数据进行查看。

```
library(dplyr)
## 选择一列数据
select(iris,"Sepal.Length") %>% head(3)
##   Sepal.Length
## 1          5.1
## 2          4.9
## 3          4.7
## 选择多列数据
select(iris,c("Sepal.Length","Sepal.Width")) %>% head(3)
##   Sepal.Length Sepal.Width
## 1          5.1         3.5
## 2          4.9         3.0
## 3          4.7         3.2
```

2）将 select( ) 函数和管道操作相结合进行数据选择。如在下面的程序中，选择 iris 中的 Sepal.Length、Sepal.Width 两列数据。

```
## 通过管道操作进行数据选择
iris %>% select(c("Sepal.Length","Sepal.Width")) %>% head(3)
##   Sepal.Length Sepal.Width
## 1          5.1         3.5
## 2          4.9         3.0
## 3          4.7         3.2
```

3）通过变量名的命名规律选择符合要求的变量。使用 select( ) 函数指定要筛选的列名时，可以通过指定变量名称的命名规律，进行变量的选择。例如在下面的程序中，使用 starts_with("Petal") 表示选择数据中列名以 Petal 开头的相关列；ends_with("Width") 表示选择数据中列名以 Width 结尾的相关列；contains("pal") 表示选择数据中列名包含 pal 的相关列。

```
## 选择变量名以 Petal 开始的变量
iris %>% select(starts_with("Petal")) %>% head(3)
##   Petal.Length Petal.Width
## 1          1.4         0.2
## 2          1.4         0.2
## 3          1.3         0.2
## 选择变量名以 Width 结尾的变量
iris %>% select(ends_with("Width")) %>% head(3)
##   Sepal.Width Petal.Width
## 1         3.5         0.2
## 2         3.0         0.2
## 3         3.2         0.2
## 选择变量名中包含 pal 的变量
iris %>% select(contains("pal")) %>% head(3)
##   Sepal.Length Sepal.Width
## 1          5.1         3.5
## 2          4.9         3.0
## 3          4.7         3.2
```

如果想要删除某些列，只需要在 select( )函数指定的列名前添加减号（-）即可。例如，下面的程序是删除数据中列名包含 pal 的数据列。

```
## 删除所选择的变量
iris %>% select(-contains("pal")) %>% head(3)
##   Petal.Length Petal.Width Species
## 1          1.4         0.2  setosa
## 2          1.4         0.2  setosa
## 3          1.3         0.2  setosa
```

select( )函数在选择数据框中的变量时，还可以通过字符串匹配的方式选择变量名。例如在下面程序中，matches（"^S"）表示选择以 S 开头的变量名。

```
## 根据字符串匹配选择指定的变量,以 S 开始的变量
iris %>% select(matches("^S")) %>% head(3)
##   Sepal.Length Sepal.Width Species
## 1          5.1         3.5  setosa
## 2          4.9         3.0  setosa
## 3          4.7         3.2  setosa
```

针对有规律的变量名，例如 X1、X2、……、Xn；V1、V2、……、Vn 等形式，可以通过 num_range( )函数将字符串和数字进行组合的方式选择变量。下面的程序是选择数据中 X2~X8 几个变量。

```
## 根据字符和数字的组合进行变量选择
df <- data.frame(matrix(1:40,nrow = 5))
head(df)
##   X1 X2 X3 X4 X5 X6 X7 X8
## 1  1  6 11 16 21 26 31 36
## 2  2  7 12 17 22 27 32 37
## 3  3  8 13 18 23 28 33 38
## 4  4  9 14 19 24 29 34 39
## 5  5 10 15 20 25 30 35 40
df %>% select(num_range("X",2:8))%>% head(3)
##   X2 X3 X4 X5 X6 X7 X8
## 1  6 11 16 21 26 31 36
## 2  7 12 17 22 27 32 37
## 3  8 13 18 23 28 33 38
```

5.2.3 数据过滤

dplyr 包中的 filter( )函数主要功能是，对数据框中的样本根据指定的条件进行过滤，只保留满足要求的行数据。例如：下面的程序保留数据中 Species 变量的取值是 setosa 的样本。

```
## 选择种类为 setosa 的数据行
iris %>% filter(Species == "setosa")
##    Sepal.Length Sepal.Width Petal.Length Petal.Width Species
## 1           5.1         3.5          1.4         0.2  setosa
## 2           4.9         3.0          1.4         0.2  setosa
```

```
## 3         4.7       3.2        1.3       0.2        setosa
...
## 48        4.6       3.2        1.4       0.2        setosa
## 49        5.3       3.7        1.5       0.2        setosa
## 50        5.0       3.3        1.4       0.2        setosa
```

从 iris 数据框中选择 Sepal.Length 变量取值大于 7 的样本行，可以使用下面的程序。

```
## 选择 Sepal.Length>7 的行
iris %>% filter(Sepal.Length > 7)
##    Sepal.Length Sepal.Width Petal.Length Petal.Width  Species
## 1          7.1         3.0          5.9         2.1  virginica
## 2          7.6         3.0          6.6         2.1  virginica
## 3          7.3         2.9          6.3         1.8  virginica
## 4          7.2         3.6          6.1         2.5  virginica
...
## 11         7.9         3.8          6.4         2.0  virginica
## 12         7.7         3.0          6.1         2.3  virginica
```

下面的程序是通过 filter( ) 函数选择满足条件 “Sepal.Length - Petal.Length > 2” 的样本行。

```
## 选择 Sepal.Length 比 Petal.Length 大 2 的行
iris %>% filter(Sepal.Length - Petal.Length > 2)
##    Sepal.Length Sepal.Width Petal.Length Petal.Width    Species
## 1          5.1         3.5          1.4         0.2     setosa
## 2          4.9         3.0          1.4         0.2     setosa
## 3          4.7         3.2          1.3         0.2     setosa
## 55         6.6         3.0          4.4         1.4     versicolor
## 56         5.7         2.6          3.5         1.0     versicolor
## 57         5.1         2.5          3.0         1.1     versicolor
```

下面的程序是通过 between(Sepal.Width ,4,5)，指定要选择的样本中 Sepal.Width 变量的取值要在 4 和5 之间。

```
## 选择 Sepal.Width 的取值在 4 和 5 之间的行
iris %>% filter(between(Sepal.Width,4,5))
##  Sepal.Length Sepal.Width Petal.Length Petal.Width Species
## 1         5.8         4.0          1.2         0.2  setosa
## 2         5.7         4.4          1.5         0.4  setosa
## 3         5.2         4.1          1.5         0.1  setosa
## 4         5.5         4.2          1.4         0.2  setosa
```

下面的程序则是，选择数据 airquality 中 Ozone 变量和 Solar.R 变量同时有缺失值的样本行。

```
## 选择带有缺失值的数据
data("airquality")
## 选择同时有缺失值的行
airquality %>% filter(is.na(Ozone) & is.na(Solar.R))
##  Ozone  Solar.R  Wind  Temp  Month  Day
## 1   NA       NA  14.3    56      5    5
## 2   NA       NA   8.0    57      5   27
```

5.2.4 数据修改

dplyr 包中 mutate( ) 函数的主要功能是通过增加新的列变量，实现对数据框内容进一步修改的目的。下面将会介绍数据框使用 mutate( ) 函数的几种方式。

下面的程序是为数据框 iris[,1:4] 添加新的变量 length，其中 length 的取值为数据集中 Sepal.Length 变量减去 Petal.Length 变量的值。

```
## 给数据框添加新的变量
iris[,1:4] %>% mutate(length = Sepal.Length - Petal.Length) %>% head(3)
##  Sepal.Length Sepal.Width Petal.Length Petal.Width length
##1          5.1         3.5          1.4         0.2    3.7
##2          4.9         3.0          1.4         0.2    3.5
##3          4.7         3.2          1.3         0.2    3.4
```

下面的程序是为数据框添加了两列数据，分别为 length 和 width。

```
## 给数据框添加多个新的变量
iris[,1:4] %>% mutate(length = Sepal.Length - Petal.Length,
                      width = Sepal.Width - Petal.Width) %>% head(3)
##  Sepal.Length Sepal.Width Petal.Length Petal.Width length width
##1          5.1         3.5          1.4         0.2    3.7   3.3
##2          4.9         3.0          1.4         0.2    3.5   2.8
##3          4.7         3.2          1.3         0.2    3.4   3.0
```

下面的程序是通过 row_number( ) 函数获取数据框的行序号，作为新的 rownum 变量，添加到数据框中。

```
## 添加行序号
iris[,1:4] %>% mutate(rownum = row_number()) %>% head(3)
##  Sepal.Length Sepal.Width Petal.Length Petal.Width rownum
##1          5.1         3.5          1.4         0.2      1
##2          4.9         3.0          1.4         0.2      2
##3          4.7         3.2          1.3         0.2      3
```

下面的程序则是根据一个 if_else( ) 函数，添加一个新的变量 res。根据每个样本中 Sepal.Length 和 Petal.Length 取值的大小，进行相应的计算作为输出。

```
## 添加根据条件进行计算的变量
iris[,c(1,3)] %>% mutate(
  res = if_else(Sepal.Length > Petal.Length,        # 条件
                Sepal.Length - Petal.Length,        # 满足添加的计算方式
                Petal.Length - Sepal.Length))       # 不满足添加的计算方式
##    Sepal.Length Petal.Length res
##1            5.1          1.4 3.7
##2            4.9          1.4 3.5
##3            4.7          1.3 3.4
...
##149          6.2          5.4 0.8
##150          5.9          5.1 0.8
```

5.2.5 数据排序

针对一个数据框，根据其中变量的取值大小，对整个数据框进行排序可以使用 dplyr 包中的 arrange( )函数。下面将会介绍使用 arrange( )函数的几种情况，首先生成一个用于测试的数据框 datadf，程序如下。

```
datadf <- data.frame(Ascore = c(80,80,81,81,95),
                     Bscore = c(80,81,84,82,93),
                     Cscore = c(65,94,78,62,88))
```

可以根据其中一个变量的取值大小，对整个数据框中的样本重新排序。例如，下面的程序是根据 datadf 中 Ascore 的取值大小，对数据框中的所有样本进行升序排列。

```
## 通过指定的变量对数据进行排序
datadf%>% arrange(Ascore)          # 根据一个变量进行升序排列
##   Ascore Bscore Cscore
## 1    80     80     65
## 2    80     81     94
## 3    81     84     78
## 4    81     82     62
## 5    95     93     88
```

如果想获得数据框根据变量降序排列的效果，可以使用 desc( )函数。下面的程序就是根据 Ascore 取值的大小对数据框 datadf 进行降序排列。

```
# 根据一个变量排序
datadf%>% arrange(desc(Ascore))
##   Ascore Bscore Cscore
## 1    95     93     88
## 2    81     84     78
## 3    81     82     62
## 4    80     80     65
## 5    80     81     94
```

arrange( )函数还可以根据多个变量进行数据框的排列。下面的程序就是数据框根据变量 Ascore 和 Bscore 进行排序。

```
## 根据多个变量进行排序
datadf %>% arrange(Ascore,Bscore)
##   Ascore Bscore Cscore
## 1    80     80     65
## 2    80     81     94
## 3    81     82     62
## 4    81     84     78
## 5    95     93     88
```

根据多个变量的取值进行排序时，可以针对每个变量单独指定其是降序或者升序的情况。下面的程序则是根据 Ascore 的取值进行升序，根据 Bscore 的取值进行降序，对数据框进行重新排列。

```
## 分别指定每个变量的升序和降序
datadf %>% arrange(Ascore,desc(Bscore))
```

```
##   Ascore Bscore Cscore
## 1    80     81     94
## 2    80     80     65
## 3    81     84     78
## 4    81     82     62
## 5    95     93     88
```

5.2.6 数据分组

dplyr 包中的 group_by( ) 函数主要用于对数据集按照给定变量分组，返回分组后的数据集。同时针对每组数据通常会结合 summarise( ) 函数一起使用，summarise( ) 函数可以为每组聚合是一个小数量的汇总统计。summarise( ) 函数中通常使用的汇总统计函数有：均值函数 mean( )、中位数函数 median( )、标准差函数 sd( )、四分位数差函数 IQR( )、中位数绝对偏差函数 mad( )、最小值函数 min( )、最大值函数 max( )、四分位数函数 quantile( )、第一个取值函数 first( )、最后一个取值函数 last( )、第 n 个取值函数 nth( )、样本数量函数 n( )、取值不同的样本数量函数 n_distinct( ) 等。下面将会通过具体的使用案例介绍如何高效地使用 group_by( ) 对数据进行分组汇总。首先导入待使用的天气数据，其一共有 12 个变量。

```
library(readr)
## 导入天气数据
usedata <- read_csv("data/chap5/天气数据.csv")
head(usedata)
## # A tibble: 6 x 12
## city  town temperature relative_humidi... rainfall wind_direction wind_strong
## <chr> <chr>    <dbl>             <dbl>    <dbl>          <dbl>        <dbl>
## 1 上海  嘉定       11                96        0             92            2
## 2 上海  嘉定       11                96        0             81            2
## 3 上海  嘉定       8                 94        0            103            0
...
```

将数据集 usedata 根据城市变量 city 进行分组，并计算每个城市的平均温度，可以使用下面的程序。

```
## 根据城市变量 city 进行数据分组
datagroup <- usedata %>% group_by(city) %>%
  summarise(meantemp = mean(temperature)) # 计算平均温度
head(datagroup)
## # A tibble: 1 x 2
##   city  meantemp
##   <chr>    <dbl>
## 1 上海      7.51
```

将数据集 usedata 根据城市变量 city、区变量 town 进行分组，并计算每个区的平均温度及记录的样本数量，可以使用下面的程序。

```
## 根据城市和区变量分组计算平均温度
datagroup <- usedata %>% group_by(city,town) %>%
  summarise(meantemp = mean(temperature),               # 计算平均温度
```

```
            samplenum = n())                         # 对应分组的样本数量
head(datagroup,3)
## # A tibble: 6 x 4
## # Groups:   city [1]
##   city  town  meantemp samplenum
##   <chr> <chr>    <dbl>     <int>
## 1 上海  宝山      7.51       720
## 2 上海  崇明      6.39       720
## 3 上海  奉贤      7.33       720
```

将数据集 usedata 根据城市变量 city、区变量 town 与月份变量 month 进行分组，并计算每个区的平均温度及记录的样本数量，可以使用下面的程序。

```
## 添加新的分组变量月份
datagroup <- usedata %>% group_by(city,town,month) %>%
  summarise(meantemp = mean(temperature),       # 计算平均温度
            samplenum = n())                    # 对应分组的样本数量
head(datagroup,3)
## # A tibble: 6 x 5
## # Groups:   city, town [6]
##   city  town  month  meantemp  samplenum
##   <chr> <chr> <dbl>     <dbl>      <int>
## 1 上海  宝山     12      7.51        720
## 2 上海  崇明     12      6.39        720
## 3 上海  奉贤     12      7.33        720
```

将数据集 usedata 根据城市变量 city、区变量 town、月份变量 month、日期变量 days 进行分组，并计算每个区的平均温度、最高温度及记录的样本数量，可以使用下面的程序。

```
## 添加新的分组变量日期
datagroup <- usedata %>% group_by(city,town,month,days) %>%
  summarise(meantemp = mean(temperature),          # 计算平均温度
            maxtemp = max(temperature),            # 计算最高温度
            samplenum = n())                       # 对应分组的样本数量
head(datagroup,3)
## # A tibble: 6 x 7
## # Groups:   city, town, month [1]
##   city  town  month days  meantemp maxtemp samplenum
##   <chr> <chr> <dbl> <chr>    <dbl>   <dbl>     <int>
## 1 上海  宝山     12 01          13      18        24
## 2 上海  宝山     12 02        12.3      16        24
## 3 上海  宝山     12 03         7.5      13        24
```

将数据集 usedata 根据城市变量 city、区变量 town、月份变量 month、日期变量 days 进行分组，并计算每个区的平均温度、最高温度及记录的样本数量之后，再使用 mutate( ) 函数计算一个温度差变量 tempdiff 并添加到数据中，可以使用下面的程序。

```
## 添加新的分组变量日期
datagroup <- usedata %>% group_by(city,town,month,days) %>%
  summarise(meantemp = mean(temperature),       # 计算平均温度
```

```
           maxtemp = max(temperature),          # 计算最高温度
           samplenum = n()) %>%                 # 对应分组的样本数量
  mutate(tempdiff = maxtemp - meantemp)         # 添加一个新的变量
head(datagroup,3)
## # A tibble: 6 x 8
## # Groups:  city, town, month [1]
##   city  town  month days  meantemp maxtemp samplenum tempdiff
##   <chr> <chr> <dbl> <chr>    <dbl>   <dbl>     <int>    <dbl>
## 1 上海  宝山    12  01        13      18        24     5
## 2 上海  宝山    12  02        12.3    16        24     3.67
## 3 上海  宝山    12  03        7.5     13        24     5.5
```

将数据集 usedata 根据城市变量 city、区变量 town、月份变量 month、日期变量 days 进行分组，并计算每个区的平均温度、最高温度及记录的样本数量之后，再使用 mutate( ) 函数计算一个温度差变量 tempdiff 并添加到数据中，最后根据温度差 tempdiff 进行降序排列，可以使用下面的程序。

```
## 添加新的分组变量日期
datagroup <- usedata %>% group_by(city,town,month,days) %>%
  summarise(meantemp = mean(temperature),           # 计算平均温度
            maxtemp = max(temperature),             # 计算最高温度
            samplenum = n()) %>%                    # 对应分组的样本数量
  mutate(tempdiff = maxtemp - meantemp) %>%         # 添加一个新的变量
  arrange(desc(tempdiff))                           ## 根据变量进行降序排列
head(datagroup,3)
## # A tibble: 6 x 8
## # Groups:  city, town, month [5]
##   city  town   month days  meantemp maxtemp samplenum tempdiff
##   <chr> <chr>  <dbl> <chr>    <dbl>   <dbl>     <int>    <dbl>
## 1 上海  青浦     12  26        5.38    14        24      8.62
## 2 上海  奉贤     12  07        6.79    15        24      8.21
## 3 上海  闵行     12  07        7.04    15        24      7.96
```

5.2.7 数据融合

前面介绍的都是使用 dplyr 包中的函数对一个数据框进行操作，下面介绍使用 dplyr 包中的函数将多个数据框进行融合。它们分别是数据框左连接函数 left_join( )、数据框右连接函数 right_join( )、数据框内连接函数 inner_join( )、数据框全连接函数 full_join( )，使用这些函数时可通过参数 by 指定拼接数据时用于匹配的变量。下面将会通过具体的示例展示这些函数的使用方式，首先生成两个数据框 df1 和 df2，程序如下所示。

```
## 生成数据框
df1 <- data.frame(name = c("张三","李四","王五","刘小红","李明"),
                  major = c("计算机","统计学","计算机","统计学","计算机"),
                  score = c(85,90,79,82,94),stringsAsFactors = FALSE)
df2 <- data.frame(name = c("张三","李四","王五","刘小红"),
                  sex = c("男","女","男","女"),
                  age = c(18,17,20,16),stringsAsFactors = FALSE)
```

left_join(x,y,...)表示将数据框 x 和 y 根据左边数据框 x 的内容进行融合。例如在下面的程序中，分别是 left_join(df1,df2,by="name")和 left_join(df2,df1,by="name")，表示分别根据 df1 和 df2 进行数据融合，可以根据输出结果观察它们之间的异同。

```
## 数据框左连接函数 left_join()
left_join(df1,df2,by = "name")
##     name  major  score  sex  age
## 1   张三  计算机    85    男   18
## 2   李四  统计学    90    女   17
## 3   王五  计算机    79    男   20
## 4 刘小红  统计学    82    女   16
## 5   李明  计算机    94   <NA>  NA
## 数据框左连接函数 left_join()
left_join(df2,df1,by = "name")
##     name sex age  major  score
## 1   张三   男  18  计算机    85
## 2   李四   女  17  统计学    90
## 3   王五   男  20  计算机    79
## 4 刘小红   女  16  统计学    82
```

right_join(x,y,...)表示将数据框 x 和 y 根据右边数据框 y 的内容进行融合，例如下面的程序中，分别是 right_join(df1,df2,by="name")和 right_join(df2,df1,by="name")，表示将分别根据 df2 和 df1 进行数据融合，可以根据输出结果观察它们之间的异同。

```
## 数据框右连接函数 right_join()
right_join(df1,df2,by = "name")
##     name  major score sex age
## 1   张三  计算机    85  男  18
## 2   李四  统计学    90  女  17
## 3   王五  计算机    79  男  20
## 4 刘小红  统计学    82  女  16
## 数据框右连接函数 right_join()
right_join(df2,df1,by = "name")
##     name  sex age  major score
## 1   张三   男  18  计算机  85
## 2   李四   女  17  统计学  90
## 3   王五   男  20  计算机  79
## 4 刘小红   女  16  统计学  82
## 5   李明 <NA>  NA  计算机  94
```

full_join(x,y,...)表示将数据框 x 和 y 在进行融合时返回两个数据框中的所有内容，例如下面的程序。

```
## 全连接,返回两个数据框中的所有行和所有列
full_join(df1,df2,by = "name")
##     name  major score  sex age
## 1   张三  计算机    85   男  18
## 2   李四  统计学    90   女  17
## 3   王五  计算机    79   男  20
```

```
## 4 刘小红   统计学    82   女   16
## 5   李明   计算机    94  <NA>  NA
```

关于数据融合的更多内容，可以参考相关的函数帮助。

5.3 长宽数据转换

在统计分析和数据可视化过程中，为便于操作，经常需要进行长型数据（也称长数据）和宽型数据（也称宽数据）的转化。长型数据又叫作堆叠数据，只要数据中的一列包含分类变量，都可以叫作长型数据。如鸢尾花数据集 Iris 中存在一列分类变量 Species，可认为该数据为长型数据。宽型数据又叫作非堆叠数据，它是指数据集对所有的变量进行了明确的细分，各变量的值不存在重复循环的情况，也无法归类。如鸢尾花数据集 Iris 中，花的 4 个特征变量可以看作为宽型数据。

R 语言中 tidyr 包和 reshape2 包可以实现长宽数据的转换。下面针对鸢尾花数据集，介绍几种长宽数据的转换方法。首先查看宽型数据的特点，程序如下。

```
### 长宽数据变换
library(tidyr)
library(dplyr)
## 导入数据
data("iris")
head(iris,3)
##   Sepal.Length Sepal.Width Petal.Length Petal.Width Species
## 1          5.1         3.5          1.4         0.2  setosa
## 2          4.9         3.0          1.4         0.2  setosa
## 3          4.7         3.2          1.3         0.2  setosa
```

该数据集有 5 个特征变量 150 个样本，前 4 个变量（除了 Species）是宽型数据。

5.3.1 tidyr 包长宽数据转换

使用 tidyr 包中的 pivot_longer( ) 函数可以将宽型数据转化为长型数据，程序如下。

```
##宽数据转化为长数据 1
Irislong = pivot_longer(iris,Sepal.Length:Petal.Width,
                        names_to ="varname",values_to ="value")
head(Irislong,3)
## # A tibble: 3 x 3
##   Species varname      value
##   <fct>   <chr>        <dbl>
## 1 setosa  Sepal.Length   5.1
## 2 setosa  Sepal.Width    3.5
## 3 setosa  Petal.Length   1.4
```

在上面的程序中，首先使用 pivot_longer( ) 函数将宽数据的 4 个变量定义为一个新的变量 varname，每个特征的样本值对应到另一个新的变量 value。在 pivot_longer( ) 函数中，第一个参数为数据集，Sepal.Length:Petal.Width 表示要转化的变量为从 Sepal.Length 开始到 Petal.Width 结束的所有变量；names_to ="varname"、values_to ="value" 分别为新数据集的新索引和对应取值两个变量的名称。最后将宽数据转化为了长数据 Irislong，对比长宽数据之间的差异可以发现，长数据有 3 个变量 600 个样本。

在 tidyr 包中，pivot_wider( )函数可以将长数据转化为宽数据，它是 pivot_longer( )函数的逆变换。下面将长数据集 Irislong 还原为宽数据，程序如下。

```
##长数据转化为宽数据,因为分组变量中有重复元素所以添加一个索引
IrisWidth <- Irislong%>%group_by(varname) %>% mutate(id=1:n())%>%
  pivot_wider(names_from =varname,values_from = value)
head(IrisWidth,3)
## # A tibble: 3 x 6
##   Species    id   Sepal.Length Sepal.Width Petal.Length Petal.Width
##   <fct>     <int>        <dbl>       <dbl>        <dbl>       <dbl>
## 1 setosa        1          5.1         3.5          1.4         0.2
## 2 setosa        2          4.9         3            1.4         0.2
## 3 setosa        3          4.7         3.2          1.3         0.2
```

在上面的程序中，首先使用管道函数“%>%”和 mutate( )函数等为长数据集 Irislong 添加了一列索引（由于 Irislong 中有重复索引，需要添加一列索引保证数据转换正确）。接着将 pivot_wider( )函数作用于添加索引后的数据集。其中参数 names_from = varname 表示 Irislong 数据集中 varname 变量对应的数据为宽数据的列名，values_from = value 表示 Irislong 数据集中 value 变量对应列名下的取值。从宽数据 IrisWidth 的输出可以发现，它较原数据集 iris，除了多一列 id 索引外，其他变量完全一致。

5.3.2 reshape2 包长宽数据转换

接下来使用 reshape2 包中的 melt( )函数将宽数据转化为长数据，使用 dcast( )函数将长数据转化为宽数据。

```
library(reshape2)
##宽数据转化为长数据 2
Irislong <- melt(iris,id = "Species",variable.name = "varname",
                value.name="value")
head(Irislong,3)
##   Species      varname   value
## 1   setosa Sepal.Length    5.1
## 2   setosa Sepal.Length    4.9
## 3   setosa Sepal.Length    4.7
## 长数据转化为宽数据,因为分组变量中有重复元素,所以需要添加一个索引
IrisWidth <- Irislong%>%group_by(varname) %>% mutate(id=1:n())%>%
  dcast(id + Species~varname,value.var = "value")
head(IrisWidth,3)
##   id  Species Sepal.Length Sepal.Width Petal.Length Petal.Width
## 1  1   setosa          5.1         3.5          1.4         0.2
## 2  2   setosa          4.9         3.0          1.4         0.2
## 3  3   setosa          4.7         3.2          1.3         0.2
```

在上面的程序中，首先使用 melt( )函数将宽数据转化为长数据 Irislong，其中参数 id = "Species" 表示保持原始数据中的 Species 变量不变，其他的变量名称都会成为新的变量 varname 下的取值，相应地，原变量的取值作为新变量 value 的取值；参数 variable.name = "varname" 表示 Irislong 中新定义的变

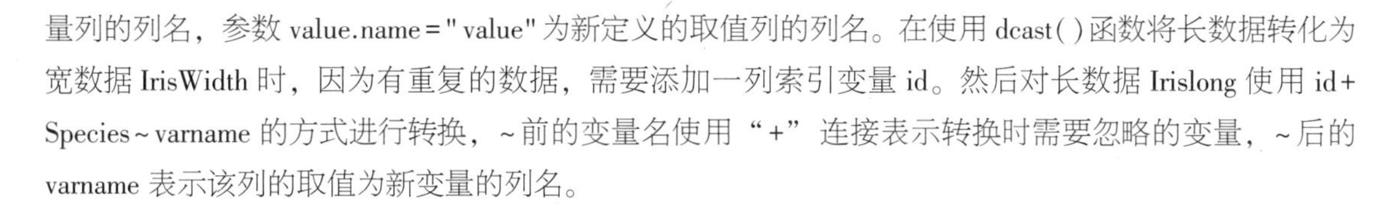

量列的列名，参数 value.name = " value" 为新定义的取值列的列名。在使用 dcast( ) 函数将长数据转化为宽数据 IrisWidth 时，因为有重复的数据，需要添加一列索引变量 id。然后对长数据 Irislong 使用 id+Species~varname 的方式进行转换，~前的变量名使用“+”连接表示转换时需要忽略的变量，~后的 varname 表示该列的取值为新变量的列名。

5.4 文本处理

无论是英文文本还是中文文本，或者是其他类型的文字，在数据分析场景中很常见，因此 R 语言还具有强大的文本处理、分析与挖掘能力。本节将会介绍 R 语言中关于文本处理的相关内容，主要包括正则表达式、stringr 包中的文本操作函数，以及中文文本数据的预处理等内容。

5.4.1 正则表达式

正则表达式是计算机科学的一个概念，它使用单个字符串来描述、匹配一系列符合某个句法规则的字符串。在很多文本编辑器里，正则表达式通常被用来检索、替换那些匹配某个模式的文本。R 语言中也提供了通过正则表达式进行内容匹配的方式，合理地使用正则表达式可以加快文本处理的速度。

表 5-1 中列出了在 R 语言中已经定义用于表示一系列字符的表达式，例如使用[:digit:]可以匹配字符串中的数字等内容。下面使用 stringr 包中的具体函数，解释如何通过定义好的正则表达式，快速进行所需内容的匹配。

表 5-1 在 R 语言中已经定义用于表示一系列字符的表达式

表达式	功能
[:digit:]	匹配数字：0~9
[:lower:]	匹配小写字母：a~z
[:upper:]	匹配大写字母：A~Z
[:alpha:]	匹配小写与大写字母：a~z A~Z
[:alnum:]	匹配字母与数字：a~z A~Z 0~9
[:blank:]	匹配空格字符：空格符和制表符（Tab）
[:space:]	匹配空字符：空格符、制表符、换行符、回车符等
[:punct:]	匹配标点符号：!" # $% & ' ( ) * +, - . / : ; < = > ? @[\ ]^_ `{ | } ~
[:graph:]	匹配图形字符：[:alnum:]和[:punct:]
[:print:]	匹配可打印字符：[:alnum:]、[:punct:]和空格符
[:xdigit:]	匹配 16 进制数字：0 1 2 3 4 5 6 7 8 9 A B C D E F a b c d e f

进行字符匹配之前，先导入 stringr 包，并初始化一个可供使用的字符串 mystr。针对该字符串可通过 str_length( ) 函数计算其长度，从输出中可知 mystr 中有 24 个字符。在根据表达式提取字符串中的内容时，会使用 stringr 包中的 str_extract_all( ) 函数，该函数的功能是根据输出的规则，提取字符串中所有满足规则的字符。

```
library(stringr)
## 初始化一个字符串
mystr <- "abc ABC 123 \t?. #$%(){}~ \n"
## 计算字符串的长度
str_length(mystr)
## [1] 24
```

(1) 提取数字

下面的程序展示了通过表达式 [:digit:] 提取字符串中所有数字的示例，输出结果显示正确地提取出了“1”“2”“3” 3 个数字字符。

```
## 提取数字
str_extract_all(mystr,"[:digit:]")
## [[1]]
## [1] "1" "2" "3"
```

(2) 提取字母

下面的程序展示了，通过表达式 [:lower:] 提取字符串中所有小写字母、通过表达式 [:upper:] 提取字符串中所有大写字母、通过表达式 [:alpha:] 提取字符串中所有字母的示例。

```
## 提取小写字母:a~z
str_extract_all(mystr,"[:lower:]")
## [[1]]
## [1] "a" "b" "c"
## 提取大写字母:A~Z
str_extract_all(mystr,"[:upper:]")
## [[1]]
## [1] "A" "B" "C"
## 提取小写与大写字母:a~z  A~Z
str_extract_all(mystr,"[:alpha:]")
## [[1]]
## [1] "a" "b" "c" "A" "B" "C"
```

(3) 提取数字和字母

如想要同时提取字符串中的数字和字母（大写或者小写），可以通过表达式 [:alnum:]。例如在下面的示例中，同时提取字符串 mystr 中的数字和字母。

```
## 提取字母与数字:a~z、A~Z、0~9
str_extract_all(mystr,"[:alnum:]")
## [[1]]
## [1] "a" "b" "c" "A" "B" "C" "1" "2" "3"
```

(4) 提取标点符号、空格符等内容

提取字符串中的空格符和制表符（Tab），可以通过表达式 [:blank:]；提取字符串中的空格符、制表符、换行符、回车符等空字符，可以通过表达式 [:space:]；提取字符串中的标点符号，可以通过表达式 [:punct:]；提取字符串中的图形字符（包括 [:alnum:] 和 [:punct:] 提取的内容），可以通过表达式 [:graph:]；提取字符串中可打印的字符，可以通过表达式 [:print:]。在下面的程序示例中，展示了从字符串 mystr 中提取相关字符的程序。

```
## 提取空格符和制表符(Tab)
str_extract_all(mystr,"[:blank:]")
##[[1]]
##[1] " "  " "  "\t" " "
## 提取空格符、制表符、换行符、回车符等空字符
str_extract_all(mystr,"[:space:]")
##[[1]]
##[1] " "  " "  "\t" " "  "\n"
## 提取标点符号
str_extract_all(mystr,"[:punct:]")
##[[1]]
##[1] "?" "." "#" "%" "(" ")" "{" "}"
## 提取图形字符,包括[:alnum:]和[:punct:]
str_extract_all(mystr,"[:graph:]")
##[[1]]
##  [1] "a" "b" "c" "A" "B" "C" "1" "2" "3" "?" "." "#" "$" "%" "(" ")" "{" "}" "~"
## 提取可打印的字符
str_extract_all(mystr,"[:print:]")
##[[1]]
##  [1] "a" "b" "c" " " "A" "B" "C" " " "1" "2" "3" "?" "." " " "#" "$" "%" "(" ")"
##[20] "{" "}" "~"
```

(5) 提取表示16进制的字符

针对16进制的数字，R语言中可以通过表达式 [:xdigit:] 进行提取。在下面的程序示例中，展示了从字符串mystr中提取与16进制数据有关的字符。

```
## 提取16进制数字
str_extract_all(mystr,"[:xdigit:]")
##[[1]]
##[1] "a" "b" "c" "A" "B" "C" "1" "2" "3"
```

从前面程序示例的输出结果可以发现，匹配的结果都是单个字符。这是因为在进行字符串的匹配和提取时，没有指定匹配的次数（或者允许匹配字符串的长度），因此默认是匹配长度为1的字符。表5-2展示了R语言中正则表达式的量化符，将量化符和前面介绍的表达式相结合使用，能够灵活地匹配出更复杂的内容。

表5-2 R语言中正则表达式的量化符

字　符	功　能
?	前面的元素是可选的，并且最多只匹配一次
*	前面的元素可以匹配0次或多次
+	前面的元素可以匹配1次或多次
{n}	前面的元素需要匹配n次
{n,}	前面的元素需要匹配n次或者多于n次
{n,m}	前面的元素至少要匹配n次，但是不能超过m次

(6) 量化符和表达式结合使用

下面通过具体的程序示例展示如何使用表5-2所列出的量化符，如量化符"?"，其表示它前面的

元素是可选的，并且最多只匹配一次。例如下面的程序表示匹配是数字时是可选的，并且只能出现一次的结果。

```
## 前面的元素是可选的,并且最多只匹配一次
str_extract_all(mystr,"[:digit:]?")
##[[1]]
##  [1]""  ""  ""  ""  ""  ""  ""  ""  "1" "2" "3"  ""  ""  ""  ""  ""  ""  ""  ""
##[20]""  ""  ""  ""  ""  ""
```

从上面的输出中可发现，除输出了数字"1" "2" "3"外，还输出了很多的""（表示没有内容）。

通过将 [:digit:] 和 "*" 相结合，可以匹配到出现 0 次或者多次数字的字符串。如在下面程序的输出结果中，除了大量的""外，还将"123"作为一个整体匹配了出来。

```
## 前面的元素可以匹配 0 次或多次
str_extract_all(mystr,"[:digit:]*")
##[[1]]
##  [1]""   ""   ""   ""   ""   ""   ""   ""   "123"  ""   ""   ""
##[13]""   ""   ""   ""   ""   ""   ""   ""   ""   ""   ""
```

通过将 [:digit:] 和 "+" 相结合，可以匹配到出现 1 次或者多次数字的字符串。如在下面程序的输出结果中，只有"123"作为一个整体匹配了出来，并且输出中没有""了。

```
## 前面的元素可以匹配 1 次或多次
str_extract_all(mystr,"[:digit:]+")
##[[1]]
##[1] "123"
```

通过将 [:digit:] 和 "{n}" 相结合，可以匹配到出现 n 次数字的字符串。如在下面程序的输出结果中，只有"12"作为一个整体匹配了出来。

```
## 前面的元素需要正好匹配 2 次
str_extract_all(mystr,"[:digit:]{2}")
##[[1]]
##[1] "12"
```

通过将[:digit:]和"{n,}"相结合，可以匹配到出现 n 次或者多于 n 次数字的字符串。如在下面程序的输出结果中，通过表达式[:digit:]{2,}，将"123"作为一个整体匹配了出来。

```
## 前面的元素需要匹配 2 次或者多于 2 次
str_extract_all(mystr,"[:digit:]{2,}")
##[[1]]
##[1] "123"
```

通过将 [:digit:] 和 "{n,m}" 相结合，可以匹配到出现大于等于 n 次且小于 m 次数字的字符串。如下面程序的输出结果中，通过表达式[:digit:]{1,2}，将"12"作为一个整体、"3"作为一个整体匹配了出来。

```
## 前面的元素至少要匹配 1 次,但是不能超过 2 次
str_extract_all(mystr,"[:digit:]{1,2}")
##[[1]]
##[1] "12" "3"
```

在介绍了R语言中拥有特殊含义的正则表达式和量化符后，下面介绍一些具有特殊含义的字符。它们是前面所介绍的正则表达式的简化方式，相关字符及其功能如表5-3所示。

表5-3 R语言中部分具有特殊含义的字符及其功能

字 符	功 能	字 符	功 能
\\n	匹配换行符	\\d	匹配数字：[[:digit:]]
\\t	匹配制表符：tab	\\D	匹配非数字：[^[:digit:]]
\\s	匹配空字符：[[:blank:]]	\\b	匹配单词边界
\\S	匹配非空字符：[^[:blank:]]	\\B	匹配非单词边界
\\w	匹配单词字符：[[:alnum:]]	\\<	匹配单词的开头
\\W	匹配非单词字符：[^[:alnum:]]	\\>	匹配单词的开头结尾

通过使用表5-3所列出的字符，在编写字符匹配程序时会节省很多的内容。它们的使用方式也很简单，下面通过一些具体的程序示例进行介绍，相关的程序和输出结果如下。

```
## 提取数字
str_extract_all(mystr,"\\d")
## [[1]]
## [1] "1" "2" "3"
## 提取非数字
str_extract_all(mystr,"\\D")
## [[1]]
##  [1] "a"  "b"  "c"  " "  "A"  "B"  "C"  " "  "\t" "?"  "."  " "  "#"  "$"  "%"
## [16] "("  ")"  "{"  "}"  "~"  "\n"
## 提取单词字符
str_extract_all(mystr,"\\w")
## [[1]]
## [1] "a" "b" "c" "A" "B" "C" "1" "2" "3"
## 提取非单词字符
str_extract_all(mystr,"\\W")
## [[1]]
##  [1] " "  " "  "\t" "?"  "."  " "  "#"  "$"  "%"  "("  ")"  "{"  "}"  "~"  "\n"
```

本小节主要介绍了R语言中正则表达式的内容，并且进行字符串提取时使用了stringr包中的str_extract_all()函数。该函数中还包含其他对文本进行操作的函数，下一小节将会详细介绍stringr包中关于文本操作的相关函数。

5.4.2 stringr包文本操作

stringr包是用于文本（字符串）提取和操作的第三方R语言包，一共提供了大约30个函数。相对于内置的grep()、gsub()等系列函数，stringr包中的函数定义简洁、使用方式统一，是使用率较高的包。表5-4展示了stringr包中常用的字符串操作函数。

表 5-4　stringr 包中常用的字符串操作函数

函　数	功　能
str_length( )	计算字符串的长度，输出为数字向量
str_detect( )	检测字符串中是否存在指定内容，输出为布尔向量
str_which( )	检测字符串中指定内容的位置，输出为数值向量
str_count( )	计算字符串中指定内容的数量，输出为数值向量
str_locate( )	检测字符串中指定内容第一次出现的位置，输出为起始与结尾的矩阵
str_locate_all( )	检测字符串中指定内容出现的所有位置，输出为起始与结尾的矩阵列表
str_sub( )	根据指定的位置索引提取字符串，输出为字符向量
str_subset( )	提取包含有指定规则的字符串，输出为字符向量
str_extract( )	提取字符串中指定规则第一次的内容，输出为字符串向量
str_extract_all( )	提取字符串中指定规则出现的所有内容，输出为字符串的向量列表
str_match( )	从字符串中提取所匹配的内容，输出为字符串矩阵
str_match_all( )	从字符串中提取所匹配的所有内容，输出为字符串矩阵列表
str_replace( )	将符合规则第一次出现的内容替换为指定的内容，输出为字符串向量
str_replace( )	将所有符合规则的内容替换为指定的内容，输出为字符串向量
str_to_lower( )	将字符串中的字母转化为小写，输出为字符串向量
str_to_upper( )	将字符串中的字母转化为大写，输出为字符串向量
str_c( )	将多个字符串进行拼接，输出为字符串向量
str_dup( )	复制并拼接字符串指定的次数，输出为字符串向量
str_split( )	根据指定的规则分割字符串，输出为字符串向量列表
str_split_fixed( )	根据指定的规则把字符串分割为指定的块数，输出为字符串向量列表
str_sort( )	为字符串排序，输出为字符串向量
str_order( )	获取字符串排序的索引，输出为数值向量

下面通过一个字符串向量示例，介绍如何使用表 5-4 所列出的字符串处理函数。首先初始化一个有 5 个字符串的向量，并用 str_length( ) 函数计算向量中每个元素的长度，程序如下所示。

```
## 初始化一个字符串向量
mystr <- c("apple","useR!2021","1245","R packages",
           "R version 4.0.4 (Lost Library Book)")
## 计算向量中每个文本的长度
str_length(mystr)
##[1]  5 10  4 10 35
```

(1) 字符串的检测

检测给定字符串中是否有符合指定规则的内容，可以使用 str_detect( ) 、str_which( ) 、str_count( ) 、str_locate( ) 、str_locate_all( ) 等函数。它们在使用形式上几乎一致，但是针对不同的函数会在字符串检测功能上有细微的差异，因此在输出结果的形式上会有所不同。

在下面的程序中，展示了这几个函数在进行字符串检测时的使用方式，可以根据它们的输出并结合表 5-4 中的介绍，对比分析每个函数在功能上的差异。

```
## 检测文本中是否有空格
str_detect(mystr," ")                ## 输出结果为 T 或 F
## [1] FALSE  TRUE FALSE  TRUE  TRUE
## 找到指定规则的位置,哪些文本中有数字
str_which(mystr,"[:digit:]")
## [1] 2 3 5
## 计算向量中每个文本包含数字的数量
str_count(mystr,"[:digit:]")
## [1] 0 4 4 0 3
## 数字出现一次或多次的位置(输出第一次符合要求的结果)
str_locate(mystr,"[:digit:]+")
##      start end
## [1,]   NA  NA
## [2,]    7  10
## [3,]    1   4
## [4,]   NA  NA
## [5,]   11  11
## 数字出现一次或多次的位置(输出所有符合要求的结果)
str_locate_all(mystr,"[:digit:]+")
## [[1]]
##      start end
## [[2]]
##      start end
## [1,]     7  10
## [[3]]
##      start end
## [1,]     1   4
## [[4]]
##      start end
## [[5]]
##      start end
## [1,]    11  11
## [2,]    13  13
## [3,]    15  15
```

（2）字符串的提取

字符串的提取可以使用 str_sub( )、str_subset( )、str_extract( )、str_extract_all( )、str_match( )、str_match_all( )等函数。下面的程序示例中展示了，这些函数在进行字符串提取中的差异，可以根据输出的结果进行对比分析。

```
## 提取字符串的一部分
str_sub(mystr,start = 2,end = 10)
## [1] "pple"      "seR!2021" "245"      " packages" " version "
## 提取包含一个或多个数字的字符串
str_subset(mystr,"[:digit:]+")
## [1] "useR!2021"                        "1245"
## [3] "R version 4.0.4 (Lost Library Book)
## 从字符串向量的某个元素中提取符合条件的内容
```

```
str_extract(mystr,"[:digit:]+")
##[1] NA     "2021" "1245" NA     "4"
## 从字符串向量的某个元素中提取所有符合条件的内容
str_extract_all(mystr,"[:digit:]+")
##[[1]]
## character(0)
##[[2]]
##[1] "2021"
##[[3]]
##[1] "1245"
##[[4]]
## character(0)
##[[5]]
##[1] "4" "0" "4"
## 提取符合条件的内容
str_match(mystr,"[:digit:]+")
##      [,1]
##[1,] NA
##[2,] "2021"
##[3,] "1245"
##[4,] NA
##[5,] "4"
## 提取所有符合条件的内容
str_match_all(mystr,"[:digit:]+")
##[[1]]
##      [,1]
##[[2]]
##      [,1]
##[1,] "2021"
##[[3]]
##      [,1]
##[1,] "1245"
##[[4]]
##      [,1]
##[[5]]
##      [,1]
##[1,] "4"
##[2,] "0"
##[3,] "4"
```

（3）字符串的替换

字符串的替换可以使用 str_ replace( )和 str_replace _all( )函数。下面的程序示例展示了，这两个函数在将空格符替换为 R 时的异同，可以根据输出的结果进行对比分析。

```
## 替换字符串为指定的内容
str_replace(mystr,"\\s","R")          # 将空格符替换为 R
##[1] "apple"                              "useR!R2021"
##[3] "1245"                               "RRpackages"
##[5] "RRversion 4.0.4 (Lost Library Book)"
```

```
# 所有空格符替换为 R
str_replace_all(mystr,"\\s","R")
## [1] "apple"                          "useR!R2021"
## [3] "1245"                           "RRpackages"
## [5] "RRversionR4.0.4R(LostRLibraryRBook)"
```

(4) 字符串中的字母转换

下面的程序示例展示了，将字母转换为小写的 str_to_lower( ) 函数、将字母转换为大写的 str_to_upper( ) 函数的使用方式，程序和输出如下。

```
## 将字符串中的字母转化为小写
str_to_lower(mystr)
## [1] "apple"                    "user!2021"
## [3] "1245"                     "r packages"
## [5] "r version 4.0.4 (lost library book)"
## 将字符串中的字母转化为大写
str_to_upper(mystr)
## [1] "APPLE"                    "USER!2021"
## [3] "1245"                     "R PACKAGES"
## [5] "R VERSION 4.0.4 (LOST LIBRARY BOOK)"
```

(5) 字符串的拼接与分割

字符串的简单拼接可以使用 str_c( ) 函数，而 str_dup( ) 函数可以复制和拼接指定字符串的指定次数，因此可以结合具体的需求选择合适的函数进行字符串的拼接。下面的程序示例展示了这两个函数的使用方式。

```
## 字符串的拼接和分割
str_c("R",mystr,sep = ":")
## [1] "R:apple"
## [2] "R:useR!2021"
## [3] "R:1245"
## [4] "R:R packages"
## [5] "R:R version 4.0.4 (Lost Library Book)"
##将字符串向量拼接为一个长字符串
str_c(mystr,collapse = "-")
## [1] "apple-useR!2021-1245-R packages-R version 4.0.4 (Lost Library Book)"
## 在字符串向量内复制和拼接字符串
str_dup(mystr[1:3],1:3)
## [1] "apple"              "useR!2021useR!2021" "124512451245"
```

将长字符串根据指定的规则分割为短字符串，可以使用 str_split( ) 和 str_split_fixed( ) 函数，这两个函数的使用程序示例如下所示。

```
## 分割字符串
str_split(mystr,"[:digit:]")
## [[1]]
## [1] "apple"
## [[2]]
## [1] "useR!"""      ""      ""      ""
```

```
## [[3]]
## [1]"" "" "" "" ""
## [[4]]
## [1] "R packages"
## [[5]]
## [1] "R version "          "."                          "."
## [4] " (Lost Library Book)"
## 指定分割的块数
str_split_fixed(mystr,"[:digit:]",n=3)
##      [,1]            [,2]  [,3]
## [1,] "apple"         ""    ""
## [2,] "useR!"         ""    "21"
## [3,] ""              ""    "45"
## [4,] "R packages"    ""    ""
## [5,] "R version "    "."   ".4 (Lost Library Book)"
```

(6) 字符串的排序

对字符串向量里的所有元素进行排序，可以使用 str_sort( )函数，而 str_order( )函数可以获取字符串排序使用的索引。两个函数的使用示例程序如下。

```
## 字符串的排序
str_sort(mystr)
## [1] "1245"                               "apple"
## [3] "R packages"                 "R version 4.0.4 (Lost Library Book)"
## [5] "useR!2021"
## 输出字符串排序的索引
str_order(mystr)
## [1] 3 1 4 5 2
mystr[str_order(mystr)]
## [1] "1245"                               "apple"
## [3] "R packages"                    "R version 4.0.4 (Lost Library Book)"
## [5] "useR!2021"
```

前面的内容使用一些简单的示例，介绍了如何使用 srtingr 包对字符串进行处理。stringr 包的函数非常实用，这些函数的使用将会贯穿本书与文本处理相关的内容。

5.4.3 中文文本预处理

前文介绍了正则表达式和 stringr 包的使用，本小节将介绍一个文本处理的综合示例。使用 R 语言中的相关函数，对中文文本进行预处理和探索性分析，主要包括文本导入、字符串切分、字符串计数以及提取内容可视化等。

(1) 读取文本数据

```
## 读取《三国演义》文本数据
filename <-"data/chap5/三国演义/三国演义.txt"
ThreeK <- readLines(filename,encoding='UTF-8')
## 去除字符串长度小于 10 的行
charnum <- sapply(ThreeK, nchar, USE.NAMES = FALSE)
```

```
ThreeK <- ThreeK[charnum > 10]
## 找到每回(章)名称所在的行
nameindex <- which(!is.na(str_match(ThreeK,pattern = "^第+.+回")))
## 生成数据框
ThreeKdf <- data.frame(name = ThreeK[nameindex],chapter = 1:120)
## 处理每回的名称,根据空格切分字符串
names <- data.frame(str_split(ThreeKdf$name,pattern = "[[:blank:]]+",simplify =TRUE))
## 使用逗号连接每行数据中的字符串
ThreeKdf$Name <- apply(names[,2:3],1,str_c,collapse = ",")
ThreeKdf$name <- NULL  # 删除一列
head(ThreeKdf)
##  chapter                          Name
## 1       1 宴桃园豪杰三结义,斩黄巾英雄首立功
## 2       2     张翼德怒鞭督邮,何国舅谋诛宦竖
## 3       3 议温明董卓叱丁原,馈金珠李肃说吕布
## 4       4     废汉帝陈留践位,谋董贼孟德献刀
## 5       5 发矫诏诸镇应曹公,破关兵三英战吕布
## 6       6     焚金阙董卓行凶,匿玉玺孙坚背约
```

上面的程序是从 txt 文件读取小说内容的程序。读取数据时，通过基础包中的 readLines( ) 函数，会将文本中的每一段作为一个字符串整体，因此 ThreeK 为一个字符串向量。接着通过 sapply( ) 等函数删除长度较短的内容，为了将每个章节的内容正确切分，使用 str_match( ) 函数进行字符串匹配。最后将每个章节的名称保存在数据框 ThreeKdf 中。

为了找到每章的起始和结束位置，并将章节的内容拼接后，放入到数据框 ThreeKdf 中，使用的程序如下所示。

```
## 找出每一回(章)的头部行数和尾部行数
ThreeKdf$chapbegin<- nameindex          ## 每回(章)的开始行数
## 每回(章)的结束行数
ThreeKdf$chapend <- c((ThreeKdf$chapbegin-1)[-1],length(ThreeK))
## 每回(章)的段落长度
ThreeKdf$chaplen <- ThreeKdf$chapend - ThreeKdf$chapbegin
## 获取每回(章)所有的文本内容
for (ii in 1:nrow(ThreeKdf)){
  ## 将一回(章)的所有段落连接起来
  chapstrs <- str_c(ThreeK[(ThreeKdf$chapbegin[ii]+1):ThreeKdf$chapend[ii]],
                  collapse ="")
  ## 剔除每回(章)中不必要的空格
  ThreeKdf$content[ii]<-str_replace_all(chapstrs,pattern = "[[:blank:]]",
                              replacement ="")
}
head(ThreeKdf,2)
##  chapter                          Name chapbegin chapend chaplen
## 1       1 宴桃园豪杰三结义,斩黄巾英雄首立功         1      20      19
## 2       2     张翼德怒鞭督邮,何国舅谋诛宦竖        21      34      13
content
## 1   滚滚长江东逝水,浪花淘尽英雄。是非成败转头空。青山依旧在,几度夕阳红。白发渔樵江渚上,惯看秋月春风。一壶浊酒喜相逢。古今多少事,都付笑谈中。——调寄《临江仙》
```

(2) 统计指定人名在每章出现的次数

《三国演义》中出现了很多众人熟知的故事和人物，下面使用 R 语言统计一些经典人物在每个章节出现的次数。众所周知，古人的名和字是分开的，因此这里也将名和字分开统计，把它们的和作为对应人物出现的实际次数。统计每个人的名称在每章出现的次数的程序如下。

```
## 读取关键人物的数据
TK_name <- read.csv("data/chap5/三国演义/一些三国人物的名和字.csv",
                    stringsAsFactors = FALSE,encoding="UTF-8")
## 将数据框中的缺失值使用 NA 代替
TK_name <- as.data.frame(apply(TK_name,2,str_replace_na),
                    stringsAsFactors = FALSE)
## 计算关键人物在每章出场的次数,初始化一个保存数据的数据框
namefredf <- matrix(data = seq(1,120 * nrow(TK_name)),nrow = 120,
                ncol = nrow(TK_name))
namefredf <- data.frame(namefredf)
colnames(namefredf) <- TK_name$名  # 列名
## 通过 for 循环计算每个人物在每章中出现的次数
for(ii in c(1:nrow(TK_name))){
  ## 计算"人名"在每章出现的次数
  namenum <- str_count(ThreeKdf$content,TK_name$名[ii])
  ## 计算"字"在每章出现的次数
  zinum <- str_count(ThreeKdf$content,TK_name$字[ii])
  ## 两种计算结果相加
  namefredf[,ii] <- namenum + zinum
}
head(namefredf)
##  曹操  曹丕  司马懿  荀彧  荀攸  郭嘉  程昱  张辽  徐晃  夏侯惇  夏侯渊  庞德  张郃...
##1    2    0     0      0     0     0     0     0     0     0       0       0     0
##2    5    0     0      0     1     0     0     0     0     0       0       0     0
##3    7    0     0      0     0     0     0     0     0     0       0       0     0
##4   23    0     0      0     0     0     0     0     0     0       0       0     0
##5   14    0     0      0     0     0     0     0     0     2       1       0     0
##6    7    0     0      0     0     0     0     0     0     5       3       0     0
```

在上面的程序中，先读取用于统计人物名称的数据，然后通过 str_count( ) 函数计算每个人物在每章中出现的次数，最终将数据保存在数据框 namefredf 中。上面的输出中展示了数据框中的部分内容。

(3) 可视化分析人物关系

获得数据框 namefredf 后，可以根据各人物在整本书中出现的情况，计算他们之间的相关性，然后可以根据相关系数矩阵使用热力图进行可视化。运行下面的程序后，可获得图 5-9 所示的图像。

```
## 计算人物之间出场关系的相关系数
namefredf_cor <- cor(namefredf,method = c("pearson"))
library(corrplot)
## 可视化相关系数热力图
par(family = "STKaiti")
corrplot(namefredf_cor,method = "circle",type = "full",tl.pos = "d",tl.cex = 0.6,
         order = "hclust", addrect = 4, rect.col = "black",rect.lwd = 0.6)
```

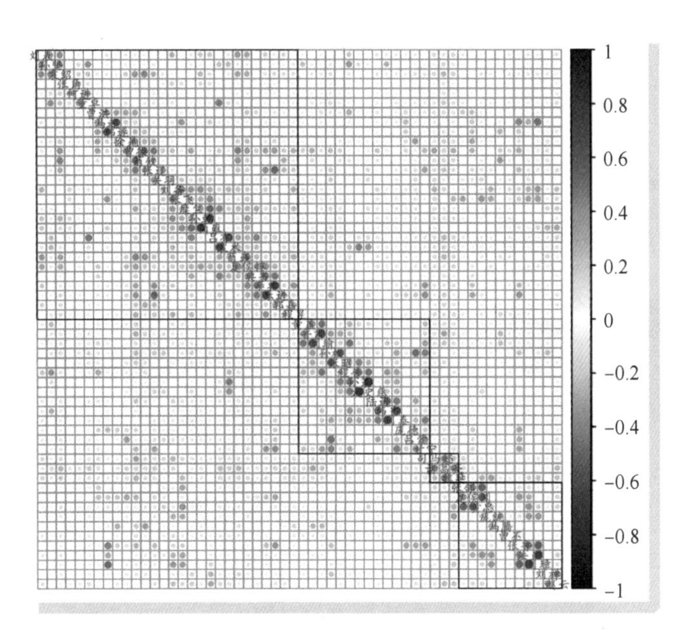

● 图 5-9　人物关系热力图

针对获得的数据框 namefredf，通过计算每列数据的和，可以计算每个人物在整本书出现的次数；针对每个人物出现的次数以及他们所属的阵营，可以通过下面的程序对其可视化，分析每个阵营中谁占比较大等情况。运行程序后，可获得图 5-10 所示的图像。

```
## 使用一个集合图像可视化各势力相关人物的情况——词频统计与可视化
# circlepackeR 包的安装方法
# library(devtools); install_github("jeromefroe/circlepackeR")
library(circlepackeR)
library(data.tree)
##  计算所有人物出现的次数
TK_namefre <- sort(colSums(namefredf),decreasing = TRUE)
TK_namefre <- data.frame(名 = names(TK_namefre),freq = TK_namefre,
                    stringsAsFactors = FALSE)
## 与读取的带阵营的数据连接
TK_namefre <- dplyr::left_join(TK_namefre,TK_name,by = "名")
## 将数据转化为 data.tree 格式的数据
TK_namefre$pathString <- paste("三国", TK_namefre$阵营, TK_namefre$名,sep = "/")
TK_namefre_plot <- as.Node(TK_namefre)
## 可视化圆形堆积图
circlepackeR(TK_namefre_plot,size = "freq",color_min = "hsl(56,80%,80%)",
        color_max = "hsl(341,30%,40%)")
```

本节介绍了文本预处理与数据探索的相关内容。在进行文本清洗与内容统计时，结合正则表达式灵活使用 stringr 包，能够事半功倍。

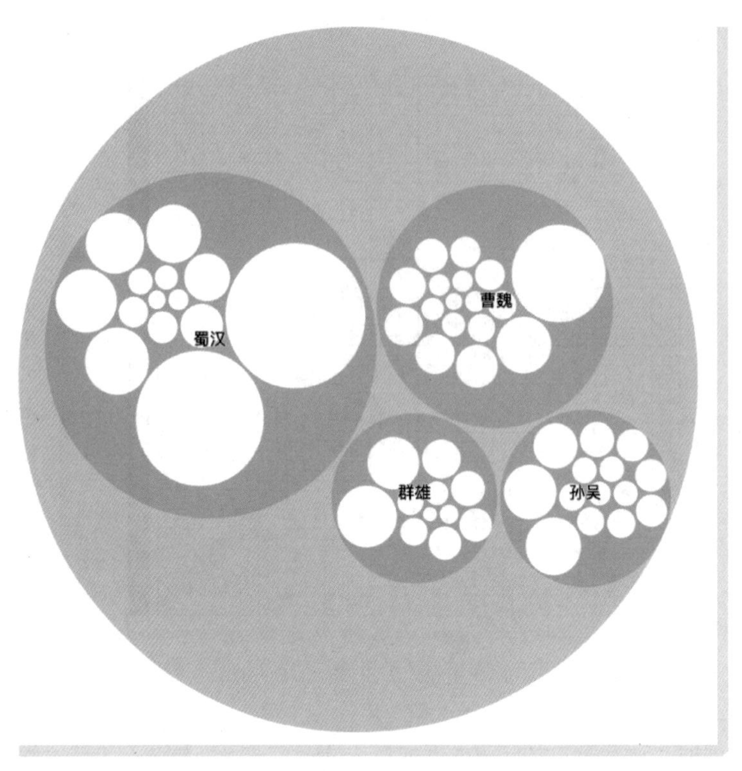

图 5-10　圆形堆积图可视化人物出现频次

5.5 本章小结

本章主要介绍了 R 语言中可进行数据清洗、数据操作与数据探索的相关包。针对数据中缺失值的处理，介绍了如何使用 VIM 等包进行快速的数据缺失值发现和填充等操作。针对 R 语言数据操作，详细介绍了 dplyr 包中的管道操作、数据选择、过滤、分组、融合等功能。针对文本数据的预处理，详细介绍了正则表达式、stringr 包以及中文文本预处理和探索等内容。

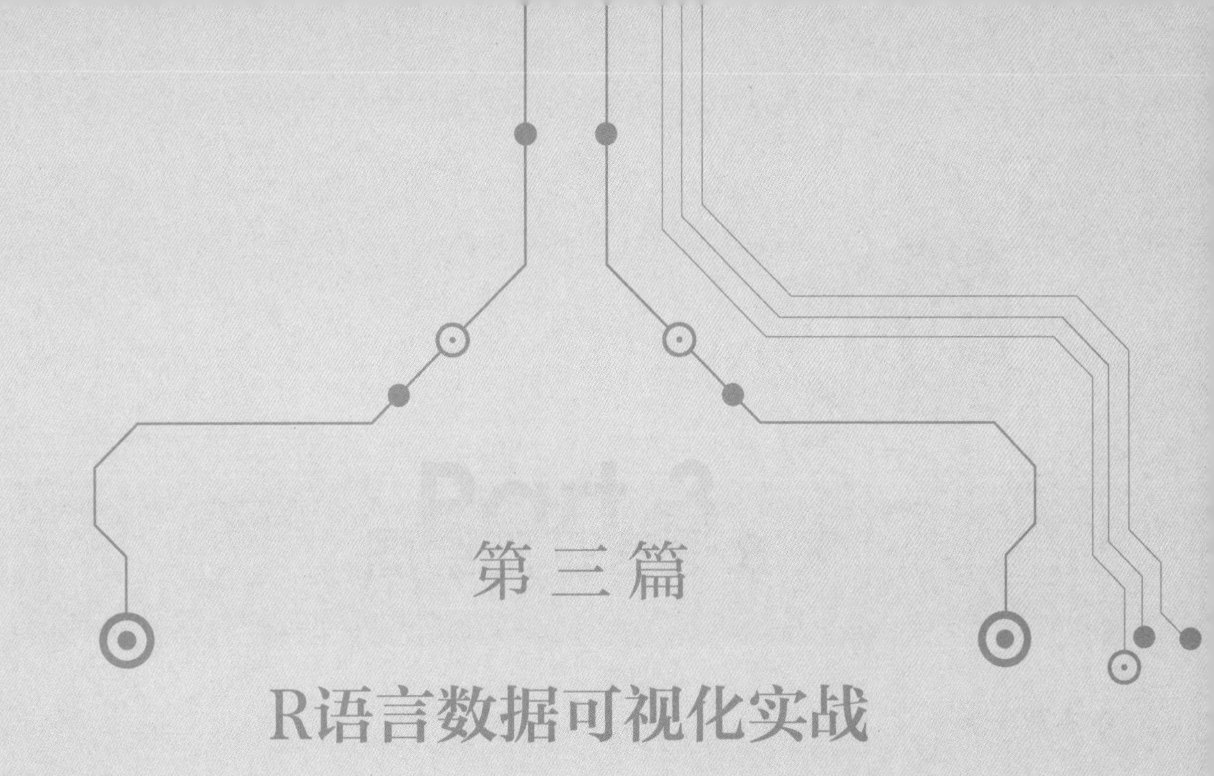

第三篇

R语言数据可视化实战

面对海量的数据，如何快速地从中发现有用的信息并直观展示，是数据科学面临的首要问题。数据可视化是关于数据视觉表现形式的科学技术，它旨在借助图形化手段，清晰有效地传达与沟通信息，已成为人工智能和大数据分析的基础内容之一。R 语言常用的数据可视化系统有三种，分别是基础的绘图系统 graphics 包、比较高级的绘图系统 lattic 包和 ggplot2 包。由于 ggplot2 包功能足够强大和丰富，本书将不再介绍 lattic 包可视化系统的内容。

在本篇的 R 语言数据可视化实战部分，将详细介绍 R 语言基础绘图包 graphics、基于图形语法的绘图包 ggplot2、可交互图形绘图包 plotly 以及 ggplot2 拓展包的使用。图形类型不仅包括散点图、线图、直方图、箱线图等基本统计图形，还包括分面图、交互图、三维图，以及多种类型组合的复杂图形。希望读者通过本篇内容的学习，能够从整体上了解如何使用恰当的图形进行数据表达，熟练地掌握数据可视化的方法技巧。

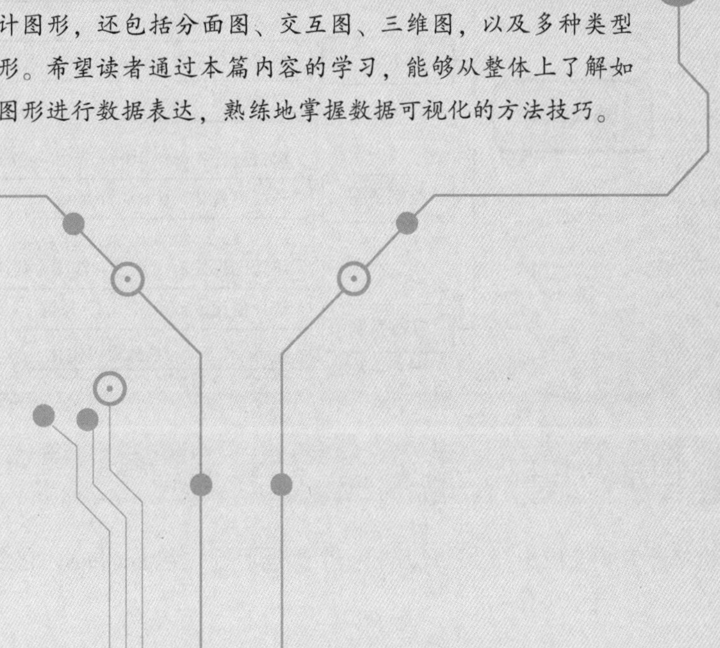

R语言基础绘图

❖本章导读

相对于文字和表格，一幅精心绘制的统计图形，能够帮助人们从中提炼更多有效的信息，并对其趋势做出快速的判断。R语言数据可视化功能非常强大，使用基础绘图包graphics进行数据可视化只是一个开始。本章重点介绍graphics包中对线条、形状、颜色和文本等图形的基础设置方法，点图、线图、条形图、三维图形等常见统计图形的绘制，以及如何绘制子图等。

❖知识技能

本章知识技能及实战案例如下所示。

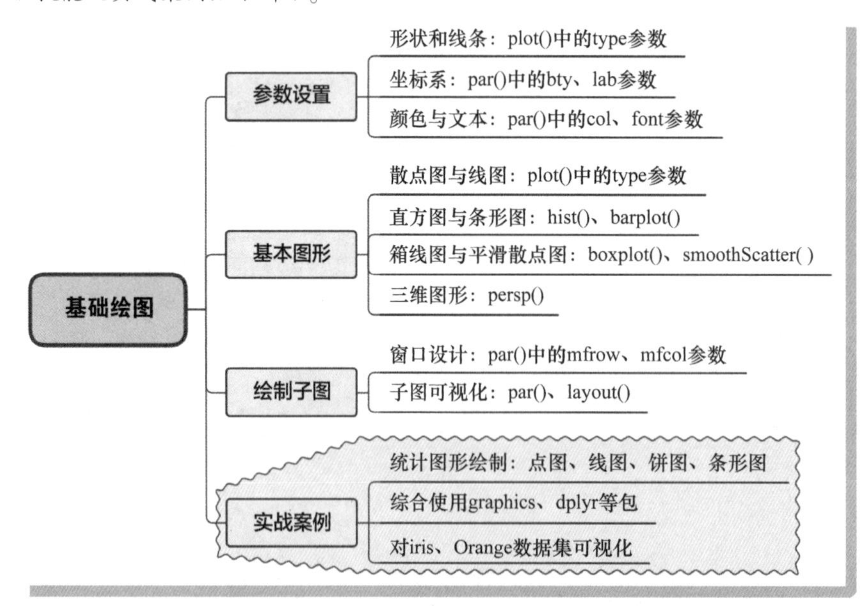

6.1 图形的基础设置

每次打开R语言应用都会自动加载一个数据可视化包graphics，它含有R语言的基本绘图功能，可以绘制常用的条形图、直方图、线图、点图、饼图、密度曲线、三维透视图等。graphics 包并不能将可视化做到尽可能的美观，而是在实用的基础上力求快速简单地得出所需要的图形，进而对数据进行直观、全面的理解。

图形显示可以通过 graphics 包中的 plot( ) 等函数的参数进行设置，其中 par( ) 函数中的参数则可以对可视化图像的字体、坐标轴、背景等进行全局设置。下面将分别介绍 graphics 包中相关参数的使用，来设置图像的形状、线条、坐标系、颜色等内容。

6.1.1 图形的形状和线条

plot( ) 是 graphics 包中最基础的数据可视化函数之一，其可以通过两个数据向量 x 和 y，绘制出散点图、折线图等，其中图形的样式可以通过参数 type 来控制。下面通过一个简单的数据可视化的例子，介绍 plot( ) 函数的使用，程序如下所示，运行程序后可获得图 6-1 所示的图像。

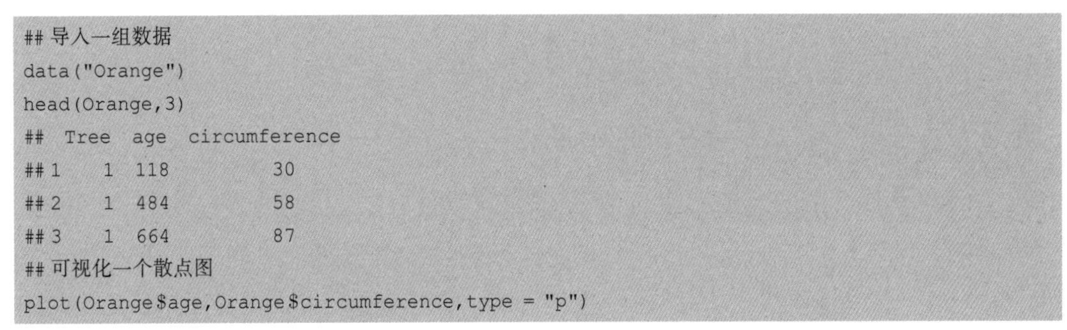

```
## 导入一组数据
data("Orange")
head(Orange,3)
##  Tree  age  circumference
##1    1  118             30
##2    1  484             58
##3    1  664             87
## 可视化一个散点图
plot(Orange$age,Orange$circumference,type = "p")
```

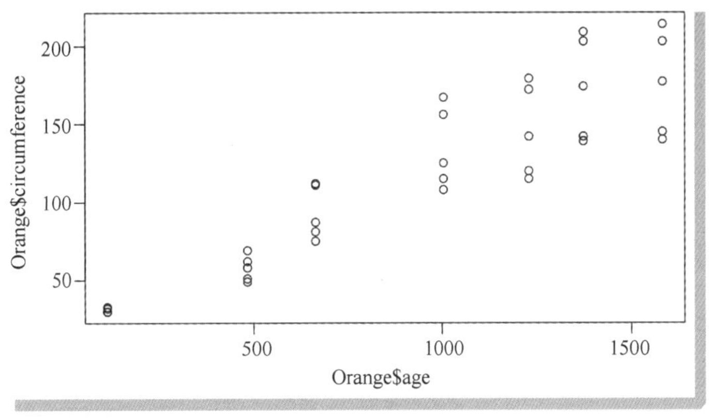

● 图 6-1　散点图可视化

在获得图 6-1 的可视化程序中，plot( ) 函数通过参数 type 获得了散点图，其中参数取值 p 表示使用点图进行绘制。通过改变参数 type 的取值可以获取不同的可视化图像，其中 type 参数常用的几种情况如表 6-1 所示。

表 6-1　type 参数的功能

参 数 名	功　能	参 数 名	功　能
p	点图	h	带有垂直线
l	线图	s	阶梯图
b	点线图	n	不绘制图像

可视化散点图时，plot( )函数中的参数 type = "p"时可以得到散点图。此时可通过设置 par( )函数中的参数 pch 控制点的样式，参数 cex 控制点和文本的相对缩放情况。例如在下面的程序示例中，运行程序后可获得图 6-2 所示的散点图。

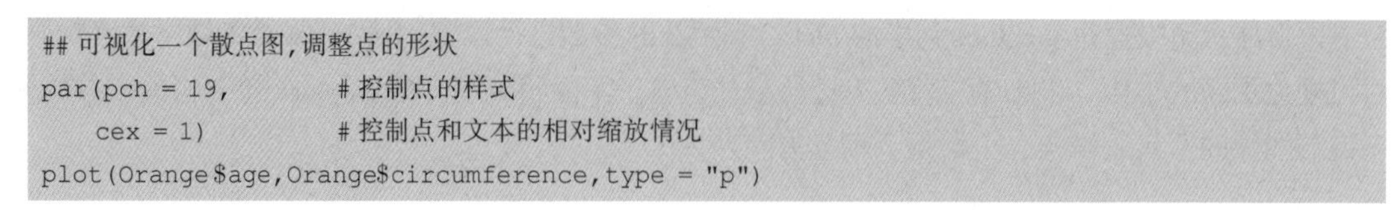

```
## 可视化一个散点图,调整点的形状
par(pch = 19,          # 控制点的样式
    cex = 1)           # 控制点和文本的相对缩放情况
plot(Orange$age,Orange$circumference,type = "p")
```

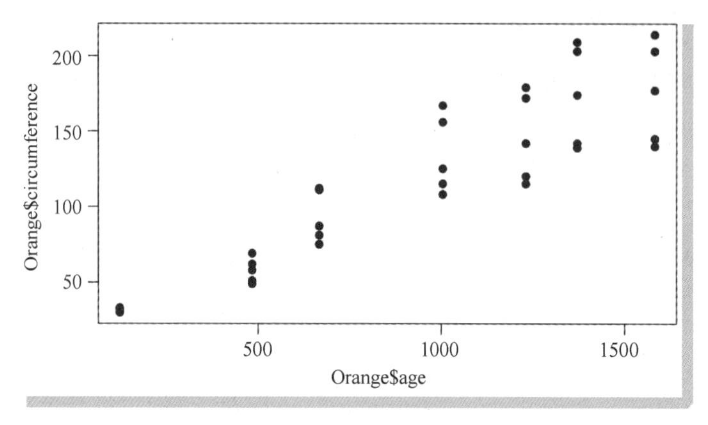

图 6-2　改变了点的形状的散点图

par( )函数的参数 pch 可以取 0~25 中的整数值，对应的符号如图 6-3 所示。

图 6-3　pch 取值及对应符号

graphics 包可以通过 lines( )函数可视化折线图，而线的形状（或类型）可通过 lines( )函数中的 lty 参数控制，lty 的取值可以是数字或者字符（如：0 = "blank"、1 = "solid"（default）、2 = "dashed"、3 = "dotted"、4 = "dotdash"、5 = "longdash"、6 = "twodash"）。如果想要同时控制图像中所有线的粗细，可以使用 par( )函数中的 lwd 参数。例如在下面的程序示例中，可视化出了 5 种不同类型的折线，并且设置线的粗细为 2，运行程序后可获得图 6-4 所示的图像。

```
## 可视化为折线图
## 将数据分组,分别使用不同的线形状
par(lwd = 2)  # 控制线的粗细
# 初始化一个绘图窗口,不绘制内容
plot(Orange$age,Orange$circumference,type = "n")
index <- which(Orange$Tree == 1) # 添加直线,"solid" (default)
lines(Orange$age[index],Orange$circumference[index],lty = 1)
```

```
index <- which(Orange$Tree == 2) # 添加直线,"dashed"
lines(Orange$age[index],Orange$circumference[index],lty = 2)
index <- which(Orange$Tree == 3) # 添加直线,"dotted"
lines(Orange$age[index],Orange$circumference[index],lty = 3)
index <- which(Orange$Tree == 4) # 添加直线,"dotdash"
lines(Orange$age[index],Orange$circumference[index],lty = 4)
index <- which(Orange$Tree == 5) # 添加直线,"longdash"
lines(Orange$age[index],Orange$circumference[index],lty = 5)
## 为图像添加图例
legend(180,200,c('1 = "solid"','2 = "dashed"','3 = "dotted"',
          '4 = "dotdash"','5 = "longdash"'),lty = c(1:5))
```

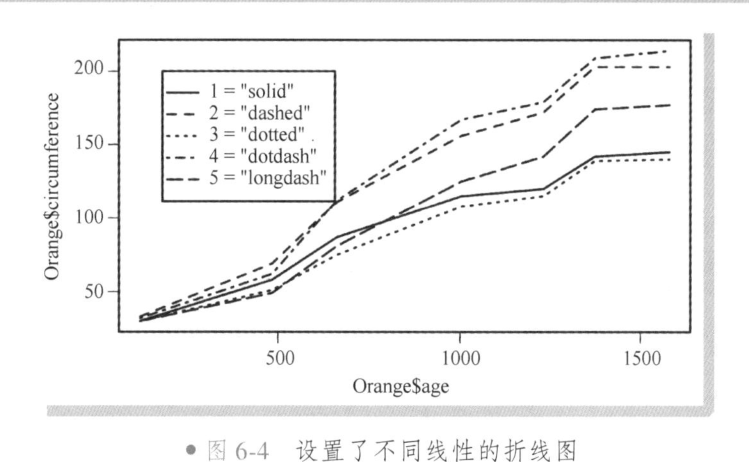

● 图 6-4　设置了不同线性的折线图

从图 6-4 的可视化结果中可以发现，可视化的图像还带有图例。这是因为可视化程序的最后使用了 legend( ) 函数在图像的 x = 180、y = 200 的位置添加了图例。针对线条较多的图像，为其添加图例可以更好地帮助读者理解图像所表示的内容。在使用 legend( ) 函数为图像添加图例时，该函数中常用的参数如表 6-2 所示。

表 6-2　legend( ) 函数中常用的参数

参数名	功　能
x、y	用于定位图例位置的 x、y 轴坐标，也可以通过关键字 bottomright、bottom、bottomleft、left、topleft、top、topright、right 和 center 等指定图例的位置
legend	表示图例标签的字符或表达式向量
fill	用指定的颜色进行填充图例
col	图例中出现的点或者线的颜色
lty、lwd	图例中出现的线的类型和宽度
pch	图例中出现的点的类型
cex	图例中出现的字符大小，表示缩放的比例
title	图例的标题

下面将详细介绍基础可视化包 graphics 中，设置坐标系相关参数的使用。

6.1.2 图形的坐标系

par( )函数中与坐标系相关的常用参数及其功能如表 6-3 所示。

表 6-3 par( )函数中与坐标系相关的常用参数及其功能

参数名	功能
bty	设置图像坐标框的显示方式，如 u 表示 u 形框
pty	表示当前绘图区域的形状，s 表示生成一个正方形区域、m 表示生成最大的绘图区域
lab	设置坐标轴注释方式的向量 c(x,y,len)，默认是 c(5,5,7)。x 表示 x 轴的刻度数量、y 表示 y 轴的刻度数量，len 表示刻度的长度
las	设置坐标轴标签的风格，可取值 0~3。默认 0：表示和坐标轴平行；1：表示水平；2：表示和坐标轴垂直；3：表示垂直。crt 和 srt 不会对其产生影响
tck	刻度线的相对长度，为一个有符号的比值，表示绘图区域的高度或宽度的比例。如果是正值，则在图像区域内画，当 tck = 1 时绘制网格；如果是负值，则向边缘绘制，默认为 NA 时使用 tcl = -0.5
tcl	刻度线的相对长度，为相对于一行高度的比值，正值表示向绘图中心区域延伸，负值表示向边缘延伸
xaxt、yaxt	设置坐标轴的形式，值为字符 n 表示不绘制坐标轴，其他字符均表示绘制坐标轴
xlog、ylog	设置 x 或 y 为对数坐标轴的 bool 变量，值为 TRUE 表示相应的坐标轴为对数坐标轴

下面使用一个数据可视化示例，通过设置 par( )函数中与坐标系相关的参数，控制最终图像的可视化结果。运行下面的程序后，可获得图 6-5 所示的散点图。

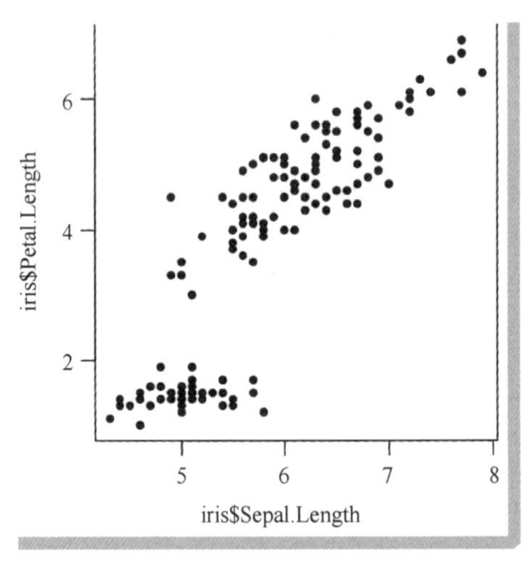

图 6-5 设置了坐标系的散点图

```
## 设置坐标轴的相关情况
data("iris")
head(iris,3)
##   Sepal.Length Sepal.Width Petal.Length Petal.Width Species
## 1          5.1         3.5          1.4         0.2  setosa
## 2          4.9         3.0          1.4         0.2  setosa
## 3          4.7         3.2          1.3         0.2  setosa
```

```
## 可视化一个散点图
    par(lab=c(4,3,2),           # 调整坐标轴的刻度
    bty = "u",                  # 设置坐标系的形式
    col.axis = "blue",          # 设置坐标系的颜色
    pty = "s",                  # 绘图区域为正方形
    xlog = TRUE                 # x 轴取对数
    )
plot(iris$Sepal.Length,iris$Petal.Length,pch = 20)
```

从图 6-5 可以发现，坐标系的形式设置为了 U 型，并且绘图区域为一个正方形区域等。

6.1.3 图形的颜色

数据可视化时可以合理地利用颜色参数，设置可视化图像的内容所呈现的颜色。在 par( ) 函数中可用来设置颜色的参数及其功能如表 6-4 所示。

表 6-4 在 par( ) 函数中可用来设置颜色的参数及其功能

参数名	功能
bg	设置背景的颜色，如果设置参数 bg，则参数 new 会同时被设置为 FALSE，参数 bg 的默认颜色为白色（white）
fg	设置前景的颜色，默认是黑色（black），可应用于坐标轴、标题等
col	可通过设置颜色向量来设置图像的颜色
col.axis	设置坐标轴的颜色，默认是黑色
col.lab	设置坐标轴标签的颜色，默认是黑色
col.main	设置主标题的颜色，默认是黑色
col.sub	设置副标题的颜色，默认是黑色

下面使用一个可视化散点图的程序示例，展示如何通过相关参数的使用，设置图形各部分的颜色。程序如下所示，运行程序后可获得图 6-6 所示的散点图。

```
## 可视化一个散点图
par(fg = "red",                 # 设置图像前景的颜色
    bg = "lightblue",           # 设置图像背景的颜色
    col = "black",              # 设置图像的颜色
    col.axis = "blue",          # 设置坐标系的颜色
    col.lab = "magenta",        # 设置坐标轴标签的颜色
    col.main = "red",           # 设置主标题的颜色
    col.sub = "orange"          # 设置小标题的颜色
    )
plot(iris$Sepal.Length,iris$Petal.Length,pch = 18,
    ## 设置图像的主标题和小标题
    main = "Scatter plot",sub = "Iris data")
```

R 语言可以通过 colors( ) 函数去查看其所支持的所有颜色，并且可以使用颜色对应的数字、编码或字符串来设置图形颜色，例如 col = 1、col = "white" 和 col = "#FFFFFF" 都表示白色。R 语言支持的颜色种类有 657 种，下面的程序运行结果输出了前 20 种颜色的名称，其中部分常用的颜色参数及对应颜

色如表 6-5 所示。

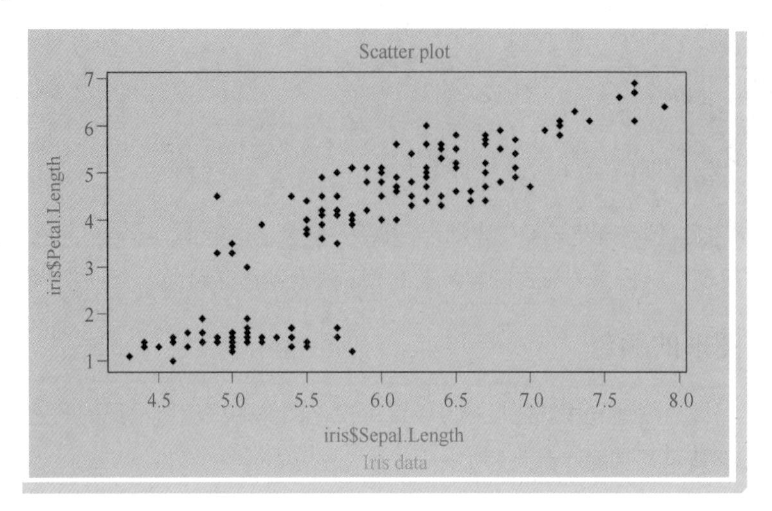

图 6-6 设置图像中各个部分的颜色

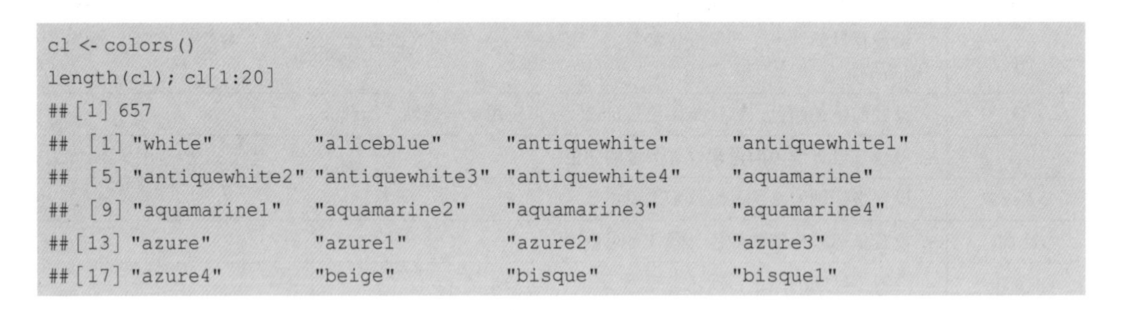

```
cl <- colors()
length(cl); cl[1:20]
## [1] 657
##  [1] "white"          "aliceblue"      "antiquewhite"    "antiquewhite1"
##  [5] "antiquewhite2" "antiquewhite3" "antiquewhite4"   "aquamarine"
##  [9] "aquamarine1"    "aquamarine2"    "aquamarine3"     "aquamarine4"
## [13] "azure"          "azure1"         "azure2"          "azure3"
## [17] "azure4"         "beige"          "bisque"          "bisque1"
```

表 6-5 部分常用的颜色参数及对应颜色

参数	red	blue	green	black	yellow	white	magenta	lightblue	orange	gray
颜色	红色	蓝色	绿色	黑色	黄色	白色	紫色	亮蓝色	橙色	灰色

6.1.4 图形的文本

数据可视化时可以通过调整和文本相关的参数的取值，设置可视化图像中文本的样式、大小、字体等内容。其中，par( )函数中相关参数及其功能如表 6-6 所示。

表 6-6 par( ) 函数中相关参数及其功能

参 数 名	功 能
adj	用于调整文字的对齐方式，取值在［0,1］之间，0 表示左对齐、0.5 表示居中（默认）、1 表示右对齐
crt	设置单个字符的旋转角度
srt	设置字符整体的旋转角度
family	设置使用字体的名称，默认值是""，表示使用设备默认的字体。serif、sans、mono 等字体都可以使用
font	通过整数表示使用字体的情况：1 表示普通、2 表示粗体、3 表示意大利体、4 表示粗意大利体、5 表示符号

（续）

参 数 名	功 能
font.lab	设置坐标轴标签的字体，使用方式同参数 font
font.main	设置主标题的字体，使用方式同参数 font
font.sub	设置副标题的字体，使用方式同参数 font

下面通过一个可视化散点图的程序示例，展示设置两种不同的字体相关参数下，所得图像的可视化结果差异。程序如下所示，运行程序后可获得图 6-7 所示的两幅散点图。

```
## ps:控制文本的大小,family:设置默认字体
par(ps = 10,cex = 1,family = "STKaiti")
plot(iris$Sepal.Length,iris$Petal.Length,pch = 18,
    ## 设置图像的主标题和小标题
    main = "Scatter plot",sub = "Iris data")
## 设置图像文字的字体
par(ps = 15,cex = 1,
    font.axis = 1,              # 坐标轴的字体,1:普通
    font.lab = 2,               # 坐标轴标签的字体,2:粗体
    font.main = 3,              # 主标题的字体,3:意大利体
    font.sub = 4                # 小标题的字体,4:粗意大利体
    )
plot(iris$Sepal.Length,iris$Petal.Length,pch = 18,
    ## 设置图像的主标题和小标题
    main = "Scatter plot",sub = "Iris data"
    )
```

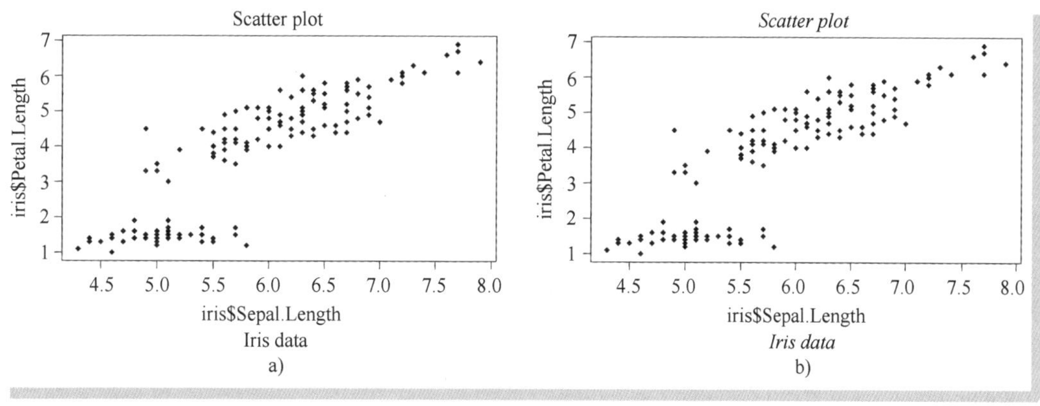

图 6-7 设置图像控制文本的参数

a）小字体 b）大字体

可以发现图 6-7a 中，通过参数 family 可以设置图像中文本的字体，参数取值 STKaiti 表示使用楷体。图 6-7b 则是通过设置与 font 相关的参数，控制不同部分使用不同形式的文本显示。

6.2 基础图形可视化

前一节主要介绍了控制图像可视化效果的相关参数的使用，利用相关参数控制图像元素的形状、

线条、颜色、坐标系以及文本的样式等内容。本节将介绍如何使用 graphics 包中的相关函数，可视化一些基础的统计图形。

graphics 包的绘图能力非常强大，基本满足了通常情况下的数据可视化。例如：可视化散点图、折线图、条形图、直方图、三维透视图等。graphics 包中常用的绘图函数如表 6-7 所示。

表 6-7　graphics 包中常用的绘图函数

函 数 名	函数的绘图效果	函 数 名	函数的绘图效果
plot	可视化散点图或者折线图	boxplot	可视化箱线图
hist	可视化直方图	dotchart	可视化克利夫兰点图
lines	可视化折线图	pie	可视化饼图
abline	在图像中添加直线	stripchart	可视化一维散点图
arrows	在图像中添加箭头	pairs	可视化矩阵散点图
assocplot	生成 Cohen-Friendly 关联图	contour	可视化等高线图
matplot	类似 plot( ) 可生成多种图，同时展示多列数据	persp	可视化三维透视图
		mosaicplot	可视化马赛克图
barplot	可视化垂直或水平条形图	smoothScatter	可视化具有平滑密度颜色表示的散点图

下面将使用具体的数据案例，介绍如何使用表 6-7 中的相关函数，对数据进行可视化。

6.2.1　散点图与线图

散点图： 通常是利用笛卡儿坐标系上的点表示数据中两个或多个变量的分布情况，例如：班上同学的身高及体重。一般表示数据中一个连续自变量和另一个连续因变量之间的关系，如果点有区分不同的颜色、形状或大小等，也可以用此特性表示另一个变量。在实验中会刻意增加或减少其数值的变量可认为是自变量，一般会将自变量放在横轴，因变量放在纵轴。若两个变量都是自变量，可将任一个变量放在横轴。散点图通常用于分析数据变量之间的相关性。graphics 包中可以通过 plot( ) 函数绘制散点图。

线图（曲线图、折线图）： 由许多的数据点用直线连接形成的统计图表，通常用于分析数据的变化趋势。graphics 包中也可以通过 plot( ) 函数绘制线图。

针对鸢尾花数据集（iris），下面首先使用散点图，分析数据中 Sepal.Length 变量（花萼长度）与 Sepal.Width 变量（花萼宽度）之间的关系。可视化时使用 plot( ) 函数，通过设置参数 type = "p" 获得散点图，程序如下所示，运行程序后可获得图 6-8 所示的图像。通过可视化结果可以发现，花萼宽度并没有随着花萼长度的增加而增加，两者并没有明显的相关性。

```
## 导入数据
data("iris")
## 可视化散点图
par(family = "STKaiti")
plot(iris$Sepal.Length,iris$Sepal.Width,type = "p",
    pch = 18,col="red",xlab = "长度",ylab = "宽度",
    main = "花萼情况")
```

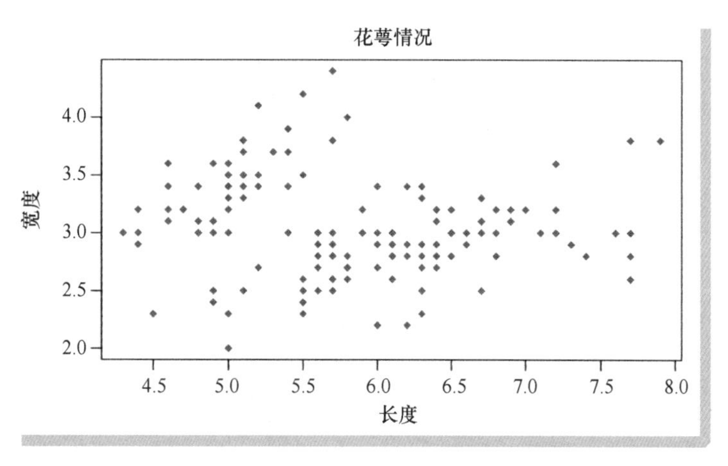

● 图 6-8 通过散点图分析变量之间的关系

线图的可视化示例。在下面的程序中使用曲线可视化出了变量 Sepal.Length 的密度曲线。密度曲线可以用来分析数据特征的数据分布情况，轴取值越大的位置，表示对应的 x 轴数值在数据中出现的次数越多。在可视化线图时，仍然使用 plot( )函数，通过设置参数 type = "l" 获得曲线图。运行下面的程序后，可获得图 6-9 所示的数据密度曲线图。

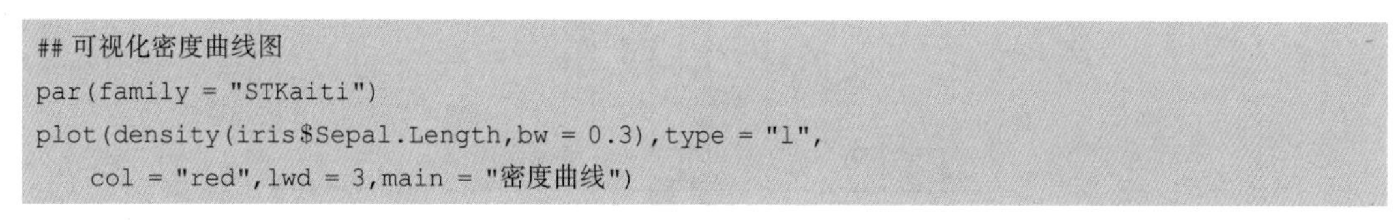

```
## 可视化密度曲线图
par(family = "STKaiti")
plot(density(iris$Sepal.Length,bw = 0.3),type = "l",
    col = "red",lwd = 3,main = "密度曲线")
```

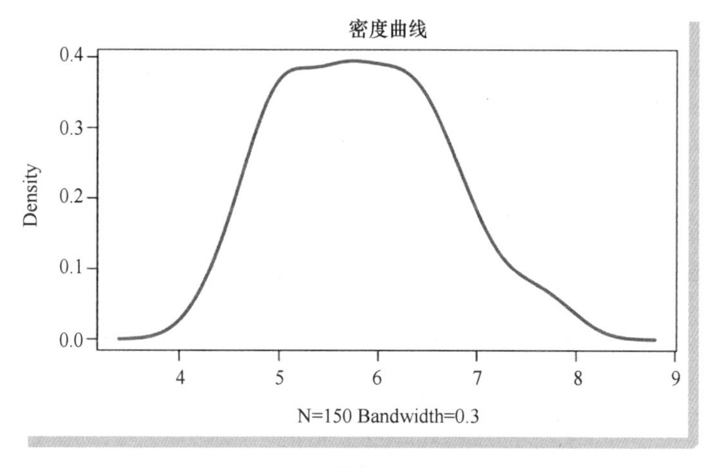

● 图 6-9 数据密度曲线图

从图 6-9 中可以发现，横轴取值在 5~7 之间的样本出现的次数较多。

6.2.2 直方图与条形图

直方图：对数据分布情况进行图形表示的一种二维统计图表，它的两个坐标轴分别是统计样本和该样本对应的某个属性的度量，以长条的形式具体表现。直方图通常用于分析一个连续数值变量的数据分布情况，也可通过不同的颜色等方式分析多个变量的关系，并且直方图的长度及宽度很适合用来表现数量上的变化。graphics 包中可以通过 hist( ) 函数绘制直方图。

条形图：又称柱状图，是一种以长方形的长为度量的统计图表，其通常用于分析单个类别变量（因子变量）中每种类别的出现次数，也可通过不同的颜色、填充方式等形式分析多个变量之间的关系。graphics 包中可以通过 barplot( ) 函数绘制条形图。

下面的例子中，使用直方图可视化鸢尾花数据中的 Sepal.Length 变量，以便观察其数据的分布情况。在 hist( ) 函数中，通过参数 breaks 控制直方图的长条数，通过参数 col 指定直方图长条的颜色。运行程序后，可获得图 6-10 所示的图像。

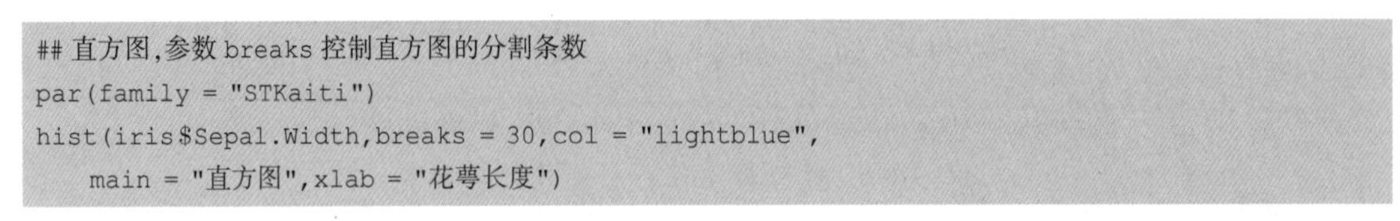

```
## 直方图,参数 breaks 控制直方图的分割条数
par(family = "STKaiti")
hist(iris$Sepal.Width,breaks = 30,col = "lightblue",
    main = "直方图",xlab = "花萼长度")
```

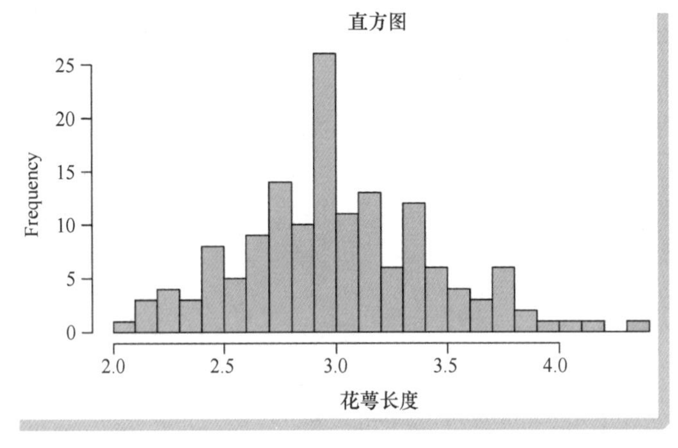

● 图 6-10　直方图数据可视化

条形图通常用来对比分析分组数据中每个类别出现的频数。在下面的程序中，先通过 cut( ) 函数将鸢尾花数据中的 Sepal.Length 变量切分为 5 个分组，然后通过 barplot( ) 函数将其可视化。运行程序后，可获得图 6-11 所示的条形图。

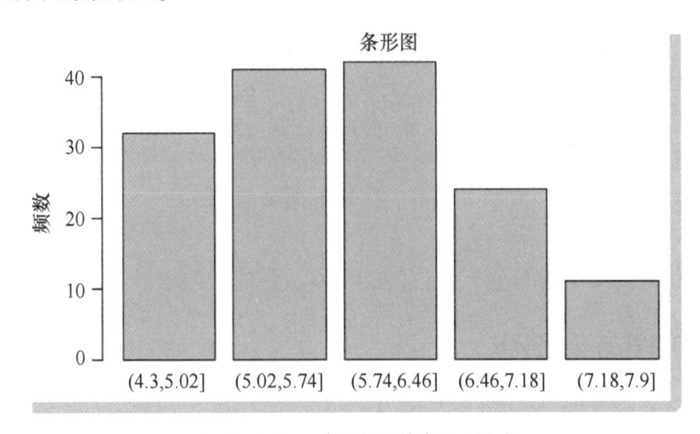

● 图 6-11　条形图数据可视化

```
## 可视化条形图
irisSL <- cut(iris$Sepal.Length,breaks = 5)  ## 将数据切分为 5 组
par(family = "STKaiti")
barplot(table(irisSL),width = 0.7,col = "lightblue",
        ylab = "频数",main = "条形图")
```

6.2.3 箱线图与平滑散点图

箱线图：一种用显示一组数据分散情况的统计图，因形状如箱子而得名。箱线图中，离群值会使用单独的点表示。箱线图常用于表示一组连续数据的分布情况，也可以用于对比分析不同因子变量下连续变量的数据分布差异。graphics 包中可以通过 boxplot( ) 函数绘制条形图。一个连续数据变量的箱线图，通常由图 6-12 所示的几个部分组成。

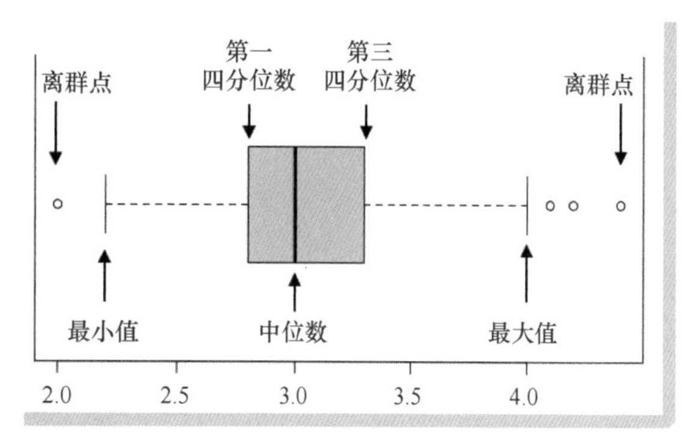

图 6-12　箱线图的组成

平滑散点图：平滑散点图可以看作是散点图的进一步延伸，其通过对散点图的密度估计，进行散点图可视化，可以从数据聚集程度层面表达数据分布。graphics 包中可以通过 smoothScatter ( ) 函数绘制平滑散点图。

针对鸢尾花数据，想要分析不同种类的花的花萼长度的分布情况，可以使用箱线图进行数据可视化分析。在下面的程序中，使用 Petal.Length ~ Species 表示将变量 Petal.Length 根据变量 Species 进行分组，然后通过箱线图可视化，运行程序后可获得图 6-13 所示的图像。从可视化结果中可以发现，鸢尾花中 setosa 种类的花萼长度普遍较短，virginica 种类的花萼长度普遍较长。

```
## 分组箱线图可视化花萼长度的分布情况
par(family = "STKaiti")
boxplot(Petal.Length~Species,data = iris,notch = TRUE,
        main = "箱线图",ylab = "花萼长度",col="lightblue")
```

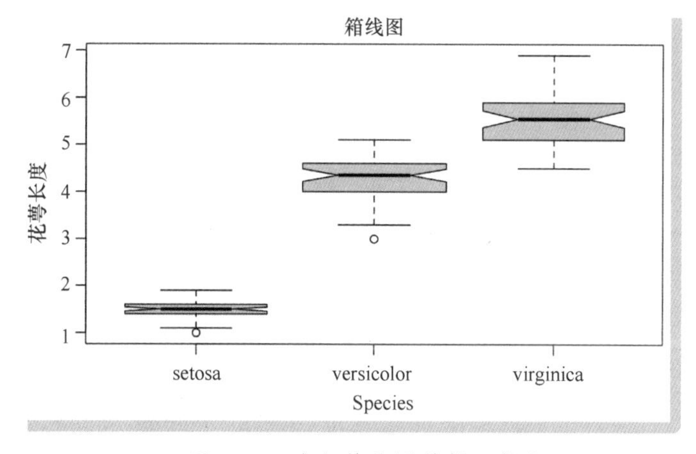

图 6-13　分组箱线图数据可视化

下面使用平滑散点图可视化两个变量之间的关系。smoothScatter( )函数中的参数 nbin 指定了用于密度估计的等距网格点的数量，该参数会影响图像的密度等级。运行程序后，可获得可视化图像 6-14。在图像中，颜色越深的区域，分布的样本点越集中。

```
## 平滑散点图,参数 nbin 指定了用于密度估计的等距网格点的数量
par(family = "STKaiti",pty = "s")
smoothScatter(iris$Sepal.Length,iris$Sepal.Width,
              nbin = 80,main = "平滑散点图",
              xlab = "花瓣长度",ylab = "花瓣宽度")
```

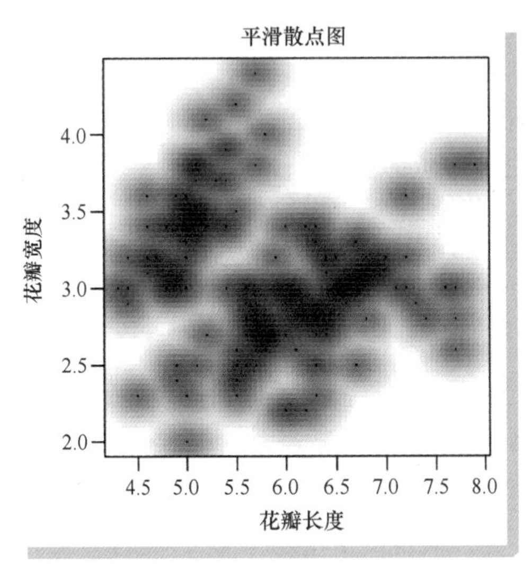

● 图 6-14　平滑散点图数据可视化

6.2.4　三维图形

前面介绍的可视化示例都是二维图像，下面介绍一个使用 graphics 包可视化三维图像的例子。在下面的程序中，使用 persp( )函数可视化得到了一个三维网格曲面图，使用的 X、Y、Z 轴的数据 x、y、z 分别是向量、向量、网格矩阵。运行程序后，可获得图 6-15 所示的三维曲面图。

```
##可视化三维曲面图,定义 X 轴和 Y 轴坐标
x <-seq(-pi, pi, by = 0.25)
y <-seq(-pi, pi, by = 0.25)
## 定义一个用于计算 Z 值的函数
f <- function(x, y) { cos(x) * sin(y) }
z <- outer(x, y, f)                          # 计算 X 和 Y 轴对应的 Z 轴坐标
par(family = "STKaiti")
persp(x, y, z,                               # 可视化三维曲面图所使用的数据
      theta = 45, phi = 30,                  # 指定可视化时的视角
      xlab = "X 轴",ylab = "Y 轴",zlab = "Z 轴",
      col = "lightblue",                     # 指定颜色和
      expand = 0.6,                          # z 轴的拓展因子
      ticktype= "detailed")                  # 指定坐标值的显示情况
```

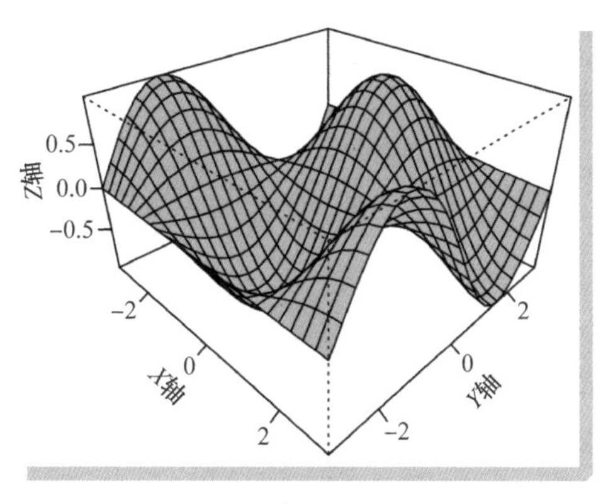

● 图 6-15　三维曲面图

本节介绍了 graphics 包常用函数的基础数据可视化功能，下面介绍如何在一个图像中可视化多个子图。

6.3 子图可视化

很多时候会遇到这样的情况：针对一个数据集，想在一幅图像中从多个角度去描述数据，这时就需要将一幅图像切分为多个子图窗口，然后对数据进行多角度的可视化分析。此时，可使用 graphics 包中的 par( ) 和 layout( ) 函数轻松地将多个可视化图像进行组合。

6.3.1 图形窗口设计

对于图像中子图窗口数量的设计，可以使用 par( ) 函数中的 mfrow 和 mfcol 参数控制。两个参数的用法一致，通过数组 c(m,n) 将图像切分为 m×n 个子窗口，但是 mfcol 表示子图按列优先排列，mfrow 表示子图按行优先排列。例如：在下面的程序中，通过 par( ) 函数中的参数 mfrow = c(1,2) 可以将图像分为 1 行 2 列共 2 个子窗口。运行程序后，可获得图 6-16 所示的图像。

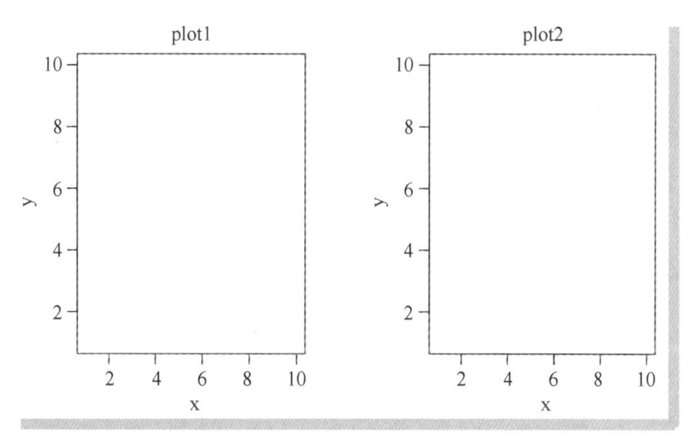

● 图 6-16　将图像分为 1 行 2 列共 2 个子窗口

```
## 绘制子图,1 行 2 列
par(mfrow = c(1,2))
## 第一个子图
plot(1:10,1:10,type = "n",xlab = "x",ylab = "y",main = "plot1")
## 第二个子图
plot(1:10,1:10,type = "n",xlab = "x",ylab = "y",main = "plot2")
```

如果使用参数 mfrow = c(2,1)，则可将图像分为 2 行 1 列共两个子窗口。此时若要同时调整子窗口之间的间距，可以使用参数 mai，它的四个取值分别控制图像窗口的下、左、上、右四个边距。需要注意的是：参数 mai 和 mar 都能够控制图形的边距，并且用法一致；这两个参数的差别是，mai 表示距离的单位是英寸，而 mar 表示距离的单位是行。在下面的程序示例中，同时设置了子图的数量和图形之间的边距，运行程序可获得图 6-17 所示的图像。

```
## 绘制子图,2 行 1 列,
## 设置子图之间的间距,mai = c(bottom, left, top, right)
par(mfrow = c(2,1),mai = c(0.6,0.6,0.2,0.1))
plot(1:10,1:10,type = "n",xlab = "x",ylab = "y",main = "plot1")
plot(1:10,1:10,type = "n",xlab = "x",ylab = "y",main = "plot2")
```

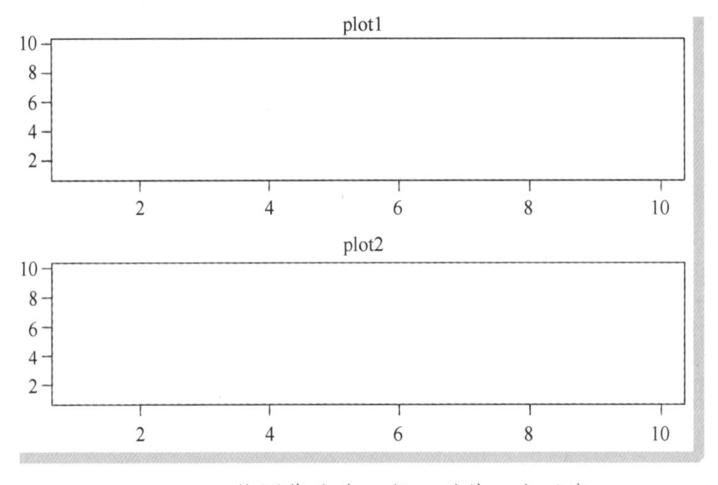

● 图 6-17　将图像分为 2 行 1 列共 2 个子窗口

只使用 par( ) 函数中的参数 mfrow 或者参数 mfcol 只能将图像切分为 m×n 偶数个子图窗口。如果想要获得 3、5、7 等奇数个子图窗口，需要和 layout( ) 函数配合使用。layout( ) 函数可以通过一个矩阵将多个窗口合并为一个较大的窗口。例如：在下面的程序示例中，将 4 个子窗口中的第 3 和第 4 个子窗口，合并为了一个较大的窗口，这样整幅图像就呈现出 3 个子窗口，运行程序后可获得图 6-18 所示的图像。

```
## 多个子图的布局情况,初始化为 2×2,4 个窗口
par(mfrow=c(2,2), mai = c(0.7,0.7,0.2,0.1))
## 将第 3、4 个子窗口重新布局为一个窗口
layout(mat = matrix(c(1,2,3,3),2,2,byrow = TRUE))
plot(1:10,1:10,type = "n",xlab = "x",ylab = "y",main = "plot1")
plot(1:10,1:10,type = "n",xlab = "x",ylab = "y",main = "plot2")
plot(1:10,1:10,type = "n",xlab = "x",ylab = "y",main = "plot3")
```

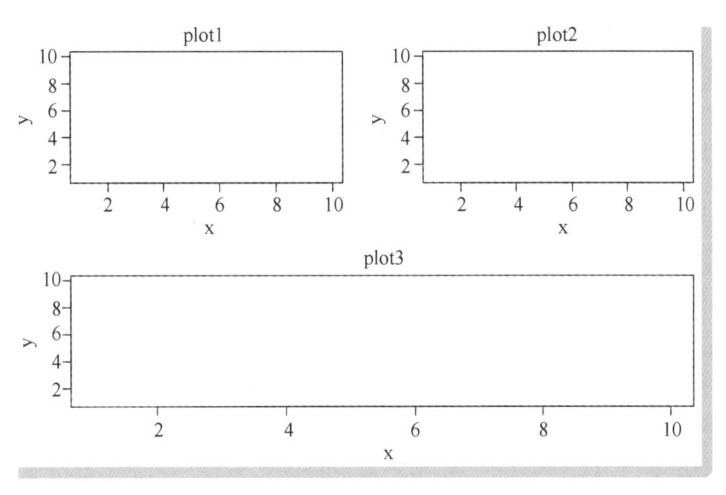

● 图 6-18　通过 layout( ) 函数合并小窗口

6.3.2　绘制子图

前面介绍了如何使用 par( ) 和 layout( ) 函数相结合，划分图像子窗口并进行布局。下面使用鸢尾花数据集，通过多种可视化图像对其进行可视化，并且将可视化结果组合到一幅图像中，程序如下所示。

```
## 可视化多幅子图用于分析数据
library(dplyr)
## 多个子图的布局情况
par(family = "STKaiti",mfrow=c(2,3), ## 初始化为 2×3,6 个窗口
    ## mai = c(bottom, left, top, right)设置子图像之间的间距
    mai = c(0.7,0.6,0.3,0.05))
## 将 6 个窗口重新布局,(1,4)合并,(2,3)合并
layout(mat = matrix(c(1,2,2,1,3,4),2,3,byrow = TRUE))
## 使用克利夫兰点图可视化 3 种花 4 种统计尺寸的均值情况
plotdata <- iris%>%group_by(Species)%>%
  ## 根据种类分组并计算每个变量的均值
  summarise(Sepal.Length = mean(Sepal.Length),
            Sepal.Width = mean(Sepal.Width),
            Petal.Length = mean(Petal.Length),
            Petal.Width = mean(Petal.Width))%>%
  data.frame(stringsAsFactors = FALSE)
## 将种类设置为行名
rownames(plotdata) <- plotdata$Species
plotdata$Species <- NULL
## 将数据转化为矩阵并转置
plotdata <- t(as.matrix(plotdata))
dotchart(plotdata,pch = 19,color = "red",cex = 0.8,
        xlab = "平均长度", main = "克利夫兰点图")
```

```
## 条形图
irisSL <- cut(iris$Sepal.Length,breaks = 10)
barplot(table(irisSL),width = 0.8,col = "lightblue",
        cex.names = 0.7,ylab = "频数",main = "条形图")
## 饼图
pie(table(iris$Species),radius = -1,main = "饼图")
## 箱线图
boxplot(Petal.Width~Species,data = iris,notch = TRUE,
        main = "箱线图",ylab = "花萼宽度",col="lightblue")
```

在上面的程序中，首先使用 par( )函数并指定参数 mfrow = c(2,3)，将图像窗口分为了 2 行 3 列，使用参数 mai = c(bottom, left, top, right)设置子图之间的间距。接着通过 layout( )函数将第 1 和 4、第 2 和 3 子窗口合并为新的第 1 和第 2 个较大子窗口，即原来 5 个子图窗口变为 4 个子图窗口。在数据可视化分析时，在第 1 个子图窗口通过 dotchart( )函数绘制克利夫兰点图，在第 2 个子图窗口通过 barplot( )函数绘制条形图，在第 3 个子图窗口通过 pie( )函数绘制饼图，在第 4 个子图窗口通过 boxplot( )函数绘制箱线图，最后得到的结果如图 6-19 所示。

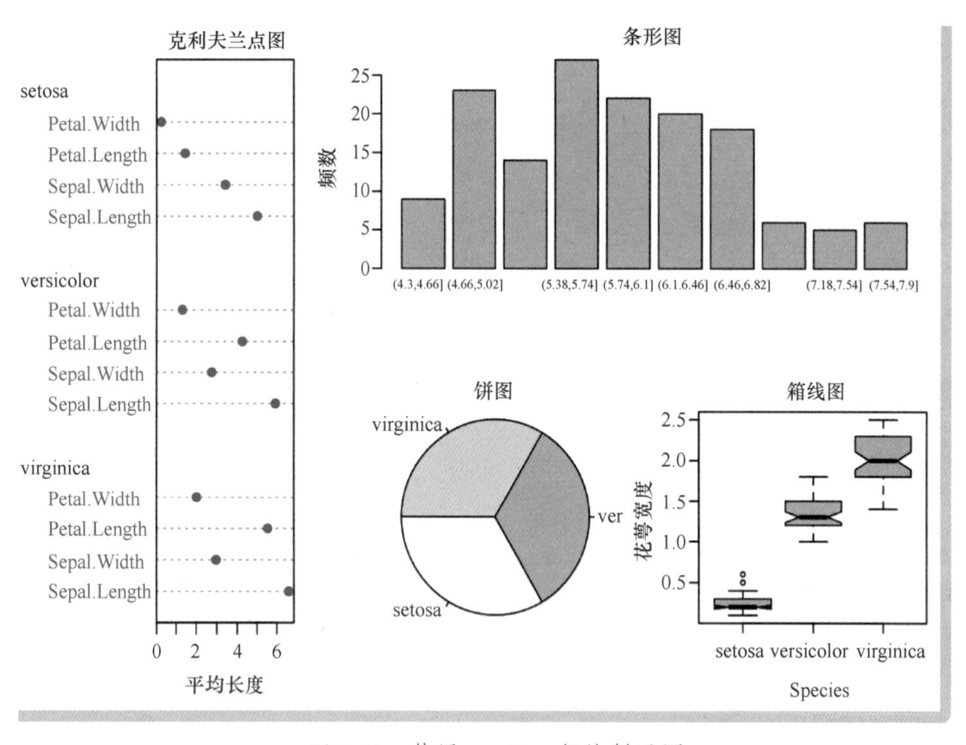

图 6-19　使用 graphics 包绘制子图

由图 6-19 可以发现，克利夫兰点图占据了原始的第 1 和第 4 个子窗口的位置，条形图占据了原始的第 2 和第 3 个子窗口的位置。并且不同类型的图像可以得到不同的数据信息，其中箱线图可以分析在因子变量影响下的数值变量的分布、差异情况；饼图和条形图可以分析因子变量的出现次数或百分比情况；克利夫兰点图可以比较相同的变量在不同分组下的取值情况。

6.4 本章小结

作为可视化基础入门的内容，本章介绍了 graphics 包数据可视化时的基础设置、par( )函数的使用、如何设置图像的形状、线条、坐标系、图像颜色和文本，以及常用数据可视化函数，最后介绍了如何在一幅图像中使用多个子图进行数据可视化。graphics 包是最基础的数据可视化包之一，很容易上手使用，相应的数据可视化功能也较简单，但很难胜任更加复杂的数据可视化图像。因此，在 R 语言中还包括 ggplot2 等其他更加丰富的数据可视化包，在后面的章节中将会详细介绍。

ggplot2 数据可视化

❖ 本章导读

ggplot2 包是 R 语言中最重要的数据可视化包之一，是 R 语言的一大“杰作”，已经发展为新的数据可视化体系，为 R 语言的发展和传播起到了重要的作用。它基于图形语法构建，改变了传统的绘图方式，通过使用加号“+”将图形元素连接起来，利用简短的代码就可以实现复杂且美观的图形绘制。ggplot2 包提供了丰富的绘图组件，包括点、线和多边形等多种图形的绘图函数，以及参考线、回归曲线等多类图形标注的绘图函数，可方便对数据进行多种形式的可视化。本章重点介绍图形语法，使用图层构建图形，对主题、颜色、坐标系等进行设置，以及利用 ggplot2 包进行可视化实战等。

❖ 知识技能

本章知识技能及实战案例如下所示。

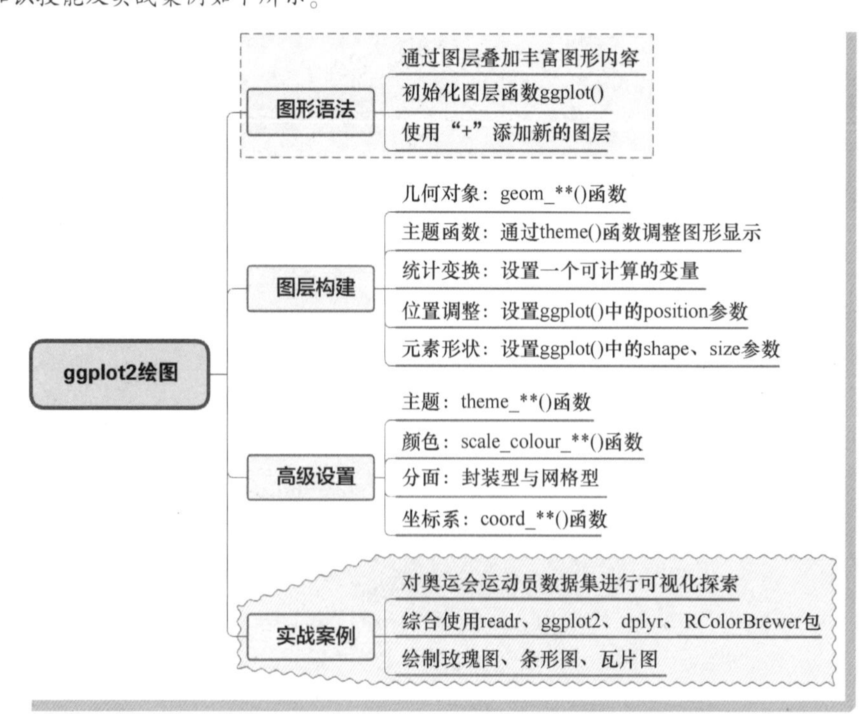

对于本书涉及的 ggplot2 可视化内容，统一使用下面的程序设置绘图的基础风格。

```
## 统一设置 ggplot2 的绘图风格
library(ggplot2)
theme_set(theme_bw(base_family = "STKaiti")+
          theme(plot.title = element_text(hjust = 0.5)))
```

7.1 ggplot2 简介

ggplot2 包绘图在进行数据可视化过程中，通过将数据、数据到图形的映射要素（数据中要可视化表示的变量）以及图层要素相分离，通过图层叠加的方式利用“+”逐步丰富要可视化的图像。ggplot2 包的基本可视化要素如表 7-1 所示。

表 7-1　ggplot2 包的基本可视化要素

要　素	描　述
数据和映射	可视化时使用的数据框，以及可视化时要用到的数据框中的变量
几何对象	散点图、折线图、条形图、直方图等用于可视化的几何图像
标度	用于控制大小、颜色、形状等内容的映射函数
统计变换	用于分箱、统计、平滑等操作的相关功能
坐标系统	用于控制图像坐标系的相关内容，如极坐标系、地图坐标系等
分面	将数据分为不同的子集进行分组可视化的相关内容
主题	用于控制图像整体可视化情况的内容
图层	图层通常包含数据和图形属性映射、统计变换、几何对象、位置调整方式等 4 部分内容

7.1.1　图形语法

针对 ggplot2 包中的图形语法，简单地说就是，其可以通过图层的逐渐叠加来丰富可视化图像的内容。例如：下面展示的通过 ggplot2 包进行数据可视化绘图的基本流程示例中，就是一步步地为可视化对象添加内容，从而获得最终的数据可视化效果。

（1）数据准备工作

ggplot2 包可视化使用的数据集必须为数据框（data.frame）格式。因此，在下面的数据准备工作中，先导入 ggplot2 包并导入数据框数据集 mpg。数据集 mpg 一共有 11 个变量。

```
##ggplot2 数据可视化绘图的基本流程
library(ggplot2)        ## 导入包
data("mpg")             ## 加载 ggplot2 包中国年自带的数据集
head(mpg)
## # A tibble: 6 x 11
##  manufacturer model displ  year  cyl  trans      drv   cty   hwy   fl   class
##  <chr>        <chr> <dbl> <int> <int> <chr>      <chr> <int> <int> <chr> <chr>
## 1 audi         a4     1.8  1999   4  auto(l5)    f      18    29     p  compa...
## 2 audi         a4     1.8  1999   4  manual(m5)  f      21    29     p  compa...
```

```
## 3 audi          a4      2     2008   4    manual(m6)  f    20     31 p      compa...
## 4 audi          a4      2     2008   4    auto(av)    f    21     30 p      compa...
## 5 audi          a4      2.8   1999   6    auto(15)    f    16     26 p      compa...
## 6 audi          a4      2.8   1999   6    manual(m5)  f    18     26 p      compa...
```

（2）初始化图层

ggplot2 包初始化图层使用 ggplot( ) 函数，该函数可以使用参数 data 指定用于可视化的数据集，使用函数 aes( ) 的参数指定数据可视化时使用的坐标系变量等。需要注意的是 aes( ) 函数中使用的变量必需是 data 中的变量。例如：在下面的可视化程序片段 p1 中，使用的数据集为 mpg，可视化时 *X* 轴使用变量 displ，*Y* 轴使用变量 cty；然后通过“+”为图层添加新的内容，通过 theme_minimal( ) 函数为图像设置主题形式，通过 geom_point( ) 函数则为图像添加一个可视化散点图的图层，运行程序可获得图 7-1 所示的散点图。

```
## 初始化绘图图层,并指定绘图的数据和坐标系 X,Y 轴使用的变量
p1 <- ggplot(data = mpg,aes(x=displ,y = cty))+
  ## 添加绘图使用的主题和设置相关图层
  theme_minimal(base_family = "STKaiti",base_size = 12)+
  ## 添加绘制图像的类型图层,并指定是否根据不同的种类以不同的样式显示
  geom_point(aes(colour = drv,shape = drv),size = 2)
p1
```

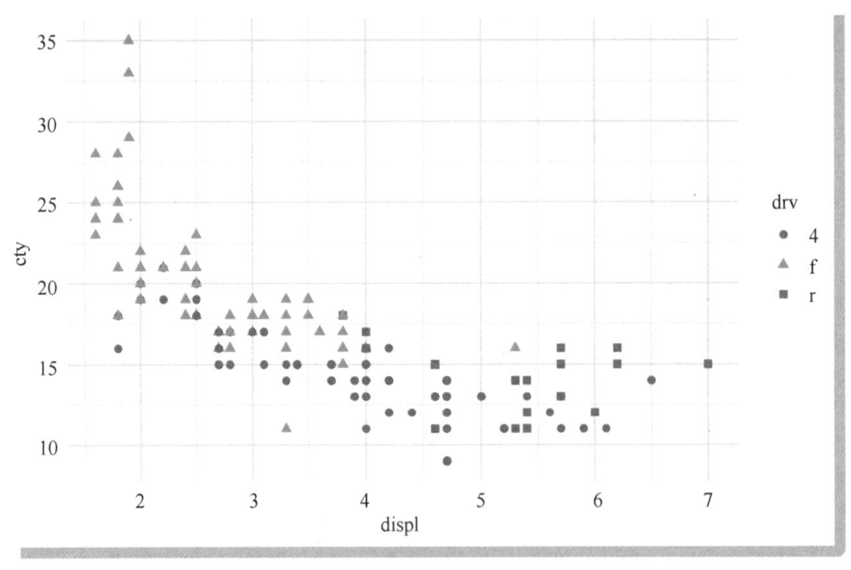

● 图 7-1 散点图可视化

（3）添加新的图层修饰图像

针对图 7-1 所示的散点图可以继续使用“+”添加新的图层，修饰和丰富图像的最终显示效果。下面的程序则是，使用 geom_smooth( ) 函数为 p1 添加平滑曲线图层，获得新的可视化图像 p2，如图 7-2 所示。

```
## 添加新的平滑曲线图层,使用广义回归模型拟合
p2 <- p1 + geom_smooth(aes(colour = drv),method = "glm")
p2
```

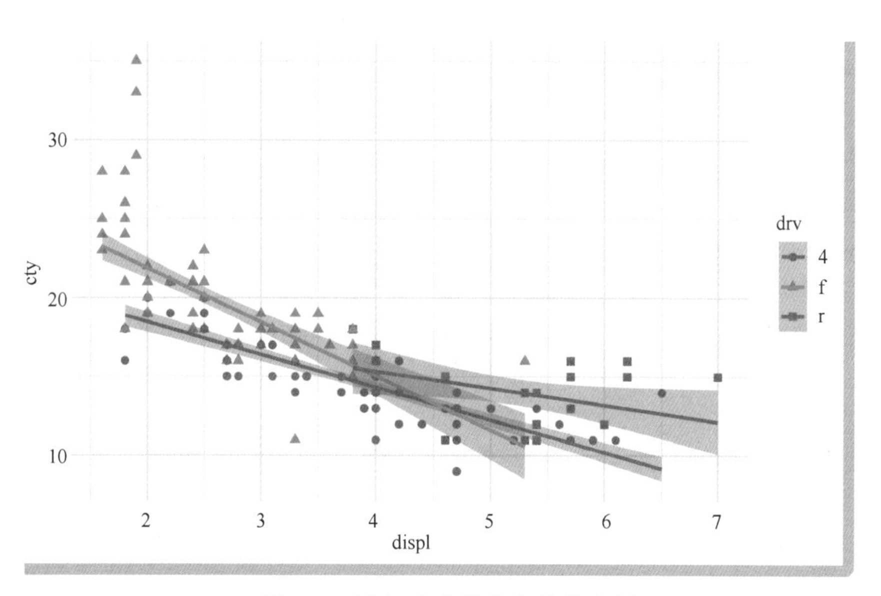

● 图 7-2　添加了平滑曲线的散点图

针对图 7-2 所示的图像可以继续使用“+”添加新的图层。下面的程序通过 labs( ) 函数为 p2 添加设置坐标轴标签的图层，获得新的可视化图像 p3，如图 7-3 所示。

```
## 为图像添加坐标轴标签和图像名称
p3 <- p2 + labs(x = "发动机排量",y = "油耗",title = "mpg 数据集")
p3
```

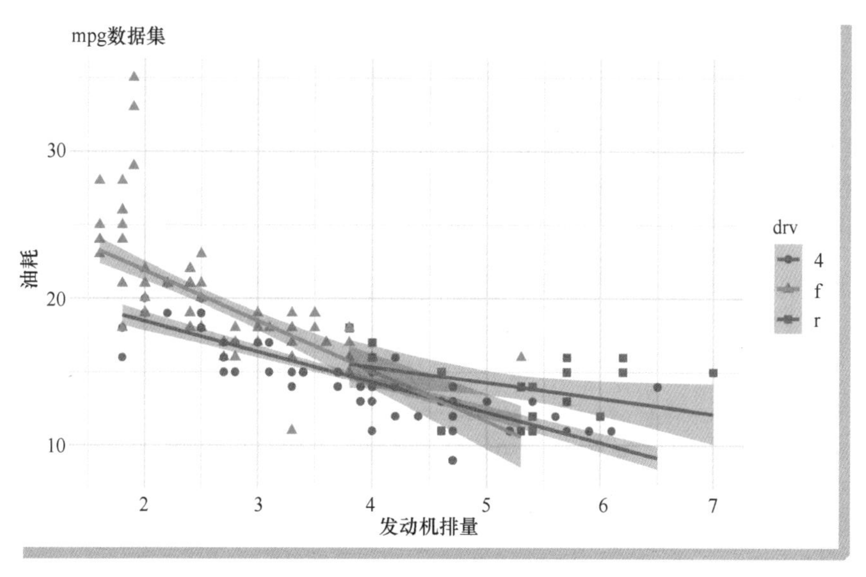

● 图 7-3　添加了坐标轴标签的散点图

前面展示了使用添加图层的方式进行数据可视化的基本流程，由此可以看出使用 ggplot2 包进行数据可视化时，在控制图像的最终显示效果上，非常方便和高效。

7.1.2 qplot 快速绘图

一开始就使用 ggplot2 包的图像语法进行数据可视化，相对于 R 基础可视化包的绘图方式而言，可能比较难理解。但是不用担心，ggplot2 包提供了用于理解图层可视化的过渡函数 qplot()。该函数的使用方式和 graphics 包的可视化方式比较相似，下面通过几个可视化示例，帮助读者进一步理解 ggplot2 包的数据可视化功能。

（1）散点图可视化

下面的程序是使用 qplot()函数可视化散点图的示例，其使用方式和 graphics 包中 plot()函数绘制散点图很相似。qplot()函数中，参数 data 用来指定使用的数据，参数 x 用来指定 *X* 轴使用的变量，参数 y 用来指定 *Y* 轴使用的变量，几何对象参数 geom 用来指定可视化图像的类型为散点图，colour 参数用来指定可视化使用的颜色变量，shape 参数用来指定可视化使用的形状变量，size 参数用来指定点的大小，xlab、ylab、mian 等参数用来分别指定图像的 *X* 轴标签、*Y* 轴标签以及图像的名称。运行下面的程序后，可获得图 7-4 所示的图像。

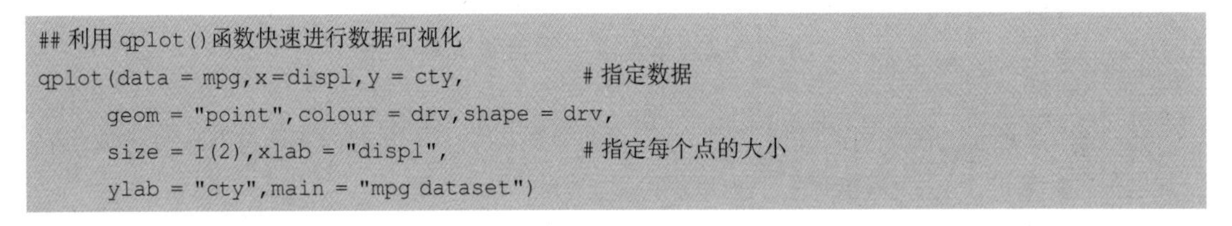

```
## 利用 qplot()函数快速进行数据可视化
qplot(data = mpg,x=displ,y = cty,            # 指定数据
      geom = "point",colour = drv,shape = drv,
      size = I(2),xlab = "displ",            # 指定每个点的大小
      ylab = "cty",main = "mpg dataset")
```

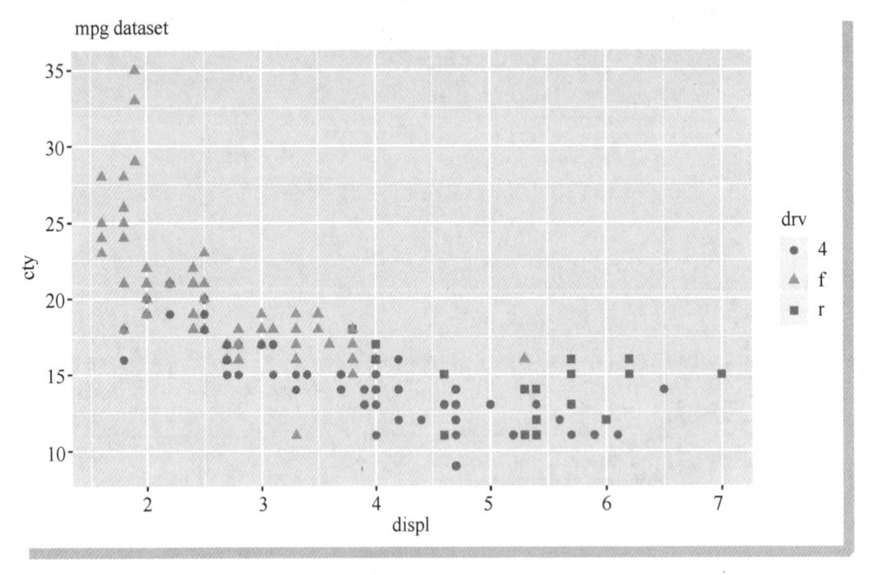

图 7-4 qplot()函数可视化散点图

（2）分面散点图可视化

分面是 ggplot2 包中一个实用性很高的功能，其可以通过因子变量（或者离散变量）将数据根据变量的取值进行分组，然后再对数据进行可视化。qplot()函数中控制可视化分组效果的参数为 facets，其可以将数据根据变量分为多列、多行，以及行列组合的形式进行可视化。在下面的程序中，参数“facets = .~drv”表示在可视化时，会根据变量 drv 取值将数据分为多组，然后每组可视化图像按照列

的形式进行排序。运行程序后，可获得图7-5所示的散点图。

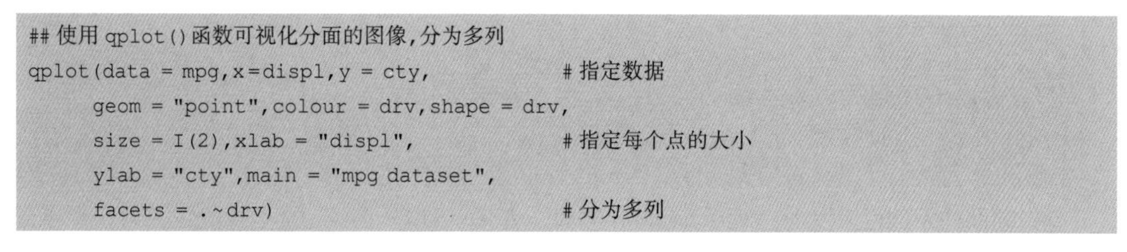

```
## 使用 qplot()函数可视化分面的图像,分为多列
qplot(data = mpg,x=displ,y = cty,              # 指定数据
      geom = "point",colour = drv,shape = drv,
      size = I(2),xlab = "displ",              # 指定每个点的大小
      ylab = "cty",main = "mpg dataset",
      facets = .~drv)                          # 分为多列
```

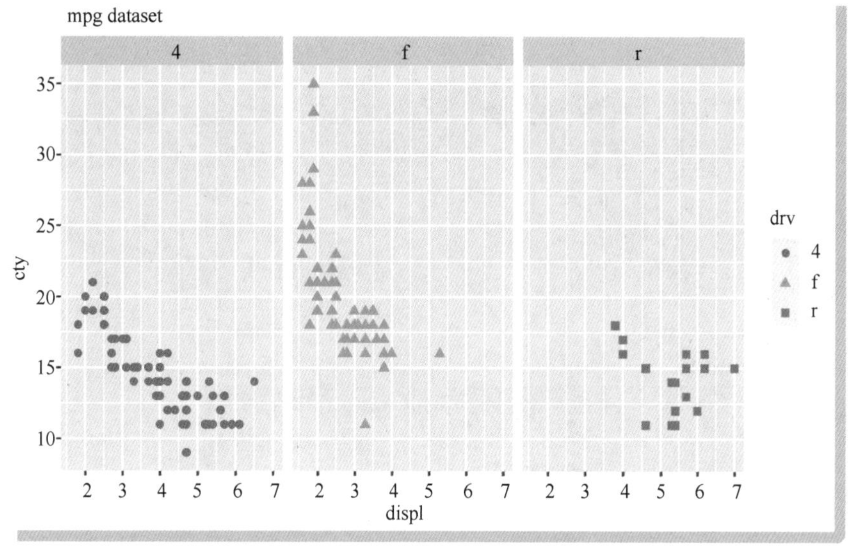

● 图7-5　分为多列的分面图形可视化

参数 facets 的不同赋值会获得不同的可视化效果。在下面的程序中，使用“facets = drv~.”表示在可视化时，会根据 drv 取值将数据分为多组，然后按照行的形式进行排序。运行程序后，可获得图7-6所示的散点图。

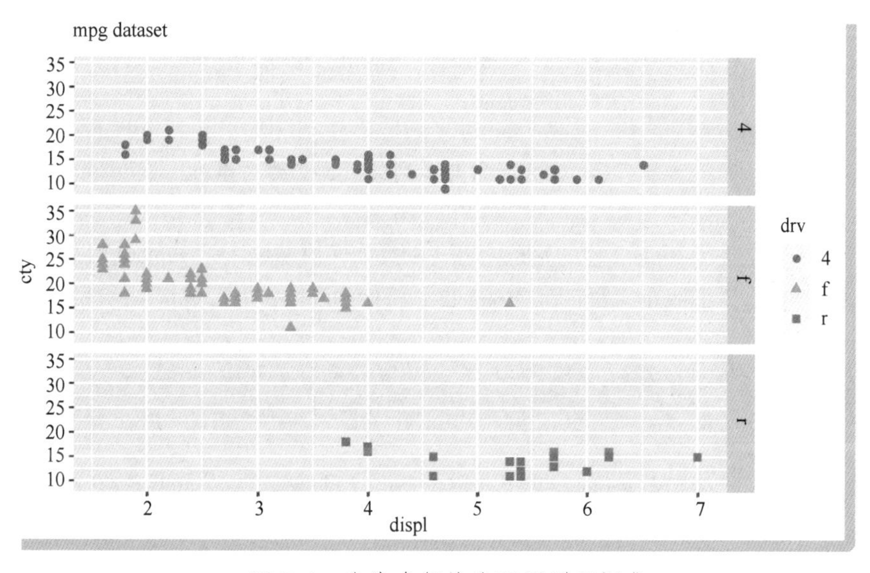

● 图7-6　分为多行的分面图形可视化

```
## 通过 qplot()函数可视化分面的图像,分为多行
qplot(data = mpg,x=displ,y = cty,              # 指定数据
      geom = "point",colour = drv,shape = drv,
      size = I(2),xlab = "displ",              # 指定每个点的大小
      ylab = "cty",main = "mpg dataset",
      facets = drv~.)                          # 分为多行
```

通过前面的示例可以发现，使用 facets 参数时，变量名称在“~”的不同位置，会获得不同的可视化效果。因此，在下面的程序中，参数“facets = year~drv”则会将数据分为不同的行列组合，然后进行数据可视化。运行下面的程序后，可获得图 7-7 所示的散点图。

```
## 通过 qplot()函数可视化分面的图像,分为多行与多列
qplot(data = mpg,x=displ,y = cty,              # 指定数据
      geom = "point",colour = drv,shape = as.factor(year),
      size = I(2),xlab = "displ",              # 指定每个点的大小
      ylab = "cty",main = "mpg dataset",
      facets = year~drv)                       # 分为多行与多列
```

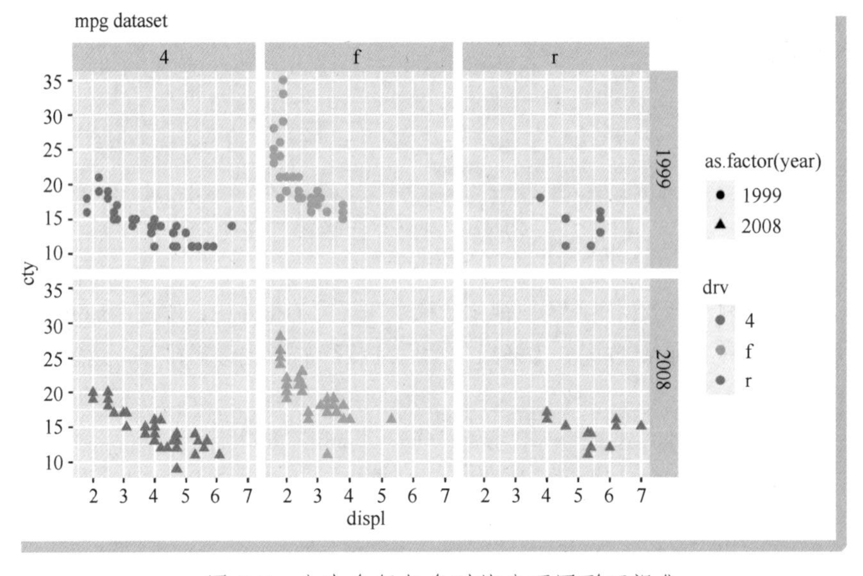

● 图 7-7　分为多行与多列的分面图形可视化

本节介绍的内容是关于 ggplot2 包的基础内容，以及如何快速地入门 ggplot2 可视化。下面章节的内容，将会从多个角度详细地介绍如何利用 ggplot2 包提供的函数，进行更复杂的数据可视化。

7.2 使用图层构建图形

经过前面的介绍，已经知道 ggplot2 包可以通过“+”为图像添加不同的可视化图层，并且针对不同的内容，ggplot2 包提供了很多可供使用的数据可视化函数。在 7.1 节中介绍了通过 ggplot2 包进行数据可视化的基本流程，下面将会从图层的角度，考虑到数据可视化图像表示内容的完整性以及丰富程

度方面，介绍如何从原始数据开始，通过逐步添加不同内容的图层，获得更美观、信息更丰富的图像。首先导入要使用到的鸢尾花数据集，程序如下。

```
## 通过 ggplot2 包进行数据可视化绘图的基本流程
library(ggplot2)         ## 导入包
data("iris")             ## 加载数据
head(iris)
##  Sepal.Length Sepal.Width Petal.Length Petal.Width Species
## 1        5.1        3.5         1.4         0.2     setosa
## 2        4.9        3.0         1.4         0.2     setosa
## 3        4.7        3.2         1.3         0.2     setosa
## 4        4.6        3.1         1.5         0.2     setosa
## 5        5.0        3.6         1.4         0.2     setosa
## 6        5.4        3.9         1.7         0.4     setosa
```

针对该数据集，将会通过逐次为图像添加新的图层内容来完善可视化图像，获得一个分组散点图，程序如下所示。

```
## 初始化绘图图层,并指定绘图的数据和坐标系 X,Y 轴使用的变量
p1 <- ggplot(data = iris,aes(x=Sepal.Length,y = Petal.Length))+
  ## 添加绘图使用的主题和设置相关图层
  theme_minimal(base_family = "STKaiti",base_size = 12)+
  ## 添加绘制图像的类型图层,并指定是否根据不同的种类以不同的样式显示
  geom_point(aes(colour = Species,shape = Species),size = 2)+
  ## 添加新的平滑曲线图层,使用广义回归模型拟合
  geom_smooth(aes(colour = Species),method = "loess")+
  ## 设置图像的标题和坐标轴的标签
  labs(x = "花萼长度",y = "花瓣长度",title = "Iris 数据集")+
  ## 添加主题图层对图像进一步调整
  theme(plot.title = element_text(hjust = 0.5),          # 调整标题位置
        legend.position = c(0.1,0.85),                   # 调整图例位置
        legend.title = element_text(size=10))+           #调整图例字体大小
  ## 对坐标轴的内容进行调整
  scale_x_continuous(labels = function(x) paste(x,"cm",sep =""))+
  scale_y_continuous(labels = function(x) paste(x,"cm",sep =""))+
  ## 对图例中的颜色映射和名称进行调整
  scale_color_brewer("花的种类",palette = "Set1")+
  scale_shape_discrete("花的种类")
## 输出图像 p1
p1
```

通过上面程序绘制图像时，主要使用下面 8 个步骤获得信息较完整的可视化图像。

1）使用 ggplot(data, aes(x=, y =))函数初始化一个可绘制的图像图层，并指定绘图时使用的数据集，坐标系使用的变量。

2）使用 theme_minimal()函数设置绘图使用的主题和该主题下的字体、字体大小等基础设置，其中还可以使用其他的 theme_**()系列的函数。

3）为图像添加想要绘制的内容，如散点图、线图、直方图等，并且为图像的显示效果进行相关的基础设置。上面的示例中，使用 geom_points()函数为图像添加散点图图层，使用 geom_smooth()函

数为散点图添加平滑曲线等。

4）通过 labs( ) 函数为图像坐标轴添加标签和图像标题。

5）通过 theme( ) 函数调整图像的整体情况，如标题、图例、坐标轴的位置、大小等情况。

6）通过 scale_x_continuous( ) 和 scale_y_continuous( ) 函数调整坐标轴的刻度标签。

7）通过 scale_ * * _ * * ( ) 等系列函数调整可视化图像中用于分组使用的颜色、形状等内容的映射方式。

8）输出自己满意的可视化图像。

经过上述 8 个步骤，利用图层叠加的方式对图像进行仔细修整后，运行程序输出的图像如图 7-8 所示。

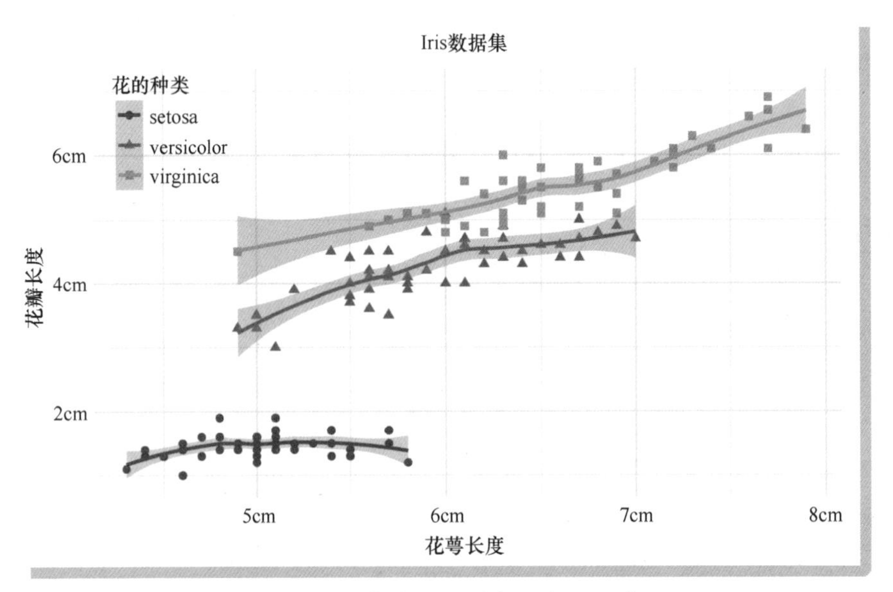

● 图 7-8　精修后的数据可视化图像

针对图 7-8 所示的图像，从图例位置、标题内容、标签、颜色设置、形状设置、图像元素的分布等多个角度来观察，数据的整体形式比较完整，而且图像对数据信息的传达也比较有效。

这里是先从整体的角度来分析如何使用 ggplot2 包进行有效的数据可视化。下面的内容将会从各个小的方面，介绍如何对不同的图层进行充分的利用，从而更好地利用 ggplot2 包进行数据可视化。

7. 2. 1　几何对象

在 ggplot2 包中，几何对象是通过 geom_ * * ( ) 系列函数进行表示的，如前面的示例中，使用 geom_point( ) 函数添加散点图图层，使用 geom_smooth( ) 函数添加拟合曲线图层等。几何对象确定了可以可视化出什么类型的图像，同时一幅图像中可以将多种几何对象相互组合，从而获取更丰富的图形。ggplot2 包中提供了几十种基础的几何对象图层函数，表 7-2 中给出了一些常用的几何对象对应的函数。

表 7-2　常用的几何对象对应的函数

函数名	功能描述	函数名	功能描述
geom_abline( )	线图，由斜率和截距指定	geom_histogram( )	直方图
geom_area( )	面积图	geom_jitter( )	添加了扰动的点图
geom_bar( )	条形图	geom_map( )	地图多边形
geom_bar2( )	二维条形图	geom_polygon( )	多边形
geom_bin2d( )	二维分箱热力图	geom_point( )	散点图
geom_boxplot( )	箱线图	geom_qq( )	Q-Q 图
geom_contour( )	等高线图	geom_rect( )	绘制矩形
geom_density( )	一维的平滑密度曲线估计	geom_step( )	阶梯图
geom_density2d( )	二维的平滑密度曲线估计	geom_text( )	添加文本
geom_errorbar( )	误差线（通常添加到其他图形上，如柱状图）	geom_tile( )	绘制瓦片图，通常可用于绘制热力图
		geom_violin( )	小提琴图
geom_errorbarh( )	水平误差线	geom_vline( )	添加参考线
geom_hex( )	六边形分箱热力图		

下面使用不同的数据集，从表 7-2 中挑出一些具有代表性的几何对象，介绍它们相关的使用方式，以及获得的可视化结果。首先导入会使用到的包以及数据，其中 RColorBrewer 是用于设置可视化图像色彩的包。

```
# 使用不同的几何对象绘制不同的图像,导入会使用到的相关包
library(ggplot2);library(RColorBrewer);
## 导入会使用到的数据
data("mpg")
data("iris")
## 先设置默认的图像主题
theme_set(theme_bw(base_family = "STKaiti",base_size = 12)+
            ## 调整标题的位置
            theme(plot.title = element_text(hjust = 0.5)))
```

上面的程序为了可视化方便，使用 theme_set( ) 函数进行默认的基础设置，其中包括可视化图像使用的主题、字体以及将图像的标题居中等。

（1）Q-Q 图可视化

下面的程序是使用 geom_qq( ) 函数可视化 Q-Q 图，使用 geom_qq_line( ) 函数可视化 Q-Q 参考线。运行程序后可获得图 7-9 所示的图像。

```
## 使用 Q-Q 图检测数据的分布
p1 <- ggplot(iris,aes(sample=Sepal.Length,group = Species))+
  ## Q-Q 图层和 Q-Q 直线图层
  geom_qq(colour = "blue")+geom_qq_line(colour = "red")+
  ggtitle("geom_qq()+geom_qq_line()")
p1
```

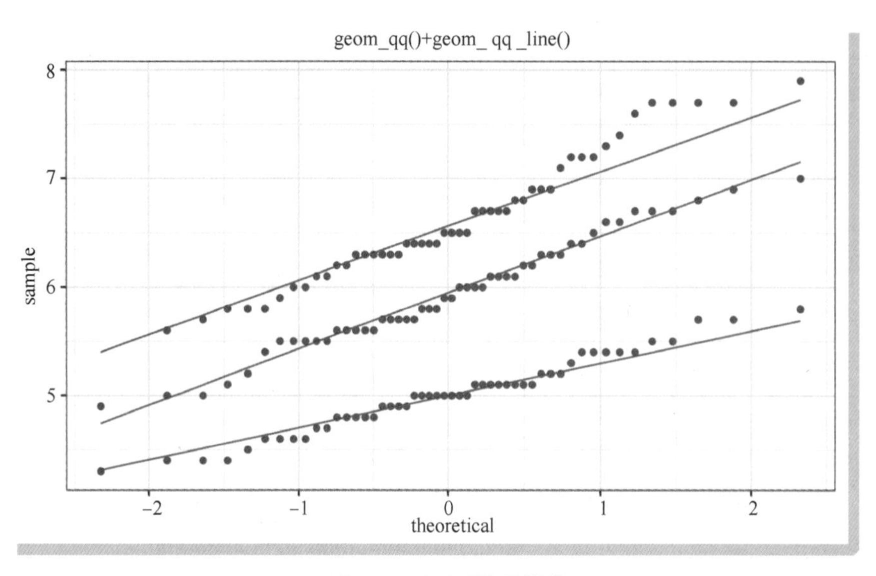

● 图 7-9　Q-Q 图可视化

(2) 添加误差线的条形图

下面的程序中，通过 geom_bar( ) 函数为图像添加条形图图层，使用 geom_errorbar( ) 函数为图像添加误差线图层，运行程序后可获得图 7-10 所示的图像。

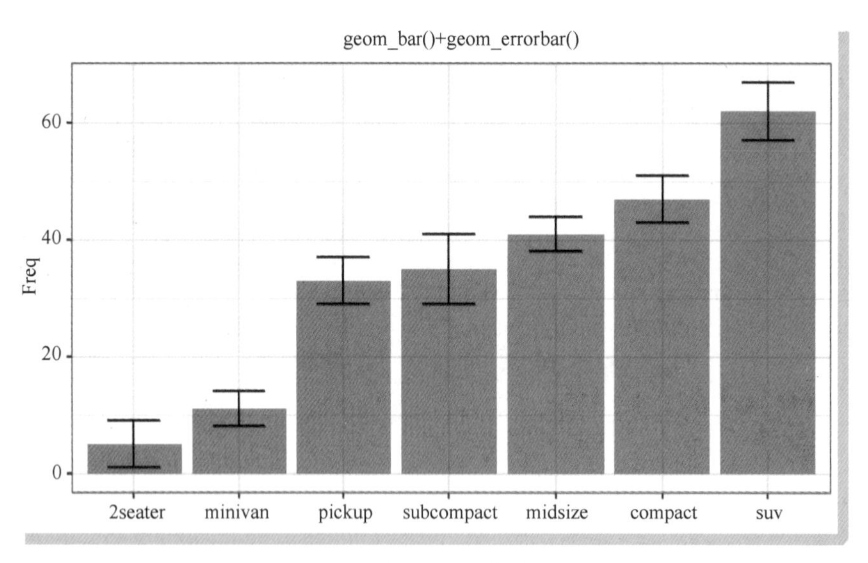

● 图 7-10　带有误差线的条形图

```
## 可视化添加了误差线的条形图——数据准备
mpgclass <- as.data.frame(table(mpg$class))
colnames(mpgclass) <- c("car_type","Freq")
## 误差线的上下限
set.seed(123)
err <- sample(c(2:6),nrow(mpgclass),replace = T)
```

```
mpgclass$ymin <- mpgclass$Freq - err
mpgclass$ymax <- mpgclass$Freq + err
## 可视化图像,依据 Freq 取值的大小对 car_type 排序
p2 <-ggplot(mpgclass,aes(x = reorder(car_type,Freq), y = Freq))+
  ## 添加条形图
  geom_bar(stat = "identity",fill = "red",alpha = 0.6)+
  ## 添加误差线
  geom_errorbar(aes(ymin = ymin,ymax=ymax),width=0.5,colour = "black")+
  ggtitle("geom_bar()+geom_errorbar()")+labs(x = "")
p2
```

(3) 小提琴图和抖动散点图

下面的程序通过 geom_violin( ) 函数为图像添加小提琴图图层，使用 geom_jitter( ) 函数为图像添加抖动散点图图层，运行程序后可获得图 7-11 所示的图像。

```
## 可视化小提琴图和抖动散点图
p3 <- ggplot(mpg,aes(x=drv,y = displ,group = drv,fill = drv))+
  ## 添加小提琴图图层和抖动散点图图层
  geom_violin(weight = 0.5,alpha = 0.5)+geom_jitter(width = 0.2)+
  theme(legend.position = "none")+
  ggtitle("geom_violin()+geom_jitter()")
p3
```

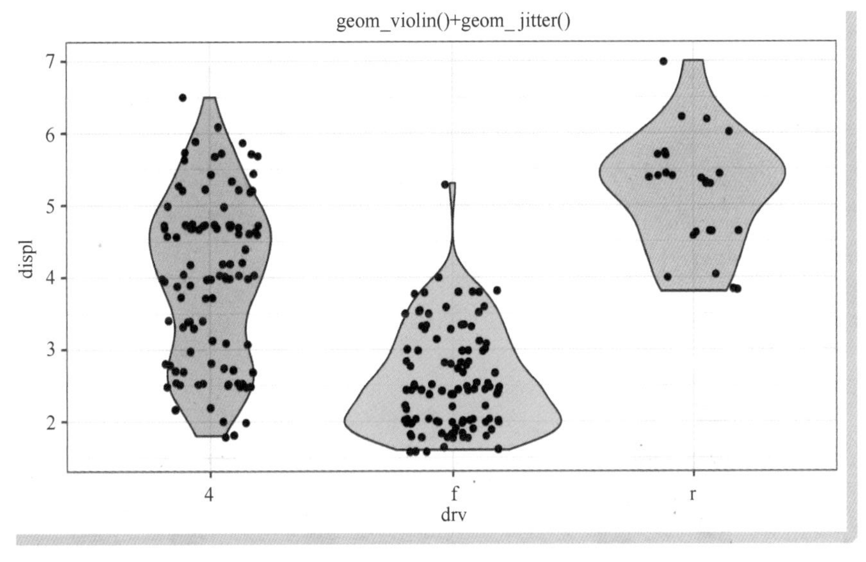

图 7-11 带有抖动散点的小提琴图

(4) 直方图与密度曲线

下面的程序通过 geom_histogram( ) 函数为图像添加直方图图层，使用 geom_density( ) 函数为图像添加密度曲线图层，运行程序后可获得图 7-12 所示的图像。

```
## 可视化直方图和密度曲线分析变量的分布
p4 <- ggplot(iris,aes(Petal.Length))+
```

```
  ## 添加直方图图层
  geom_histogram(aes(y = ..density..,fill = Species),
             binwidth = 0.2,alpha = 0.5)+
  ## 添加密度曲线图层
  geom_density(aes(y = ..density..,colour = Species),
             alpha = 0.8,size = 1)+
  ggtitle("geom_histogram()+geom_density()")
p4
```

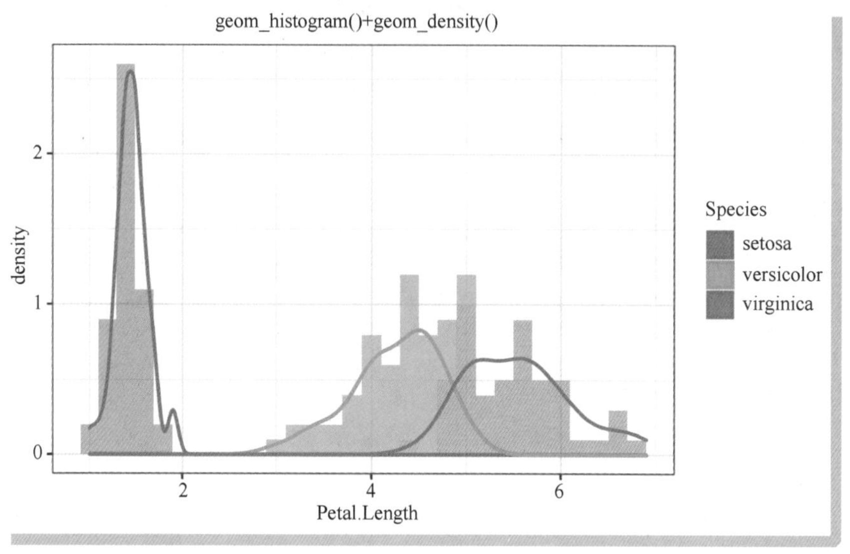

● 图 7-12　直方图和密度曲线

(5) 二维分箱热力图

下面的程序通过 geom_bin2d( ) 函数为图像添加二维分箱热力图图层，使用 geom_density2d( ) 函数为图像添加二维密度曲线图层，运行程序后可获得图 7-13 所示的图像。

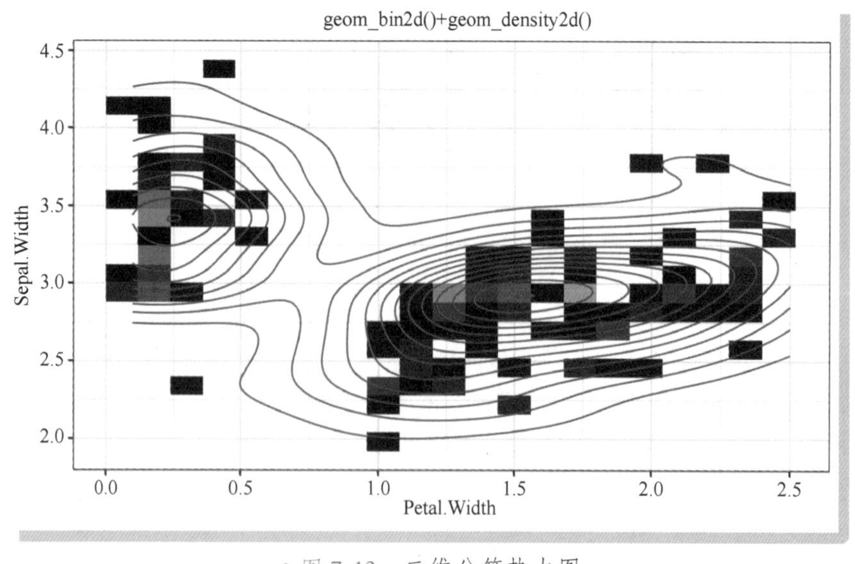

● 图 7-13　二维分箱热力图

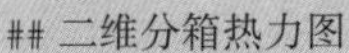

```
## 二维分箱热力图
p5 <- ggplot(iris,aes(x=Petal.Width,y = Sepal.Width))+
  geom_bin2d(bins = 20)+geom_density2d(colour = "red")+
  theme(legend.position = "none")+ggtitle("geom_bin2d()+geom_density2d()")
p5
```

（6）热力图

下面的程序通过 geom_tile( ) 函数为图像添加瓦片图图层，获得热力图，使用 geom_text( ) 函数为图像添加文本图层，运行程序后可获得图 7-14 所示的图像。

```
## 使用瓦片图来可视化热力图,数据准备和读取数据
AirPas <- read.csv("data/chap7/MyAirPassengers.csv",stringsAsFactors = FALSE)
## 对月份变量转化为因子变量并重新排序
AirPas$month <- factor(AirPas$month,levels = c("一月","二月","三月",
                      "四月","五月", "六月","七月","八月","九月",
                      "十月","十一月","十二月"))
p6 <- ggplot(AirPas,aes(x=year,y=month))+
  ## 瓦片图层和文本图层
  geom_tile(aes(fill = x))+geom_text(aes(label=x),size=3)+
  ## 设置颜色填充
  scale_fill_gradientn(colours=brewer.pal(9,"OrRd"))+
  theme(legend.position = "none")+ggtitle("geom_tile()+geom_text()")
p6
```

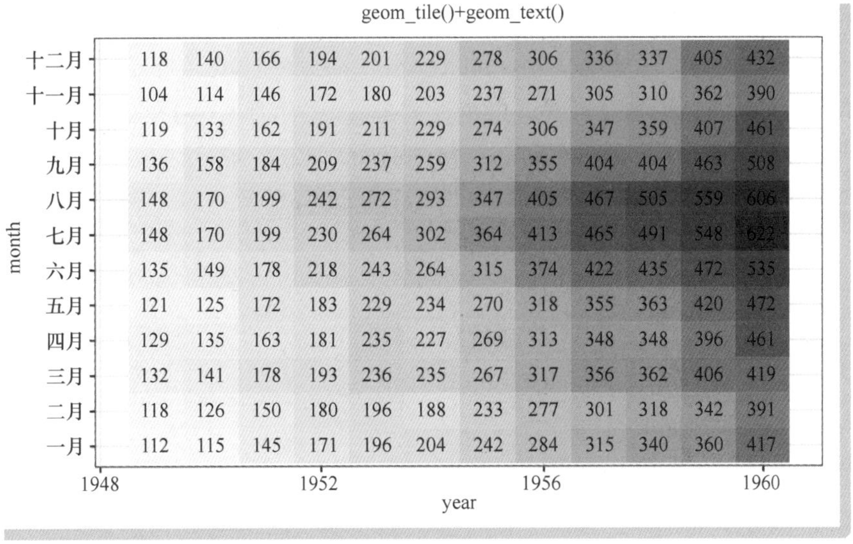

● 图 7-14 热力图

从上面获得可视化图像的程序中可以发现，在使用 geom_ * * ( ) 等几何对象时，为了使图像更美观使用了多种形式的参数。虽然不同几何对象参数的使用情况不完全相同，但它们的使用还是具有很多相似性。geom_ * * ( ) 中 aes( ) 通用参数的设置如表 7-3 所示：

表 7-3　geom_**()中 aes()通用参数的设置

参　数	使用方式	参　数	使用方式
x	设置坐标系 X 轴使用的变量	fill	设置图像颜色填充的使用情况
y	设置坐标系 Y 轴使用的变量	group	设置图像中的分组变量
alpha	设置颜色特征的透明情况	shape	设置图像中线的类型或者点的形状
colour	设置图像颜色的使用情况	size	设置图像中所使用元素显示大小的情况

表 7-3 中 alpha、colour、fill、shape、size 等参数，可以在 aes()函数内使用数据中的变量进行设置，这时会根据变量的不同取值进行相应的设置；也可以在 aes()函数外使用相应的取值进行指定几何对象的显示设置。读者可以根据前面几个可视化图像程序中相关参数的使用情况，进行对比分析，例如：

1）在 Q-Q 图可视化中，颜色参数 colour 的设置使用了具体的颜色值，而在直方图与密度曲线图中，颜色参数 colour 的设置使用了数据中的变量。

2）在带误差线的条形图中，填充参数 fill 的设置使用了具体的颜色值，而在小提琴可视化中，填充参数 fill 的设置使用了数据中的离散变量；在热力图的可视化中，填充参数 fill 的设置使用了数据中的连续变量。

7.2.2　theme 函数

前面的示例中，经常出现 theme()函数，该函数主要用来统一调整图像的最终显示效果。数据可视化时，可以通过 theme()函数中的参数，对图像中各部分的显示进行调整。如在 7.2.1 小节设置图像的显示主题时，就使用“theme(plot.title = element_text(hjust = 0.5))”语句将图像中的标题居中。

theme()函数中可调整的参数很多，超过 80 个参数可以对图像进行设置，用来调整图像的显示效果，如调整图像的坐标轴、图例、标签等。theme()函数中常用的参数设置如表 7-4 所示：

表 7-4　theme()函数中常用的参数设置

参　数	功能描述
line	通过 element_line()设置所有的线元素
rect	通过 element_rect()设置所有的矩形元素
text	通过 element_text()设置所有的文本元素
title	通过 element_text()设置所有的标题元素
plot.background	设置图像区背景
plot.title	设置图像标题，主要通过 element_text()函数
panel.border	设置绘图区域边框
panel.grid	设置网格线
axis.title.x	设置 X 轴标题
axis.title.y	设置 Y 轴标题
axis.text.x	设置 X 轴刻度值
axis.text.y	设置 Y 轴刻度值

（续）

参　　数	功能描述
axis.ticks.x	设置 X 轴刻度线的形式
axis.ticks.y	设置 Y 轴刻度线的形式
legend.background	设置图例背景颜色
legend.key.size	设置图例标识的大小
legend.text	设置图例的文本标签
legend.title	设置图例的标题
legend.position	设置图例位置，可取值为 none、left、right、bottom、top 或者包含两个元素的坐标向量
legend.direction	设置图例的方向为水平或垂直（horizontal 或 vertical）
plot.tag	设置左上角 tag 的显示
plot.tag.position	设置 tag 的位置，可取值为 topleft、top、topright、left、right、bottomleft、bottom、bottomright 或者包含两个元素的坐标向量
plot.subtitle	设置图像的子标题，主要通过 element_text( ) 函数
panel.background	设置绘图区域的背景
panel.border	设置绘图区域周围边框的形式
panel.grid	设置图像的网格线

介绍 theme( ) 函数中常用的参数设置后，下面使用鸢尾花数据集，分别可视化一个分组箱线图和一个经过 theme( ) 函数对参数进行设置的分组箱线图，通过对比前后两个图像来分析 theme( ) 函数中相关参数的作用效果。

首先，可视化不使用 theme( ) 函数的图像，程序如下所示，运行程序后可获得图 7-15 所示的图像。

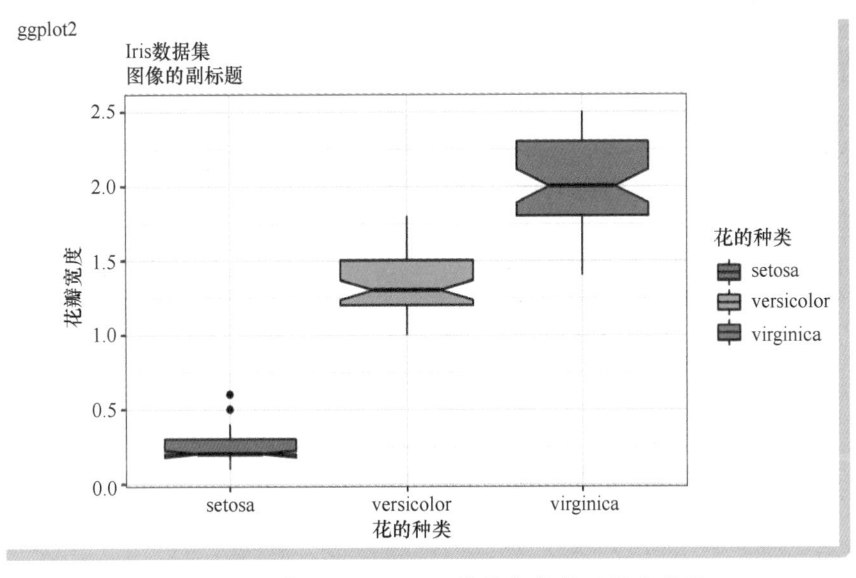

● 图 7-15　使用 theme( ) 函数前的数据可视化效果

```
## 绘制使用 theme() 函数前的图像
ggplot(data = iris)+theme_bw(base_family = "STKaiti")+
  geom_boxplot(aes(x = Species,y = Petal.Width,fill = Species),
               notch = TRUE,varwidth = 0.7)+
  labs(x = "花的种类",y = "花瓣宽度",title = "Iris 数据集",
      fill = "花的种类",subtitle = "图像的副标题",tag = "ggplot2")
```

对于图 7-15，下面使用 theme( ) 函数中的相关参数对其颜色、坐标系、坐标中等内容进行调整，程序如下所示，运行程序后可获得图 7-16 所示的图像。

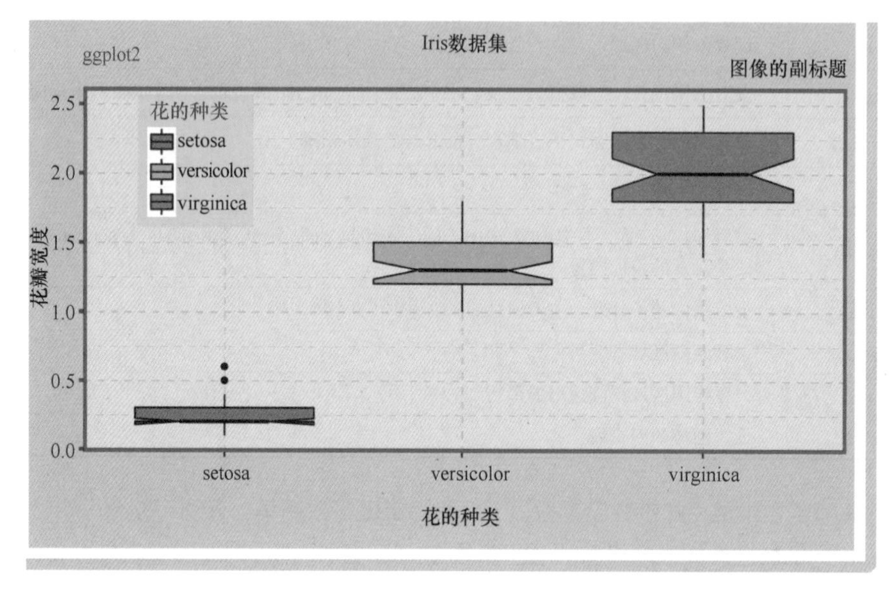

图 7-16　使用 theme( ) 函数后的数据可视化效果

```
## 绘制使用 theme() 函数后的图像
ggplot(data = iris)+theme_bw(base_family = "STKaiti")+
  geom_boxplot(aes(x = Species,y = Petal.Width,fill = Species),
               notch = TRUE,varwidth = 0.7)+
  labs(x = "花的种类",y = "花瓣宽度",title = "Iris 数据集",
      fill = "花的种类",subtitle = "图像的副标题",tag = "ggplot2")+
  ## 对图像的显示进行进一步的调整
  theme(plot.title = element_text(hjust = 0.5,size = 15), # 标题的位置居中
        plot.subtitle = element_text(hjust = 1),# 副标题的位置居右
        ## 使用 lightblue 作为背景色
        plot.background = element_rect(fill = "lightblue"),
        ## 设置绘图区的颜色为灰色
        panel.background = element_rect(fill = "gray90"),
        ## 设置绘图区的边框使用红色、粗细为 2 的线
        panel.border = element_rect(colour ="red",size = 2),
        ## 设置图像的网格线颜色为 lightgreen,线形为虚线
        panel.grid = element_line(linetype = 2,colour = "lightgreen"),
        ## 设置坐标轴标签和值刻度
        axis.title.x = element_text(colour = "blue"),      # 设置 X 轴标签为蓝色
```

```
axis.title.y = element_text(hjust = 0),            # 设置 Y 轴标签在最下方
# 设置 X 轴刻度值倾斜 30°、大小为 11、字体为 Palatino
axis.text.x  = element_text(angle = 30,size = 11,family = "Palatino"),
## 设置 Y 轴刻度线为蓝色、大小为 1
axis.ticks.y = element_line(colour = "blue",size = 1),
## 图例的设置
legend.position = c(0.15,0.8),                     ## 设置图例位置坐标为(0.15,0.8)
## 设置图例的填充背景色为 greenyellow
legend.background = element_rect(fill = "greenyellow"),
##设置图例的标题颜色为红色
legend.title = element_text(colour = "red",size = 10),
## 设置图像的 tag 为红色、大小为 8、位置在图像的左上方
plot.tag = element_text(colour = "red",size = 14,family = "sans"),
plot.tag.position = c(0.1,0.95))
```

从上面的示例和表 7-4 可以发现，需要调整的文本都可以通过 element_text( ) 函数进行设置。element_text( ) 函数中常用的参数及其取值和效果如表 7-5 所示。

表 7-5　element_text( ) 函数中常用的参数及其取值和效果

参　数	取值和效果	参　数	取值和效果
family	设置显示的字体	angle	倾斜角度，取值在［0,360］之间
hjust	水平对齐，取值在［0,1］之间	size	设置大小或者粗细
vjust	垂直对齐，取值在［0,1］之间	colour，color	设置颜色

使用 ggplot2 包进行数据可视化时，根据实际情况合理地使用相关参数，可以得到更加美观的图像。

7.2.3　统计变换

前面两个小节介绍了 ggplot2 包的几何对象和主题的相关设置，接下来介绍 ggplot2 包中统计变换（stat）的使用方法。使用统计变换可以获取更有视觉冲击力的可视化效果。

统计变换通常以某种方式对数据信息进行汇总。在 ggplot2 包中，有很多几何对象都可以设置其相关变量的统计变换（或称设置一个可计算的变量），而对不同的几何对象往往会有不同的几何变换方式。ggplot2 中常用的统计变换形式如表 7-6 所示。

表 7-6　ggplot2 中常用的统计变换形式

名　称	描　述	名　称	描　述
bin	计算分箱（bin）数据，默认为样本点数	function	添加新的可计算函数
bin2d	计算矩形封箱内观测值的数量	identity	不对数据进行统计变换
binhex	计算六边形热力图的封箱数据	smooth	添加光滑曲线
boxplot	计算组成箱线图各种元素的值	unique	删除重复值
density	计算数据的一维密度估计		

利用统计变换可以向数据中添加新的计算变量。例如，做统计变换时，使用“aes(y = ..density..)”语句表示对数据插入一个新的计算变量“y=..density..”，即计算原数据的密度函数，注意

density 的前后各有两个点。

下面以可视化 mpg 数据中 hwy 变量的直方图为例，展示不同的统计变换对数据可视化结果的改变。程序如下所示，运行程序后，可获得图 7-17 所示的图像。

```
library(gridExtra)
## 先设置默认的图像主题
theme_set(theme_bw(base_family = "STKaiti",base_size = 10)+
            ## 调整标题的位置
            theme(plot.title = element_text(hjust = 0.5)))
## 计算直方图中每个 bin 中的数量
p1 <- ggplot(mpg,aes(hwy))+ggtitle("计算变量为:y = ..count..")+
  geom_histogram(aes(y = ..count..),position = "identity",
                 bins = 25,fill = "red",alpha=0.5)
## 计算箱线图中每个 bin 中点的密度
p2 <- ggplot(mpg,aes(hwy))+ggtitle("计算变量为:y = ..density..")+
  geom_histogram(aes(y = ..density..),position = "identity",
                 bins = 25,fill = "red",alpha=0.5)
## 计算箱线图中每个 bin 中的数量,最大值标准化到 1
p3 <- ggplot(mpg,aes(hwy))+ggtitle("计算变量为:y = ..ncount..")+
  geom_histogram(aes(y = ..ncount..),position = "identity",
                 bins = 25,fill = "red",alpha=0.5)
## 计算箱线图中每个 bin 中点的密度,最大值标准化到 1
p4 <- ggplot(mpg,aes(hwy))+ggtitle("计算变量为:y = ..ndensity..")+
  geom_histogram(aes(y = ..ndensity..),position = "identity",
                 bins = 25,fill = "red",alpha=0.5)
grid.arrange(p1,p2,p3,p4,nrow = 2)
```

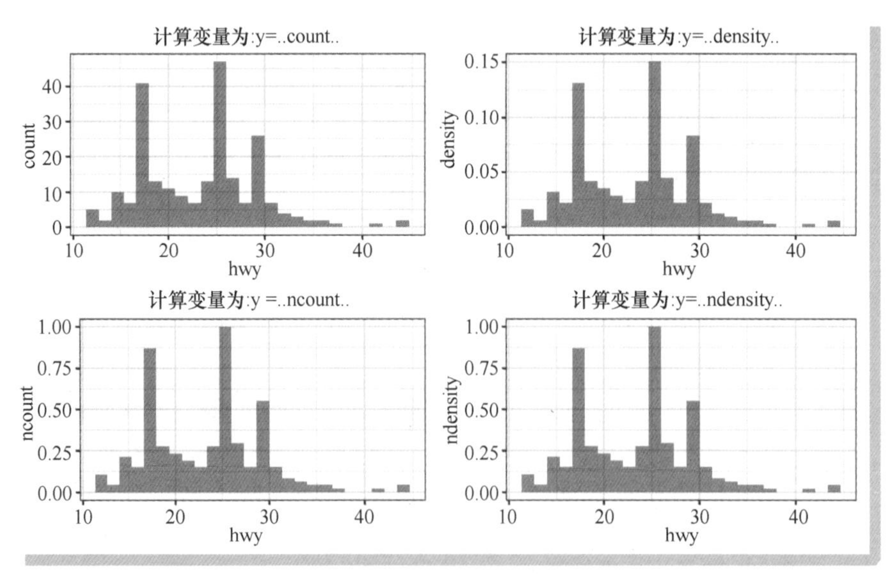

● 图 7-17　不同统计变换下的输出

由图 7-17 可以发现，虽然 4 个直方图的结构一样，但它们的 Y 坐标值（条的高度值）具有很大的差异。第一幅子图（左上）Y 轴表示变量 hwy 对应的样本数量；第二幅子图（右上）Y 轴表示对应的密度；第三幅子图（左下）Y 轴表示对应的为归一化后的样本数量；第四幅子图 Y 轴表示对应的为归一化后的密度。

针对条形图数据可视化，可以进行统计变换的计算方式有两种：一种是默认的数量计算方式（y = ..count..），另一种是以分组百分比为变量的计算方式（y = ..prop..）。下面以 mpg 数据为例，可视化分组直方图，并使用不同的统计变换对数据进行可视化结果的改变。程序如下所示，运行程序后，可获得图 7-18 所示的图像。

```
## 计算条形图中每个 bar 的数量(默认计算方式)
p1 <- ggplot(mpg)+labs(title = "计算变量为:y = ..count..")+
  geom_bar(aes(x = drv,y = ..count..,fill = year,group = year),
          position = "dodge2")+
  theme(legend.position = c(0.8,0.85))
## 计算条形图中每个 bar 的分组百分比
p2 <- ggplot(mpg)+labs(title = "计算变量为:y = ..prop..")+
  geom_bar(aes(x = drv,y = ..prop..,fill = year,group = year),
          position = "dodge2")+
  theme(legend.position = c(0.8,0.85))
grid.arrange(p1,p2,nrow = 1)
```

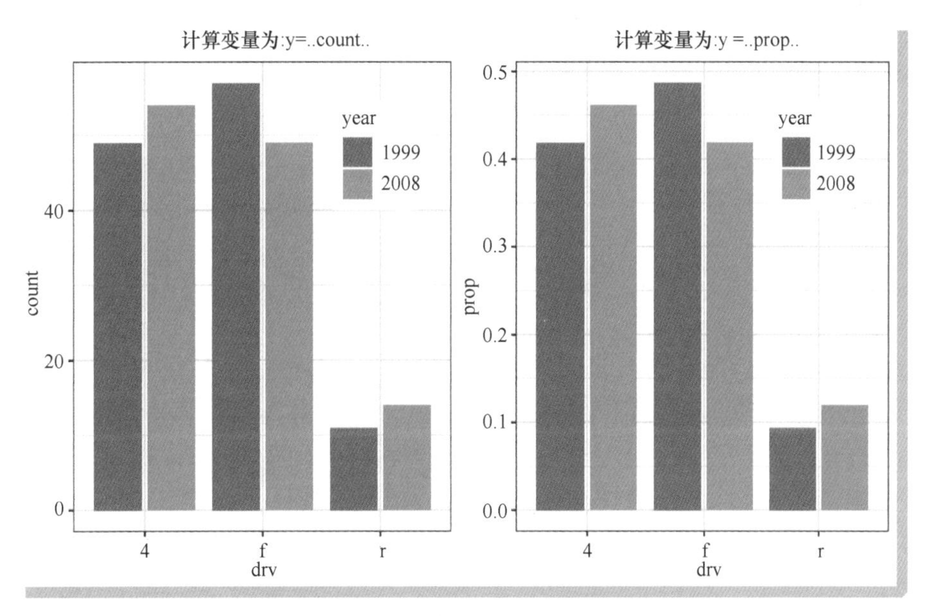

● 图 7-18　条形图在不同统计变换下的输出

由图 7-18 可以发现，虽然 2 个条形图的输出一样，但它们的 Y 坐标值具有很大的差异。第一幅子图（左图）Y 轴表示变量 drw 不同分组对应的样本数量；第二幅子图（右图）Y 轴表示变量 drw 的不同分组在 year 分组下所占的比例。

7.2.4　位置调整

在前面可视化直方图和条形图的程序中，还使用了几何对象的位置调整参数 position。所谓位置调整，就是针对数据可视化图像指定不同的 position 参数，使图像中几何元素按照不同的排列方法布局。

ggplot2 中常用的位置调整参数如表 7-7 所示。

表 7-7 ggplot2 中常用的位置调整参数

名 称	描 述	名 称	描 述
dodge	避免重叠的并排排列方式	stack	将图形元素堆叠起来
dodge2	dodge 的一种特殊情况	nudge	内置在 geom_text( ) 中，可将标签移动到与其所标记的内容相距很小的距离
fill	堆叠图形元素并将高标准化为 1		
identity	不做任何调整	jitterdodge	将通过 geom_point( ) 生成的点与 dodge 形式的箱形图［geom_boxplot( )］对齐
jitter	给点添加扰动避免重合		

下面根据 mpg 数据集，以条形图和散点图为例，说明在不同的位置调整参数的图像可视化效果，程序如下所示。

```
## 先设置默认的图像主题
theme_set(theme_bw(base_family = "STKaiti",base_size = 10)+
            ## 调整标题的位置
            theme(plot.title = element_text(hjust = 0.5)))
## 展示不同位置调整参数下的图像显示情况
mpg$year <- as.factor(mpg$year)          # 将变量转化为因子变量
## 可视化堆叠的条形图
p1 <- ggplot(mpg)+labs(title = 'position = "stack"')+
  geom_bar(aes(x = drv,fill = year),position = "stack")
## 可视化避免重叠并排排列的条形图
p2 <- ggplot(mpg)+labs(title = 'position = "dodge2"')+
  geom_bar(aes(x = drv,fill = year),position = "dodge2")
## 可视化堆叠图形元素,并将高标准化为 1 的条形图
p3 <- ggplot(mpg)+labs(title = 'position = "fill"')+
  geom_bar(aes(x = drv,fill = year),position = "fill")
## 可视化 4 幅图像为 1 行 3 列
grid.arrange(p1,p2,p3,nrow = 1)
```

上面的程序是以条形图为例，分别指定位置调整参数 position 的取值为 stack、dodge2、fill 三种情况，运行程序后可获得图 7-19 所示的条形图。

由图 7-19 可以发现，3 幅子图使用相同的数据可视化条形图，不同的位置参数得到了完全不同的可视化形式。

下面使用散点图为例，介绍使用不同的 position 参数时，所获得的可视化效果，运行程序可获得图 7-20 所示的图像。

```
## 将生成的点与并排排列的箱形图对齐
p1 <- ggplot(mpg,aes(x = drv,y = displ,colour = year))+
  labs(title = 'position = position_jitterdodge()')+
  geom_point(size = 2,position = position_jitterdodge())
p2 <- ggplot(mpg,aes(x = drv,y = displ,colour = year))+
  labs(title = 'position = "identity"')+
  geom_point(size = 2,position = "identity")
grid.arrange(p1,p2,nrow = 1)
```

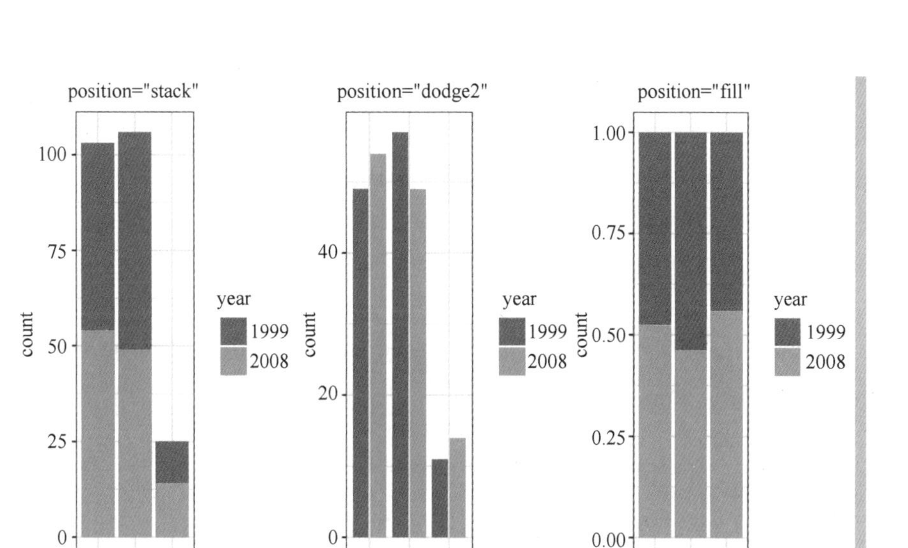

图 7-19 不同 position 参数取值的条形图

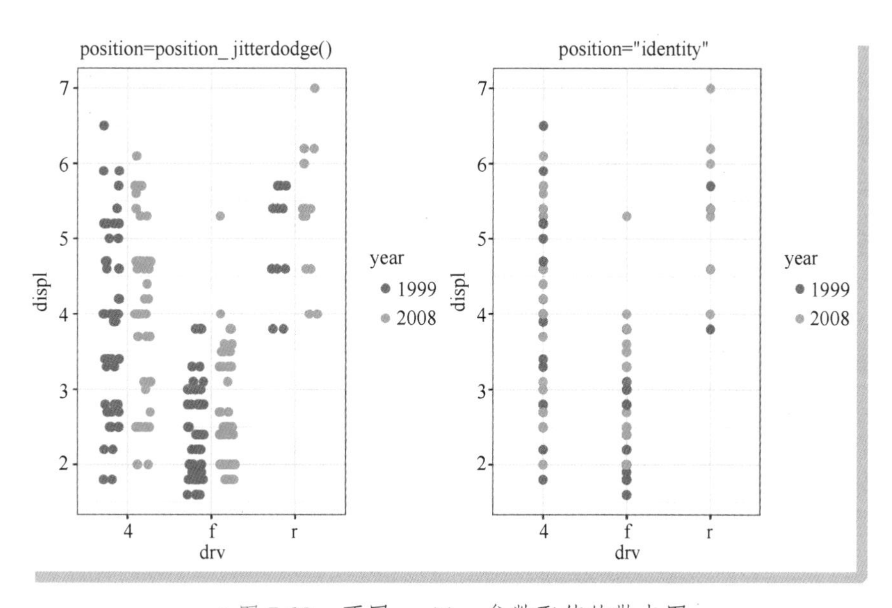

图 7-20 不同 position 参数取值的散点图

由图 7-20 可以发现，两幅子图使用相同的数据可视化散点图，不同的位置参数得到了完全不同的可视化形式。而且针对 *X* 轴为离散变量的数据，可视化散点图时使用参数“position = position_jitter-dodge( )”，数据点之间的遮挡更少，更有利于观察数据。

7.2.5 形状和大小

数据可视化时，往往会设置图形元素的形状、大小、颜色等属性，针对这些属性可以使用数值、数据变量等不同的形式。本小节将会针对如何设置图形元素的形状与大小，利用实际的可视化案例进行讨论，而对图形元素颜色映射的设置，将会在下一小节进行详细的介绍。

（1）设置图形元素的形状

使用 ggplot2 进行数据可视化时，设置图形元素的形状通常有 3 种方式，分别为：统一设置图形元素的形状、根据一个离散分组变量设置默认的元素形状映射，以及使用 scale_shape_manual( )函数自定义形状映射。下面以散点图可视化为例，介绍如何使用上述的 3 种方式，定义图形元素的形状映射，程序如下所示。

```
## 设置散点图的形状
## 通过数值大小统一设置点的形状
p1 <- ggplot(iris,aes(x = Sepal.Length,y = Sepal.Width))+
  geom_point(shape = 23,size = 2)+ggtitle("通过数值大小统一设置点的形状")
## 通过分组变量设置点的形状
p2 <- ggplot(iris,aes(x = Sepal.Length,y = Sepal.Width))+
  geom_point(aes(shape = Species),size = 2)+
  ggtitle("通过分组变量设置点的形状")
## 通过 scale_shape_manual()函数设置点的形状
p3 <- ggplot(iris,aes(x = Sepal.Length,y = Sepal.Width))+
  geom_point(aes(shape = Species),size = 2)+
  scale_shape_manual(values=c(18, 23, 7))+
  ggtitle("通过 scale_shape_manual()函数设置点的形状")
grid.arrange(p1,p2,p3,nrow = 2)
```

上面的程序片段 p1 中，使用参数"shape=23"统一设置每个点的形状映射。程序片段 p2，则是在 aes( )函数中使用参数"shape = Species"，表示根据离散分组变量 Species 的取值自动进行形状的映射。程序片段 p3，则是在程序片段 p2 的基础上利用 scale_shape_manual( )函数，指定不同分组下的形状映射取值。运行程序可获得图 7-21 所示的图像。

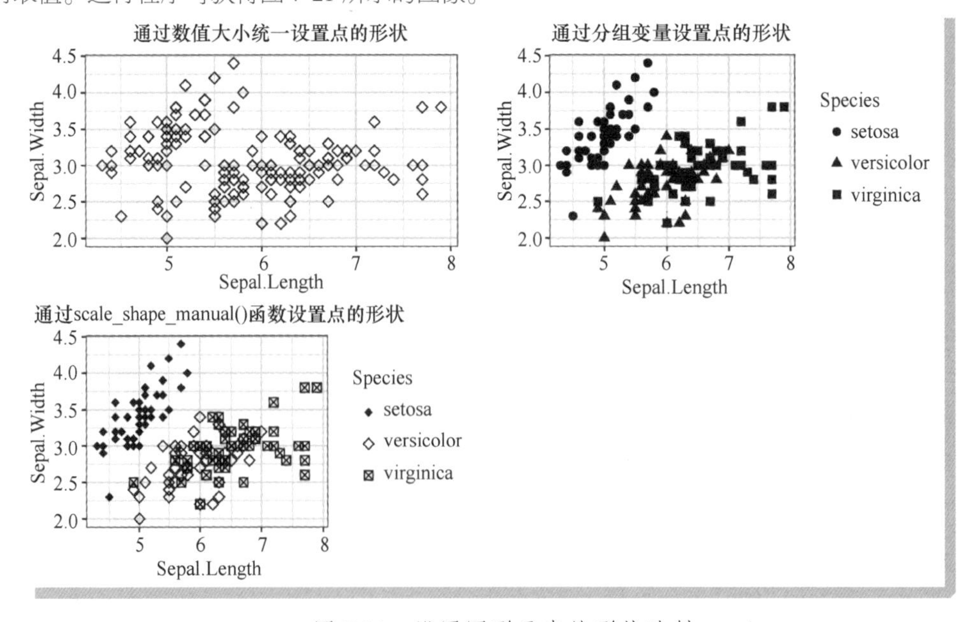

● 图 7-21　设置图形元素的形状映射

（2）设置图形元素的大小

使用 ggplot2 进行数据可视化时，设置图形元素的大小通常有 4 种方式，分别为：统一设置图形元素的大小、根据一个离散分组变量设置默认的元素大小映射、使用 scale_size_manual( ) 函数根据分组变量的取值自定义大小映射，以及根据一个连续变量设置元素的大小映射。下面以散点图可视化为例，介绍如何使用上述的 4 种方式，定义图形元素的大小映射，程序如下所示。

```
## 设置点的大小
## 通过数值大小统一设置点的大小
p1 <- ggplot(iris,aes(x = Sepal.Length,y = Sepal.Width))+
  geom_point(size = 1)+ggtitle("通过数值大小统一设置点的大小")
## 通过分类变量设置点的大小(会对分类变量自动调整)
p2 <- ggplot(iris,aes(x = Sepal.Length,y = Sepal.Width))+
  geom_point(aes(size = Species))+ggtitle("通过分类变量设置点的大小")
## 通过 scale_size_manual()函数设置点的大小
p3 <- ggplot(iris,aes(x = Sepal.Length,y = Sepal.Width))+
  geom_point(aes(size = Species))+
  scale_size_manual(values = c(5,3,1))+
  ggtitle("通过 scale_size_manual()函数设置点的大小")
## 通过连续变量设置点的大小
p4 <- ggplot(iris,aes(x = Sepal.Length,y = Sepal.Width))+
  geom_point(aes(size = Sepal.Width))+ggtitle("通过连续变量设置点的大小")
grid.arrange(p1,p2,p3,p4,nrow = 2)
```

上面的程序片段 p1 中，使用参数 shape = 1 统一设置每个点的大小，程序片段 p2，则是在 aes( ) 函数中使用参数 size = Species，表示根据离散分组变量 Species 的取值自动进行散点大小的映射，程序片段 p3，则是在 p2 的基础上利用 scale_size_manual( ) 函数，指定不同分组下的点的大小映射取值，程序片段 p4，则是利用一个连续变量的取值设置点的大小。运行程序可获得图 7-22：

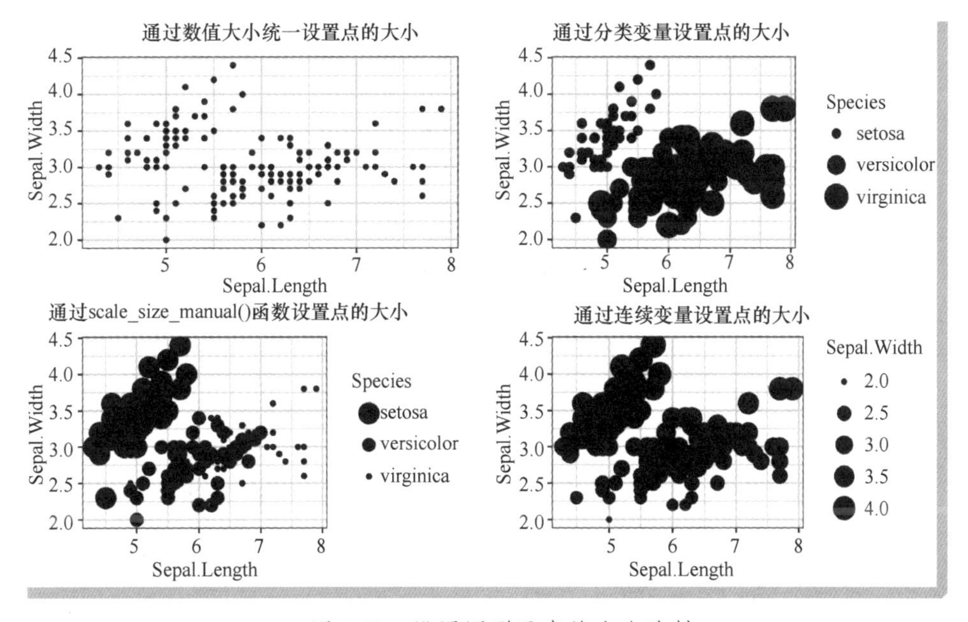

● 图 7-22 设置图形元素的大小映射

7.3 ggplot2 可视化进阶

前面两节介绍了 ggplot2 在数据可视化方面的基础功能，本节继续介绍 ggplot2 中相对高阶的可视化内容，分别包括：如何对图像的主题等内容进行调整、如何设置图像的颜色映射、如何使用分面对数据进行可视化、如何调整坐标系的设置获取更丰富的可视化结果，以及如何可视化地图数据。

7.3.1 主题

ggplot2 数据可视化包中，提供了约 9 种预定义好的数据可视化主题，它们的使用方法很相似，可以使用 theme_ * * ( ) 系列函数进行基础主题的显示。本节使用 mpg 数据集为例，使用不同的函数设置主题，观察不同主题在可视化时的差异。

在下面的程序中，分别绘制了 p1～p9 共 9 种不同主题的散点图。可视化时，使用 ggplot( ) 函数初始化一个图像对象，然后使用 theme_ * * ( ) 函数设置图像的主题，使用 geom_point( ) 函数为图像添加散点图，最后使用 ggtitle ( ) 函数为图像添加标题。得到 9 幅不同主题的可视化子图像后，使用 gridExtra 包中的 grid.arrange( ) 函数，将 9 幅子图像重新布局为 3 行 3 列的新图像，结果如图 7-23 所示。

```
library(gridExtra) ## ggplot2 中图像重新布局的库
library(ggplot2)
## 可视化不同主题下的散点图
## 带有灰色背景和白色网格线的标志性 ggplot2 主题
p1<-ggplot(mpg,aes(x=displ,y=hwy))+theme_gray(base_family= "STKaiti")+
  geom_point(colour = "red",shape = 19)+ggtitle("主题为:theme_gray")
## 经典的 dark-on-lightggplot2 主题
p2<-ggplot(mpg,aes(x=displ,y=hwy))+theme_bw(base_family= "STKaiti")+
  geom_point(colour = "red",shape = 19)+ggtitle("主题为:theme_bw")
## 在白色背景上只有各种宽度的黑色线条的主题
p3<-ggplot(mpg,aes(x=displ,y =hwy))+theme_linedraw(base_family= "STKaiti")+
  geom_point(colour = "red",shape = 19)+ggtitle("主题为:theme_linedraw")
## 类似于 theme_linedraw 的主题,但具有浅灰色的线条和坐标轴
p4<-ggplot(mpg,aes(x=displ,y = hwy))+theme_light(base_family = "STKaiti")+
  geom_point(colour = "red",shape = 19)+ggtitle("主题为:theme_light")
## 背景较暗的主题形式
p5<-ggplot(mpg,aes(x=displ,y =hwy))+theme_dark(base_family= "STKaiti")+
  geom_point(colour = "red",shape = 19)+ggtitle("主题为:theme_dark")
## 没有背景注释的简约主题
p6<-ggplot(mpg,aes(x=displ,y=hwy))+theme_minimal(base_family = "STKaiti")+
  geom_point(colour = "red",shape = 19)+ggtitle("主题为:theme_minimal")
## 有 X 和 Y 轴线,但是无网格线的经典外观主题
p7<-ggplot(mpg,aes(x=displ,y=hwy))+theme_classic(base_family = "STKaiti")+
  geom_point(colour = "red",shape = 19)+ggtitle("主题为:theme_classic")
## 一个完全空的主题
p8<-ggplot(mpg,aes(x=displ,y=hwy))+theme_void(base_family = "STKaiti")+
  geom_point(colour = "red",shape = 19)+ggtitle("主题为:theme_void")
## 视觉单元测试的主题
```

```
p9<-ggplot(mpg,aes(x=displ,y =hwy))+theme_test(base_family = "STKaiti")+
  geom_point(colour = "red",shape = 19)+ggtitle("主题为:theme_test")
## 将 9 种主题的子图像布局到同一图像上
grid.arrange(p1,p2,p3,p4,p5,p6,p7,p8,p9,nrow = 3)
```

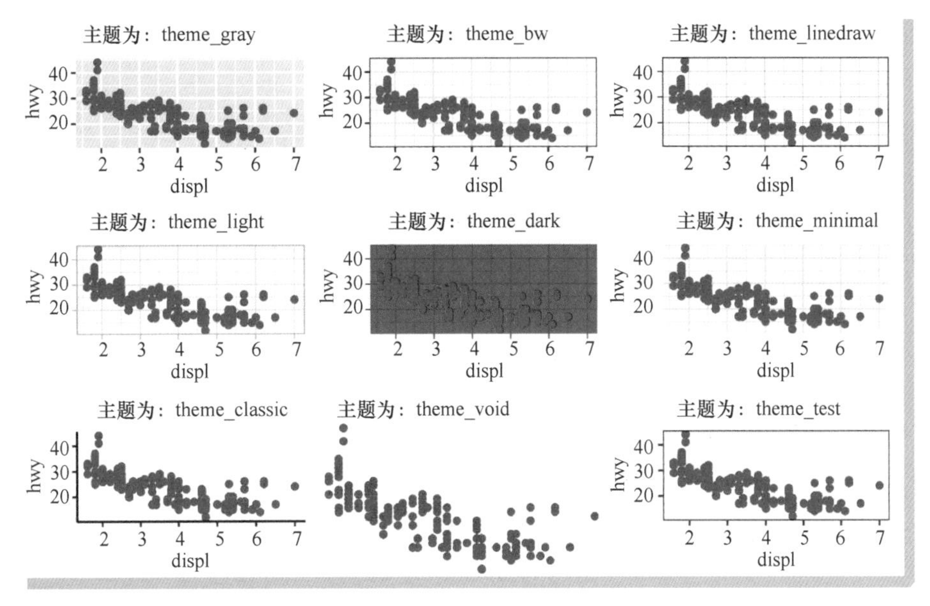

● 图 7-23　9 种不同主题下的散点图

使用 theme_ * * ( ) 等主题函数时，还可以通过设置相应的参数来控制主题的显示细节。theme_ * * ( ) 中常用的可设置参数如表 7-8 所示。

表 7-8　theme_ * * ( ) 中常用的可设置参数

参数名	功能描述	参数名	功能描述
base_size	显示的基本字体大小	base_line_size	显示线元素的基本大小
base_family	显示的基本字体	base_rect_size	显示矩形框的基本大小

合理地使用表 7-8 所列出的参数，可以统一地设置可视化图像的主题效果。

7.3.2 颜色

数据可视化时，合理地设置图像的颜色映射，可以丰富图像的内容，有利于信息的传递。ggplot2 包中提供了进行图像颜色设置的函数，分别是 scale_colour_ * * ( ) 和 scale_fill_ * * ( ) 两类函数，它们可以实现形状颜色和填充颜色的设置。针对颜色标度的映射，连续型变量有 3 种颜色渐变的设置方法，离散型变量有 2 种颜色分类的设置方法。

（1）连续型变量的颜色映射

首先介绍连续型变量颜色映射的方法，根据颜色梯度的划分，有 3 种设置方法，它们如下所示。

1） scale_color_gradient( ) 函数和 scale_fill_gradient( ) 函数：双色梯度，颜色顺序从低到高，参数 low 和 high 分别控制两端最低和最高所对应的颜色。

2）scale_color_gradient2( )函数和 scale_fill_gradient2( )函数：三色梯度，颜色顺序为低→中→高，参数 low 和 high 分别控制两端的颜色，midpoint 参数控制中间颜色对应的取值，默认为 0。

3）scale_color_gradientn( )函数和 scale_fill_gradientn( )函数：自定义 *n* 色梯度，使用时需要给参数 colours 赋一个颜色向量。

下面就以一个散点图可视化的例子，展示连续型变量的颜色设置。运行下面的程序，可获得图 7-24 所示的图像。

```
## 连续型,根据颜色梯度划分,使用低、高两个等级
p1 <-ggplot(diamonds)+geom_jitter(aes(x = carat,y = price,colour = carat))+
  scale_color_gradient(low = "blue",high = "red")+
  ggtitle('scale_color_gradient(low = "blue",high = "red")')
## 连续型,根据颜色梯度划分,使用低、中、高 3 个等级
p2 <-ggplot(diamonds)+geom_jitter(aes(x = carat,y = price,colour = carat))+
  scale_color_gradient2(low = "red",mid = "white",high = "blue",midpoint = 2)+
  ggtitle('scale_color_gradient2(low = "red",mid = "white",high = "blue")')
## 连续型,根据颜色梯度划分为 n 个等级,这里使用 4 种颜色
p3<-ggplot(diamonds)+geom_jitter(aes(x=carat,y=price,colour=carat/max(carat)))+
  scale_color_gradientn(colours = c("red","yellow","green","blue"),
                        values = c(1,0.75,0.5,0.25,0))+labs(colour = "carat")+
  ggtitle('scale_color_gradientn(colours=c("red","yellow","green","lightblue"),\nvalues
= c(1,0.75,0.5,0.25,0)))')
grid.arrange(p1,p2,p3,nrow = 3)
```

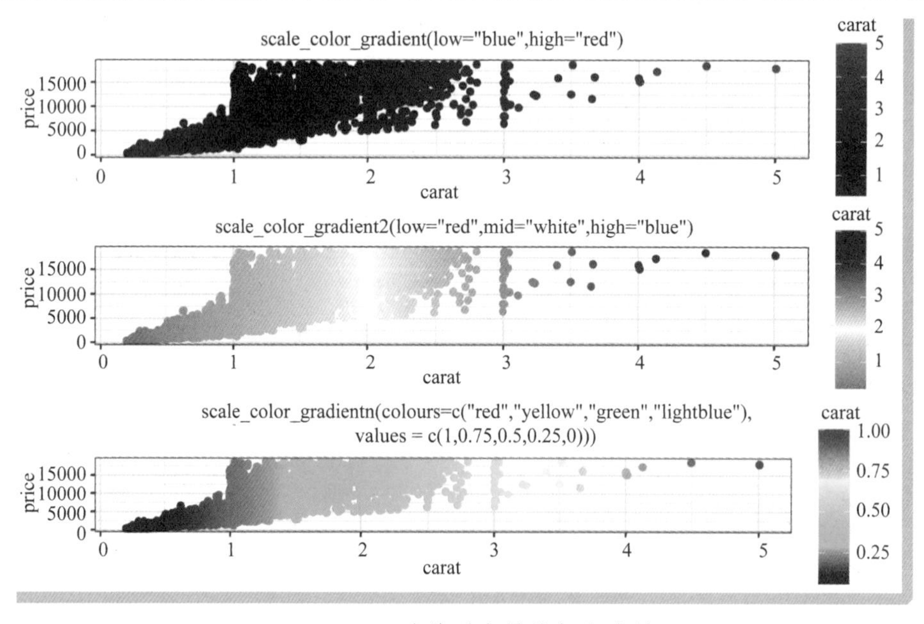

● 图 7-24　连续型变量的颜色映射

图 7-24 中，第 1 幅子图 p1 使用 scale_color_gradient( )函数，通过指定最高值和最低值对应的颜色对散点图进行颜色编码；第 2 幅子图 p2 使用 scale_color_gradient2( )函数，通过指定最高值、中间值和最低值对应的颜色对散点图进行颜色编码；第 3 幅子图 p3 使用 scale_color_gradientn( )函数，通过指定颜色名称和对应的数值大小对散点图进行颜色编码。

(2) 离散型变量的颜色映射

针对离散型变量，常用 scale_colour_brewer ( )、scale_fill_brewer ( )、scale_fill_manual ( )、scale_fill_manual( ) 等系列函数进行颜色标度的设置。

下面使用鸢尾花数据集，针对不同的种类利用不同的颜色对其进行可视化，程序如下所示。

```
## 离散型,使用鸢尾花数据集
p1 <-ggplot(iris,aes(x = Sepal.Length,y = Sepal.Width))+
  geom_point(aes(colour = Species,size = Sepal.Width),show.legend = FALSE)+
  scale_color_brewer(palette = "Set1")+ #使用预设的颜色
  ggtitle('颜色:scale_color_brewer()')
## 定义取值和颜色映射的向量
cols <- c("setosa" = "red", "versicolor" = "black", "virginica" = "orange")
p2 <-ggplot(iris,aes(x = Sepal.Length,y = Sepal.Width))+
  geom_point(aes(colour = Species,size = Sepal.Width),show.legend = FALSE)+
  scale_color_manual(values = cols)+ #使用自定义颜色
  ggtitle('颜色:scale_color_manual()')
grid.arrange(p1,p2,ncol=2)
```

在上面的程序中，p1 是通过“scale_color_brewer(palette = "Set1")”语句，根据绘图时的分组数据 Species (colour = Species) 变量自动设置颜色；而 p2 是通过“scale_color_manual(values = cols)”语句，利用自定义的颜色变量 cols 设置颜色，最后得到的可视化图像如图 7-25 所示。

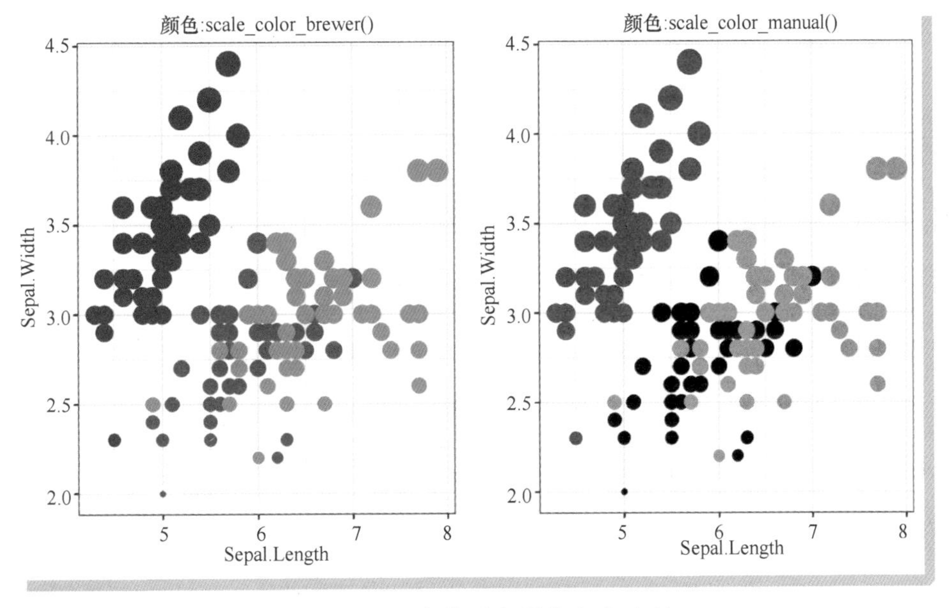

图 7-25 离散型变量的颜色映射

7.3.3 分面

在前面的 ggplot2 数据可视化示例中，每次都是绘制一幅图像，然后再将多个图像使用 grid.arrange( ) 函数进行重新排列。针对分组数据，还可以通过网格分面的操作获取多个子图。ggplot2 包中常用的分面方式有两种：一种是封装型分面［通过 facet_wrap( ) 函数］，根据单个变量的取值进行分面可视化；

另一种是网格分面［通过 facet_grid( )函数］，可以根据 1~2 个变量作为行变量或列变量，进行分面可视化。

（1）封装型分面

首先介绍封装型分面 facet_wrap( )函数的使用方法，对 mpg 数据集可视化分面散点图。在下面的程序中，“facet_wrap(~drv)” 表示根据变量 drv 对数据进行分组，针对每组数据单独可视化出一个散点图。参数 ncol = 3 表示得到的图像每行要排列 3 幅子图，参数 scales = "free_y" 表示每个子图中根据全部的数据固定 *X* 轴的取值范围，而 *Y* 轴的取值范围则根据相应分组的数据灵活设置，最终可得到图 7-26 所示的图像。

```
## 封装型分面
ggplot(data = mpg,aes(x = displ,y = cty,colour = drv,shape = drv))+
  geom_point(show.legend = FALSE)+geom_smooth(method = "loess")+
  facet_wrap(~drv,ncol = 3,scales = "free_y")+
  labs(x = "发动机排量",y = "油耗",title = "mpg 数据集")
```

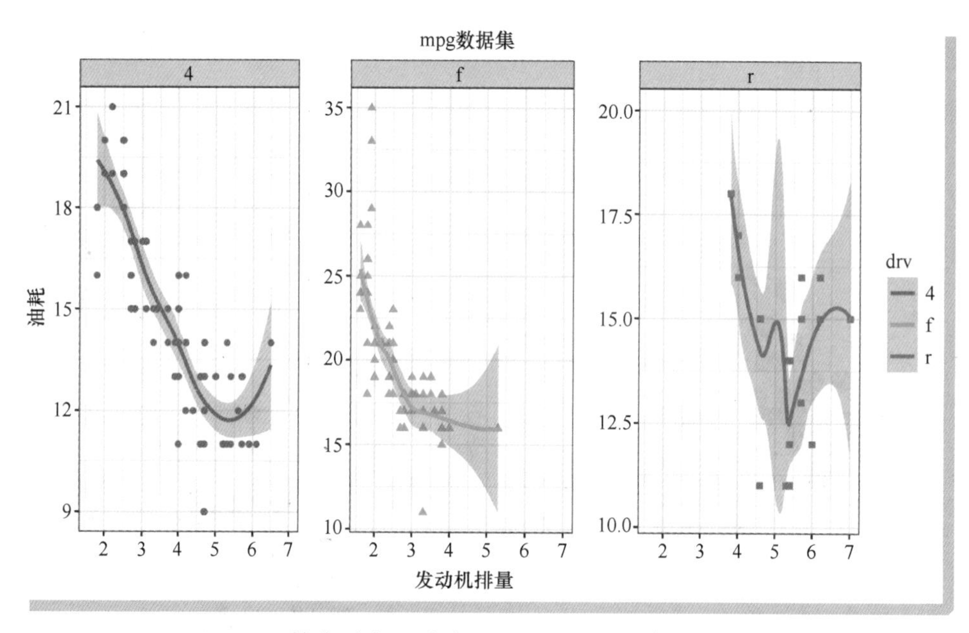

● 图 7-26　封装型分面通过 facet_wrap( )函数的可视化效果

在前面使用的 facet_wrap( )函数中，使用参数 ncol = 3 将 3 组数据按照列方式进行排列，通过改变参数 ncol 的取值，可以控制图像的显示效果。例如，下面的程序设置 ncol = 1，运行程序后可获得图 7-27 所示的图像。

```
ggplot(data = mpg,aes(x = displ,y = cty,colour = drv,shape = drv))+
  geom_point(show.legend = FALSE)+geom_smooth(method = "loess")+
  facet_wrap(~drv,ncol = 1,scales = "free_x")+
  labs(x = "发动机排量",y = "油耗",title = "mpg 数据集")
```

在 facet_wrap( )函数中，还可以使用参数 nrow 设置图像按照行排列子图像。在下面的程序，设置参数 nrow = 2，可获得图 7-28 所示的图像。

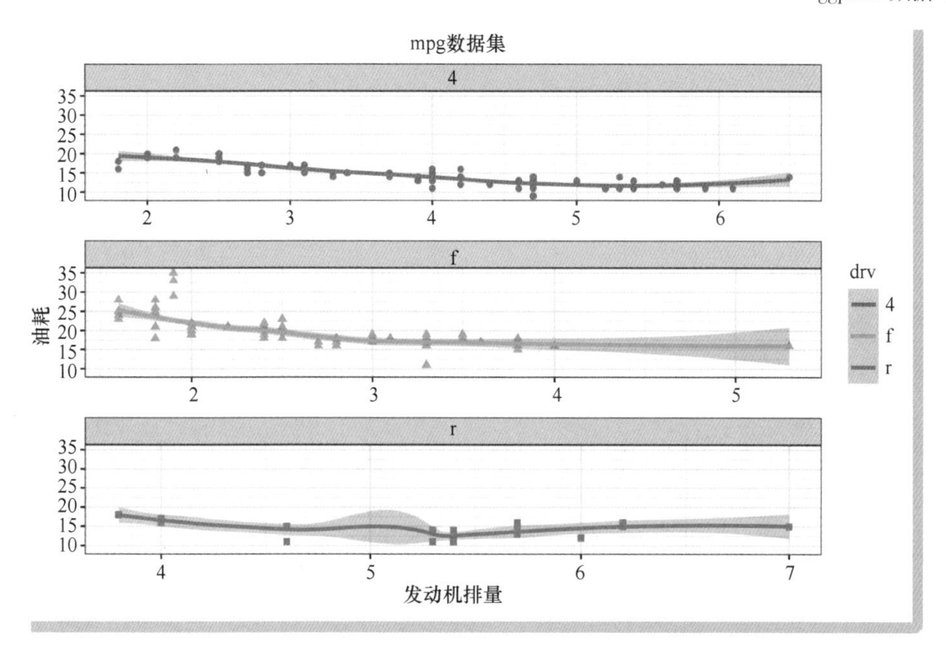

● 图 7-27　封装型分面通过 facet_wrap( ) 函数将图像排为多行

```
ggplot(data = mpg,aes(x = displ,y = cty,colour = drv,shape = drv))+
  geom_point(show.legend = FALSE)+geom_smooth(method = "loess")+
  facet_wrap(~drv,nrow = 2,scales = "free")+
  labs(x = "发动机排量",y = "油耗",title = "mpg 数据集")
```

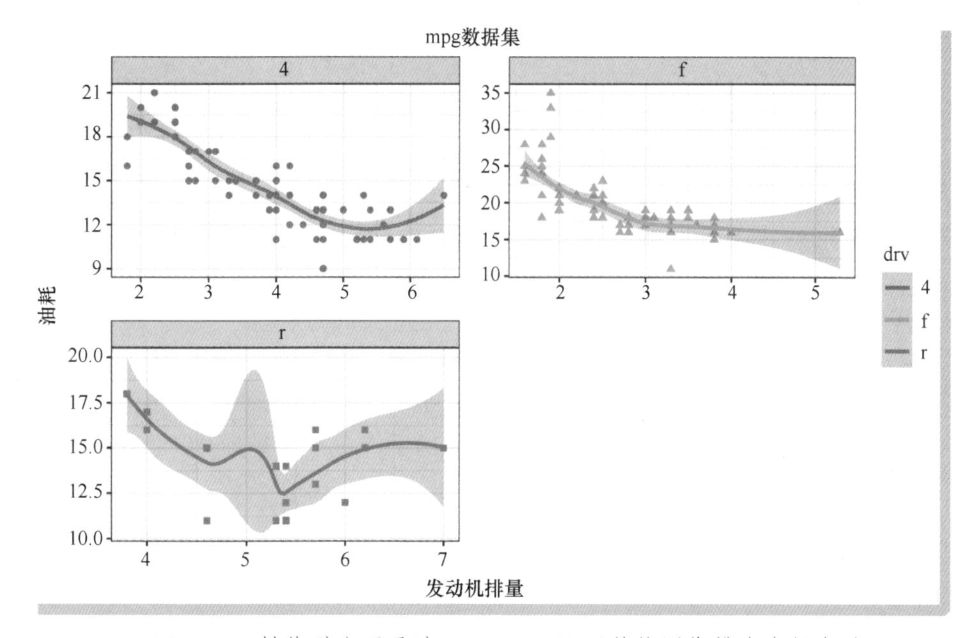

● 图 7-28　封装型分面通过 facet_wrap( ) 函数将图像排为多行多列

(2) 网格分面

ggplot2 包中的 facet_grid( ) 函数，可以利用两个变量获得网格分面图，其分面公式的常用形式有 3

种，分别是：

1）1 行多列（. ~ b），根据单个变量 b 进行分面。

2）多行 1 列（a ~ .），根据单个变量 a 进行分面。

3）多行多列（a ~ b），根据行变量 a、列变量 b 进行分面。

下面根据 drv 和 year 两个变量对数据进行分面，运行下面分面散点图的可视化程序后，可获得图 7-29 所示的图像。

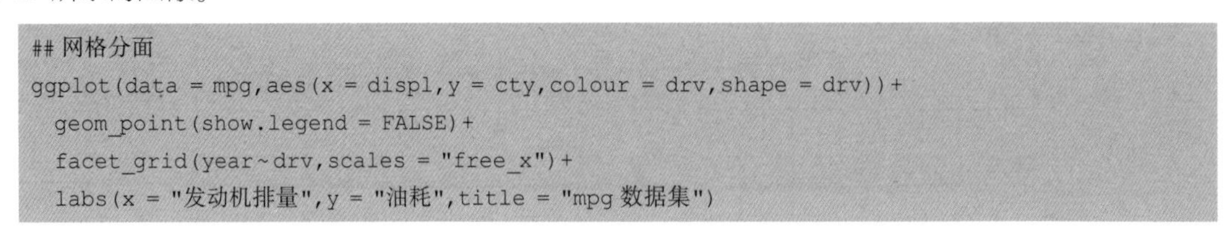

```
## 网格分面
ggplot(data = mpg,aes(x = displ,y = cty,colour = drv,shape = drv))+
  geom_point(show.legend = FALSE)+
  facet_grid(year~drv,scales = "free_x")+
  labs(x = "发动机排量",y = "油耗",title = "mpg 数据集")
```

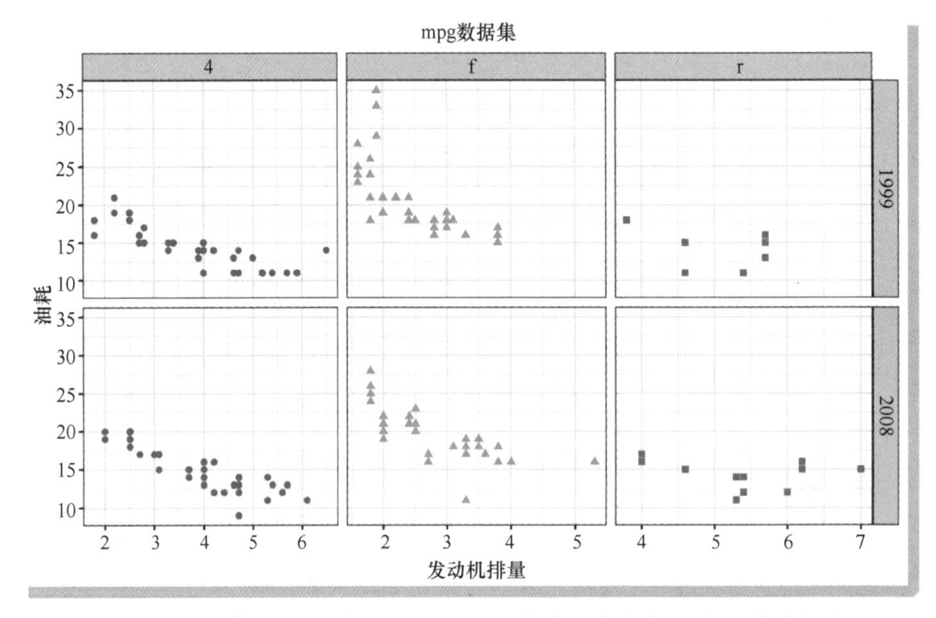

● 图 7-29　网格分面通过 facet_grid( ) 函数将图像根据两个变量进行分面

在图 7-29 中，不同组合下的散点图可以通过每个子图对应的变量进行定位，如左上角的子图为 drv = 4、year = 1999 所对应的所有数据的散点图。

通过观察前面的分面数据可视化程序可以发现，利用分面方法对数据进行可视化时，同时使用了 scales 参数控制分面子图坐标系的显示情况。scales 参数的取值和对应的坐标系显示方式总结如下：

1）scales = "fixed"：X 轴和 Y 轴的标度在所有子图面板中都相同。

2）scales = "free"：X 轴和 Y 轴的标度在所有子图面板中可以根据该组数据的取值情况自由变化。

3）scales = "free_x"：在所有子图面板中，X 轴标度根据相应分组的数据进行变化，Y 轴标度则根据全局数据固定不变。

4）scales = "free_y"：在所有子图面板中，Y 轴标度根据相应分组的数据进行变化，X 轴标度则根据全局数据固定不变。

针对具有因子变量的数据，在可视化时合理地使用坐标系设置参数 scale，往往可以获得更加美观、更易理解的可视化图像。

7.3.4 坐标系

数据可视化时坐标系的设置尤为重要，坐标系可以认为是将两种位置标度结合在一起，组成的二维定位系统。在 ggplot2 包中，最基础的坐标系是直角坐标系 coord_cartesian( )，ggplot2 包中常用的坐标系变换函数如表 7-9 所示。

表 7-9 ggplot2 包中常用的坐标系变换函数

函数名称	描述	函数名称	描述
coord_cartesian( )	使用直角坐标系	coord_flip( )	翻转的直角坐标系
coord_equal( )	固定纵横比为 1 的直角坐标系	coord_map( )	地图投影
coord_fixed( )	固定纵横比的直角坐标系	coord_polar( )	极坐标系

下面使用 mpg 数据集，以分组直方图为例，展示经过不同类型的坐标系变换后，获取的可视化图像情况。使用下面的程序分别绘制了 4 幅图像，分别为：

1） p1：默认直角坐标系下的分组堆积条形图。

2） p2：将坐标系翻转的水平分组堆积条形图。

3） p3：使用极坐标系的堆积玫瑰图。

4） p4：使用极坐标系获得的堆积圆环图。

运行程序后 4 幅图像组合后的可视化结果如图 7-30 所示。

```
## 展示不同坐标系变换函数下的图像显示情况
mpg$year <- as.factor(mpg$year)                # 变量转化为因子变量
## 使用默认的坐标系:直角坐标系
p1 <-ggplot(mpg,aes(class))+ggtitle("条形图")+
  geom_bar(aes(fill = year),show.legend = FALSE)
## 将坐标系翻转
p2 <-ggplot(mpg,aes(class))+ggtitle("条形图+coord_flip()")+
  geom_bar(aes(fill = year),show.legend = FALSE)+
  coord_flip()                                  # 坐标系翻转
## 使用极坐标系,默认角度映射到 x 变量
p3 <-ggplot(mpg,aes(class))+ggtitle("条形图+coord_polar()")+
  geom_bar(aes(fill = year),show.legend = FALSE)+
  coord_polar()
## 极坐标系,将角度映射到 y 变量
p4 <-ggplot(mpg,aes(class))+ggtitle('条形图+coord_polar()')+
  geom_bar(aes(fill = year),width = 1,show.legend = FALSE)+
  coord_polar(theta = "y")
grid.arrange(p1,p2,p3,p4,nrow = 2)
```

从图 7-30 可以发现，同样的一组数据在不同的坐标系变换函数下呈现出了完全不同的可视化效果。

ggplot2 包中，在可视化时如果不设置坐标系的横坐标和纵坐标的比例，会根据图像显示区域使用默认的设置。如果想要自定义横坐标和纵坐标的比例，可以使用 coord_fixed( )函数并结合参数 ratio 的

取值进行。在下面的程序中，将图像的横坐标和纵坐标比例定义为 0.5，运行程序后可获得图 7-31 所示的图像。

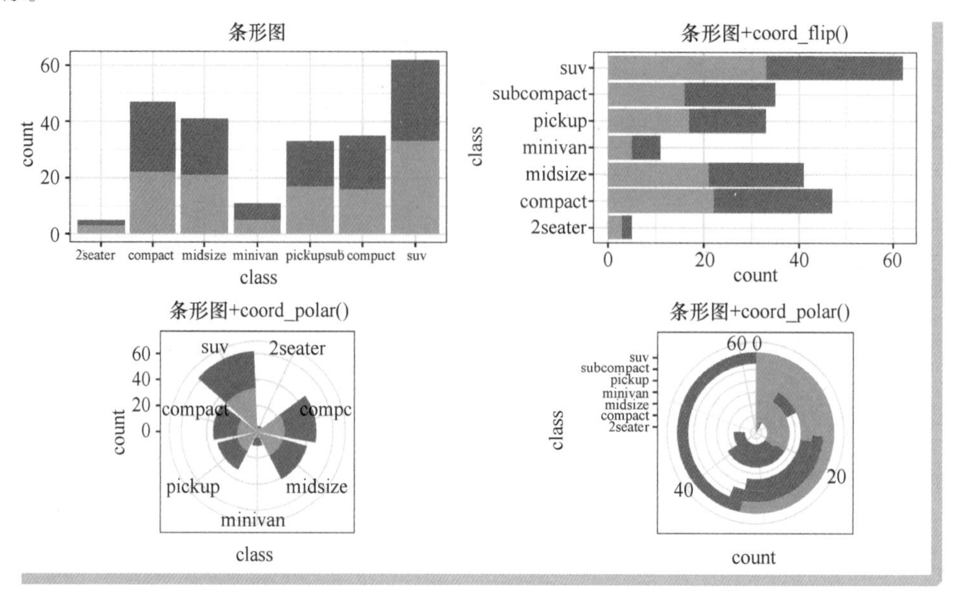

● 图 7-30 不同坐标系变换函数下的条形图

```
## 设置横纵坐标的比例
p1 <-ggplot(iris,aes(x = Sepal.Length,y = Sepal.Width))+
  geom_point(aes(colour = Species,size = Sepal.Width),show.legend = FALSE)+
  scale_color_brewer(palette = "Set1")+coord_fixed(ratio = 0.5)+
  ggtitle("coord_fixed(ratio = 0.5)")
p1
```

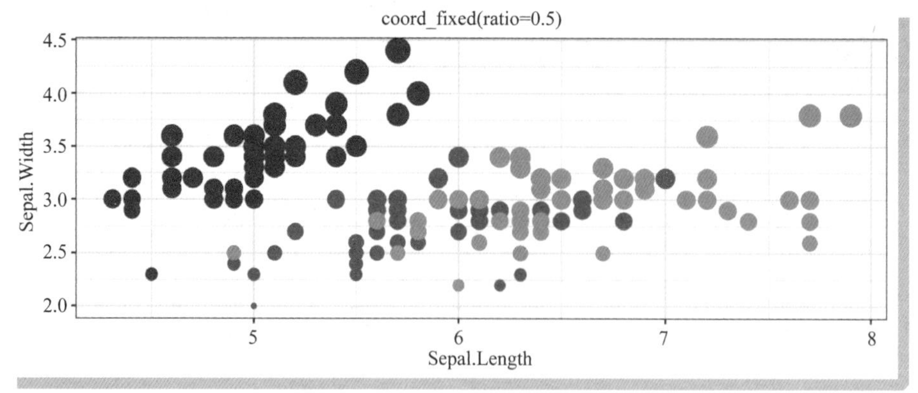

● 图 7-31 横坐标和纵坐标的比例为 0.5

为了与图 7-31 的可视化结果进行对比，在下面的程序中，将图像的横坐标和纵坐标比例定义为 1.5，运行程序后可获得图 7-32 所示的图像。

```
p2 <-ggplot(iris,aes(x = Sepal.Length,y = Sepal.Width))+
  geom_point(aes(colour = Species,size = Sepal.Width),show.legend = FALSE)+
```

```
  scale_color_brewer(palette = "Set1")+coord_fixed(ratio = 1.5)+
  ggtitle("coord_fixed(ratio = 1.5)")
p2
```

ggplot2 包中还提供了 scale_ * _log10( )、scale_ * _sqrt( ) 等函数，它们可以将 *X* 轴或 *Y* 轴的数据进行对数变换和开根号变换。在下面的程序中，对 *X* 轴进行对数变换、对 *Y* 轴进行开根号运算，运行程序后可获得图 7-33 所示的图像。

```
## 对数坐标系
p3 <-ggplot(iris,aes(x = Sepal.Length,y = Sepal.Width))+
  geom_point(aes(colour = Species,size = Sepal.Width),show.legend = FALSE)+
  scale_color_brewer(palette = "Set1")+coord_equal()+
  ## 对 X 轴进行对数变换,对 Y 轴进行开根号运算
  scale_x_log10()+scale_y_sqrt()+ggtitle("scale_x_log10()+scale_y_sqrt()")
p3
```

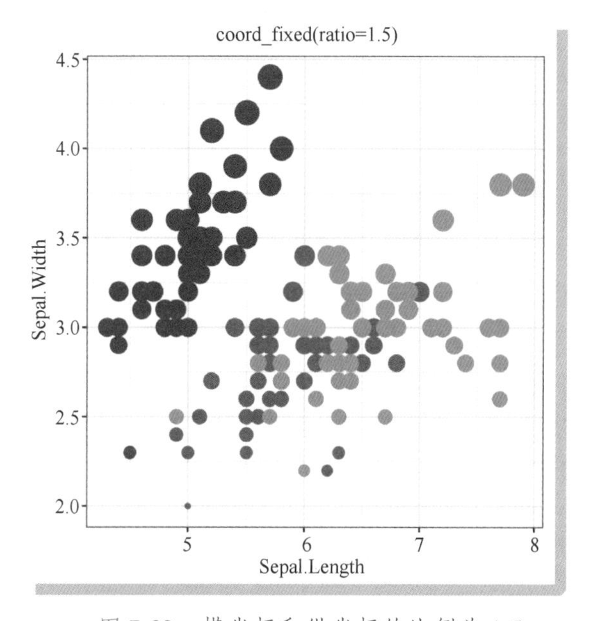

● 图 7-32　横坐标和纵坐标的比例为 1.5

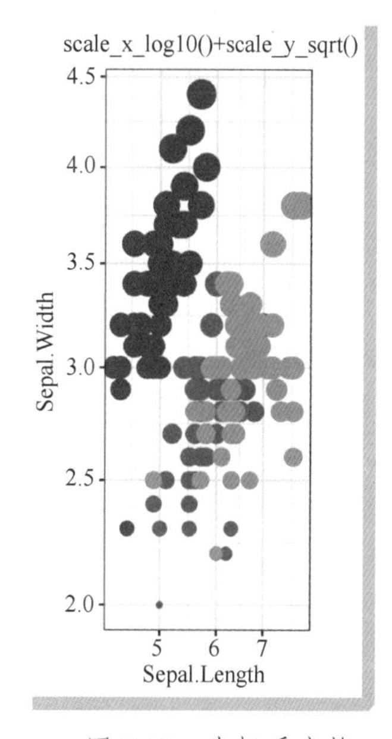

● 图 7-33　坐标系变换

7.3.5　可视化地图

在 ggplot2 包中，针对地图数据使用 geom_polygon( ) 等函数对地图进行数据可视化，并且可以和 ggmap 等可视化地图的拓展包相结合，可视化地图数据。下面利用 ggmap 包和 ggplot2 包可视化机场与航线数据，展示如何在地图上可视化点、线等内容，程序如下所示。

```
library(ggplot2)
library(ggmap)
library(maps)
## 读取美国航线数据集
airport <- read.csv("data/chap7/airportusa.csv")
head(airport)
```

```
##                         Name       City        IATA  ICAO  Latitude  Longitude
## 1  Orlando Executive Airport      Orlando     ORL   KORL  28.5455   -81.3329
## 2    Laurence GHanscom Field      Bedford     BED   KBED  42.4700   -71.2890
## 3Oscoda Wurtsmith Airport         Oscoda      OSC   KOSC  44.4516   -83.3941
## 4    Marina Municipal Airport     Fort Ord    OAR   KOAR  36.6819   -121.7620
## 5  Sacramento Mather Airport      Sacramento  MHR   KMHR  38.5539   -121.2980
## 6 Bicycle Lake Army Air Field     Fort Irwin  BYS   KBYS  35.2805   -116.6300
## 针对美国机场数据,通过 ggmap 包可视化地图
usamapdata <- map_data("state")
head(usamapdata,2)
##         long      lat      group order  region   subregion
## 1  -87.46201  30.38968    1      1     alabama    <NA>
## 2  -87.48493  30.37249    1      2     alabama    <NA>
## 可视化美国地图
ggplot(usamapdata, aes(x = long, y = lat))+
  # 不同的州使用不同的颜色填充
  geom_polygon(aes(group = group,fill = region),colour = "white")+
  theme(legend.position = "none")+
  scale_fill_viridis_d(alpha = 0.5)+
  ## 添加点
  geom_point(data = airport,aes(x = Longitude,y = Latitude),
             colour = "tomato",size = 0.5)+
  ggtitle("机场位置")+coord_equal()
```

在上面的程序中，首先导入与机场相关的数据框 airport，然后通过 map_data( )函数导入美国各州的地图数据框 usamapdata，其中包含经纬度坐标和分组等变量。接着利用导入的数据，通过 ggplot( )和 geom_polygon( )函数绘制地图，然后利用 geom_point( )函数在地图上添加点，运行程序后可查看相应的图形。

在此基础上进一步添加机场之间的航线。在下面的可视化程序中，首先读取飞机航线数据 airline，然后通过 geom_segment( )函数绘制两点之间的连线，最终可得包含机场与航线的图形。

```
## 读取航线数据,可视化地图上机场的航线
airline <- read.csv("data/chap7/usaairline.csv")
head(airline,2)
##  destination.apirport  source.airport  Latitude.x  Longitude.x  Latitude.y
## 1             ABE             MYR        33.6797    -78.9283      40.6521
## 2             ABE             CLT        35.2140    -80.9431      40.6521
##  Longitude.y
## 1    -75.4408
## 2    -75.4408
## 可视化美国地图
ggplot(usamapdata, aes(x = long, y = lat))+
  # 不同的州使用不同的颜色填充
  geom_polygon(aes(group = group,fill = region),colour = "white")+
  theme(legend.position = "none")+
  scale_fill_viridis_d(alpha = 0.5)+
  ## 添加点
  geom_point(data = airport,aes(x = Longitude,y = Latitude),
             colour = "tomato",size = 0.5)+
```

```
ggtitle("飞机航线")+coord_equal()+
## 在地图添加线
geom_segment(aes(x = Longitude.x, y = Latitude.x,
             xend = Longitude.y, yend = Latitude.y),
           data = airline,colour = "orange",alpha = 0.5,size=0.1)
```

针对 ggplot2 包数据可视化的进阶内容，就先介绍到这里，下面将会使用一个真实的数据集，介绍 ggplot2 的综合实战案例。

7.4 ggplot2 数据可视化案例

前文使用一些简单的数据介绍了 ggplot2 包的数据可视化功能，下面使用一个奥运会运动员数据集（athletedata.csv），综合利用 ggplot2 包中的数据可视化功能进行可视化，探索分析数据中所包含的信息。

首先导入相关可视化包和读取数据，程序如下所示。

```
library(readr);library(dplyr);library(ggplot2);library(RColorBrewer)
## 设置 ggplot2 绘图的基本情况
theme_set(theme_bw(base_family = "STKaiti",base_size = 10)+
            ## 调整标题的位置
            theme(plot.title = element_text(hjust = 0.5)))
## 读取数据,数据融合
athletedata <- read_csv("data/chap7/athletedata.csv")
str(athletedata)
##tibble [270,767 × 16] (S3: spec_tbl_df/tbl_df/tbl/data.frame)
## $ ID      : num [1:270767] 1 2 3 4 5 5 5 5 5 5 ...
## $ Name    : chr [1:270767] "A Dijiang" "A Lamusi" "Gunnar Nielsen Aaby"  ...
## $ Sex     : chr [1:270767] "M" "M" "M" "M" ...
## $ Age     : num [1:270767] 24 23 24 34 21 21 25 25 27 27 ...
## $ Height  : num [1:270767] 180 170 NA NA 185 185 185 185 185 185 ...
## $ Weight  : num [1:270767] 80 60 NA NA 82 82 82 82 82 82 ...
## $ Team    : chr [1:270767] "China" "China" "Denmark" "Denmark/Sweden" ...
## $ NOC     : chr [1:270767] "CHN" "CHN" "DEN" "DEN" ...
## $ Games   : chr [1:270767] "1992 Summer" "2012 Summer" "1920 Summer"  ...
## $ Year    : num [1:270767] 1992 2012 1920 1900 1988 ...
## $ Season  : chr [1:270767] "Summer" "Summer" "Summer" "Summer" ...
## $ City    : chr [1:270767] "Barcelona" "London" "Antwerpen" "Paris" ...
## $ Sport   : chr [1:270767] "Basketball" "Judo" "Football" "Tug-Of-War" ...
## $ Event   : chr [1:270767] "Basketball Men's Basketball"  ...
## $ Medal   : chr [1:270767] NA NA NA "Gold" ...
## $ region  : chr [1:270767] "China" "China" "Denmark" "Denmark" ...
```

从输出数据的基本情况可以知道，数据一共有 270767 个样本，包含 16 个数据变量，如运动员的名称、性别、年龄、身高、体重、国家等信息。接下来会对以下几个目标进行可视化分析：

目标 1：可视化分析哪个地区累计的运动员数量较多。

目标 2：可视化分析不同地区、不同性别运动员的奖牌获取情况。

目标 3：可视化分析不同地区、不同性别运动员的奖牌数量随获取时间变化的情况。

针对目标 1，可以使用玫瑰图进行可视化探索各地区运动员的数量。首先计算每个地区运动员的数量，程序如下：

```
## 计算哪个地区累计的运动员数量较多,并可视化
plotdata <- athletedata[,c("Name","region")]%>%
  # 多次参赛或参与多个项目的运动员算同一个人
  group_by(region,Name)%>%unique()%>%
  ## 根据地区分组计算数量并排序
  group_by(region)%>%summarise(number=n())%>%
  arrange(desc(number))
## 获取运动员数量较多的 30 个地区
region30 <- plotdata$region[1:30]
head(plotdata)
## # Atibble: 6 x 2
##   region  number
##   <chr>   <int>
## 1 USA      9652
## 2 Germany  7541
## 3 UK       6273
## 4 France   6161
## 5 Russia   5597
## 6 Italy    4921
```

在 plotdata 数据中，2 个变量分别表示地区和运动员数量。下面使用 ggplot2 包中的 geom_bar( ) 函数可视化玫瑰图，由于地区较多，所以只可视化前 15 个地区的运动员人数。运行下面的程序，可获得图 7-34 所示的图像。

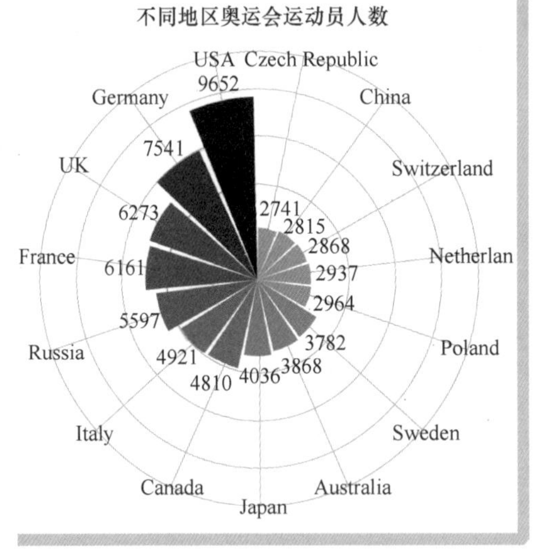

● 图 7-34　玫瑰图可视化运动员数量

```
## 因为地区较多,所以只可视化前 15 个地区的运动员人数
ggplot(plotdata[1:15,],aes(x=reorder(region,number),y=number))+
  theme_minimal()+
  geom_bar(aes(fill=number),stat = "identity",show.legend = F)+
  geom_text(aes(y = number+1000,label = number),size = 3)+
  scale_fill_gradient(low = "#56B1F7", high = "#132B43")+
```

```
  labs(x="",y="",title="不同地区奥运会运动员人数")+
  coord_polar()+                    # 转化为极坐标系
  theme(axis.text.x = element_text(vjust = 0.5),
        axis.text.y = element_blank(),
        plot.title = element_text(family = "STKaiti",hjust = 0.5))
```

针对目标 2，可以使用分面条形图进行可视化，同样只可视化分析运动员数量较多的地区。数据计算与可视化程序如下，运行程序后可获得图 7-35 所示的图像。

```
## 分析不同地区的不同性别运动员的奖牌获取情况
plotdata <- athletedata[!is.na(athletedata$Medal),]%>%
  group_by(region,Sex,Medal)%>%summarise(number=n())%>%
  arrange(desc(number))%>%filter(region %in% region30)
## 指定奖牌种类的因子变量排序情况
plotdata$Medal <- factor(plotdata$Medal,ordered = TRUE,
                    levels = c("Bronze","Silver","Gold"))
head(plotdata)
## # Atibble: 6 x 4
## # Groups:   region, Sex [3]
##   region    Sex   Medal   number
##   <chr>    <chr>  <ord>    <int>
## 1 USA      M      Gold      1786
## 2 USA      M      Silver    1107
## 3 Russia   M      Gold      1035
## 4 USA      M      Bronze     939
## 5 Germany  M      Gold       864
## 6 Germany  M      Bronze     859
## 使用分面条形图进行可视化,同样只可视化运动员数量较多的地区
ggplot(plotdata,aes(x =reorder(region,number),y = number))+
  # 分组条形图降序排列
  geom_bar(aes(fill = Medal),stat = "identity",position = "stack")+
  #坐标系翻转和数据分面操作
  coord_flip()+facet_wrap(~Sex,nrow = 1)+
  labs(x = "地区",y = "数量",title = "奥运会奖牌获取情况")
```

针对目标 3，可以使用分面热力图进行可视化，同样只可视化分析运动员数量较多的地区。数据计算与可视化程序如下，运行程序后可获得图 7-36 所示的图像。

```
## 分析不同地区的不同性别运动员的奖牌获取随时间的变化情况
plotdata <- athletedata[!is.na(athletedata$Medal),]%>%
  group_by(region,Sex,Medal,Year)%>%summarise(number=n())%>%
  arrange(desc(number))%>%filter(region %in% region30[1:15])
## 使用分面热力图进行数据可视化
ggplot(data=plotdata, aes(x=Year,y=region))+
  geom_tile(aes(fill = number),colour = "white")+
  scale_fill_gradientn(colours=rev(brewer.pal(10,"RdYlGn")))+
  scale_x_continuous(breaks=unique(plotdata$Year))+
  theme(axis.text.x = element_text(angle = 90,vjust = 0.5))+
  facet_wrap(~Sex,nrow = 2)+ggtitle("奥运会奖牌获取情况")+
  theme(plot.title = element_text(hjust = 0.5))
```

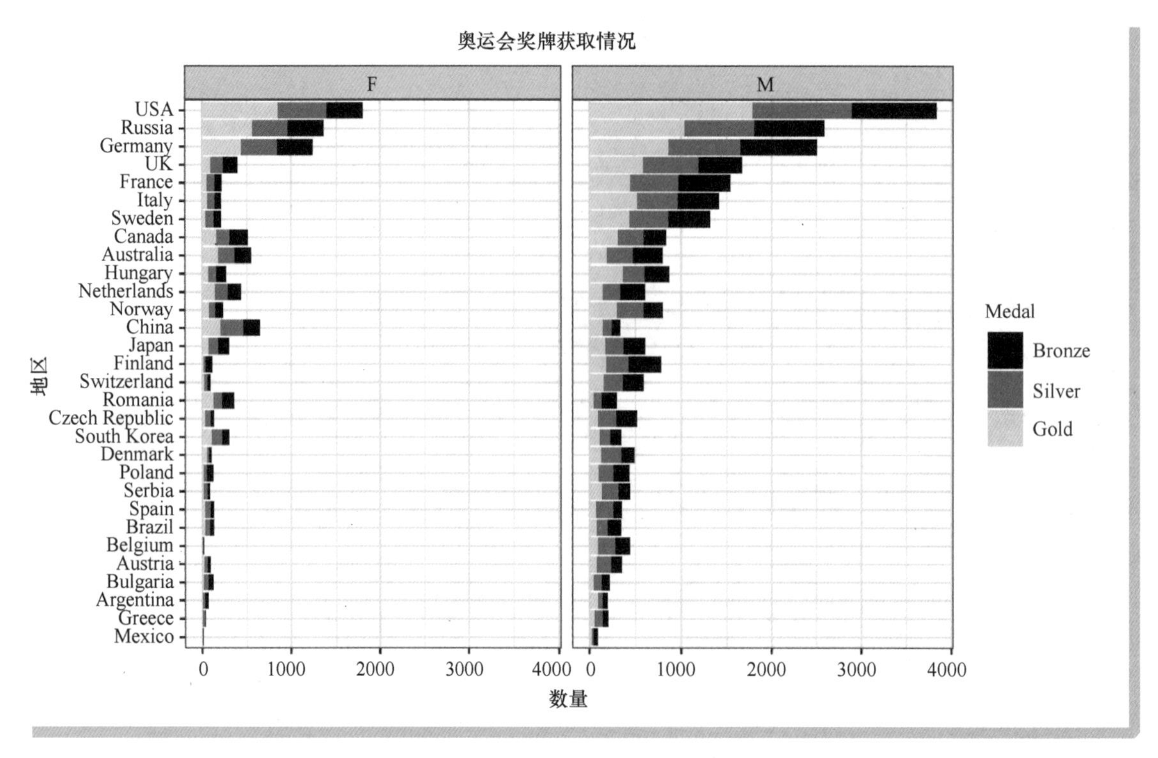

● 图 7-35 不同地区不同性别运动员的奥运会奖牌获取情况

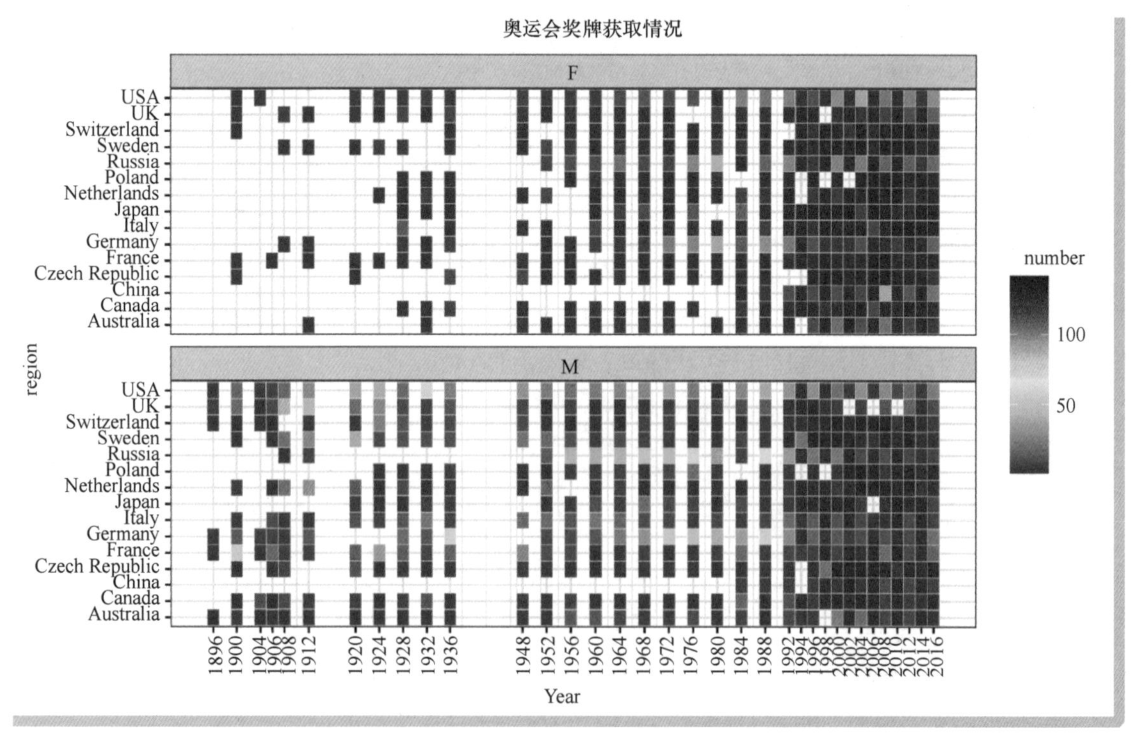

● 图 7-36 运动员在不同时间的奥运会奖牌获取情况

7.5 本章小结

本章主要介绍了如何使用 ggplot2 包对数据进行可视化。首先以实际的数据集为例，介绍了 ggplot2 包中的 qplot( ) 函数、几何对象、theme( ) 函数、统计变换、位置调整、形状、大小、颜色、分面、坐标系等内容。最后以一个奥运会运动员数据为例，介绍如何使用可视化方法，对数据进行探索性可视化分析。

R 语言高级绘图

❖ 本章导读

基于 ggplot2 开发的拓展包非常丰富，它们可以用来绘制各种各样美观的图形，包括静态图、动态图和可交互图等。ggplot2 拓展包还支持笛卡儿坐标系、极坐标系和地理坐标系等多种绘图坐标系，可以方便绘制空间统计可视化所需的各种图形，并支持地图和统计图形间的灵活转换。本章重点介绍 R 语言数据可视化的高级绘图，主要内容包括使用 plotly 包将 ggplot2 图像转化为可交互图像的方式、获得可交互的图像与动画等，利用 cowplot 包进行图像组合、ggfortify 包可视化时间序列数据、ComplexUpset 包可视化集合数据等，以及如何对圆环条形图、弧形图等特殊图形进行可视化。

❖ 知识技能

本章知识技能及实战案例如下所示。

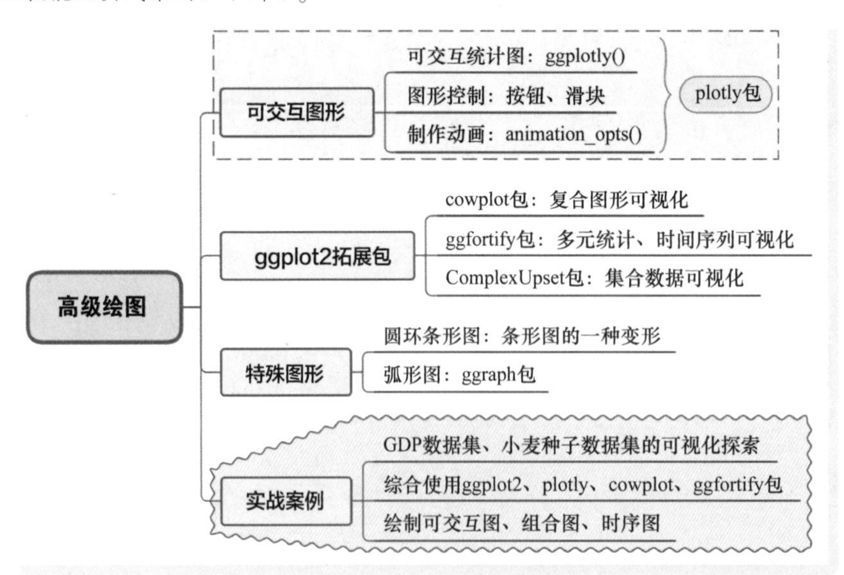

官方链接 https://exts.ggplot2.tidyverse.org/gallery/（见图 8-1）给出了 ggplot2 拓展包的更多内容，其中每个包都是基于 ggplot2 包构建的，方便与 ggplot2 包联合使用。

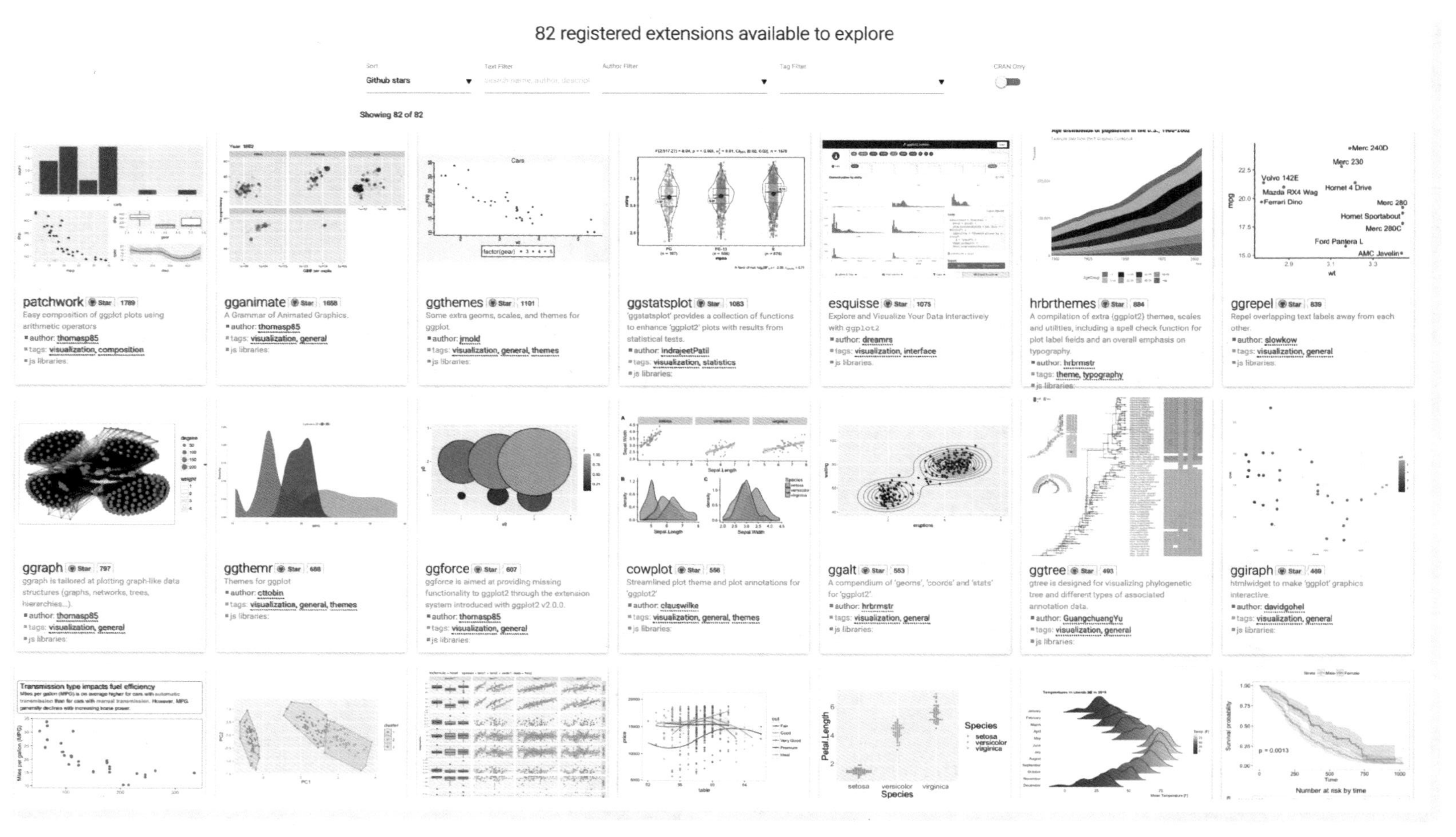

图 8-1 基于 ggplot2 的拓展包

官方链接 https://www.r-graph-gallery.com/index.html（见图 8-2）给出了 R 语言其他数据可视化的方法、图形和对应的程序等。

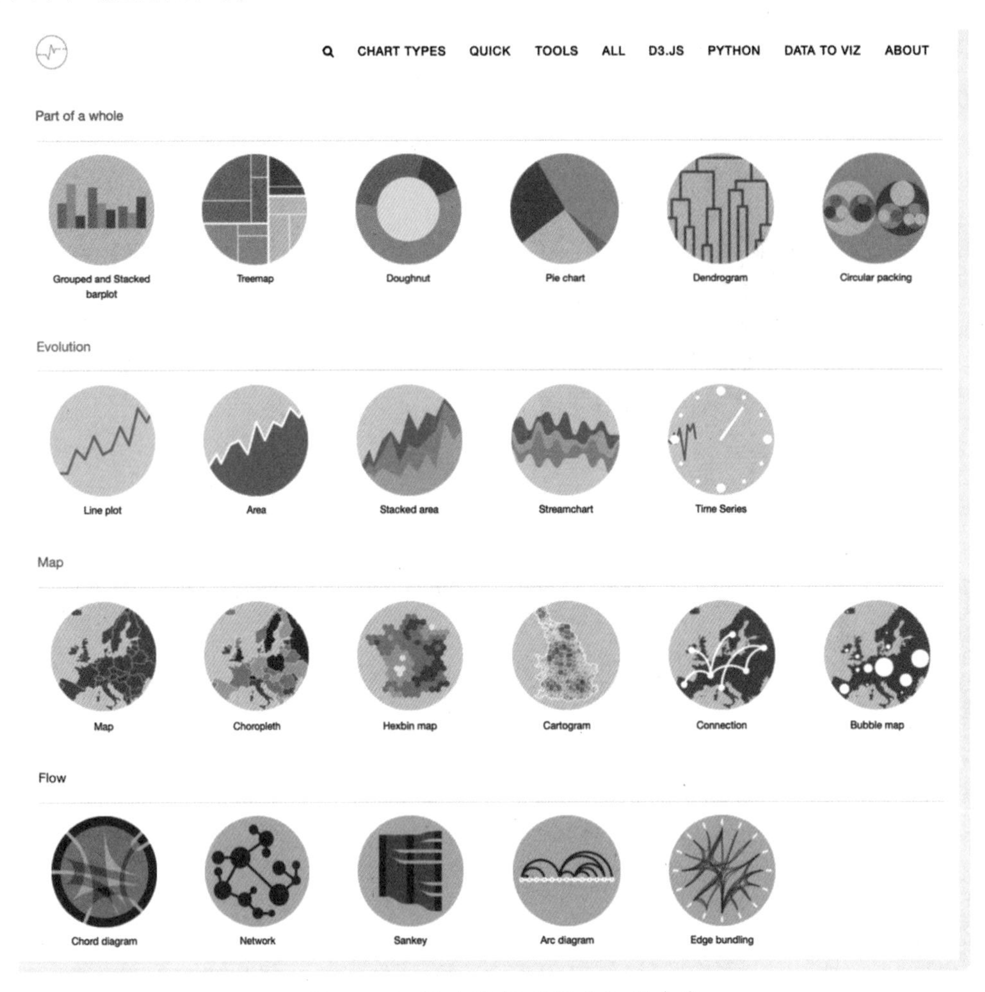

● 图 8-2　R 语言数据可视化拓展内容

R 语言其他更多的数据可视化方法，请参阅相关学习资料。

8.1 plotly 可交互图形可视化

plotly 是数据交互式可视化的第三方库，严格意义上讲，它不仅可以实现利用 R 语言的数据交互可视化，还提供了 Python、Excel、MATLAB 和 JavaScript 的数据可视化接口，因此可以方便地在多个软件中调用 plotly 包进行数据可视化。针对可交互的 R 语言数据可视化，plotly 提供了多种函数接口，而且还提供了将 ggplot2 包输出的图像直接转化为可交互图像的方法。

8.1.1 可交互统计图

使用 plotly 包中的 ggplotly( ) 函数，可以实现 ggplot2 图像的可交互化。本小节将会介绍将一些

ggplot2获得的统计图转化为可交互图像的结果，主要介绍 5 种可视化图像的转化结果，分别为可交互气泡散点图、可交互分组箱线图、分面气泡散点图、分面分组箱线图，以及合并多个折线图。下面首先导入会使用到的包和数据，程序如下。

```
## 与 ggplot2 相结合的数据可视化方法
library(tidyverse);library(tidyr);library(plotly);library(gapminder)
## 每个区域 GDP 的情况
data(gapminder)
head(gapminder)
## # Atibble: 6 x 6
##  country       continent  year  lifeExp   pop       gdpPercap
##  <fct>         <fct>      <int>  <dbl>    <int>       <dbl>
## 1 Afghanistan  Asia       1952    28.8    8425333      779.
## 2 Afghanistan  Asia       1957    30.3    9240934      821.
## 3 Afghanistan  Asia       1962    32.0    10267083     853.
## 4 Afghanistan  Asia       1967    34.0    11537966     836.
## 5 Afghanistan  Asia       1972    36.1    13079460     740.
## 6 Afghanistan  Asia       1977    38.4    14880372     786.
```

使用到的数据是各区域的 GDP 等相关的统计数据，数据集来自 gapminder 包，包含的数据列有 country（地区）、continent（洲）、year（时间）、lifeExp（预期寿命）、pop（人口数量）、gdpPercap（GDP）等变量。

（1）气泡散点图

使用气泡散点图可以可视化在某一年，gdpPercap、lifeExp 以及 pop 等变量之间的关系。在下面的程序中，可视化气泡散点图，气泡的大小是用人口表示，颜色表示不同的地区，运行程序后可获得不能交互的可视化图像，如图 8-3 所示。

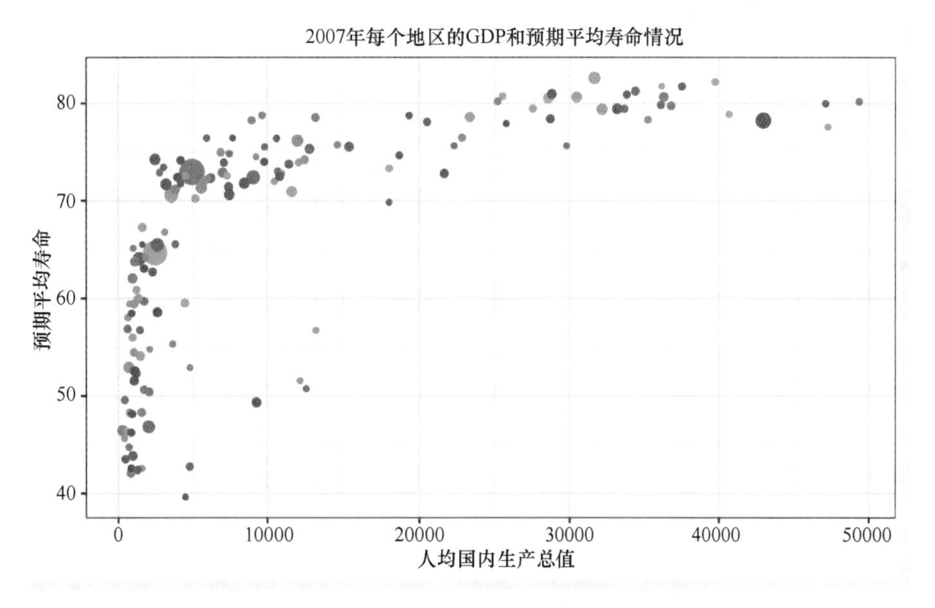

图 8-3　ggplot2 包可视化得到的气泡散点图

```
## 气泡散点图,可视化一年的数据
plotdata <- gapminder[gapminder$year == "2007",]
p1 <-ggplot(plotdata,aes(x = gdpPercap,y = lifeExp))+
  geom_point(aes(colour = country,size = pop),show.legend = FALSE)+
  labs(x = "人均国内生产总值",y = "预期平均寿命")+
  ggtitle("2007 年每个地区的 GDP 和预期平均寿命情况")
p1
```

针对图 8-3 所示的散点图，直接使用 ggplotly( ) 函数即可将其转化为可交互的气泡散点图。在下面的程序中，还使用了 hide_legend( ) 函数设置不显示图例，运行程序后可获得图 8-4 所示的可交互图像。

```
## 使用 ggplotly()函数将图像转化为可交互图像,并不显示图例
ggplotly(p1)%>%hide_legend()
```

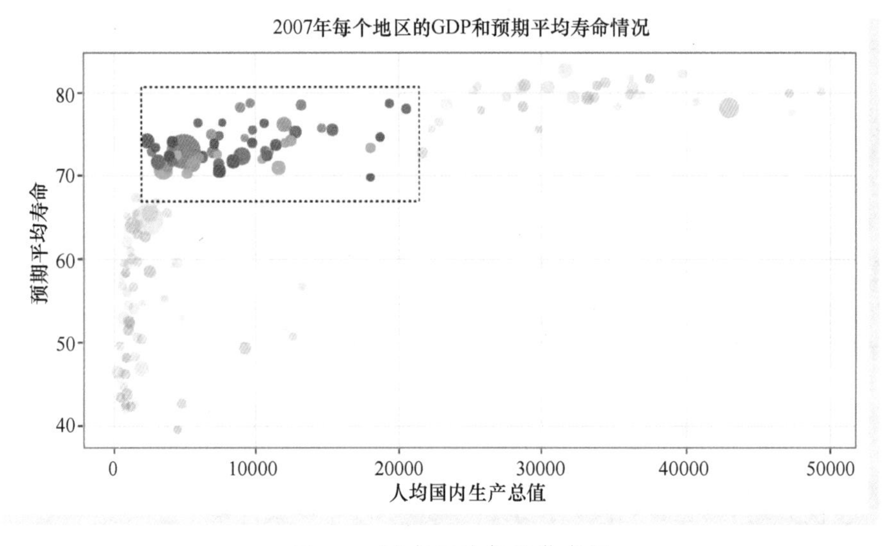

图 8-4　可交互的气泡散点图

plotly 包可视化的可交互图像有很多可交互功能，如放大、缩小、选择等。图 8-4 只展示了使用矩形框选择数据点的可交互功能。

（2）分组箱线图

除了使用 ggplot2 的可视化语法获得可视化统计图后再调用 ggplotly( ) 函数，还可以直接将 ggplot2 的可视化语法放在 ggplotly( ) 函数内部。例如：在下面的程序中，将可视化箱线图的程序，直接放置在 ggplotly( ) 函数内部，从而将统计图转化为可交互图。运行程序后可获得图 8-5，该图展示了将鼠标单击某个箱线图，图像上会显示相应统计指标的截图。

```
## 可视化可交互的箱线图，长宽数据变换
ggplotly(ggplot(plotdata,aes(x = continent,y = lifeExp,colour = continent))+
  geom_boxplot()+geom_jitter(width = 0.2)+
  labs(title = "2007 年每个地区的预期寿命"))
```

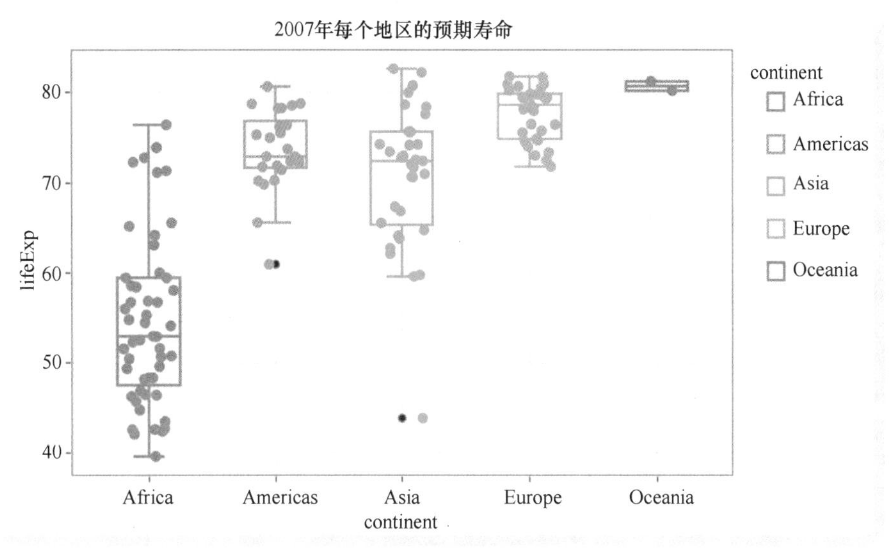

图 8-5　可交互的分组箱线图

（3）分面气泡散点图

针对分面的 ggplot2 包的可视化图像，也可以直接使用 ggplotly( ) 函数将其转化为可交互图像。在下面的程序中，则是将使用 facet_wrap( ) 函数获得的分面气泡图，转化为可交互的分面气泡图，如图 8-6 所示，通过选择可交互工具，高亮了部分气泡。

```
## 可视化分面可交互图像
ggplotly(ggplot(plotdata,aes(x = gdpPercap,y = lifeExp))+
  geom_point(aes(colour = country,size = pop))+
  facet_wrap(~continent,scales = "fixed")+
  labs(x = "人均国内生产总值",y = "预期平均寿命")+
  ggtitle("2007 年每个地区的 GDP 和预期平均寿命情况")+
  theme(legend.position = "none")
)
```

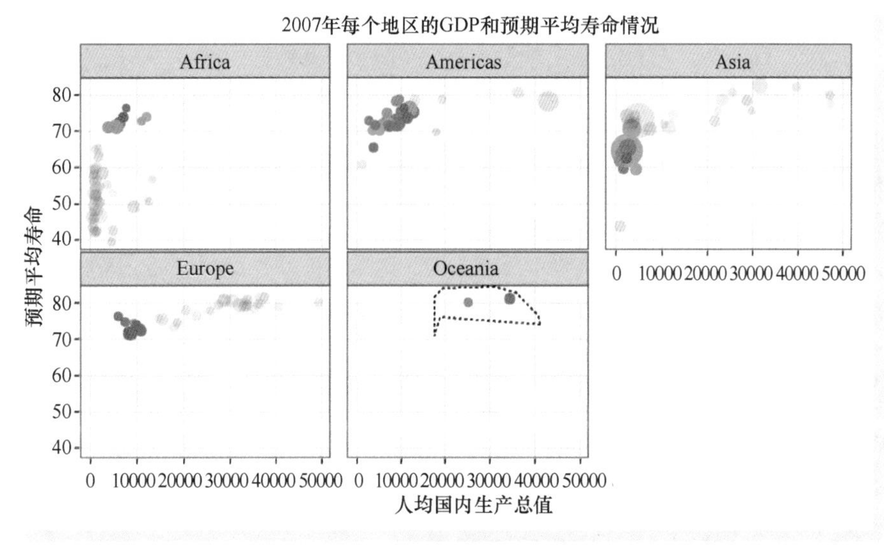

图 8-6　可交互的分面气泡图

（4）分面分组箱线图

在下面的程序中，则是将预期寿命、人口数量以及 GDP 的情况，分别使用一个分面后的子图进行可视化。在可视化时，根据 continent 变量分组获得可交互的分面分组箱线图，如图 8-7 所示，使用的可视化程序如下所示。

```
##分面箱线图,长宽数据变换
plotdata <- gapminder[gapminder$year == "2007",]
plotdata2 <- plotdata[,c("country","continent","lifeExp","pop","gdpPercap")]%>%
  pivot_longer(cols = c("lifeExp","pop","gdpPercap"),names_to = "group")
##分面箱线图
ggplotly(ggplot(plotdata2,aes(x = continent,y = value,colour = continent))+
  geom_boxplot()+geom_jitter(width = 0.2)+coord_flip()+
  facet_wrap(~group,scales = "free_x",ncol = 3)+
  labs(title = "2007 年数据"))
```

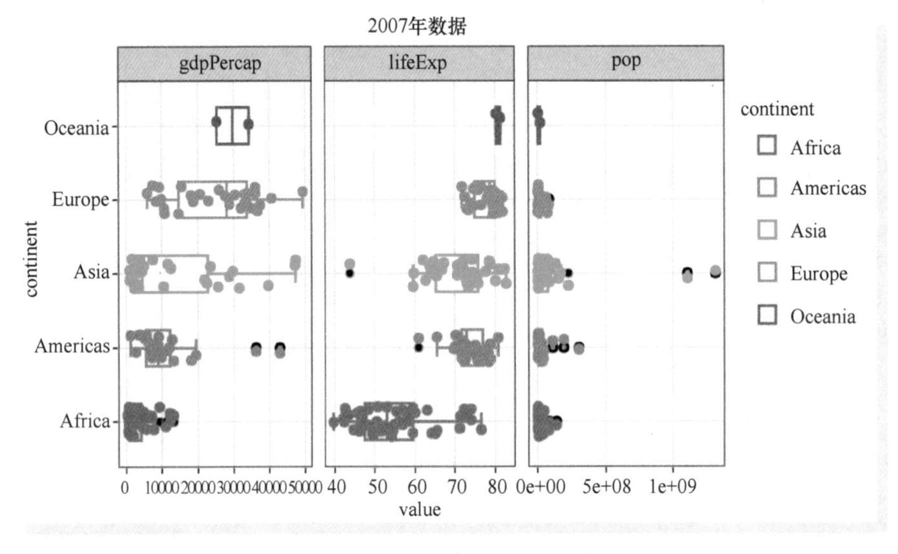

图 8-7　可交互的分面分组箱线图

（5）合并多个折线图

plotly 包除了可以通过分面可视化多个子图的方式，包中还提供了 subplot( )函数，用于将多个子图进行合并可视化。在下面的程序中，通过 ggplotly( )函数获得 3 个可交互的统计折线图 p1、p2、p3，针对这 3 个图像可使用 subplot( )函数进行合并可视化，运行程序后可获得图 8-8 所示的可交互图像。

```
## 合并多个图像进行可视化
## 计算每个 continent 相应指标的平均值
plotdata <- gapminder%>%group_by(continent,year)%>%
  summarise(lifeExp = mean(lifeExp),pop = mean(pop),gdpPercap = mean(gdpPercap))
p1 <-ggplotly(ggplot(plotdata,aes(x = year,y = lifeExp,colour = continent))+
  geom_line(aes(linetype = continent),size = 1)+
  geom_point(aes(shape = continent)))
p2 <-ggplotly(ggplot(plotdata,aes(x = year,y = pop,colour = continent))+
  geom_line(aes(linetype = continent),size = 1)+
```

```
  geom_point(aes(shape = continent)))
p3 <-ggplotly(ggplot(plotdata,aes(x = year,y = gdpPercap,colour = continent))+
  geom_line(aes(linetype = continent),size = 1)+
  geom_point(aes(shape = continent)))
## 将 3 幅图组合,并共享 X 坐标轴,且保留原有的 Y 轴标签
subplot(p1,p2,p3,nrows = 3,margin = 0.05,shareX = TRUE,shareY = FALSE,
      titleX = TRUE,titleY = TRUE)%>%hide_legend()%>%
  layout(title = "每个 continent 相应指标的平均值")
```

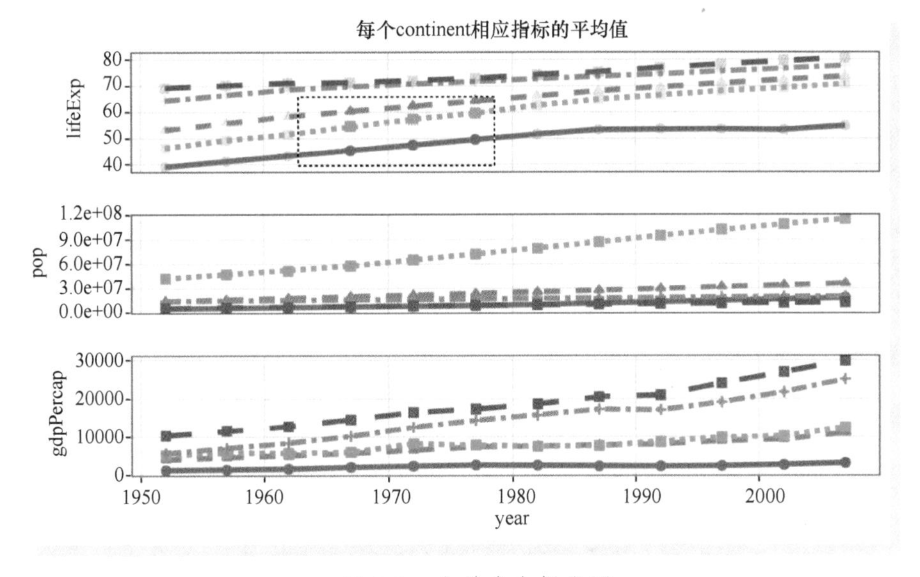

● 图 8-8　合并多个折线图

前面介绍的几种可交互图像的可视化方式，主要是与 ggplot2 包相结合的情况。除此之外，plotly 包还提供了更多的可交互数据可视化能力，下面将会对为可交互图像添加常见的控件等内容进行进一步的介绍。

8.1.2　可交互图形添加控件

plotly 包基础的可视化函数有：plot_ly( ) 函数用来绘制基础图形；add_trace( ) 函数用来在已有图形上添加新的图形，并且 add_XXX( ) 函数中有很多不同的类型可供调用（如 add_lines( )、add_area( ) 等）；layout( ) 函数主要用来设置图形外观，如标题、横纵坐标轴、图例、图形外边距，以及字体、颜色、尺寸等内容；subplot( ) 函数用于可视化多个子图。

除了使用上述的相关函数绘制可交互图像外，plotly 包为了丰富对图像的可交互能力，还在 layout( ) 函数中提供了可以为可交互图像中添加常见控件的参数，如不同形式的按钮、选择范围的滑块等。下面将会使用具体的数据可视化案例，介绍如何为可交互图像添加常见的控件。

（1）添加选择范围的滑块

选择范围的滑块常用于时间序列数据的可视化，可以通过滑块选择不同时间序列的显示区间，从而对数据有更清晰的认识。在下面的程序中，则是使用带有散点的折线图可视化一个时间序列数据，并且在通过 layout( ) 函数对可视化图像进行进一步的设置时，通过设置参数 rangeselector 的取值，在图

像的上方添加了 3 个用于选择时间范围的按钮，分别可选择跨度为 6 年（6 year）、3 年（3 year）以及所有（all）数据。接着通过对 rangeslider 参数进行设置，在图像下方添加了一个可用于灵活选择时间段的范围滑块。通过该范围滑块的控制，可以在可视化图像的主要部分，实时地显示选择时间段内的图像。运行程序后可获得图 8-9 所示的图像，注意该图像为可交互图像的一幅截图。

```
## 添加选择范围滑块
library(lubridate)
timedata <- read.csv("data/chap8/时序 1.csv",stringsAsFactors = FALSE)
timedata$time <- ymd(timedata$time)
## 获得时间序列图
fig <- plot_ly(timedata,x = ~time,y = ~value)%>%
  add_trace(type = "scatter", mode = "markers+lines")
## 添加选择范围滑块
fig%>%layout(title = "数值随时间的变化情况",
            xaxis = list(
              ## 添加选择按钮
              rangeselector = list(
                buttons = list(
                  list(count = 1,label = "6 year",step = "year",
                      stepmode = "backward"),          ## 跨度为 6 年的按钮
                  list(count = 3,label = "3 year",step = "year",
                      stepmode = "backward"),          ## 跨度为 3 年的按钮
                  list(step = "all"))),                ## 选择所有的数据
              rangeslider = list(thickness = 0.1)))
```

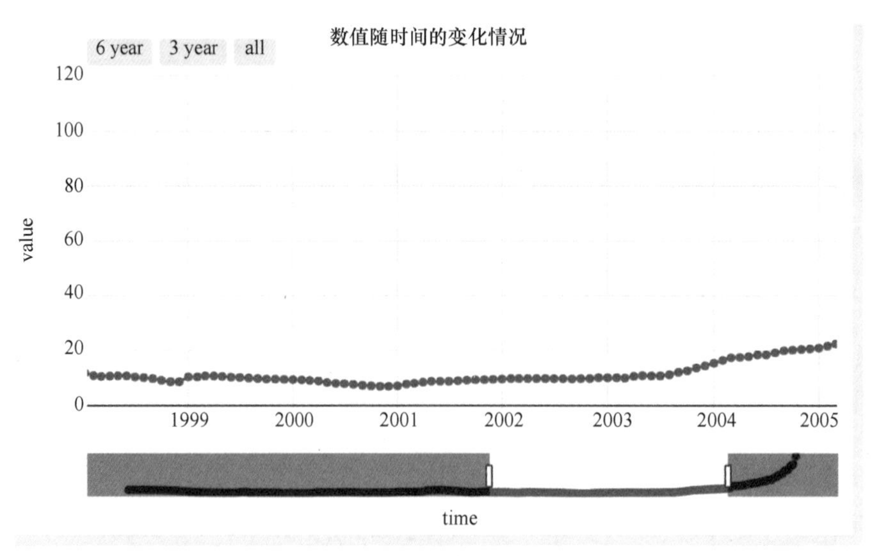

图 8-9　为可交互图像添加选择范围的滑块

（2）添加下拉菜单按钮

在 plotly 包的 layout( ) 函数中，可以通过设置参数 buttons 的取值，为获得的可交互图像添加按钮。下面的程序则是为图像添加一个可供选择的下拉按钮，可通过该按钮选择不同的数据可视化方式，以获得不同的数据可视化结果。在程序中，针对包含两个变量的数据 plotscat，分别使用了散点图和 2D

直方轮廓图对数据进行了可视化。并且针对不同的可视化方式，通过设置 buttons 参数的取值，控制不同的可视化结果。在设置 buttons 的参数列表中，通过 args 参数设置可视化方式，通过 label 参数设置按钮的标签。运行程序后，可获得图 8-10 所示的可视化图像，显示的两幅图像是选择不同按钮后的可视化结果的截图。

```
## 添加下拉菜单按钮
plotscat <- read_csv("data/chap8/scatterdata.csv")
head(plotscat)
## # Atibble: 6 x 2
##       x      y
##    <dbl>  <dbl>
## 1  28.5   -81.3
## 2  42.5   -71.3
...
## 可视化图像
fig <- plot_ly(plotscat,x = ~x,y = ~y)%>%
  add_markers()
## 添加一个下拉菜单按钮
fig%>%layout(updatemenus = list(
  ## 第一个按钮
  list(x = 0.2,y = 1.2,                                        # 下拉菜单的坐标位置
      ## 第一个按钮控制图像的类型
      buttons = list(
        list(method = "restyle",args = list("type", "scatter"),
            label = "Scatter"),                                ## 可选择类型 1:散点图
        list(method = "restyle",args = list("type", "histogram2dcontour"),
            label = "Histogram2dcontour")))                    ##可选择类型 2:2D 直方图轮廓
))
```

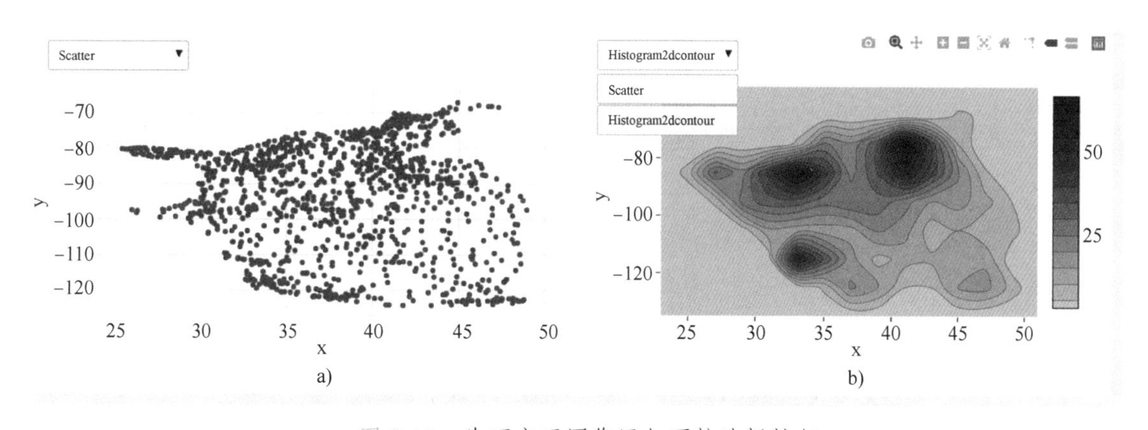

图 8-10　为可交互图像添加下拉选择按钮

a）选择散点图按钮后　b）选择直方轮廓图按钮后

为 plotly 包的可交互图像添加更多类型控件的方法有很多，这里就不再进行详细的介绍，可以在官方教程中查看详细的内容。

8.1.3 制作可交互动画

前面介绍的可交互图像都是针对一幅图像的，下面介绍在 plotly 包中将数据以可交互的动画形式进行展示的方法，即利用 plotly 包制作可交互的动画。下面的程序示例中，仍然使用前面使用过的关于 GDP 等情况的数据，然后利用动态的气泡散点图，可视化各个地区的相关数据随时间的变化情况。

```
## 可视化一幅散点图动画
plot_ly(gapminder,x = ~gdpPercap, y = ~lifeExp,color = ~continent,
        size = ~pop*5,frame = ~year, text = ~country,type = "scatter",
        mode = "markers",fill = ~"",marker = list(sizemode = "area"))%>%
  layout(title = "GDP 和期望寿命",xaxis = list(type = "log"))%>%
  animation_opts(frame=800,              #帧数
                 easing = "linear",      # 动画帧过渡的类型
                 redraw = FALSE) %>%
  # 设置按钮位置在左下角
  animation_button(x = 1.2,xanchor = "right",
                   y = -0.2,yanchor = "bottom",
                   label = "播放按钮")%>%
  ## 设置滑块,并设置对应显示值的显示情况
  animation_slider(currentvalue = list(prefix = "YEAR ",
                                       font = list(color="blue")))
```

在上面的程序中，通过 animation_opts( ) 函数设置动画的整体情况，通过 animation_button( ) 函数为动画添加一个控制播放的按钮，通过 animation_slider( ) 函数设置一个控制时间的可选择滑块。运行程序后，动画的变化过程如图 8-11 所示（图为变化过程中的两幅截图）。

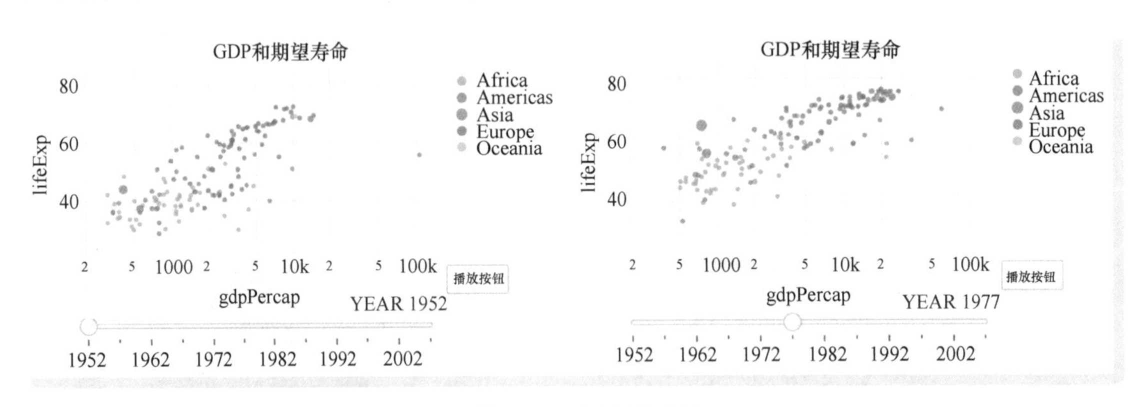

图 8-11 可交互动画

plotly 包还有更丰富的数据可视化功能，因篇幅的限制，更多的内容可以查看官方文档。

8.2 ggplot2 拓展包可视化

基于 ggplot2 的拓展数据可视化包有很多，因篇幅原因无法对它们进行详细的介绍，本节将挑选几个具有代表性的拓展包，进行数据可视化功能的介绍。

8.2.1 cowplot 包可视化

cowplot 包是 ggplot 的一个简单的可视化功能拓展包。它提供了有助于创建具有出版物质量的图形的各种功能，如一组新的数据可视化主题、将图表对齐并将其排列成复杂的复合图形的功能，以及使注释或将图形与图形混合变得容易的功能。下面使用具体的数据可视化案例，对 cowplot 包的使用进行介绍。首先导入要使用的包和小麦种子数据集，程序如下。

```
library(ggplot2)
library(cowplot)
## 小麦种子的测量数据
seeddf <- read.table("data/chap8/seeds_dataset.txt")
colnames(seeddf) <- c("x1","x2","x3","x4","x5","x6","x7","label")
seeddf$label <- as.factor(seeddf$label)
head(seeddf)
##      x1    x2     x3     x4    x5    x6    x7   label
## 1 15.26 14.84 0.8710 5.763 3.312 2.221 5.220   1
## 2 14.88 14.57 0.8811 5.554 3.333 1.018 4.956   1
## 3 14.29 14.09 0.9050 5.291 3.337 2.699 4.825   1
## 4 13.84 13.94 0.8955 5.324 3.379 2.259 4.805   1
## 5 16.14 14.99 0.9034 5.658 3.562 1.355 5.175   1
## 6 14.38 14.21 0.8951 5.386 3.312 2.462 4.956   1
```

(1) 数据可视化主题

cowplot 包提供了新的数据可视化主题，如使用 theme_cowplot( ) 函数利用默认的主题进行可视化，使用 theme_minimal_grid( ) 函数利用简约网格主题进行可视化等。下面以散点图为例，使用 cowplot 提供的主题对数据进行可视化，运行下面的程序后可获得图 8-12 所示的可视化图像。

```
## 默认的 cowplot 包的图像主题
p1 <-ggplot(seeddf, aes(x2, x6,colour=label,shape=label))+geom_point()+
  theme_cowplot(font_size = 10)+ggtitle("theme_cowplot()")+
  theme(plot.title = element_text(hjust = 0.5,size = 12))
## 默认的 cowplot 包的图像主题
p2 <-ggplot(seeddf, aes(x2, x6, colour=label,shape =label))+geom_point()+
  theme_half_open(font_size = 10)+ggtitle("theme_half_open()")+
  theme(plot.title = element_text(hjust = 0.5,size = 12))
## 带有网格的简约主题
p3 <-ggplot(seeddf, aes(x2, x6, colour=label,shape =label))+ geom_point()+
  theme_minimal_grid(font_size = 10)+ggtitle("theme_minimal_grid()")+
  theme(plot.title = element_text(hjust = 0.5,size = 12))
## 带有水平网格的简约主题
p4 <-ggplot(seeddf, aes(x2, x6, colour=label,shape=label))+ geom_point()+
  theme_minimal_hgrid(font_size = 10)+ggtitle("theme_minimal_hgrid()")+
  theme(plot.title = element_text(hjust = 0.5,size = 12))
## 带有垂直网格的简约主题
p5 <-ggplot(seeddf, aes(x2, x6, colour=label,shape=label))+ geom_point()+
  theme_minimal_vgrid(font_size = 10)+ggtitle("theme_minimal_vgrid()")+
  theme(plot.title = element_text(hjust = 0.5,size = 12))
## 可视化空主题
```

```
p6 <-ggplot(seeddf, aes(x2, x6, colour=label,shape=label))+ geom_point()+
  theme_nothing(font_size = 10)+ggtitle("theme_nothing()")+
  theme(plot.title = element_text(hjust = 0.5,size = 12))
## 将 6 幅图像进行组合
plot_grid(p1,p2,p3,p4,p5,p6,nrow = 2)
```

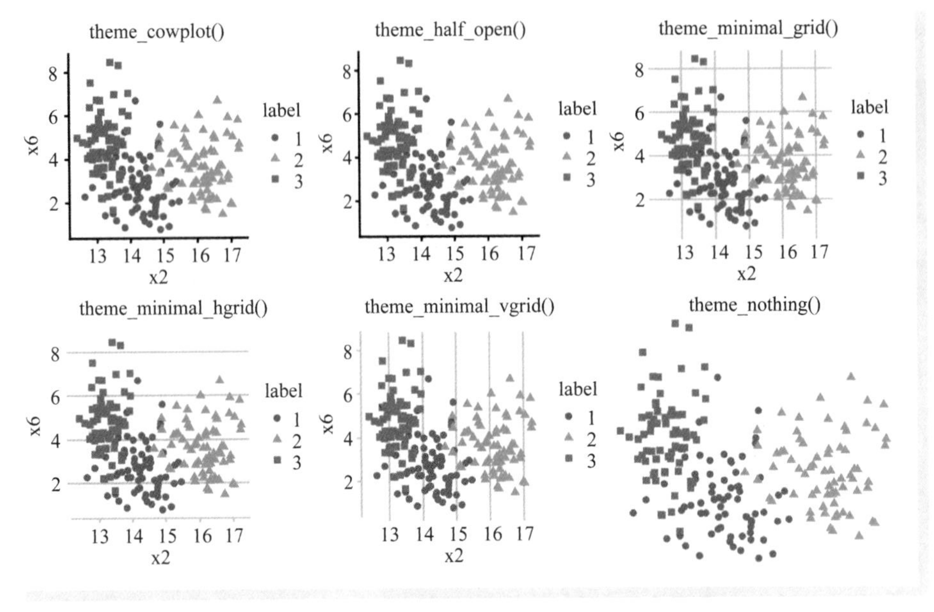

图 8-12 cowplot 包中的 6 种可视化主题

(2) 合并多个子图

cowplot 包还提供了将多个子图进行合并的函数 plot_grid( )，并且该函数可以通过 labels 参数为每个子图单独设置标签，通过 rel_widths 与 rel_hights 参数设置图像在组合时所占的比例。运行下面的程序后可获得图 8-13 所示的组合图像。

```
## 使用 plot_grid 组合图像,并为图像进行设置
p1 <-ggplot(seeddf, aes(x=x2,y=x6))+geom_point(aes(colour=label,shape=label))+
  theme_cowplot(font_size = 10)
## 带有网格的简约主题
p3 <-ggplot(seeddf,aes(x=x2,y=x6))+geom_point(aes(colour=label,shape=label))+
  theme_minimal_grid(font_size = 10)
plot_grid(p1,p1, p3,p3,nrow = 2,
          # 为子图设置标签
          labels = c("Figure1", "Figure2","Figure3", "Figure4"),
          ## 设置标签字体的大小、颜色和位置
          label_size = 12,label_colour = "red",hjust = -1,vjust = 1.2,
          ## 设置图像列的宽度和行的高度的相对比例
          rel_widths = c(1, 2),rel_heights = c(2,1))
```

(3) 为图像添加子图注释

通过 cowplot 包可以很方便地在图像指定的位置，添加新的图像，如添加一张 logo 图片、添加一个局部放大图、添加其他形式的可视化图像等。这些内容的添加都可以为数据的理解提供帮助。

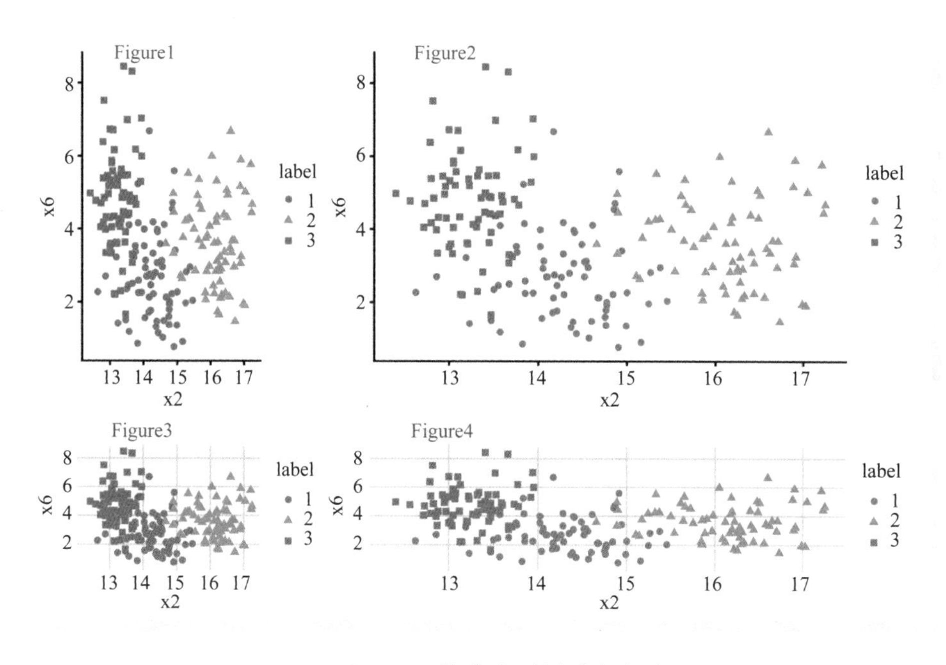

图 8-13　将多个子图进行组合

下面的程序是为一幅散点图添加 logo 图像与密度曲线图，其中密度曲线图是从另一个角度帮助读者理解数据。在程序中，先获得散点图 p1、密度曲线图 p2 以及 logo 图像的位置。然后通过 ggdraw( ) 函数可视化散点图 p1，同时利用 draw_image( ) 函数将 logo 图像放置在 p1 的指定位置，并设置 logo 图像的高和宽。接着通过 draw_plot( ) 函数将密度曲线图 p2 添加在图像上的指定位置，并指定其宽和高。运行程序后可获得可视化图像，如图 8-14 所示。

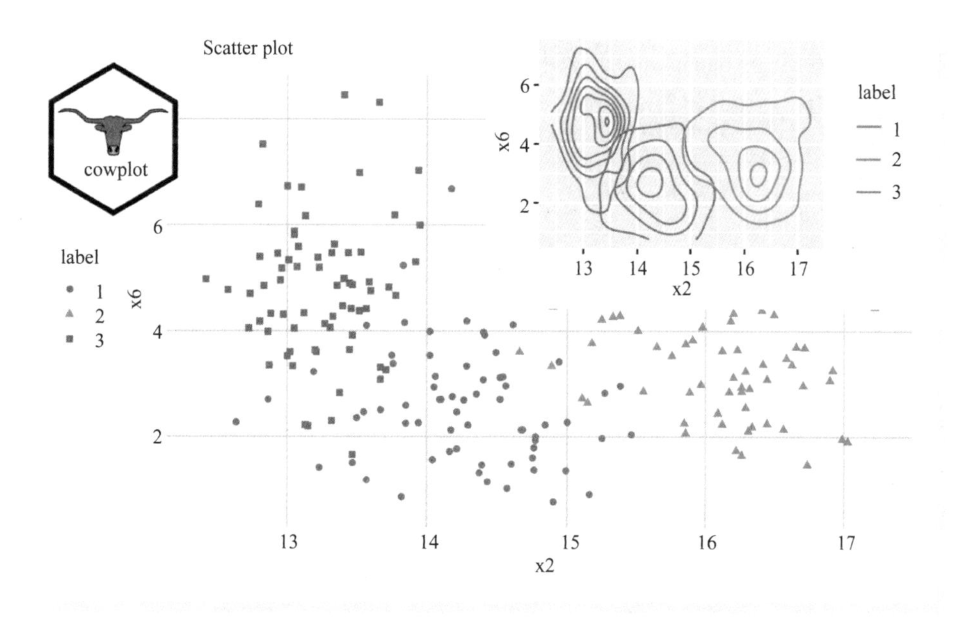

图 8-14　为图像添加子图注释

```
## 为图像添加注释和子图
p1 <-ggplot(seeddf, aes(x2, x6,colour=label,shape=label))+geom_point()+
  theme_minimal_grid(font_size = 12)+ggtitle("Scatter plot")+
  theme(plot.title = element_text(hjust = 0),
        legend.position = "left")
p2 <-ggplot(seeddf)+geom_density_2d(aes(x2,x6,group = label,colour = label))
## 读取一个 logo 图像
logo_file <- system.file("extdata", "logo.png", package = "cowplot")
## 将 logo 图像融合到可视化图像 p1 中
ggdraw(p1)+
  draw_image(logo_file, x = 0, y = 0.95,          ## logo 图像在图像 p1 中的位置
             hjust = 0, vjust = 1,                ## 水平和垂直对齐方式
             width = 0.15, height = 0.3)+         ## logo 图像在图像 p1 中的宽度和高度
  draw_plot(p2,x = 0.5,y = 0.5,width = 0.5,height = 0.5)
```

更多关于 cowplot 包的内容可以参考官方的帮助文档。

8.2.2 ggfortify 包可视化

ggfortify 是一个基于 ggplot2 的拓展包，它包含 autoplot( ) 函数，可以只用一行代码就可将主成分分析、聚类分析、回归分析、时间序列分析等方法的统计结果，以 ggplot2 的风格进行可视化，大大提高了数据分析的效率。主成分分析、聚类分析、回归分析等内容在前面已经进行了详细的介绍，因此本小节主要介绍如何使用 ggfortify 包进行与时间序列分析相关的可视化。

（1）可视化时间序列数据

时间序列数据在实际的应用中很常见，可视化其变化趋势对发现数据的规律很有帮助，针对时间序列数据可以使用 autoplot( ) 函数直接可视化出其波动趋势。在下面的程序中，读取数据后，利用 ts( ) 函数将其转化为时序数据，如果只观察 timets 输出数值的情况，很难发现其中的变化趋势，因此时间序列数据的可视化非常重要。在 autoplot( ) 函数中，使用曲线可视化其波动情况，运行程序后可获得图 8-15 所示的可视化图像。

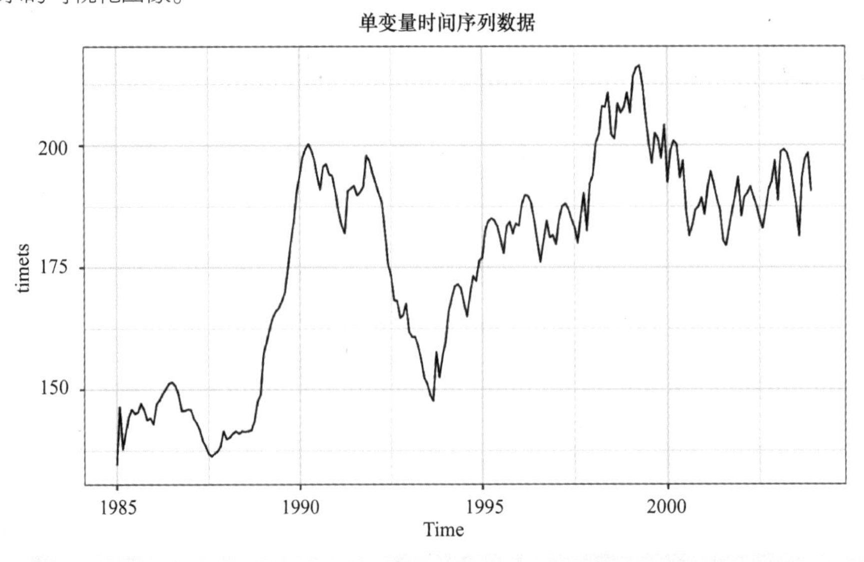

图 8-15 可视化时间序列的波动情况

```
library(ggfortify);library(ggplot2);library(gridExtra);library(forecast)
## 读取数据
timedf <- read.csv("data/chap8/时序 2.csv",stringsAsFactors = FALSE)
## 将数据转化为时间序列数据
timets <- ts(timedf$value,start = c(1985, 1),frequency = 12)
timets
##        Jan   Feb   Mar   Apr   May   Jun   Jul   Aug   Sep   Oct   Nov   Dec
##1985  134.6 146.5 137.9 141.2 144.4 146.0 145.1 145.4 147.2 145.9 143.8 144.2
##1986  143.0 147.1 147.9 149.2 150.2 151.3 151.5 150.8 149.0 145.7 145.7 146.0
...
##2003  188.8 198.7 199.1 198.4 196.2 192.3 188.1 181.4 193.7 197.3 198.4 190.6
## 可视化时间序列的波动情况
p3 <-autoplot(timets, alpha = 1)+
  labs(title = "单变量时间序列数据")
p3
```

（2）可视化时间序列的自相关系数和偏自相关系数

针对时间序列数据集，可以使用 acf( ) 函数和 pacf( ) 函数分别计算其自相关系数和偏自相关系数。对于计算结果，同样可以使用 autoplot( ) 函数快速将其可视化，帮助我们对数据进行详细的分析。下面的程序分别可视化了 timets 的自相关系数和偏自相关系数，运行程序后可获得可视化图 8-16 所示的图像。

```
## 可视化时间序列的自相关系数和偏自相关系数
p4 <-autoplot(acf(timets,plot = FALSE,lag.max = 50))+
  labs(title = "自相关系数")
p5 <-autoplot(pacf(timets,plot = FALSE,lag.max = 50))+
  labs(title = "偏自相关系数")
grid.arrange(p4,p5,ncol=1)
```

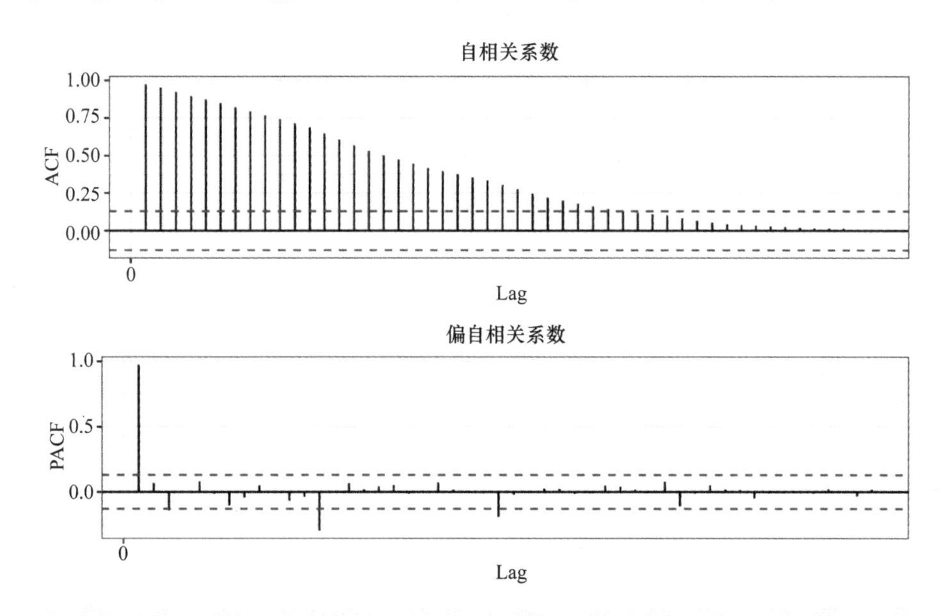

图 8-16　可视化时间序列的自相关系数和偏自相关系数

(3) 可视化时间序列模型的预测结果

针对时间序列数据，最常用的是 ARIMA 系列的预测模型，而且在 R 语言中可以使用 auto.arima( ) 函数自动对数据寻找合适的模型参数，对数据自动进行建模，对模型预测的结果同样可以使用 autoplot( ) 函数进行可视化。运行下面的程序可获得对时序 timets 建模后预测结果的可视化图像，如图 8-17 所示。

```
## 可视化时间序列模型的预测结果
mol <- auto.arima(timets)
p6 <-autoplot(forecast(mol,level = c(80,95), h = 24))+
  theme(plot.title = element_text(hjust = 0.5))
p6
```

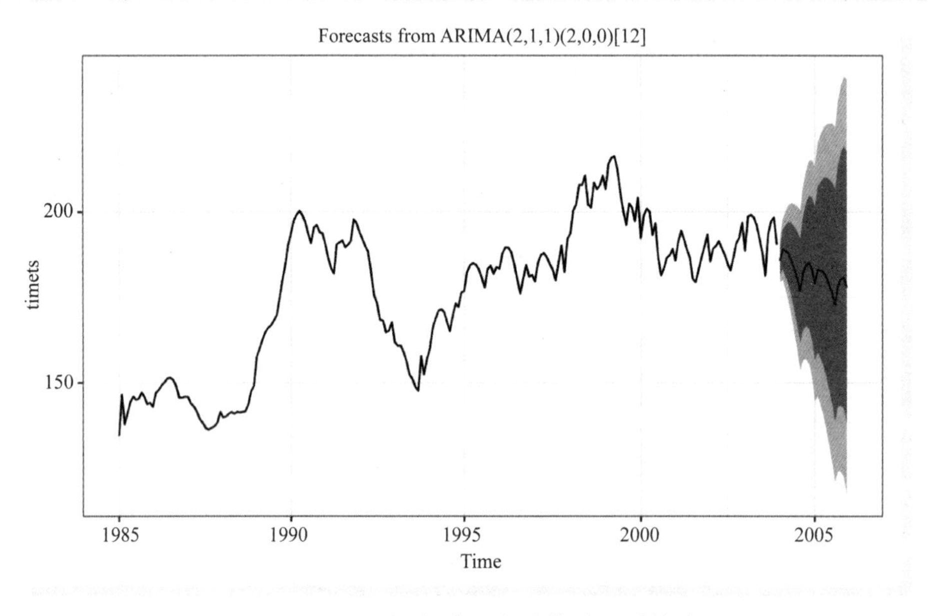

● 图 8-17　可视化时间序列模型预测结果

从图 8-17 可以发现，自动选择参数的时间序列模型为 ARIMA（2，1，1）（2，0，0）[12]，预测了未来 24 个月内的数据变化趋势，同时阴影部分分别表示预测值 80%与 95%的置信区间。

8.2.3 ComplexUpset 包可视化

ComplexUpset 可以看作是 UpsetR 基于 ggplot2 的拓展增强包，可以将集合数据的可视化结果，更方便地与 ggplot2 包相结合，获得更优秀的可视化图像。本小节以两个具体的可视化案例，介绍如何更好地使用 ComplexUpset 包对数据进行可视化。

(1) 数据准备

下面是导入要使用的包和准备数据的程序，其中数据的准备过程，对 6 个数据集合进行了以下 4 个步骤的数据框准备操作。

1) 计算出 6 个集合的并集并命名为新的变量 all，创建一个数据框 plotdata，数据框的行数为变量 all 的长度，并且表格包含 7 列。

2）将表格plotdata中的element变量设置为变量all，即6个集合并集的所有元素。

3）对plotdata中变量one、two、three、four、five、six每行的取值进行处理，如对于one变量，若相应行中的变量all（element）的取值在向量one中，那么该行取值为TRUE，否值取值为FALSE。其他变量进行类似处理，最后得到ComplexUpset包可用的数据框。

4）为数据框添加一个由随机数生成的分组变量label和随机数变量value。

```
library(ggplot2)
library(ComplexUpset)
## 准备数据
one  <- 1:100
two <-seq(1,200,by = 2)
three <-seq(10,300,by = 3)
four <-seq(2,400,by = 4)
five <-seq(10,500,by = 5)
six <-seq(3,400,by = 6)
## 将6个集合的并集计算出来
all <- unique(c(one,two,three,four,five,six))
## 建立一个数据表格
plotdata <- data.frame(matrix(nrow = length(all),ncol = 7))
colnames(plotdata) <-c("element","one","two","three","four",
                       "five","six")
## 数据表第一列是对6个集合的并集的所有元素进行二值化处理
plotdata[,1] <- all
## 其他列中的第i行,如果包含element[i]的元素,则取值为T,否则取值为F
for (i in 1:length(all)) {
  plotdata[i,2] <- ifelse(all[i] %in% one,T,F)
  plotdata[i,3] <- ifelse(all[i] %in% two,T,F)
  plotdata[i,4] <- ifelse(all[i] %in% three,T,F)
  plotdata[i,5] <- ifelse(all[i] %in% four,T,F)
  plotdata[i,6] <- ifelse(all[i] %in% five,T,F)
  plotdata[i,7] <- ifelse(all[i] %in% six,T,F)
}
## 为plotdata数据框添加一个分组变量和一个数值变量
set.seed(123)
plotdata$value <- rnorm(nrow(plotdata))
plotdata$label <- sample(c("A","B","C"),size = nrow(plotdata),replace = T)
## 查看数据
head(plotdata)
##  element   one   two  three  four   five   six     value       label
## 1   1      TRUE  TRUE  FALSE  FALSE  FALSE  FALSE  -0.56047565   C
## 2   2      TRUE  FALSE FALSE  TRUE   FALSE  FALSE  -0.23017749   A
## 3   3      TRUE  TRUE  FALSE  FALSE  FALSE  TRUE   1.55870831    B
## 4   4      TRUE  FALSE FALSE  FALSE  FALSE  FALSE  0.07050839    A
## 5   5      TRUE  TRUE  FALSE  FALSE  FALSE  FALSE  0.12928774    C
## 6   6      TRUE  FALSE FALSE  TRUE   FALSE  FALSE  1.71506499    C
```

运行上面的程序后会输出数据框的前几行供用户查看。

（2）可视化分组集合图像

针对上面已经准备好的数据框 plotdata，可以使用 upset( ) 函数对其进行可视化。在下面的程序中，通过参数 intersect 指定要可视化的集合列数据，运行程序后可获得图 8-18 所示的图像。

```
## 可视化集合图像
upset(plotdata,intersect = c("one","two","three","four","five","six"),
    height_ratio = 0.5,width_ratio = 0.25,             # 调整交集矩阵的高宽比例
    base_annotations = list(
      ## 交集的大小根据 label 进行分组计数
      "Intersection size"=intersection_size(
        counts=TRUE,mapping=aes(fill=label))+
        ## 设置填充条形图的颜色
        scale_fill_brewer(palette = "Set2")),
    min_size=5,                                        ## 显示集合的最小数量
    stripes=c("lightblue", "grey")                     ## 设置颜色
    )
```

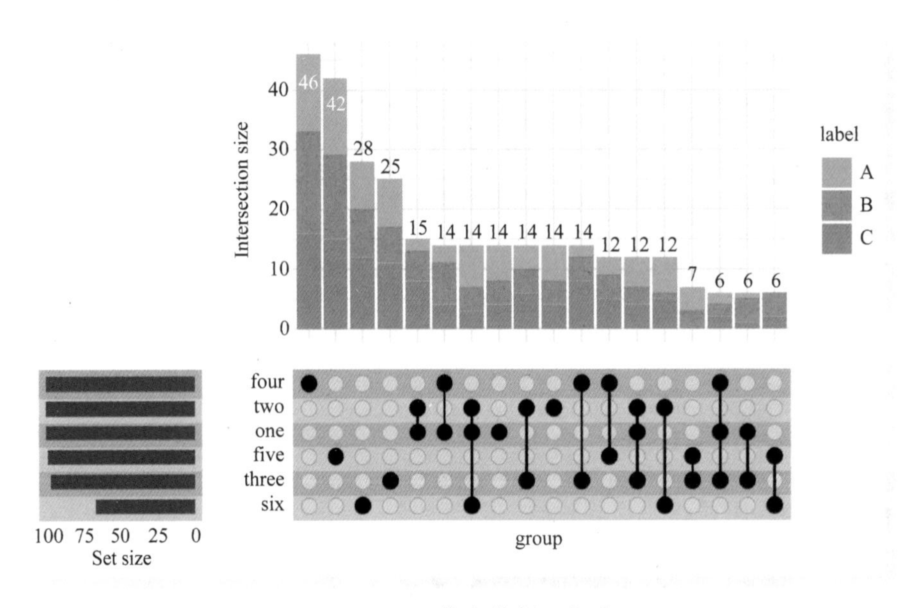

图 8-18 集合数据可视化

图 8-18 可以分为 3 个部分，左边的条形图是集合包含元素数量的可视化。上面的条形图对应下面的矩阵散点图，表示各集合之间的交集情况，而且使用 label 标签对其进行分组。如第一列的矩阵散点图中只有一个点对应集合 four，表示集合 four 包含其他集合不存在的元素个数有 46 个，这 46 个元素对应的 label 标签 A、B、C 三种取值情况，使用不同的颜色进行表示；在矩阵散点图的第 5 列中，集合 one 和 two 所对应的点有连线，说明这两个集合的交集包含 15 个元素；类似地，集合 one 和 four 的交集有 14 个元素（第 6 列）。

（3）为集合图像添加新的数据统计子图

使用 upset( ) 函数可视化集合数据的交集图像时，还可以为其添加其他的统计图像。例如：plotdata 数据中还包含一个随机数变量 value，如果想要可视化不同数据交集情况下，value 的分布情

况，可以为图 8-18 所示的图像添加一个小提琴图，程序如下所示。通过设置 annotations 参数的情况，为图像添加小提琴图和抖动散点图，运行程序后可获得可视化图 8-19 所示的图像。

```
## 为集合图像添加一个小提琴图
upset(plotdata,intersect = c("one","two","three","four","five","six"),
     height_ratio = 0.5,width_ratio = 0.25, # 调整交集矩阵的高宽比例
     base_annotations = list(
       ## 交集的大小根据 label 进行分组计数
       "Intersection size"=intersection_size(
          counts=TRUE,mapping=aes(fill=label))+
         ## 设置填充条形图的颜色
         scale_fill_brewer(palette = "Set2")),
     annotations = list(
       "Values"=list(
          caes=aes(x=intersection, y=value),
          geom=list(geom_jitter(na.rm=TRUE,size = 1,width = 0.2),
                    geom_violin(alpha = 0.3,na.rm=TRUE,fill="tomato"))
          )),
     min_size=10, ## 显示集合的最小数量
     stripes=c("lightblue", "grey") ## 设置颜色
     )
```

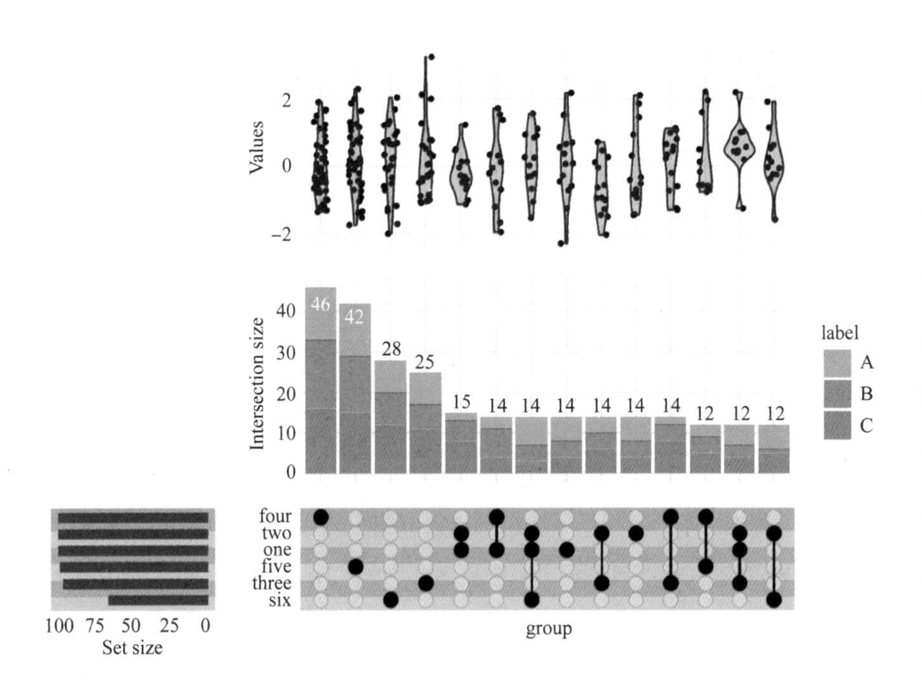

● 图 8-19　添加统计图像的集合数据可视化

通过图 8-19 上面的小提琴图，可以分析在不同数据集合的交集情况下，变量 value 的数据分布情况。

8.3 特殊图形可视化

R 语言的数据可视化功能非常丰富，下面介绍如何利用 R 语言中的相关包，使用圆环条形图对数据进行可视化分析，以及使用弧形图对网络图数据进行可视化分析。

8.3.1 圆环条形图

圆环条形图，可以将其看作是条形图的一种变形，下面主要使用 ggplot2 包中的函数可视化学生的成绩数据，分别介绍非堆积的圆环条形图和堆积的圆环条形图。首先导入会使用的包和数据，程序如下。

```
library(tidyverse)
library(stringr)
library(ggplot2)
## 读取数据
stuper <- read.csv("data/chap8/StudentsPerformance.csv")
head(stuper)
##    ID    gender   group    mathscore  readingscore  writingscore
## 1 Name1  female  group B      72          72            74
## 2 Name2  female  group C      69          90            88
## 3 Name3  female  group B      90          95            93
## 4 Name4  male    group A      47          57            44
## 5 Name5  male    group C      76          78            75
## 6 Name6  female  group B      71          83            78
```

（1）非堆积的圆环条形图

在前面读取的数据 stuper 中，ID 变量对应学生的名称，group 变量对应学生的分组，三个数值变量则是三种成绩的得分。需要可视化的数据为在不同分组下部分学生 readingscore 得分的情况（由于条形图不适合放置太多的柱子，所以只可视化数据的小部分样本），针对一个分组一个数值变量的数据，使用圆环条形图对其进行可视化，可获得图 8-20 所示的效果。

在图 8-20 中，所有的柱子围成一个圆环，并且每个分组下的柱子是有顺序地排列。在每个分组之间的空白区域添加了蓝色的环线，用作分析柱子高低的参考线。每个柱子都有各自的标签，针对该图像下面会详细地介绍其可视化过程，分为数据准备与图像可视化两个步骤进行介绍。

首先介绍图 8-20 的数据准备工作。下面的程序是获取要可视化的 50 个学生的样本数据，获取数据中 ID、group 和 readingscore 三个变量的数据。

```
## 数据准备,只使用前 50 个样本数据进行可视化,并排序
stuper <- stuper[1:50,c(1,3,5)]
stuper$group <- as.factor(str_extract(stuper$group,"[A-Z]"))
## 对分组和得分排序,可获得排序的圆环条形图
stuper <- stuper %>% arrange(group,readingscore)
table(stuper$group)
##  A  B  C  D  E
##  5 15 14 12  4
```

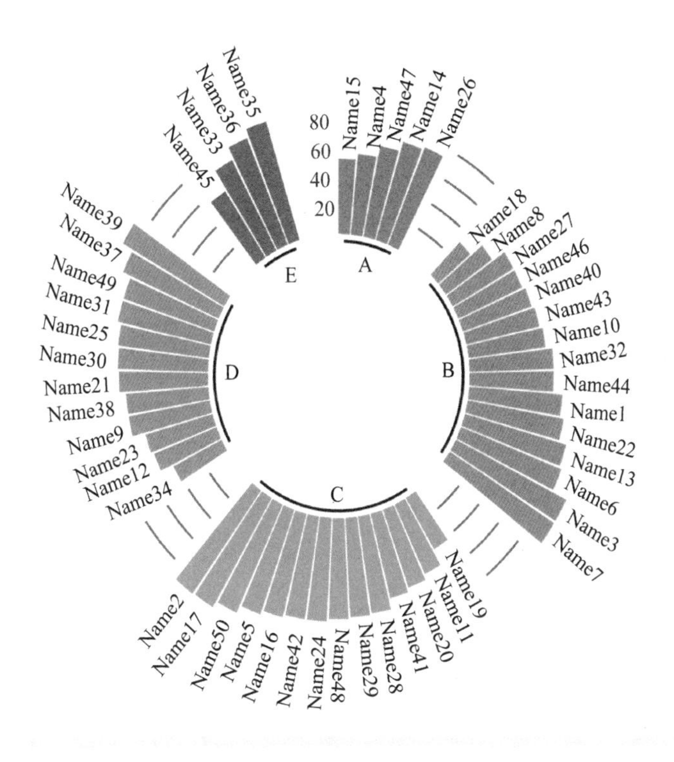

● 图 8-20 分组圆环条形图可视化数据的得分情况

通过上面的程序获取数据后，还将数据根据 group 变量和 readingscore 变量进行排序，这样可视化时就是排序的圆环条形图，并且输出了每个分组下的样本数量。获取待可视化的数据后，下面的程序则是生成可视化数据与辅助数据的过程，主要包含以下几个步骤。

1）在 stuper 数据框每个分组的结尾添加几行缺失值数据，这是为了可视化每个分组之间的空白分割。

2）计算每个样本在 Y 轴的位置和倾斜角度，这主要是为了将每个柱子的标签和柱子对齐，使图像更美观，获得数据框 label_data。

3）为每个分组数据的黑色弧线准备数据 base_data。

4）为可视化参考线准备数据，获得数据框 grid_data。

```
## 在每个分组数据的后面插入几行缺失值
empty_bar <- 3
to_add <- data.frame(matrix(NA, empty_bar * nlevels(stuper$group), ncol(stuper)))
colnames(to_add) <- colnames(stuper)                          # 设置数据框的名称
to_add$group <- rep(levels(stuper$group), each=empty_bar)     #为数据框添加分组变量
stuper <- rbind(stuper, to_add)                               # 合并两个数据
stuper <- stuper %>% arrange(group)                           # 将数据根据分组进行排序
stuper$id <- seq(1, nrow(stuper))
# 获取每个样本的名称在 Y 轴的位置和倾斜角度
label_data <-stuper
number_of_bar <-nrow(label_data)                              # 计算柱子的数量
## 每个柱子上标签的轴坐标的倾斜角度
angle <- 90 - 360 * (label_data$id-0.5) /number_of_bar
```

```
label_data$hjust <- ifelse( angle < -90, 1, 0)                      # 调整标签的对齐方式
label_data$angle <-ifelse(angle < -90, angle+180, angle)     ## 标签倾斜角度
## 为数据准备基础弧线的数据
base_data <-stuper %>% group_by(group) %>%
  summarize(start=min(id), end=max(id) - empty_bar) %>%
  rowwise() %>% mutate(title=mean(c(start, end)))
# 为网格标尺准备数据
grid_data <- base_data
grid_data$end <- grid_data$end[ c(nrow(grid_data), 1:nrow(grid_data)-1)] + 1
grid_data$start <- grid_data$start - 1
grid_data <- grid_data[-1,]
```

数据准备好后，可以使用下面的程序对数据进行可视化，程序分为以下几个部分。

1）使用 stuper 数据可视化条形图（柱子）。

2）使用 grid_data 数据为条形图添加参考线。

3）为每个参考线添加文本注释。

4）设置 *Y* 轴的取值范围，为了给圆心留出合适的空白区域。

5）通过主题函数对图像显示效果进行进一步的调整，并转化为极坐标系。

6）使用 label_data 为每个柱子设置标签。

7）使用 base_data 数据框为圆环添加底部的弧线和分组数据的标签。

```
## 可视化分组圆环条形图
p1 <-ggplot(stuper) +
  ## 添加条形图(柱子)
  geom_bar(aes(x=as.factor(id), y=readingscore, fill=group),stat="identity",
          alpha=0.8) +
  ##为条形图添加一些划分等级的线(20/40/60/80)(按比例添加是因为满分为 100)
geom_segment(data=grid_data, aes(x = end, y = 80, xend = start, yend = 80),
            colour = "blue", alpha=0.5, size=0.5,inherit.aes = FALSE)+
geom_segment(data=grid_data, aes(x = end, y = 60, xend = start, yend = 60),
            colour = "blue", alpha=0.5, size=0.5,inherit.aes = FALSE )+
geom_segment(data=grid_data, aes(x = end, y = 40, xend = start, yend = 40),
            colour = "blue", alpha=0.5, size=0.5, inherit.aes = FALSE )+
geom_segment(data=grid_data, aes(x = end, y = 20, xend = start, yend = 20),
            colour = "blue", alpha=0.5, size=0.5, inherit.aes = FALSE )+
  # 添加文本(20/40/60/80)表示每条线的大小
  annotate("text", x = rep(max(stuper$id),4), y = c(20, 40, 60, 80),
          label = c("20", "40", "60", "80"), color="blue", size=3,
          angle=0,fontface="bold", hjust=1) +
ylim(-100,120) +  ## 设置 Y 轴坐标的取值范围,可留出更大的圆心空白
  ## 设置使用的主题并使用极坐标系可视化条形图
  theme_minimal() +
  theme(legend.position = "none",                       # 不要图例
       axis.text = element_blank(),                    # 不要 X 轴的标签
       axis.title = element_blank(),                   # 不要坐标系的名称
```

```
        panel.grid = element_blank(),                ## 不要网格线
        plot.margin = unit(rep(-1,4), "cm"))+        ## 整个图与周围的边距
  coord_polar() +                                    ## 极坐标系
  ## 为条形图添加文本
  geom_text(data=label_data,
           aes(x=id, y=readingscore+5, label=ID,hjust=hjust),
           color="black",fontface="bold",alpha=0.8, size=2.5,
           angle= label_data$angle, inherit.aes = FALSE) +
  # 为图像添加基础线的信息
  geom_segment(data=base_data, aes(x = start, y = -5, xend = end, yend = -5),
             colour = "black", alpha=0.8, size=0.6, inherit.aes = FALSE )+
  ## 添加分组文本信息
  geom_text(data=base_data, aes(x = title, y = -18, label=group),alpha=0.8,
           colour = "black",  size=4,fontface="bold", inherit.aes = FALSE)
p1
```

运行程序后，最终获得的可视化图像如图 8-20 所示。

（2）堆积的圆环条形图

前面介绍的示例只使用了一个数值变量进行数据可视化，针对每个柱子还可以使用不同的颜色表示不同的变量。例如：对一个分组多个数值的数据使用堆积的圆环条形图进行数据可视化，针对上述的学生成绩数据，可以同时可视化数据中的 3 个得分（mathscore、readingscore、writingscore），如图 8-21 所示的可视化图像。

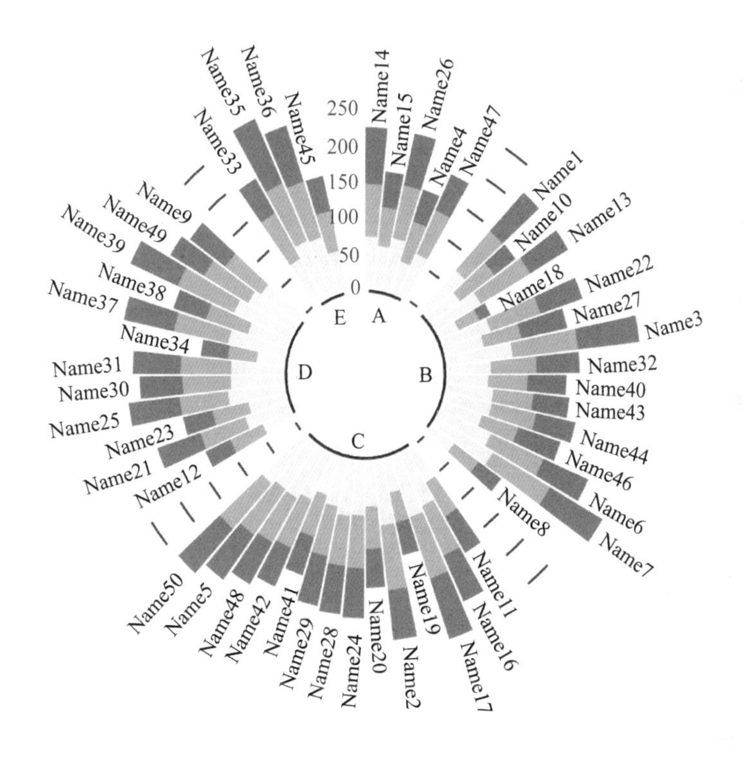

● 图 8-21　堆积的圆环条形图

图 8-21 与图 8-20 最大的差异是，每个柱子使用了不同的颜色来表示不同科目的成绩，从而表达了更丰富的数据信息。其数据准备与可视化过程和图 8-20 的过程几乎一致，只是多了一个宽数据转化为长数据的过程，其数据准备程序如下。

```
## 读取数据
stuper <- read.csv("data/chap8/StudentsPerformance.csv")
## 数据准备,只使用前 50 个样本数据进行可视化,并排序
stuper <- stuper[1:50,c(1,3:6)]
stuper$group <- as.factor(str_extract(stuper$group,"[A-Z]"))
## 将宽数据转化为长数据
stuper <- pivot_longer(stuper,cols = c(3:5),names_to = "scoregroup")
## 对分组和成绩排序,可获得排序的圆环条形图
stuper <- stuper %>% arrange(group)
## 在每个分组数据的后面插入几行缺失值
empty_bar <- 2
nscoretype <- nlevels(as.factor(stuper$scoregroup))          # 计算成绩种类的数量
to_add <- data.frame(matrix(NA, empty_bar * nlevels(stuper$group) * nscoretype,
                      ncol(stuper)))
colnames(to_add) <- colnames(stuper)                          # 设置数据框的名称
# 为数据框添加分组变量
to_add$group <- rep(levels(stuper$group), each=empty_bar * nscoretype)
stuper <- rbind(stuper, to_add)                               # 合并两个数据
stuper <- stuper %>% arrange(group,ID)                        # 将数据根据分组和名称进行排序
stuper$id <- rep(seq(1, nrow(stuper)/nscoretype),each = nscoretype)
# 获取每个样本的名称在 Y 轴的位置和倾斜角度
label_data <-stuper %>% group_by(id,ID) %>% summarize(tot=sum(value))
number_of_bar <-nrow(label_data)
angle <- 90 - 360 * (label_data$id-0.5) /number_of_bar
label_data$hjust <- ifelse( angle < -90, 1, 0)
label_data$angle <-ifelse(angle < -90, angle+180, angle)
# 为数据准备基础弧线的数据
base_data <-stuper %>% group_by(group) %>%
  summarize(start=min(id), end=max(id) - empty_bar) %>%
  rowwise() %>% mutate(title=mean(c(start, end)))
# 为网格标尺准备数据
grid_data <- base_data
grid_data$end <- grid_data$end[ c( nrow(grid_data), 1:nrow(grid_data)-1) ] + 1
grid_data$start <- grid_data$start - 1
grid_data <- grid_data[-1,]
```

数据准备好后，可使用下面的程序进行数据可视化。运行程序后即可获得图 8-21 所示的图像。由于可视化程序很相似，这里就不再赘述了。

```
## 可视化多组数据的圆环条形图
library(viridis)
p2 <-ggplot(stuper) +
```

```
  geom_bar(aes(x=as.factor(id), y=value, fill=scoregroup),
       stat="identity", alpha=0.5) +
  scale_fill_viridis(discrete=TRUE) +
  # 为条形图添加一些划分等级的线(50/100/150/200/250)
  geom_segment(data=grid_data, aes(x = end, y = 0, xend = start, yend = 0),
         colour = "blue", alpha=1, size=0.5, inherit.aes = FALSE ) +
  geom_segment(data=grid_data, aes(x = end, y = 50, xend = start, yend = 50),
         colour = "blue", alpha=1, size=0.5, inherit.aes = FALSE ) +
  geom_segment(data=grid_data, aes(x = end, y = 100, xend = start, yend = 100),
         colour = "blue", alpha=1, size=0.5, inherit.aes = FALSE ) +
  geom_segment(data=grid_data, aes(x = end, y = 150, xend = start, yend = 150),
         colour = "blue", alpha=1, size=0.5, inherit.aes = FALSE ) +
  geom_segment(data=grid_data, aes(x = end, y = 200, xend = start, yend = 200),
         colour = "blue", alpha=1, size=0.5, inherit.aes = FALSE ) +
  geom_segment(data=grid_data, aes(x = end, y = 250, xend = start, yend = 250),
         colour = "blue", alpha=1, size=0.5, inherit.aes = FALSE ) +
  # 添加文本(50/100/150/200/250)表示每条线的大小
  annotate("text", x = rep(max(stuper$id),6), y = c(0, 50, 100, 150, 200,250),
       label = c("0", "50", "100", "150", "200","250"), color="blue",
       size=3,angle=0,fontface="bold", hjust=1) +
  ylim(-120,300) +
  theme_minimal() +
  theme(legend.position = "none",axis.text = element_blank(),
    axis.title = element_blank(),panel.grid = element_blank(),
    plot.margin = unit(rep(-1,4), "cm") ) +coord_polar() +
  # 在每个条形图的顶端添加名称
  geom_text(data=label_data, aes(x=id, y=tot+10, label=ID, hjust=hjust),
        color="black",fontface="bold",alpha=0.6, size=2.5,
        angle= label_data$angle,inherit.aes = FALSE ) +
  # 添加分组数据的基础线
  geom_segment(data=base_data, aes(x = start, y = -5, xend = end, yend = -5),
         colour = "black", alpha=0.8, size=0.6, inherit.aes = FALSE )+
  geom_text(data=base_data, aes(x = title, y = -30, label=group),
        colour = "black", alpha=0.8, size=4,fontface="bold",
        inherit.aes = FALSE)
p2
```

8.3.2 弧形图

本小节介绍弧形图的可视化，弧形图也是一种常用的数据可视化方式。下面介绍如何使用 ggraph 包利用弧形图可视化空手道俱乐部网络图数据。首先导入要使用的包和图数据。

```
## 导入包和图数据
library(igraph);library(igraphdata);library(ggraph)
data("karate")
```

由于该数据在前面的章节已经使用过，可直接对数据进行相关的预处理操作，并使用 ggraph( )函数进行可视化。在下面的程序中，根据节点的颜色信息数据将节点分为两个组，并且根据分组调整节点的形状，通过节点的度设置可视化时节点的大小。因此，可视化时节点越大，在一定程度上反映了其在图网络中的重要性越强。针对准备好的数据，可以使用 ggraph( )函数直接进行可视化，并通过 layout 参数指定可视化时的布局方式，通过 geom_edge_arc( )函数对连接的弧线进行相关的设置，通过 geom_node_point( )函数对节点的样式进行相应的设置。运行下面的程序后可输出图 8-22 所示的可视化图像。

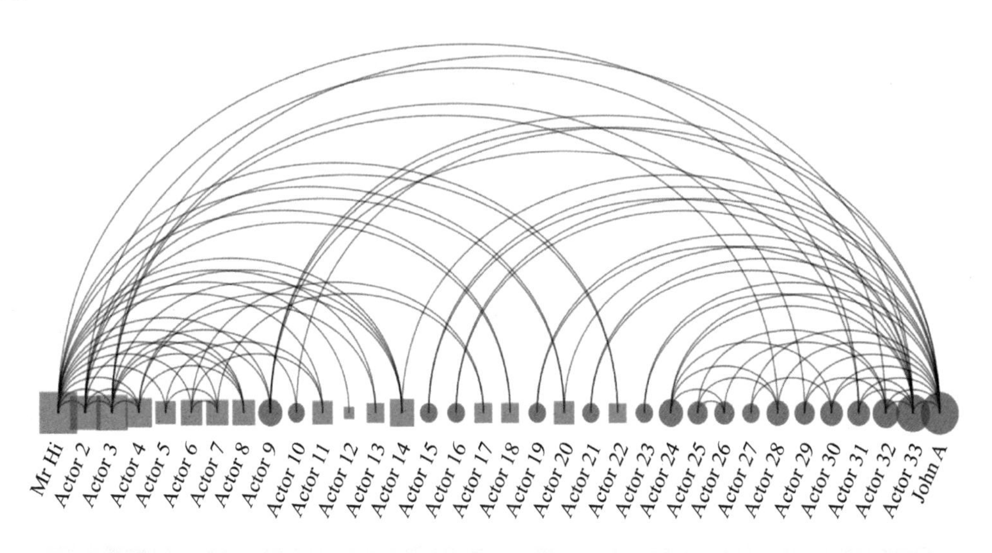

● 图 8-22　弧形图可视化

```
karate2 <- karate
colrs <- c("group1","group2")
V(karate2)$color <-colrs[V(karate2)$color]
## 调整节点的形状
V(karate2)$shape="group2"
V(karate2)[V(karate2)$color == "group1"]$shape="group1"
## 设置节点的大小
V(karate2)$size <- 8+degree(karate2)
## 可视化弧形图
ggraph(karate2, layout="linear") +
  ## 使用弧线可视化图的边
  geom_edge_arc(edge_colour="black", edge_alpha=0.5, edge_width=0.3,fold=TRUE)+
  ## 可视化图的节点
  geom_node_point(aes(size=size,color=color,fill=color,shape=shape),alpha=0.5)+
  scale_size_continuous(range=c(2,8)) +              ## 缩放点的大小
  scale_color_manual(values=c("red", "blue")) +      ## 设置颜色
  scale_shape_manual(values=c(15,16))+               ## 设置形状
  ## 为节点添加标签
```

```
  geom_node_text(aes(label=name), angle=65, hjust=1, nudge_y =-1, size=2.3) +
  theme_void() +                                           ## 设置图像的主题
  theme(legend.position="none",plot.margin=unit(c(0,0,0.25,0), "null"),
        panel.spacing=unit(c(0,0,3.4,0), "null"))+
  expand_limits(x = c(-1.2, 1.2), y = c(-5, 1.2))          # 扩大图像的区域
```

图 8-22 展示的弧形图的节点是排列在一条水平线上的，也可以通过相应的设置，改变节点的排列情况。在下面的程序中，通过参数 layout="matrix"，将图中节点排列在图像窗口的对角线上。运行下面的程序后可获得图 8-23 所示的图像。

```
# 可视化弧形图,节点排列在对角线上
ggraph(karate2, layout="matrix") +
  ## 使用弧线可视化图的边
  geom_edge_arc(edge_colour="black", edge_alpha=0.5, edge_width=0.3,fold=TRUE)+
  ## 可视化图的节点
  geom_node_point(aes(size=size,color=color,fill=color,shape=shape),alpha=0.5)+
  scale_size_continuous(range=c(2,8)) +                  ## 缩放点的大小
  scale_color_manual(values=c("red", "blue")) +          ## 设置颜色
  scale_shape_manual(values=c(15,16))+                   ## 设置形状
  ## 为节点添加标签
  geom_node_text(aes(label=name), angle=90, hjust=1, nudge_y =-1, size=2.3) +
  theme_void() +                                         ## 设置图像的主题
  theme(legend.position="none",plot.margin=unit(c(0,0,0.25,0), "null"),
        panel.spacing=unit(c(0,0,3.4,0), "null"))+
  expand_limits(x = c(-1.2, 1.2), y = c(-5, 1.2))        # 扩大图像的区域
```

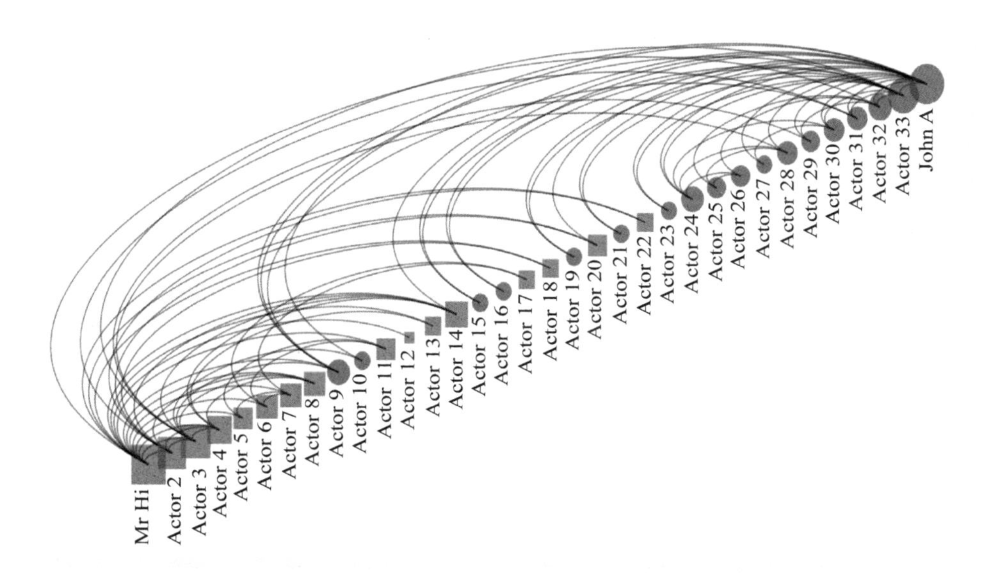

图 8-23　节点在对角线上排列的弧形图

关于特殊图像的可视化基本都离不开 ggplot2 包的使用，由此可见，ggplot2 包在 R 语言数据可视化中相当重要。

8.4 本章小结

本章是 R 语言数据可视化的进阶内容，首先介绍了如何使用 plotly 包可视化可交互的图像和动画，然后介绍了关于 ggplot2 相关拓展包的使用，最后介绍了如何使用相关包可视化圆环条形图和弧形图。R 语言的数据可视化功能非常丰富，更多的关于数据可视化的内容，可以参考其他相关资料。

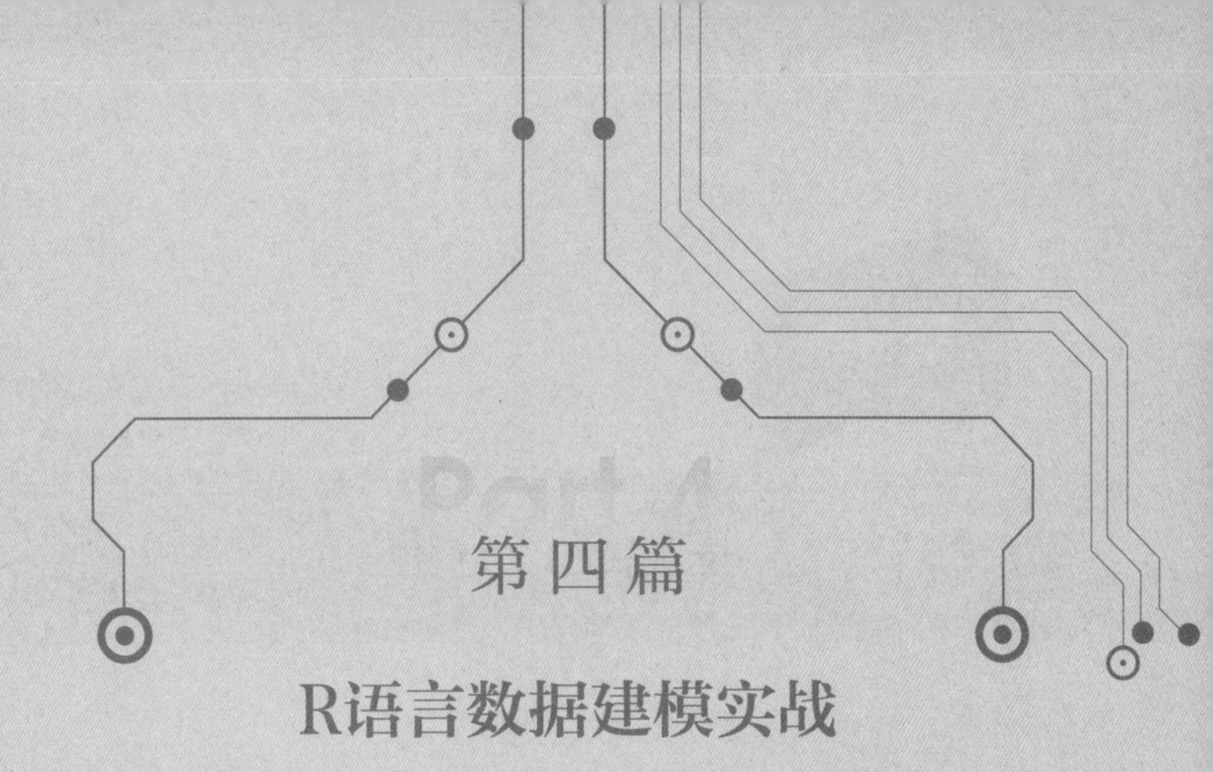

第四篇

R语言数据建模实战

数据建模是数据特征的抽象，它从抽象层次上描述了系统的静态特征、动态行为和约束条件，为数据库系统的信息表示与操作提供了一个抽象的框架。数据建模方法主要分为传统统计学方法与机器学习方法，传统统计学方法在过程中注重推导可靠性，讲究有理有据地得到结果，而机器学习方法则注重结果的有效性——弱化理论的可靠性。数据建模利用各种分析方法对批量数据建立统计模型或机器学习模型，用于揭示数据背后的因素，并做出预测或判断。

在本篇的 R 语言数据建模实战部分，将详细介绍概率分布与抽样、数据描述性统计分析、相关性分析、假设检验、方差分析、多元回归分析、逐步回归分析、逻辑回归、主成分分析、因子分析、多维尺度变换、t-SNE 降维等。希望读者通过本篇内容的学习，能够对 R 语言在数据建模方面有更深刻的认识，有助于提升利用统计方法解决实际问题的能力。

基础统计分析

❖ 本章导读

R 语言是最热门的用于统计分析的开源编程语言之一，它提供了丰富的统计方法和图形库，并且拥有一个庞大的社区用于共享代码和解决方案。本章重点介绍基础的统计分析方法，内容包括随机数的生成、常见分布的密度函数、数据抽样、描述性统计分析、相关性分析、假设检验，以及多因素方差分析和多变量方差分析等。

❖ 知识技能

本章知识技能及实战案例如下所示。

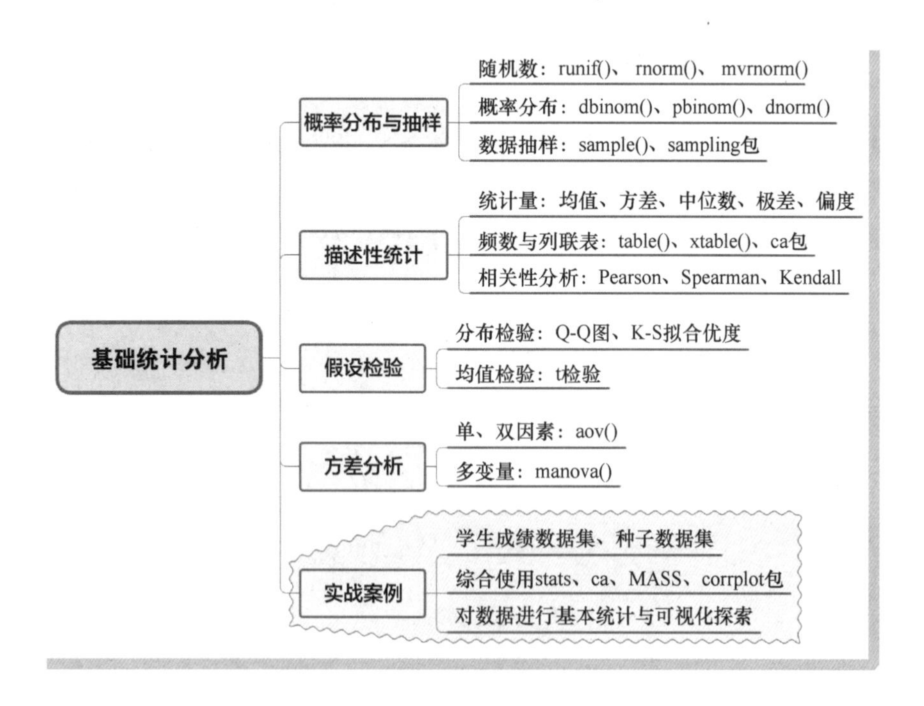

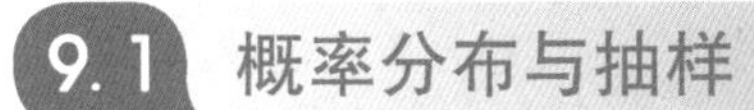

9.1 概率分布与抽样

数据的概率和分布在统计分析中占据核心地位，R 语言提供了很多函数去计算它们，如生成随机数的函数、生成数据密度分布的函数以及数据随机抽样的函数等。本节主要介绍 R 语言在随机数生成、计算数据的概率密度、对数据进行抽样等方面的内容。

9.1.1 随机数生成

随机数生成是模拟必不可少的一个部分，大部分的随机数通常是生成器通过一些算法等产生看起来似乎没有关联性的数列，如丢硬币、丢骰子、洗牌等都是生活中较常见的随机数生成方式。需要注意的是，通过计算机产出的随机数几乎都是伪随机数，并不是真正的随机数，R 语言提供的随机数也是按照一定的算法和种子生成的伪随机数。

（1） 随机数生成函数

R 语言提供了很多生成服从特定分布的随机数的函数，常用的随机数生成函数如表 9-1 所示。

表 9-1　常用的随机数生成函数

分布名称	缩写	生成随机数的 R 函数	分布名称	缩写	生成随机数的 R 函数
Beta 分布	beta	rbeta( )	对数正态分布	lnorm	rlnorm( )
二项分布	binom	rbinom( )	Logistic 分布	logis	rlogis( )
柯西分布	cauchy	rcauchy( )	多项式分布	multinom	rmultinom( )
卡方分布	chisq	rchisq( )	负二项分布	nbiom	rnbiom( )
指数分布	exp	rexp( )	正态分布	norm	rnorm( )
F 分布	f	rf( )	泊松分布	pois	rpois( )
Gamma 分布	gamma	rgamma( )	t 分布	t	rt( )
几何分布	geom	rgeom( )	均匀分布	unif	runif( )
超几何分布	hyper	rhyper( )	Weibull 分布	weibull	rweibull( )

针对表 9-1 所列出的生成服从特定分布的随机数的函数，下面以正态分布为例，介绍相关函数的使用方式，并结合随机数的分布分析其特性。下面是使用 rnorm( ) 函数生成 10 个随机数的程序示例。

```
## 设置随机数种子
set.seed(123)
rnorm(10, mean = 5, sd = 5)
##  [1]  2.197622  3.849113  12.793542  5.352542  5.646439  13.575325  7.304581
##  [8] -1.325306  1.565736  2.771690
```

通过观察可以发现，上面的程序在使用 rnorm( ) 函数生成随机数之前，先使用了 set.seed( ) 函数。该函数的功能是设置生成随机数的种子，从而可以保证后面利用 rnorm( ) 函数生成的随机数是可以重复的。同时在使用 rnorm( ) 函数时，第一个参数指定生成随机数的数量，第二个参数 mean 指定正态分布的均值，第三个参数 sd 指定了正态分布的标准差。

（2）一元正态分布

R 语言基础包自带的正态分布随机数生成函数 rnorm( )，只能生成一元正态分布随机数，不能生成多元正态分布随机数。下面使用 rnorm( ) 函数生成两个服从正态分布的随机数，并将它们的数据分布情况使用密度曲线进行可视化。运行下面的程序后可获得图 9-1 所示的图像。

```
## 一元正态分布
x1 <-rnorm(2000, mean = 0, sd = 1)          # 均值为 0,标准差为 1
x2 <-rnorm(2000, mean = 5, sd = 5)          # 均值为 5,标准差为 5
## 可视化正态分布数据的分布情况
library(ggplot2)
library(gridExtra)
p1<-ggplot()+geom_density(aes(x1),fill="red",alpha=0.4)+
  labs(x="",title = "正态分布 N~(0,1)")
p2 <-ggplot()+geom_density(aes(x2),fill="red",alpha=0.4)+
  labs(x="",title = "正态分布 N~(0,5^2)")
grid.arrange(p1,p2,nrow = 1)
```

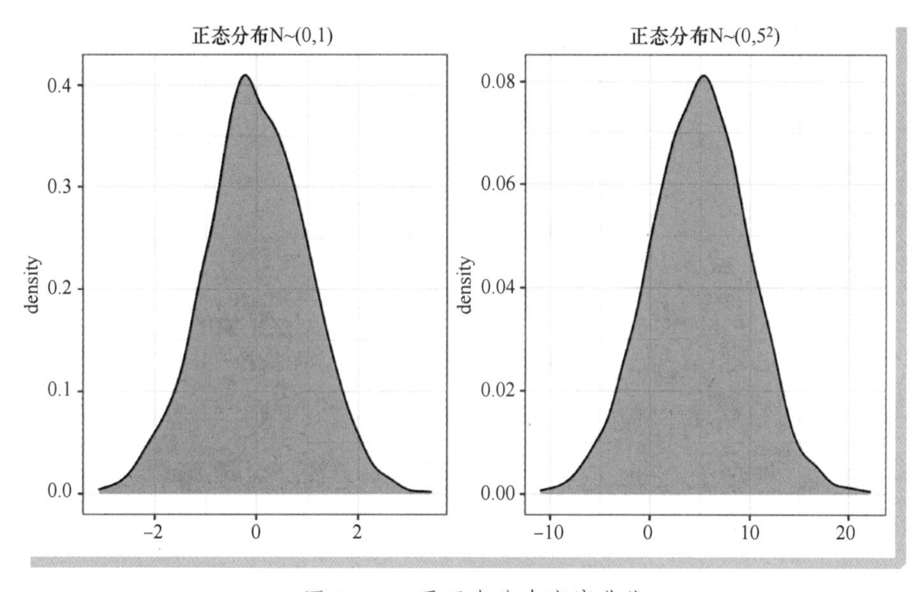

● 图 9-1　一元正态分布密度曲线

图 9-1 中的两个正态分布随机数生成函数，分别是服从 N(0,1) 和 N(0,5^2) 的正态分布。

（3）多元正态分布

多元正态分布随机数的生成需要使用 MASS 包中的 mvrnorm( ) 函数，使用时需要指定均值向量参数 mu 和协方差矩阵参数 Sigma。下面的程序使用 mvrnorm( ) 函数生成包含 1000 个样本，并且服从均值为$\begin{pmatrix}0\\4\end{pmatrix}$、协方差矩阵为$\begin{pmatrix}10 & 3\\3 & 4\end{pmatrix}$的二元正态分布随机数，同时为了观察随机数的分布情况，使用散点图和二维密度曲线将生成的数据进行了可视化。运行程序后可获得图 9-2 所示的可视化图像。

```
## 生成多元正态分布
library(MASS);library(corpcor);library(plotly);library(scatterplot3d)
```

```
## 生成二元正态分布并可视化
set.seed(123)
sigma2 = matrix(c(10,3,3,4),2,2)
norm2d <-mvrnorm(n=1000,mu=c(0,4),Sigma = sigma2)
norm2df <- as.data.frame(norm2d)
colnames(norm2df) <- c("x","y")
## 可视化二维正态分布数据
ggplot(norm2df,aes(x=x,y=y))+geom_point(colour="red",size = 1)+
  geom_density2d()+coord_equal()+labs(title = "二元正态分布")
```

由图 9-2 可以看出，数据在均值指定的位置分布更加的密集，因为第一维的方差为 10，大于第二维度的方差 4，所以在 *X* 轴的分布比 *Y* 轴更加分散。

针对三元正态分布生成需要指定一个长度为 3 的均值向量，以及 3×3 的协方差矩阵。下面的程序通过利用 corpcor 包中的 make.positive.definite( ) 函数，生成一个与指定协方差矩阵接近的正定矩阵，从而可以保证正确地生成 1000 个服从三元正态分布的随机数，针对生成的随机数（norm3d），可以利用 3D 散点图进行可视化，运行程序后获得的图像如图 9-3 所示。

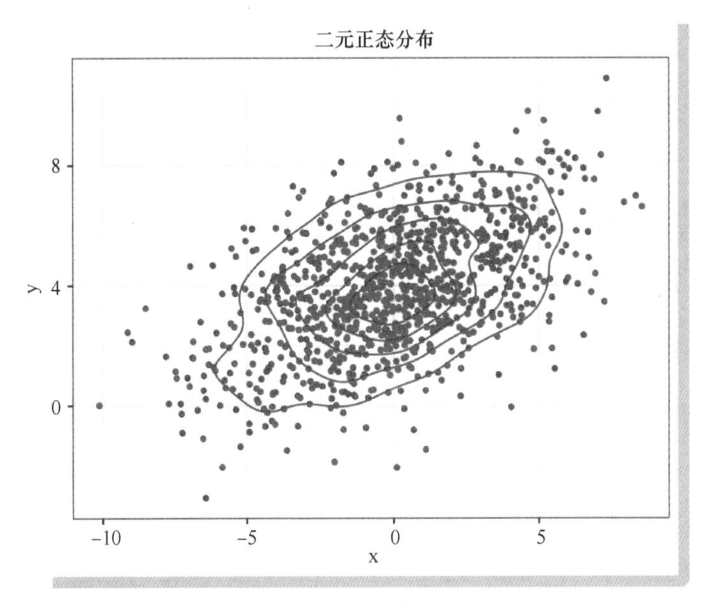

● 图 9-2　二元正态分布散点图与密度曲线

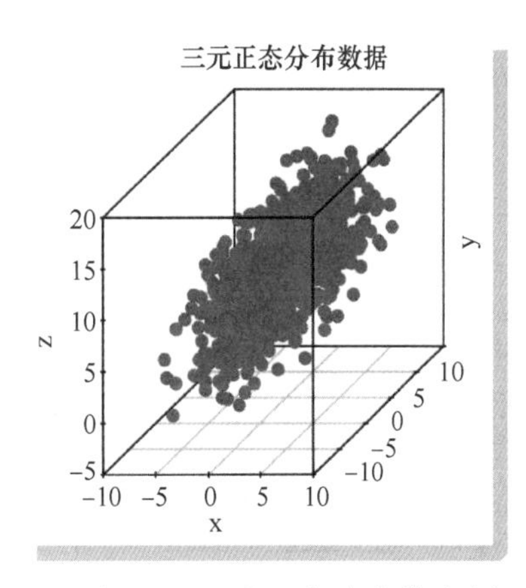

● 图 9-3　三元正态分布散点图

```
## 生成三元正态分布并可视化
set.seed(123)
sigma3 = matrix(c(10,2,4,2,10,8,4,8,10),3,3)                # 3 个变量的协方差矩阵
sigma3 <- make.positive.definite(sigma3)                    # 生成一个正定的矩阵
norm3d <-mvrnorm(n=1000,mu=c(0,4,8),Sigma = sigma3)
norm3df <- as.data.frame(norm3d)
colnames(norm3df) <- c("x","y","z")
## 可视化三维正态分布数据
par(family = "STKaiti",pty = "s")
scatterplot3d(norm3df[,1:3],color="red",pch = 16,           # 设置点的颜色和形状
```

```
    grid = TRUE,col.grid = "grey",                  # 设置网格线
    angle = 45,main = "三元正态分布数据")
```

三元正态分布数据在三维空间中的分布情况类似一个椭圆球。

9.1.2 概率分布

在概率论中，每一种数据分布都分别对应一个概率密度（质量）函数、分布函数与分位数函数（离散概率分布族对应于概率质量函数，连续概率分布族对应于概率密度函数）。不同类型的函数在R语言中使用不同的前缀表示，和在前面生成随机数的函数中使用r开头相似，d表示对应分布的概率密度（质量）函数（d为density的缩写），p表示对应分布的分布函数（分布函数的结果为概率，p为probability的缩写），q表示对应分布的分位数（q为quantile的缩写）。

离散概率分布族：分布函数的值域是离散的。常见分布有伯努利分布、二项式分布、几何分布、超几何分布、负二项分布、泊松分布、离散均匀分布等。

连续概率分布族：分布函数的值域是可导的（连续的）。常见分布有均匀分布、正态分布、Gamma分布、Beta分布、柯西分布、对数正态分布等。

R语言中常用的概率分布相关函数如表9-2所示。

表 9-2 R语言中常用的概率分布相关函数

类型	分布名称	R语言函数	概率密度（质量）函数
离散概率分布族	二项式分布 Binomial(n,p)	dbinom(x, size=n, prob=p) pbinom(q, size=n, prob=p) qbinom(p, size=n, prob=p) rbinom(n, size=n, prob=p)	$P(X=k)=\binom{n}{k}p^k(1-p)^{n-k}$
	负项式分布 Negative Binomial(n,p)	dnbinom(x, size=n, prob=p) pnbinom(q, size=n, prob=p) qnbinom(p, size=n, prob=p) rnbinom(n, size=n, prob=p)	$P(X=k)=\binom{x+n-1}{n-1}p^n(1-p)^x$
	几何分布 Geometric(p)	dgeom(x, prob=p) pgeom(q, prob=p) qgeom(p, prob=p) rgeom(n, prob=p)	$P(X=k)=p(1-p)^{k-1}$
	超几何分布 Hyper-geometric(m,n,k)	dhyper(x, m=m, n=n, k=k) phyper(q, m=m, n=n, k=k) qhyper(p, m=m, n=n, k=k) rhyper(nn, m=m, n=n, k=k)	$P(x)=\frac{\binom{m}{x}\binom{n}{k-x}}{\binom{m+n}{k}}$
	泊松分布 Poisson(λ)	dpois(x, lambda=λ) ppois(q, lambda=λ) qpois(p, lambda=λ) rpois(n, lambda=λ)	$P(X=k)=\frac{e^{-\lambda}\lambda^k}{k!}$
连续概率分布族	正态分布 Normal(μ,σ^2)	dnorm(x,mean=μ,sd=σ) pnorm(q,mean=μ,sd=σ) qnorm(p,mean=μ,sd=σ) rnorm(n,mean=μ,sd=σ)	$f(x)=\frac{1}{\sigma\sqrt{2\pi}}e^{-\frac{(x-\mu)^2}{2\sigma^2}}$

（续）

类型	分布名称	R 语言函数	概率密度（质量）函数
连续概率分布族	均匀分布 Uniform(a,b)	dunif(x, min = a, max = b) punif(q, min = a, max = b) qunif(p, min = a, max = b) runif(n, min = a, max = b)	$f(x)=\frac{1}{b-a},a\leqslant x\leqslant b$
	伽马分布 Gamma(α,β)	dgamma(x, shape=α, rate =β) pgamma(q, shape=α, rate =β) qgamma(p, shape=α, rate =β) rgamma(n, shape=α, rate=β)	$f(x)=\frac{x^{(\alpha-1)}e^{\left(-\frac{1}{\beta}x\right)}}{\beta^{\alpha}\Gamma(\alpha)}$ $x>0$
	指数分布 Exponential(λ)	dexp(x, rate = λ) pexp(q, rate = λ) qexp(p, rate = λ) rexp(n, rate = λ)	$f(x;\lambda)=\lambda e^{-\lambda x},x\geqslant 0$
	贝塔分布 Beta(α,β)	dbeta(x,shape1=α,shape2=β,ncp=0) pbeta(q,shape1=α,shape2=β, ncp=0) qbeta(p,shape1=α,shape2=β, ncp=0) rbeta(n,shape1=α,shape2=β, ncp=0)	$f(x;\alpha,\beta)=$ $\frac{\Gamma(\alpha+\beta)}{\Gamma(\alpha)\Gamma(\beta)}x^{\alpha-1}(1-x)^{\beta-1}$
	柯西分布 Cauchy(x_0,γ)	dcauchy(x, location=x_0,scale=γ) pcauchy(q, location=x_0,scale=γ) qcauchy(p, location=x_0,scale=γ) rcauchy(n, location=x_0,scale=γ)	$f(x;x_0,\gamma)=$ $\frac{1}{\pi\gamma\left(1+\left(\frac{x-x_0}{\gamma}\right)^2\right)}$
	F 分布 F(d_1,d_2,λ)	df(x, df1=d_1, df2=d_2, ncp=λ) pf(q, df1=d_1, df2=d_2, ncp=λ) qf(p, df1=d_1, df2=d_2, ncp=λ) rf(n, df1=d_1, df2=d_2, ncp=λ)	$f(x;d_1,d_2)=$ $\frac{\sqrt{\frac{(d_1x)^{d_1}d_2^{d_2}}{(d_1x+d_2)^{d_1+d_2}}}}{xB\left(\frac{d_1}{2},\frac{d_2}{2}\right)}$
	t 分布 Student(n,t)	dt(x, df=n, ncp) pt(q, df=n, ncp) qt(p, df=n, ncp) rt(n, df=n, ncp)	$f(x)=$ $\frac{\Gamma\left(\frac{n+1}{2}\right)}{\sqrt{n\pi}\Gamma\left(\frac{n}{2}\right)}\left(1+\frac{x^2}{n}\right)^{-\frac{n+1}{2}}$
	对数正态分布 Log- Normal(μ,σ^2)	dlnorm(x, meanlog = μ, sdlog = σ) plnorm(q, meanlog = μ, sdlog = σ) qlnorm(p, meanlog = μ, sdlog = σ) rlnorm(n, meanlog = μ, sdlog = σ)	$f(x)=\frac{1}{\sigma\sqrt{2\pi}}e^{-\frac{(\ln(x)-\mu)^2}{2\sigma^2}}$
	多元正态分布	mvrnorm(n, mu=μ, Sigma=Σ)	$f(x_1,\cdots,x_k)=$ $\frac{1}{\sqrt{(2\pi)^k\lvert\Sigma\rvert}}e^{-\frac{1}{2}(x-\mu)^T\Sigma^{-1}(x-\mu)}$

对于表 9-2 中所列出的一些概率分布函数，在不同参数取值下，将生成的概率密度（质量）函数的曲线进行可视化。由于使用的程序高度相似，在此就不再一一列出，详细的可视化程序可在附赠的资源中查看。离散分布的概率质量函数曲线如图 9-4 所示，连续分布的概率密度函数曲线如图 9-5 所示。

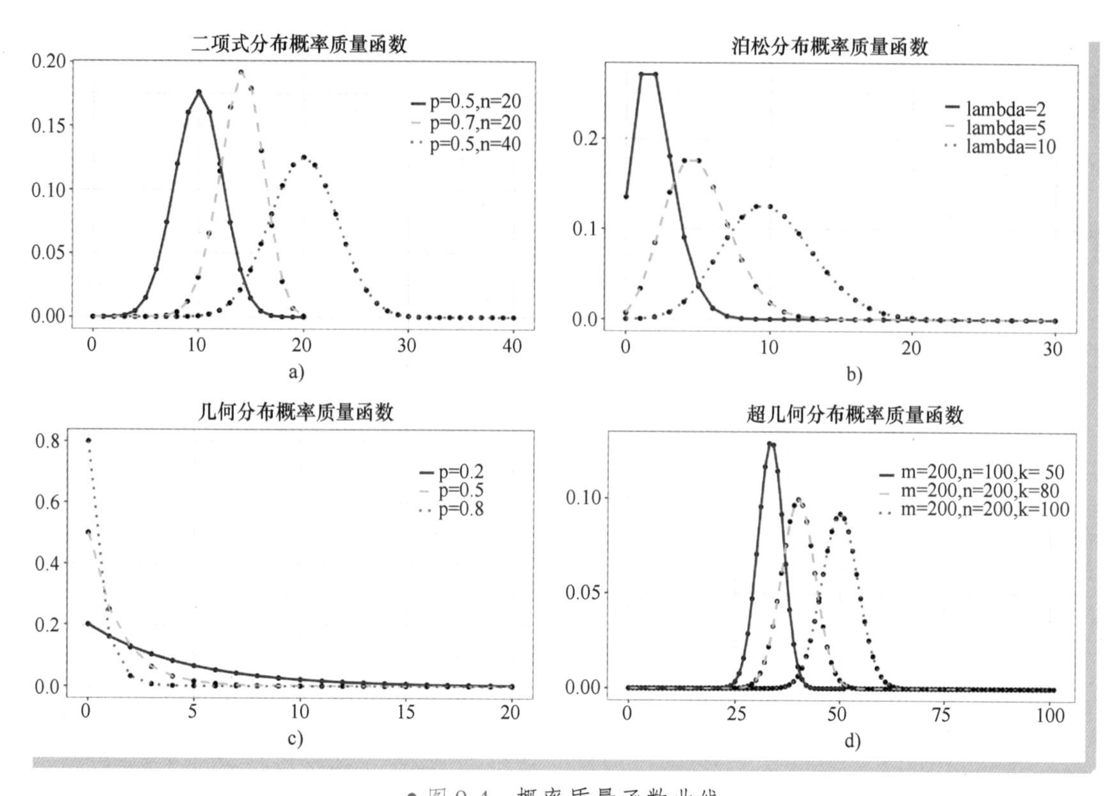

● 图 9-4 概率质量函数曲线

a）二项式分布 b）泊松分布 c）几何分布 d）超几何分布

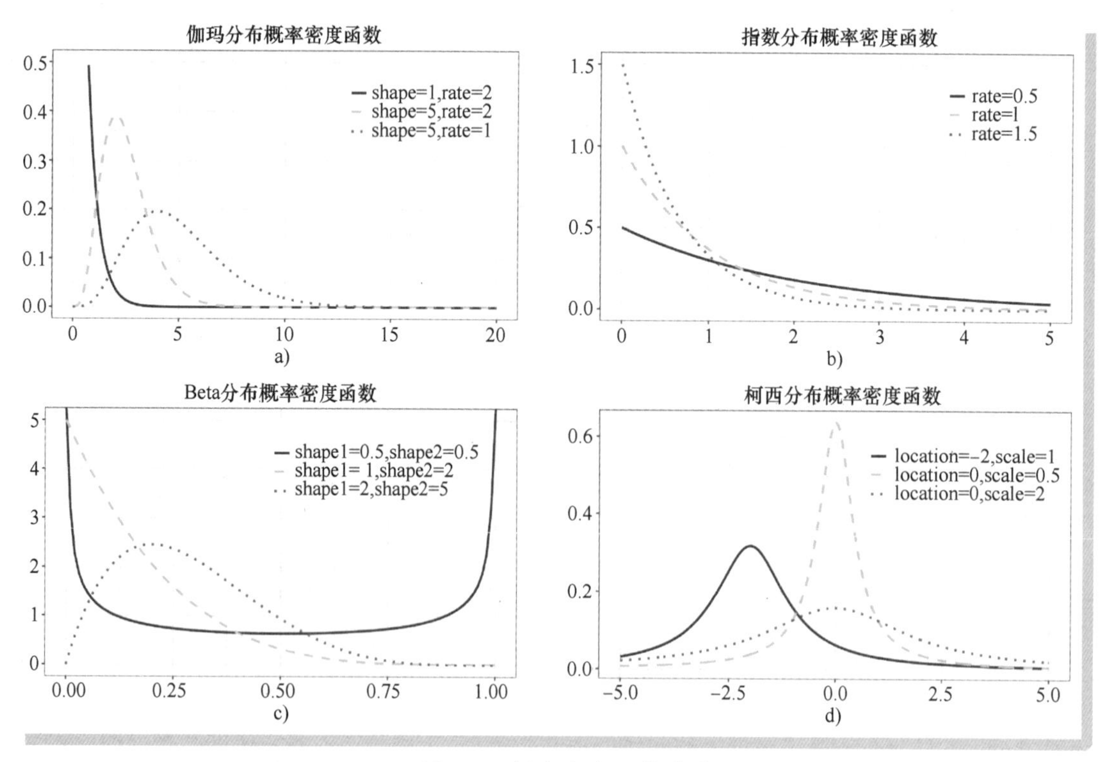

● 图 9-5 概率密度函数曲线

a）伽玛分布 b）指数分布 c）Beta 分布 d）柯西分布

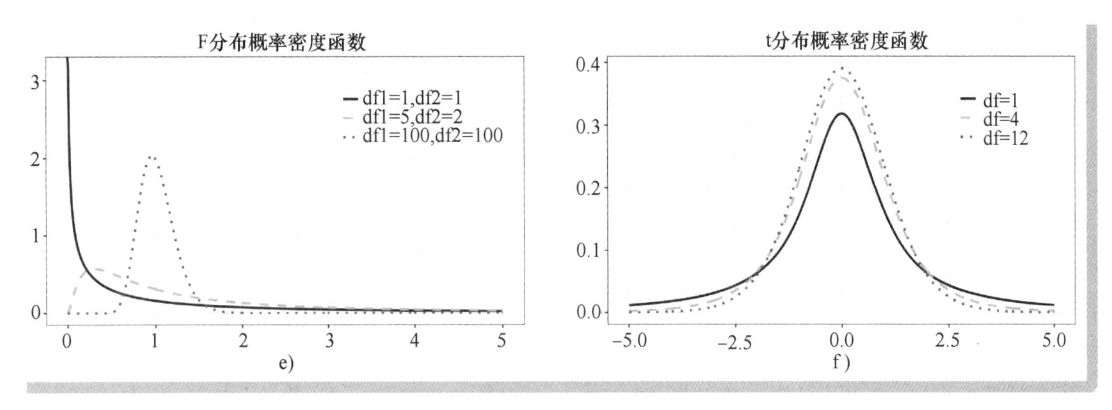

● 图 9-5　概率密度函数曲线（续）

e）F 分布　f）t 分布

9.1.3　数据抽样

在统计学习中，抽样是一种推论统计方法。它是指从目标总体中抽取一部分个体作为样本，通过观察样本的单一或多个属性，依据所获得的数据对总体的数量特征得出具有一定可靠性的估计判断，从而达到对总体的认识。本小节重点关注如何使用 R 语言对数据进行抽样，忽略对抽样数据的统计推断与分析的过程，内容包括如何使用 R 语言对数据进行简单随机抽样、分层抽样以及整群抽样。

数据抽样时还涉及抽样方式是否有放回抽样，有放回抽样表示总体中的每个个体都有机会被多次抽取，无放回抽样表示总体中的每个个体只可能被抽取一次。

（1）简单随机抽样

简单随机抽样也叫纯随机抽样。从总体 N 个单位中随机地抽取 n 个单位作为样本，使得每一个样本都有相同的概率被抽中。特点是：每个样本单位被抽中的概率相等，样本的每个单位完全独立，彼此间无一定的关联性和排斥性。简单随机抽样是其他各种抽样形式的基础。通常是在总体单位之间差异程度较小和数目较少时，才采用这种方法。下面介绍 R 语言中几种简单随机抽样的方法。

R 语言中的 sample( ) 函数可以完成对数据的简单随机抽样，同时该函数还使用一个 replace 参数，控制是否进行有放回的随机抽样。当 replace = FALSE 时，表示总体中的元素是不放回的简单随机抽样，当 replace = TRUE 时，表示总体中的元素是放回的简单随机抽样。而且使用 sample( ) 函数中的 prob 参数，可以为总体中的每个样本指定被抽中的概率。下面的程序展示了从向量 x 中进行不同方式的抽样。

```
## 使用 sample()函数从一个向量中进行随机抽样
set.seed(123)                              # 设置随机数种子保证生成随机数是可重复的
x <- c(1:10) * 0.5
sample(x,size = 8,replace = FALSE)         # 元素不放回随机抽样
## [1] 1.5 5.0 1.0 4.0 3.0 4.5 0.5 3.5
sample(x,size = 8,replace = TRUE)          # 元素放回随机抽样
## [1] 3.0 4.5 5.0 2.5 1.5 4.5 4.5 4.5
#指定每个元素被抽到的概率
```

```
sample(x,size = 8,replace = TRUE,prob = c(0.5,0.5,rep(0,8)))
## [1] 0.5 0.5 0.5 0.5 1.0 1.0 0.5 0.5
```

从输出的结果可以发现，replace = FALSE 时抽取的样本没有重复元素，replace = TRUE 时抽取的样本有重复元素，指定 prob 参数后抽取的样本中只有 0.5 和 1.0 两种取值。

如果想要从 1:n 中抽取一组随机整数，可以使用 sample.int( )函数，其使用方式和 sample( )相似，示例程序如下所示。

```
## 从 1:n 中抽取一组随机整数
sample.int(n = 10,size = 10,replace = FALSE)          # 元素不重复随机抽样
##  [1]  3  4  6  1 10  5  9  8  2  7
sample.int(n = 10,size = 10,replace = TRUE)           # 元素可重复随机抽样
##  [1]  7  9  9 10  7  5  7  5  6  9
```

(2) 系统抽样

系统抽样也叫等距抽样。将总体中的所有单位按一定顺序排列，在规定的范围内随机地抽取一个单位作为初始单位，然后按事先规定好的规则确定其他样本单位。例如：先从数字 1 到 k 之间随机抽取一个数字 r 作为初始单位，以后依次取 $r+k$、$r+2k$……单位。这种方法操作简便，可提高估计的精度。系统抽样可以使用 sampling 包中的 UPsystematic( )函数来完成抽样。

下面使用一个真实的数据集，展示如何使用 sampling 包对数据进行系统抽样。首先导入数据并查看数据的基本情况，从 head( )和 table( )等函数的输出中可知，该数据有两个离散变量 group 和 region，一个连续变量 income。

```
library(sampling)
library(dplyr)
## 准备待使用的数据集
sampdata <- read.csv("data/chap9/抽样数据.csv")
head(sampdata)
##    group    region    income
## 1  groupA      1     974.47844
## 2  groupA      1     496.02964
## 3  groupA      1      95.28676
## 4  groupA      1     858.02824
## 5  groupA      1     895.35515
## 6  groupA      1      98.35588
table(sampdata$group)
## groupA   groupB
##    265     145
table(sampdata$region)
##  1    2    3
## 230  110  70
```

使用 UPsystematic( )函数对数据进行系统抽样前，可以先使用 inclusionprobabilities( )函数计算在抽样一定的样本量时，每个数据样本的抽中概率。针对使用 UPsystematic( )函数获取的抽样结果，可以通过 getdata( )函数从数据集中获取所抽取的样本，系统抽样过程使用的程序和输出结果如下所示。

```
## 系统抽样
n = 30                                    # 抽样的数量
```

```
## 计算抽取 30 个样本时,每个样本的抽中概率
pik <- inclusionprobabilities(1:nrow(sampdata),n = n)
sum(pik)                                    # 概率的合计为抽取样本数
## [1] 30
## 进行系统抽样
s30 <-UPsystematic(pik)
## 从数据中获取抽取的样本
res <-getdata(sampdata,s30)
res
##     ID_unit   group    region      income
## 71      71    groupA      1       214.73717
## 103    103    groupA      1        70.65805
...
## 396    396    groupB      2       665.01278
## 403    403    groupB      2       267.92268
## 410    410    groupB      2       869.37212
s30
##[1] 0 0 0 0 0 0 0 0 0 0 0 0 0 0 0 0 0 0 0 0 0 0 0 0 0 0 0 0 0 0 0 0 0 0 0 0 0
##[38] 0 0 0 0 0 0 0 0 0 0 0 0 0 0 0 0 0 0 0 0 0 0 0 0 0 0 0 0 0 0 0 0 0 1 0 0
##[75] 0 0 0 0 0 0 0 0 0 0 0 0 0 0 0 0 0 0 0 0 0 0 0 0 0 0 0 0 1 0 0 0 0 0 0 0
...
```

（3）分层抽样

分层抽样是指将抽样单位按某种特征或某种规则划分为不同的层，然后从不同的层中独立、随机地抽取样本。从而保证了样本的结构与总体的结构比较相近，以提高估计的精度。

R 语言的 sampling 包中也提供了可进行分层抽样的函数 strata( )，该函数的使用方式如下：

```
strata(data,stratanames=NULL,size,method=c("srswor","srswr","poisson",
       "systematic"),pik,description=FALSE)
```

其中：data 参数表示待抽样的数据集；stratanames 参数表示对数据分层所依据的变量名称；size 参数用于设置各层中将要抽出的观测样本数，其顺序应当与数据集中该变量各水平出现顺序一致；method 参数表示可选的 4 种抽样方法：srswor（无放回）、srswr（有放回）、poisson（泊松）、systematic（系统抽样），默认情况下取 srswor。

下面展示，对数据集 sampdata 根据变量 group 的取值进行分层抽样的程序，并且每个分组中抽取 100 个样本，程序如下。

```
##无放回的分层抽样
res1 <- strata(sampdata,stratanames = "group",
            size = c(100,100),          # 指定每组的抽样数量
            method = "srswor")          # 无放回的分层抽样
head(res1)
##    group   ID_unit    Prob     Stratum
## 4  groupA      4    0.3773585      1
## 5  groupA      5    0.3773585      1
## 6  groupA      6    0.3773585      1
## 13 groupA     13    0.3773585      1
```

```
## 16  groupA    16   0.3773585    1
## 17  groupA    17   0.3773585    1
```

抽样结果输出 res1 中的变量分别为：原始数据的 group 变量，每个样本在原始数据中的行索引 ID_unit，样本被选中的概率 Prob；样本所属的层 Stratum。针对 res1 仍然可以通过 getdata( ) 函数获取数据的抽样结果，从下面的输出结果中可知 groupA 和 groupB 各有 100 个样本。

```
res1data <-getdata(sampdata,res1)          # 获取抽中的样本数据
head(res1data)
##    region   income     group   ID_unit    Prob     Stratum
## 4      1    858.02824  groupA     4     0.3773585     1
## 5      1    895.35515  groupA     5     0.3773585     1
## 6      1    98.35588   groupA     6     0.3773585     1
## 13     1    676.21970  groupA    13     0.3773585     1
## 16     1    355.92831  groupA    16     0.3773585     1
## 17     1    194.64192  groupA    17     0.3773585     1
table(res1data$group)
## groupA  groupB
##    100    100
```

对数据框 sampdata，根据变量 group 和 region 进行分层抽样的程序如下所示。在程序中，数据框 sampdata 根据变量 group 和 region 的取值重新排序。由于 groupA 和 3 组合下的样本数为 0，所以利用 strata( ) 函数进行分层抽样时，参数 size 可以忽略第 3 个组合的抽样数量，并且使用的抽样方法参数 method = "srswr"，表示有放回的抽样方式。从最终的输出结果中可知，res2data 即为抽样获得的数据集。

```
## 根据两个分组变量进行分层抽样,有放回
sampdata2 <- sampdata %>% arrange(group,region)          # 数据框根据两个变量重新排序
table(sampdata2$group,sampdata2$region)                 # 查看两个变量的频数
##
##           1    2    3
##  groupA  200   65    0
##  groupB   30   45   70
res2 <- strata(sampdata2,stratanames = c("group","region"),
               size = c(50,30,30,15,10),                # 第三个数据组合为 0
               method = "srswr")                        # 有放回的分层抽样
res2data <-getdata(sampdata2,res2)                      # 获取抽中的样本数据
table(res2$group,res2$region)
##          1  2  3
##  groupA 50 30  0
##  groupB 30 15 10
table(res2data$group,res2data$region)
##          1  2  3
##  groupA 50 30  0
##  groupB 30 15 10
```

(4) 整群抽样

整群抽样是将总体中若干个单位合并为组，抽样时直接抽取群，然后对抽中群中的所有单位全部实施调查。抽样时只需群的抽样框，优点是可简化工作量，缺点是估计的精度较差。可以使用

sampling 包中的 cluster( ) 函数完成整群抽样。

针对无放回的整群抽样可以使用下面的程序来完成。程序中，根据 region 变量的取值进行分群，并且抽取数据中的 2 个群。从结果中可知，region 取值为 1 和 3 的两个群被抽中。

```
##无放回的整群抽样
set.seed(123)
res3 <- cluster(sampdata,clustername = "region",
                size = 2,                  # 根据种群变量抽取其中的两个种群
                method = "srswor")         # 无放回的整群抽样
table(res3$region)
##  1   3
## 230  70
```

下面的程序是对数据框 sampdata 进行有放回的整群抽样，程序中同样根据 region 变量的取值进行分群，并且抽取数据中的 2 个群。从结果中可知，region 取值为 2 的 1 个群被抽中，由于是有放回的抽样方式，所以同一群体可以被抽取两次。

```
#有放回的整群抽样
set.seed(123)
res4 <- cluster(sampdata,clustername = "region",
                size = 2,                  # 根据种群变量抽取其中的两个种群
                method = "srswr")          # 有放回的整群抽样
table(res4$region)
##  2
## 110
```

前面介绍了如何使用 R 语言对数据进行简单随机抽样、系统抽样、分层抽样和整群抽样，在使用时需要结合具体的应用场景采取合适的抽样方式。

9.2 数据描述性统计

数据描述统计是统计分析的基本内容，注重对数据基本属性的表达。本节讨论如何使用 R 语言对数据进行描述汇总，以及计算数据的频数和列联表分析等。

9.2.1 数据的变量类型

待分析的数据千奇百怪，根据数据的类型和所表达的信息粒度，可以将数据变量分为以下几种。

1）定性变量：通常是指离散的分类变量，并且每个类别之间没有顺序或者大小的关系，如性别、血型、岩石的类型等。定性变量对应 R 语言中的无序因子变量。

2）有序变量：通常是指离散的分类变量，并且每个类别之间有顺序或者大小关系，如调查的满意程度：非常满意、满意、正常、不满意；考试成绩的优、良、中、差等。定性变量对应 R 中的有序因子变量。

3）离散的定量变量：通常是指数据之间有一定的次序，数据的取值具有一定的数量，但是不能明确地解释两个数据之间差值的意义。离散的定量变量通常可以使用 R 中的整数表示，如一个城市的企业数量只能是整数个，不能是 0.5 个等。

4）连续的定量变量：通常是指数据之间有一定的次序、几乎可以取任意值，而且能明确地解释两个数据之间差值的意义，如身高、体重等。连续的定量变量通常可以使用 R 中的数值型数据表示。

R 语言中使用 factor( )或者 as.factor( )函数，可以表示定性变量与有序变量数据，使用 as.integer( )函数可以表示离散的定量变量数据，使用 as.double( )函数可以表示连续的定量变量数据。相关函数的使用示例如下。

```
## 定性变量
factor(c("A","B","C"))
##[1] A B C
## Levels: A B C
as.factor(c("A","B","C"))
##[1] A B C
## Levels: A B C
## 有序变量,使用 levels 参数指定等级
factor(c("A","B","C"),levels = c("C","B","A"),ordered = TRUE)
##[1] A B C
## Levels: C < B < A
## 使用 as.ordered()函数获取有序变量
as.ordered(factor(c("A","B","C"),levels = c("B","C","A")))
##[1] A B C
## Levels: B < C < A
```

注意：定性变量中的 A、B、C 是没有顺序的，而有序变量中的 A、B、C 是有顺序的。

```
## 离散的定量变量
as.integer(c(sample(10,8)))
##[1]  3 10  2  8  6  9  1  7
## 连续的定量变量
as.double(rnorm(6))
##[1]  0.4609162 -1.2650612 -0.6868529 -0.4456620  1.2240818  0.3598138
```

9.2.2 数据描述汇总

数据描述是通过分析数据的统计特征，加深对数据的理解，进而使用合适的统计分析或机器学习方法挖掘数据潜在的信息。数据描述主要有数据的集中位置、离散程度、偏度和峰度等。

描述数据集中位置的统计量主要有均值和中位数等；描述数据离散程度的统计量主要有方差、标准差、中位数绝对偏差、变异系数、四分位数和极差等。常用的描述统计量的计算公式和对应的 R 语言函数如表 9-3 所示。

表 9-3　常用的描述统计量的计算公式和对应的 R 语言函数

名　称	计 算 公 式	R 语言函数
均值	$\bar{x} = \frac{1}{n}\sum_{i}^{n} x_i$	mean(x)
中位数	/	median(x)
方差	$\sigma^2 = \frac{1}{n}\sum_{i}^{n}(x_i - \bar{x})^2$	var(x)

（续）

名　称	计算公式	R 语言函数
标准差	$\sigma = \sqrt{\frac{1}{n}\sum_i^n (x_i - \bar{x})^2}$	sd(x)
中位数绝对偏差	$\frac{1}{n}\sum_i^n \lvert x_i - Median_x \rvert$	mad(x)
变异系数	$\sigma/\bar{x}$	sd(x)/mean(x)
四分位数	/	quantilt(x)、fivenum(x)
极差	max(*x*)-min(*x*)	max(*x*)-min(*x*)
极值	max(*x*),min(*x*)	range(x)
偏度	$\frac{\frac{1}{n}\sum_i^n (x_i - \bar{x})^3}{\left(\frac{1}{n}\sum_i^n (x_i - \bar{x})^2\right)^{3/2}}$	skewness(x)
峰度	$\frac{\frac{1}{n}\sum_i^n (x_i - \bar{x})^4}{\left(\frac{1}{n}\sum_i^n (x_i - \bar{x})^2\right)^{2}} - 3$	kurtosis(x)

针对表 9-3 所列出的一些关于数据描述的统计量，下面使用鸢尾花数据介绍如何进行相应的统计量计算。

1）数据集中趋势：数据集中趋势可以使用数据变量的均值、中位数等进行表示，计算 iris 数据中 4 个数值变量的均值可使用 mean()函数，计算中位数可以使用 median()函数，程序如下所示。

```
data("iris")
## 均值
apply(iris[,c(1:4)],2,mean)
## Sepal.Length  Sepal.Width  Petal.Length  Petal.Width
##    5.843333     3.057333     3.758000     1.199333
## 中位数
apply(iris[,c(1:4)],2,median)
## Sepal.Length  Sepal.Width  Petal.Length  Petal.Width
##        5.80         3.00         4.35         1.30
```

2）数据离散程度：数据离散程度可以使用方差、标准差、中位数绝对偏差、变异系数、四分位数、极值等统计量进行表示，相应的计算程序如下所示。

```
## 方差
apply(iris[,c(1:4)],2,var)
## Sepal.Length  Sepal.Width  Petal.Length  Petal.Width
##    0.6856935    0.1899794    3.1162779    0.5810063
## 标准差
apply(iris[,c(1:4)],2,sd)
## Sepal.Length  Sepal.Width  Petal.Length  Petal.Width
##    0.8280661    0.4358663    1.7652982    0.7622377
## 中位数绝对偏差
```

```
apply(iris[,c(1:4)],2,mad)
## Sepal.Length  Sepal.Width  Petal.Length  Petal.Width
##     1.03782      0.44478      1.85325      1.03782
## 变异系数、标准差/均值越大,说明数据越分散
apply(iris[,c(1:4)],2,sd) / apply(iris[,c(1:4)],2,mean)
## Sepal.Length  Sepal.Width  Petal.Length  Petal.Width
##    0.1417113    0.1425642    0.4697441    0.6355511
## 四分位数
apply(iris[,c(1:4)],2,quantile)
##      Sepal.Length Sepal.Width Petal.Length Petal.Width
## 0%            4.3         2.0         1.00         0.1
## 25%           5.1         2.8         1.60         0.3
## 50%           5.8         3.0         4.35         1.3
## 75%           6.4         3.3         5.10         1.8
## 100%          7.9         4.4         6.90         2.5
apply(iris[,c(1:4)],2,fivenum)
##      Sepal.Length Sepal.Width Petal.Length Petal.Width
## [1,]          4.3         2.0         1.00         0.1
## [2,]          5.1         2.8         1.60         0.3
## [3,]          5.8         3.0         4.35         1.3
## [4,]          6.4         3.3         5.10         1.8
## [5,]          7.9         4.4         6.90         2.5
## 极值
apply(iris[,c(1:4)],2,range)
##      Sepal.Length Sepal.Width Petal.Length Petal.Width
## [1,]          4.3         2.0          1.0         0.1
## [2,]          7.9         4.4          6.9         2.5
```

3）数据偏度和峰度：偏度（skewness）也称为偏态系数，是用于衡量分布的不对称程度或偏斜程度的指标。正态分布也叫无偏分布，其偏度=0；右偏分布也叫正偏分布，其偏度>0；左偏分布也叫负偏分布，其偏度<0。

峰度（kurtosis）又称峰态系数，是用来衡量数据尾部分散度的指标，峰度反映了峰部的尖度。当数据为正态分布时，峰度近似等于 3。与正态分布相比较，当峰度大于 3 时，数据中含有较多远离均值的极端数据，即数据分布具有平峰厚尾性；当峰度小于 3 时，表示均值两侧的极端数值较少，即数据的分布具有尖峰细尾性。偏度和峰度都可以使用 moments 库进行计算。

```
## 偏度和峰度,可以使用 moments 库进行计算
library(moments)
## 偏度
apply(iris[,c(1:4)],2,skewness)
## Sepal.Length  Sepal.Width  Petal.Length  Petal.Width
##    0.3117531    0.3157671    -0.2721277   -0.1019342
##峰度
apply(iris[,c(1:4)],2,kurtosis)
## Sepal.Length  Sepal.Width  Petal.Length  Petal.Width
##    2.426432     3.180976      1.604464      1.663933
```

4）分组数据的描述统计：先将数据变量根据离散的分类变量分成不同的组，然后计算每组相应

的统计量，对数据进行比较分析等。针对这种情况可以使用 aggregate( ) 函数，该函数可以通过参数 by 指定一个分组变量，使用参数 FUN 指定数据使用的统计量计算函数。下面的程序中，展示了将 iris 数据中的 4 个数值变量，根据一个分组或两个分组，计算分组后均值的计算方式。

```
## 对分组数据进行描述统计
aggregate(iris[,c(1:4)],by = list(Species = iris$Species),FUN = "mean")
##      Species Sepal.Length Sepal.Width Petal.Length Petal.Width
## 1     setosa        5.006       3.428        1.462       0.246
## 2 versicolor        5.936       2.770        4.260       1.326
## 3  virginica        6.588       2.974        5.552       2.026
## 根据两个分组对数据进行描述统计
set.seed(123)
group2 <- sample(c("A","B"),150,replace = TRUE)        # 生成一个随机分组
aggregate(iris[,c(1:4)],by = list(Group1 = iris$Species,Group2 = group2),
          FUN = "mean")
##      Group1 Group2 Sepal.Length Sepal.Width Petal.Length Petal.Width
## 1     setosa      A    5.003333    3.433333     1.463333    0.240000
## 2 versicolor      A    5.896296    2.707407     4.200000    1.311111
## 3  virginica      A    6.636842    2.942105     5.652632    2.021053
## 4     setosa      B    5.010000    3.420000     1.460000    0.255000
## 5 versicolor      B    5.982609    2.843478     4.330435    1.343478
## 6  virginica      B    6.558065    2.993548     5.490323    2.029032
```

前面介绍的主要是针对连续型变量的统计量，下面将会介绍离散型变量之间的关系的统计量。

9.2.3 频数和列联表

频数和列联表都是针对离散型变量进行分析的常用统计量，其中频数通常是针对单个数据变量计算每个数据类别出现的次数，而列联表通常是分析两个或两个以上的离散变量不同组合情况下数据出现的频次。

（1）计算频次和二维列联表

下面使用一个学生成绩的数据集，介绍如何使用频数和列联表对数据进行分析。首先导入数据，并使用 table( ) 函数计算数据变量的频次和列联表，程序如下。

```
## 读取数据
stuper <- read.csv("data/chap9/StudentsPerformance.csv")
head(stuper)
##      ID gender   group   mathscore readingscore writingscore
## 1 Name1 female group B          72           72           74
## 2 Name2 female group C          69           90           88
## 3 Name3 female group B          90           95           93
## 4 Name4   male group A          47           57           44
## 5 Name5   male group C          76           78           75
## 6 Name6 female group B          71           83           78
## 使用 table() 函数计算各因素出现的次数
table(stuper$group)       # 每个分组的频数
## group A group B group C group D group E
##      89     190     319     262     140
```

```
## 列联表,分组和性别出现的频数
group_gen <- table(stuper$group,stuper$gender)
group_gen
##          female  male
##  group A    36     53
##  group B    104    86
##  group C    180   139
##  group D    129   133
##  group E    69     71
```

在上面的程序中，使用 table( ) 函数计算了 group 变量每种取值的出现频次，以及变量 group 和 gender 不同组合下出现的频次。如果想要在列联表中添加边际项，即每行与每列数据的和，可以使用 addmargins( ) 函数。也可以使用 margin.table( ) 函数指定维度计算对应的边际项，如果想要计算列联表数据中对应维度下的百分比，可以使用 prop.table( ) 函数，它们的使用示例程序如下所示。

```
## 为列联表添加边际项
addmargins(group_gen)
##
##             female  male  Sum
##  group A     36      53    89
##  group B     104     86    190
##  group C     180     139   319
##  group D     129     133   262
##  group E     69      71    140
##  Sum         518     482   1000
## 计算列联表指定维度的边际项
margin.table(group_gen,1)            # 对行计算和
##
## group A group B group C group D group E
##     89      190     319     262     140
margin.table(group_gen,2)            # 对列计算和
##
## female  male
##     518    482
## 计算列联表指定维度的百分比
prop.table(group_gen,1)              # 对行计算百分比
##
##             female       male
##  group A 0.4044944 0.5955056
##  group B 0.5473684 0.4526316
##  group C 0.5642633 0.4357367
##  group D 0.4923664 0.5076336
##  group E 0.4928571 0.5071429
prop.table(group_gen,2)              # 对列计算百分比
##
##             female       male
##  group A 0.06949807 0.10995851
##  group B 0.20077220 0.17842324
```

```
## group C 0.34749035 0.28838174
## group D 0.24903475 0.27593361
## group E 0.13320463 0.14730290
```

(2) 高维列联表

高维的列联表通常是在 3 个及 3 个以上的离散变量之间进行组合，并计算每种组合的出现频次，通常可以使用 table( )、xtable( )等函数，获取 group、mathgroup、gender 三个变量列联表的程序如下。

```
## 获取更高维度的列联表
## 将 mathscore 分为 4 组
stuper$mathgroup <- cut(stuper$mathscore,4,
                        labels = c("mathA","mathB","mathC","mathD"))
group_math_gen <- table(stuper$group,stuper$mathgroup,stuper$gender)
group_math_gen
##,,  = female
##          mathA mathB mathC mathD
##  group A    0    12    19     5
##  group B    5    17    63    19
##  group C    2    34   113    31
##  group D    0    19    78    32
##  group E    0     8    36    25
##,,  = male
##          mathA mathB mathC mathD
##  group A    0    10    33    10
##  group B    0    13    51    22
##  group C    0    14    85    40
##  group D    0    12    74    47
##  group E    0     4    24    43
## 也可使用 xtabs()函数
xtabs(~group+mathgroup+gender,data=stuper)
##,, gender = female
##         mathgroup
## group     mathA mathB mathC mathD
##  group A    0    12    19     5
##  group B    5    17    63    19
##  group C    2    34   113    31
##  group D    0    19    78    32
##  group E    0     8    36    25
##,, gender = male
##         mathgroup
## group     mathA mathB mathC mathD
##  group A    0    10    33    10
##  group B    0    13    51    22
##  group C    0    14    85    40
##  group D    0    12    74    47
##  group E    0     4    24    43
```

(3) 列联表关联性度量

列联表关联性度量是分析定性变量之间的关系的常用手段，常用的方法有卡方检验、马赛克图可视化、Cramer's V 系数和列联相关系数（Contingency Coeff）等。其中 Cramer's V 系数和 Contingency Coeff 越接近 1，说明行与列的关系越大，离散变量之间有很强的相关性。

下面首先对两个离散分类变量之间进行卡方检验，分析列联表中两个类别变量之间是否独立，其原假设（H0）和备择假设（H1）为：

H0：行变量和列变量间相互独立；H1：行变量和列变量之间不独立。

进行卡方检验时，构造的统计量为：

$$\chi^2 = n\sum_{i=1}^{r}\sum_{j=1}^{c}\frac{(p_{ij} - p_{i.}\,p_{.j})^2}{p_{i.}\,p_{.j}} \tag{9-1}$$

其中：n 表示样本容量，r 表示列联表有 r 行，c 表示列联表有 c 列，p_{ij} 表示列联表的第 i 行与第 j 列对应数据的频率，$p_{i.}$ 和 $p_{.j}$ 分别表示为连列表第 i 行的行和与第 j 列的列和。在 R 语言中，可以使用 chisq.test( ) 函数对二维列联表数据进行独立性检验。程序示例如下。

```
## 将 readingscore 分为 4 组
stuper$readgroup <- cut(stuper$readingscore,4,
                        labels = c("readA","readB","readC","readD"))
read_math <- table(stuper$readgroup,stuper$mathgroup)
(st_read_math <-chisq.test(read_math))
##  Pearson's Chi-squared test
## data:  read_math
## X-squared = 667.31, df = 9, p-value < 2.2e-16
## 输出独立情况下各个组合的期望值
st_read_math$expected
##        mathA  mathB  mathC  mathD
##  readA 0.126  2.574  10.368   4.932
##  readB 1.533 31.317 126.144  60.006
##  readC 3.598 73.502 296.064 140.836
##  readD 1.743 35.607 143.424  68.226
```

从卡方检验的输出结果可以发现，p-value 远小于 0.05，说明应拒绝独立的原假设，即在置信度为 95%的水平下，可认为两个分组变量 readgroup 和 mathgroup 之间不独立。在卡方检验结果 st_read_math 中，通过 st_read_math $expected 方式来获取在行、列变量独立情况下的期望频数。

针对列联表数据也可以使用马赛克图对其进行可视化，使用 mosaicplot( ) 函数进行可视化的程序如下，运行后可获得图 9-6 所示的分组和数学成绩马赛克图。

```
## 马赛克图可视化列联表
mosaicplot(read_math,color = TRUE,main = "")
```

Cramer's V 系数和 Contingency Coeff 都可以使用 vcd 包中的 assocstats( ) 函数进行计算。使用 vcd 包中的 assocstats( ) 函数进行列联表检验的程序和运行后的输出如下。

```
library(vcd)
assocstats(read_math)
##                    X^2   df   P(> X^2)
## Likelihood Ratio 607.07  9        0
## Pearson          667.31  9        0
## Phi-Coefficient       : NA
## ContingencyCoeff.     : 0.633
## Cramer's V            : 0.472
```

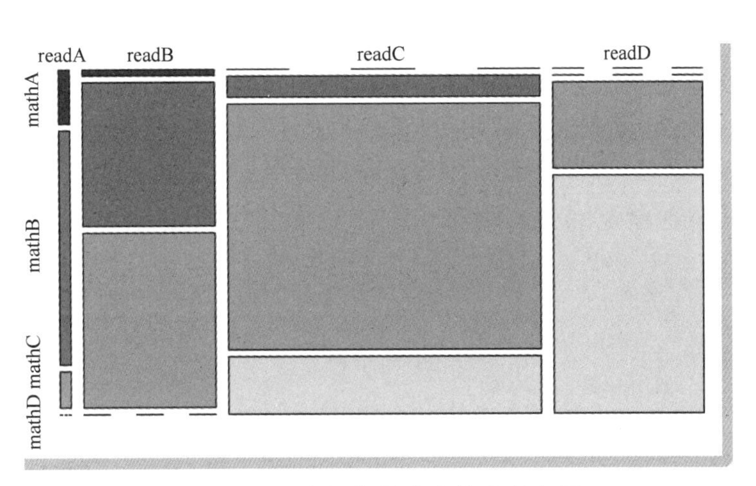

● 图 9-6　分组和数学成绩马赛克图

从上面程序的输出中可知，列联相关系数为 0.633，Cramer's V 系数为 0.472，这说明数据中，阅读成绩的等级（readgroup）和数学成绩的等级（mathgroup）是不独立的，而且相关性较强。

（4）对应分析

针对具有较强相关性的两个离散分组数据，可以使用对应分析进一步地分析数据中的相关性，可以发现数据中哪些分组之间有较强的联系。下面的程序，使用 ca 包中的函数对数据中不独立的阅读成绩的等级（readgroup）和数学成绩的等级（mathgroup），进行进一步的对应分析，并将结果可视化，运行程序后可获得图 9-7 所示的图像。

```
library(ca)
plot(ca(read_math))                    ## 可视化对应分析的结果
```

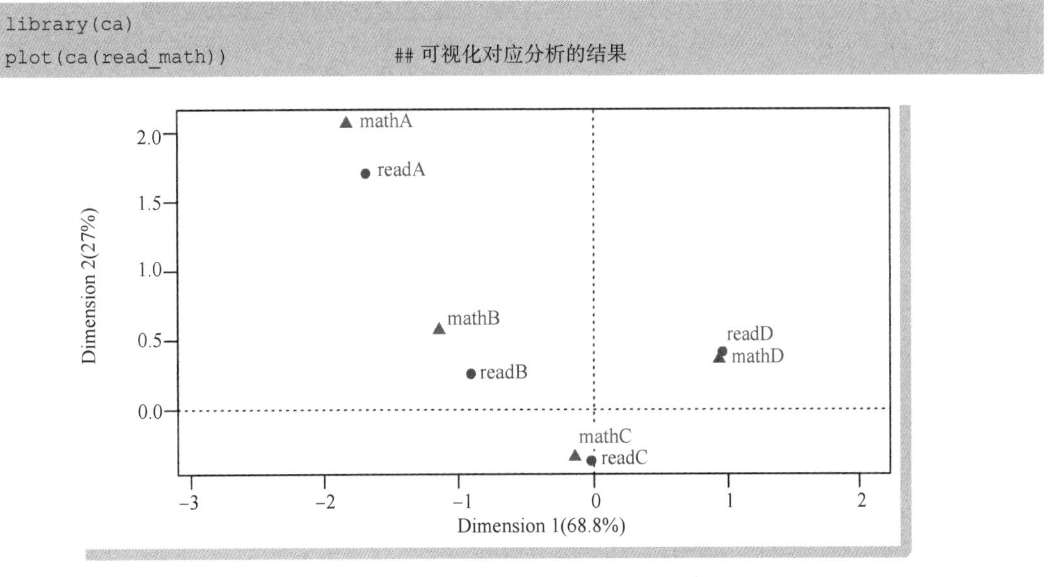

● 图 9-7　两个变量的对应分析

从图 9-7 的输出结果中可以发现：数学成绩的等级（mathgroup）和阅读成绩的等级（readgroup）相关性很强，并且同等级下的关系点之间较接近，即 math 为 A 的情况下 read 也会为 A，math 为 B 的情况下 read 也会为 B 等。

（5）高维列联表的关联性分析与对应分析

针对高维的列联表数据，也可以对其进行关联性分析与对应分析。下面使用数据中的 group、mathgroup 与 gender 3 个离散分组变量为例，介绍如何对高维的列联表进行分析。首先使用 mosaic( ) 函数对其可视化马赛克图，运行下面的程序后，可获得图 9-8 所示的高维列联表马赛克图。

```
## 对 3 组分类的列联表数据进行关联性分析
group_math_gen <- table(stuper$group,stuper$mathgroup,stuper$gender)
## 使用马赛克图可视化数据
stuper$gender <- ifelse(stuper$gender == "male","m","f") # 将性别文本长度简化
mosaic(~group+mathgroup+gender,data=stuper,shade = TRUE, legend = FALSE,
     gp_labels =gpar(fontsize = 9))                          # 设置标签的字体大小
```

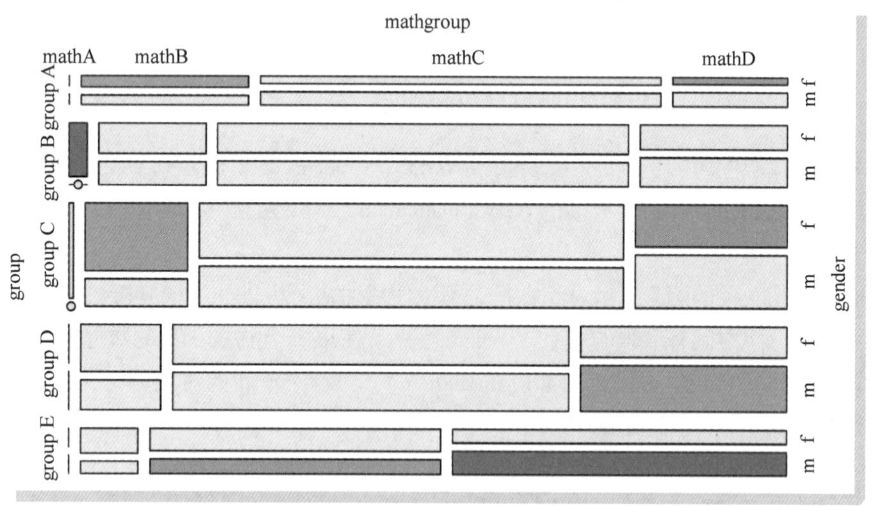

● 图 9-8　高维列联表马赛克图

从图 9-8 可以发现，不同性别 gender 下，group 变量的差异并不是很大，而不同性别 gender 下，mathgroup 变量的差异较明显。那么如何定量地判断这 3 个分类变量是否独立呢？可以使用 MASS 包中的 loglm( ) 函数建立对数线性模型，程序如下所示。

```
## 相互独立判断:判断 group、mathgroup、gender 是否成对独立
loglm(~1+2+3,data = group_math_gen)           # 1、2、3 表示数据的 3 个维度
## Call:
##loglm(formula = ~1 + 2 + 3, data = group_math_gen)
## Statistics:
##                         X^2   df    P(> X^2)
## Likelihood Ratio 103.0738 31 1.142651e-09
## Pearson          120.4475 31 1.752820e-12
```

从输出结果中可以发现，P 值远小于 0.05，说明 group、mathgroup、gender 两两之间不完全独立。针对这种情况可以使用多重对应分析，进一步地分析数据不同的情况下，分组取值之间的详细关系，运行下面的程序可获得图 9-9 所示的多重对应分析图。

```
## 使用多重对应分析详细地分析它们之间的关系
plot(mjca(group_math_gen),map = "rowgab",
    col = c("black","red","green","blue"))
```

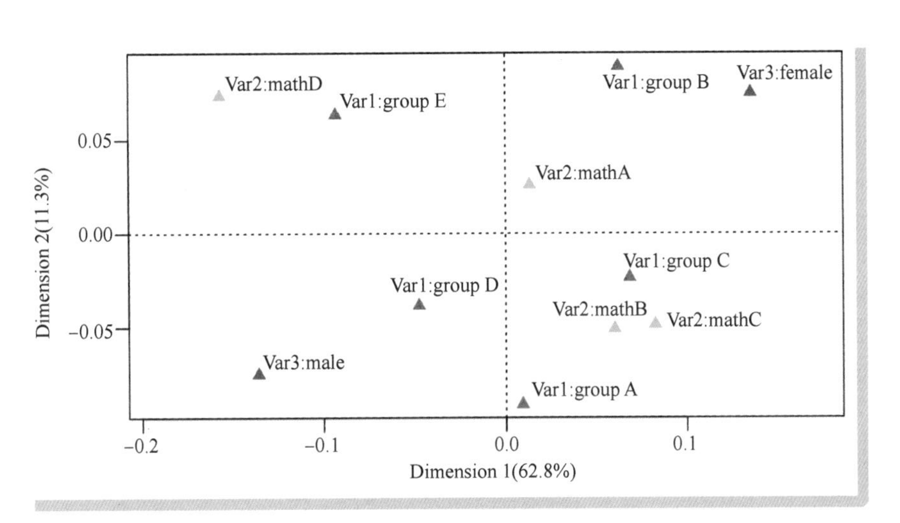

● 图 9-9 多重对应分析图

在图 9-9 中，一共有 3 种颜色的三角形，分别代表列联表数据的三个维度：Var1（group 变量，红色）、Var2（mathgroup 变量，绿色）、Var3（gender 变量，蓝色）。由图可以看出，mathgroup = mathD 和 group = groupE 之间的距离非常近，mathgroup = mathC、mathgroup = mathD 和 group = groupC 之间的距离非常近，性别 gender 的两个取值和其他数据取值之间均可认为较分散，也一定程度上说明了性别和另外两个变量之间的关联性不强。

9.3 数据相关性分析

前面介绍了数据的描述统计等内容，本节介绍如何使用相关性系数分析数据之间的关系。相关性系数是度量数据特征（变量）之间线性相关性的指标。二元变量的相关性分析中，比较常用的有 Pearson 相关性系数、Spearman 秩相关性系数和 Kendall 相关性系数。可以根据相关性系数的绝对值大小，将相关性强弱分为不同的等级，对应关系如表 9-4 所示。

表 9-4 相关性系数的绝对值大小取值范围和相关性强弱对应表

绝对值大小范围	相关性强弱	绝对值大小范围	相关性强弱
0.8~1	极强相关	0.2~0.4	弱相关
0.6~0.8	强相关	0~0.2	极弱相关或无相关
0.4~0.6	中等程度相关		

需要注意的是，三种相关性均表示数据之间的线性相关的大小，极弱相关或无相关不代表数据中不存在非线性的关系。

9.3.1 Pearson 相关性系数

Pearson 相关系数一般用于分析两个正态连续性变量之间的关系，其计算公式为

$$r = \sum_{i=1}^{n}(x_i - \bar{x})(y_i - \bar{y}) / \sqrt{\sum_{i=1}^{n}(x_i - \bar{x})^2 \sum_{i=1}^{n}(y_i - \bar{y})^2} \tag{9-2}$$

其中x_1，x_2，…，x_n和y_1，y_2，…，y_n为两组观测数据。

相关系数 r 的取值范围在［-1,1］之间，如果 $r<0$ 说明变量间负相关，越接近于-1，负相关性越强；$r>0$ 说明变量间正相关，越接近于 1，正相关性越强。

R 语言中可使用 cor( ) 函数计算相关性系数，通过指定参数 method = "pearson"（默认）计算 Pearson 相关性系数。下面使用种子数据集，计算数据变量之间的 Pearson 相关性系数，并进行显著性检验。

```
library(corrplot);library(ggcorrplot);library(Hmisc)
## 读取种子数据
myseed <- read.csv("data/chap9/myseeddata.csv")
head(myseed)
##      x1     x2     x3      x4     x5     x6     x7   label
##1  15.26  14.84  0.8710  5.763  3.312  2.221  5.220     1
##2  14.88  14.57  0.8811  5.554  3.333  1.018  4.956     1
...
## 计算数据中前 7 个数值变量的相关性系数矩阵
myseedcor <- cor(myseed[,1:7], method = "pearson")
## 计算相关性系数的显著性检验结果的 P 值
myseedcorp <- cor_pmat(myseed[,1:7],method = "pearson")
## 将计算的相关性系数可视化,通过指定参数 p.mat 使用 X 表示不显著的相关性系数
corrplot.mixed(myseedcor,lower = "ellips", upper = "number",tl.col="red",
               tl.pos = "d",tl.cex = 1,number.cex = 1,p.mat = myseedcorp,
               main = "Pearson Correlation",mar = c(0, 0, 2, 0))
```

在上面的程序中，读取数据后，利用 cor( ) 函数计算相关性系数矩阵，并利用 ggcorrplot 包中的 cor_pmat( ) 函数计算相关性系数显著性检验的 P 值，最后利用 corrplot.mixed( ) 函数将相关性系数可视化时，指定参数 p.mat 可以将相关性不显著的位置使用叉号表示，运行程序后又可获得图 9-10 所示的图像。

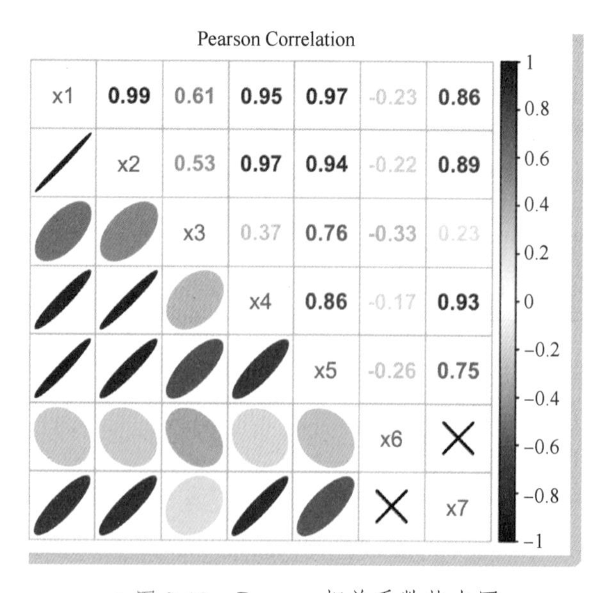

• 图 9-10　Pearson 相关系数热力图

通过图 9-10 可以发现，数据中变量 x6 和 x7 之间的相关性系数不显著，x1 和 x2 之间的相关性系数最大。

9.3.2 Spearman 秩相关性系数

Spearman 秩相关性系数一般用于分析不服从正态分布的变量、分类变量或等级变量之间的关联性，其计算公式为

$$r_s = 1 - 6\sum_{i=1}^{n}(R_i - Q_i)^2/n(n^2 - 1) \tag{9-3}$$

其中R_i表示观测数据x_1，x_2，…，x_n中x_i的秩次，Q_i表示观测数据y_1，y_2，…，y_n中y_i的秩次。

可以证明，Spearman 秩相关性系数与 Pearson 相关性系数在效率上是等价的，而对于连续测量数据，更适合用 Pearson 相关性系数进行分析。而且 Spearman 秩相关性系数对数据条件的要求，没有 Pearson 相关性系数严格。只要两个变量的观测值是成对的等级评定数据，或者是由连续变量观测数据转化得到的等级数据，不论两个变量的总体分布形态、样本容量的大小如何，都可以用 Spearman 秩相关性系数来进行研究。

下面同样使用前面的种子数据集，计算数据变量之间的 Spearman 秩相关性系数。这次使用 Hmisc 包的 rcorr( ) 函数进行计算，会同时输出相关性系数矩阵和 P 值矩阵，然后使用同样的方式可视化相关性系数热力图，运行下面的程序后，可获得图 9-11 所示的图像。

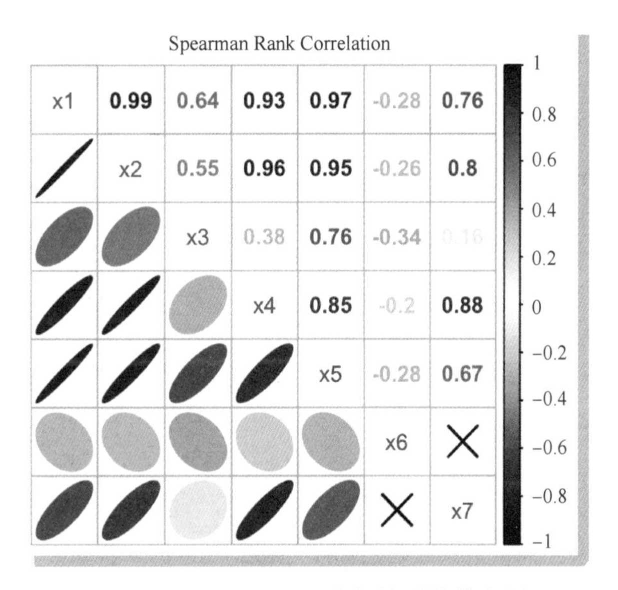

● 图 9-11 Spearman 秩相关系数热力图

```
## 对数据进行 spearman 秩相关性检验,同样分析前面的数据
myseedcor <- rcorr(as.matrix(myseed[,1:7]), type = "spearman")
## 将 P 值矩阵的对角线取值设置为 0
diag(myseedcor$P)<-0
myseedcor          # 会输出相关性系数矩阵和 P 值矩阵
##      x1   x2   x3   x4   x5   x6    x7
## x1  1.00 0.99 0.64 0.93 0.97 -0.28 0.76
```

```
...
## x7  0.76  0.80  0.16  0.88  0.67  0.02 1.00
## P
##      x1     x2     x3     x4     x5     x6     x7
## x1        0.0000 0.0000 0.0000 0.0000 0.0000 0.0000
## x2 0.0000        0.0000 0.0000 0.0000 0.0001 0.0000
...
## x7 0.0000 0.0000 0.0193 0.0000 0.0000 0.7677
## 将计算的相关性系数可视化,通过指定参数 p.mat 使用 X 表示不显著的相关性系数
corrplot.mixed(myseedcor$r,lower = "ellips", upper = "number",tl.col="red",
               tl.pos = "d",tl.cex = 1,number.cex = 1,p.mat = myseedcor$P,
               main = "Spearman Rank Correlation",mar = c(0, 0, 2, 0))
```

从图 9-11 中可知，数据 Pearson 相关性系数的大小与数据 Spearman 秩相关性系数的大小有差异，但是两者的显著性检验结果一致。

9.3.3 Kendall 相关性系数

Kendall 相关性系数与 Spearman 秩相关性系数对数据条件的要求相同，通常用于分析有序变量之间的相关性，其可以使用 cor( )函数指定参数 method = "kendall"进行计算。

下面使用学生成绩数据集，将几个成绩变量转化为因子变量，然后使用 Kendall 相关性系数分析数据之间的相关性，运行下面的程序后将会获得图 9-12 所示的图像。

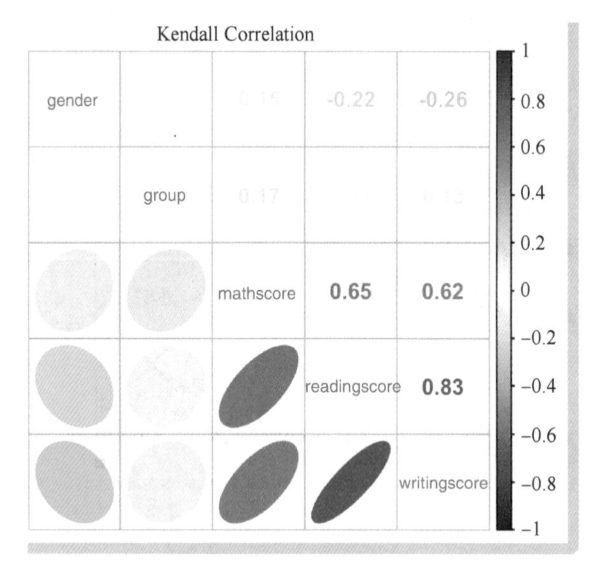

图 9-12　Kendall 相关性系数热力图

```
## 对数据进行 kendall 相关性检验
stuper <- read.csv("data/chap9/StudentsPerformance.csv",stringsAsFactors = TRUE)
stuper$ID <- NULL        # 删除 ID 变量
stuper$mathscore <- factor(cut(stuper$mathscore,5))
stuper$readingscore <- factor(cut(stuper$readingscore,5))
```

```
stuper$writingscore <- factor(cut(stuper$writingscore,5))
stuper <- as.data.frame(lapply(stuper,as.integer))# 因子变量转化为数值
head(stuper)
##  gender group  mathscore  readingscore  writingscore
##1     1    2        4            4             4
...
##6     1    2        4            4             4
myseedcor <- cor(stuper, method = "kendall")
corrplot.mixed(myseedcor,lower = "ellips", upper = "number",tl.col="red",
         tl.pos = "d",tl.cex = 0.8,number.cex = 1,mar = c(0, 0, 2, 0),
         main = "Kendall Correlation")
```

通过图 9-12 可以发现，变量 gender 和 group 之间没有相关性，和其他变量之间的相关性也较弱，变量 mathscore、readingscore、writingscore 之间的相关性较强。

9.4 假设检验

假设检验（Hypothesis Testing）是统计推断中的一个重要内容，它是利用样本数据对某个事先做出的统计假设按照某种设计好的方法进行检验，判断此假设是否正确。

假设检验的基本思想为概率性质的反证法。为了推断总体，首先对总体的未知参数或分布做出某种假设 H0（原假设）；然后在 H0 成立的条件下，若通过抽样分析发现“小概率事件”（矛盾）竟然在一次试验中发生了，则表明 H0 很可能不成立，从而拒绝 H0；相反，若没有导致上述“不合理”现象的发生，则没有理由拒绝 H0，从而接受 H0。

要求“小概率事件”发生的概率小于等于某一给定的临界概率 α，称 α 为检验的显著性水平，通常 α 的取值为较小的数，如 0.05、0.01、0.001 等。

值得注意的是，即使接受了原假设，也不能就确定这个原假设 H0 是 100%正确的，因为这个结论是通过样本信息得到的，当抽到特殊的样本时，可能会犯两类错误。

第一类错误（弃真）：原假设 H0 实际正确，但通过抽样分析拒绝了 H0，且有

$$P\{\text{拒绝 H0} \mid \text{H0 为真}\} \leqslant \alpha \tag{9-4}$$

这说明当“小概率事件”发生时才拒绝 H0。

第二类错误（纳伪）：原假设 H0 实际错误，但通过抽样分析接受了 H0，且有

$$P\{\text{接受 H0} \mid \text{H0 不真}\} = \beta \tag{9-5}$$

α 与 β 是此消彼长的关系，只有当样本容量增大时，才有可能使两者都变小，但要增加样本容量有时是做不到的。

显著性假设检验：只对犯第一类错误的最大概率 α（即给定的假设检验的显著性水平）加以限制，而不考虑犯第二类错误的概率 β。

通常的教程中，用拒绝域来否定原假设 H0，即在计算完统计量后，需要使用查表的方法得到临界值。这种方法在计算机软件中使用是行不通的，所以通常采用计算 P 值的方法来解决这一问题。

所谓 P 值，就是在假定原假设 H0 为真时，拒绝原假设 H0 所犯错误的可能性。当 P 值 $<\alpha$（通常取 0.05）时，表示拒绝原假设 H0 犯错误的可能性很小，即可认为原假设 H0 是错误的，从而拒绝 H0；

否则，应接受原假设H0。

容易证明，对于假设检验问题，使用 P 值的方法与使用拒绝域的方法是等价的。本节主要介绍如何使用R语言实现常见的数据分布的正态性检验与t检验。

9.4.1 数据分布检验

数据分布的假设检验是重要的非参数检验，它不是针对具体的参数，而是根据样本值来判断总体是否服从某种指定的分布。即在给定的显著性水平 α 下，对假设

H0：总体服从某特定分布 $F(x)$；H1：总体不服从某特定分布 $F(x)$。

作显著性检验，其中 $F(x)$ 为推测出的具有明确表达式的分布函数。

数据分布检验中最常见的情况是检验数据是否服从正态分布，或者检验两组数据的分布是否相同。针对数据的正态性检验，通过Q-Q图检验数据是否符合正态分布，利用Pearson拟合优度 χ^2 检验、K-S（Kolmogorov-Smirnov）拟合优度检验、Shapiro-Wilk检验等方法来检验数据是否符合正态分布。本小节介绍Q-Q图（qqPlot()函数）和K-S（Kolmogorov-Smirnov）拟合优度检验（ks.test()函数）等方式检验数据的分布情况。

（1）Q-Q图检验数据是否为正态分布

如何通过Q-Q图判断数据是否符合正态分布呢？在Q-Q图中，若散点图落在一条通过原点且斜率为1的直线上，则接收数据来自正态总体的假设，否则拒绝原假设。

在下面的程序中，先使用rnorm()函数生成正态分布数据x1，使用rgamma()函数生成gamma分布数据x2，然后分别使用直方图和Q-Q图可视化两组数据，观察数据的分布情况，运行程序后可获得图9-13所示的图像。

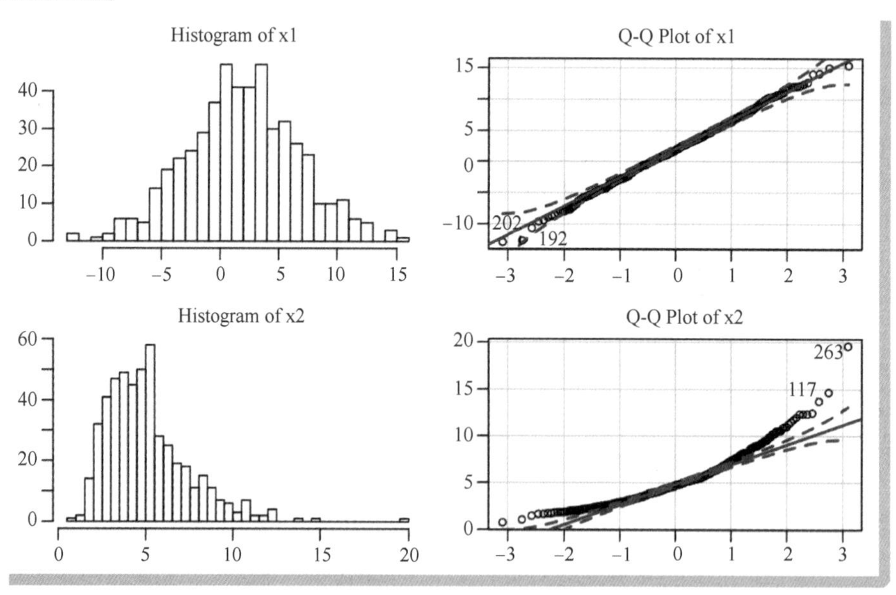

● 图9-13 数据直方图和Q-Q图

```
library(car);library(MASS)
## Q-Q 图检验数据是否为正态分布
```

```
set.seed(12)
x1<-rnorm(500,mean = 2,sd = 5)              # 正态分布
x2<-rgamma(500, shape = 5, rate =1)         # gamma 分布
## 可视化数据的直方图和 Q-Q 图
par(mfrow = c(2,2),mar = c(2,2,2,1))
hist(x1,breaks = 30)
qqPlot(x1,distribution="norm",main = "Q-Q Plot of x1")
hist(x2,breaks = 30)
qqPlot(x2,distribution="norm",main = "Q-Q Plot of x2")
```

由图 9-13 可以看出，生成的随机数 x1 服从正态分布，x2 不服从正态分布。

（2）K-S 拟合优度检验

K-S 拟合优度检验不仅可以检验数据是否服从指定的数据分布，还可以检验两组数据之间是否具有相同的分布，下面使用具体的数据介绍 ks.test( ) 函数的使用。

如果想要检验数据是否服从正态分布，使用 ks.test( ) 函数时，如果不指定正态分布对应的均值和标准差，会默认进行标准正态分布的检验。在下面的程序中，是检验数据 x1 是否符合标准正态分布。

```
## 使用 K-S 检验数据是否符合标准正态分布
ks.test(x = x1,"pnorm")
##  One-sample Kolmogorov-Smirnov test
## data:  x1
## D = 0.46952, p-value < 2.2e-16
## alternative hypothesis: two-sided
```

从输出的 p-value < 2.2e-16 可以说明，p-value 远小于 0.05，应该拒绝原假设，说明 x1 不符合“均值为 0、标准差为 1”的标准正态分布。

在 x1 使用 ks.test( ) 函数进行检验时，可以通过指定均值和标准差参数来进行特定正态分布的检验。

```
## 使用 K-S 检验时指定分布的参数
ks.test(x = x1,"pnorm",mean = 2,sd=5)
##  One-sample Kolmogorov-Smirnov test
## data:  x1
## D = 0.031436, p-value = 0.7063
## alternative hypothesis: two-sided
```

上面的程序检验数据是否符合“均值为 2、标准差为 5”的正态分布，从输出结果中 p-value = 0.7063 远大于 0.05，说明如果拒绝了 H0 就有 70%的可能性是犯错的，所以应接受 H0，认为该组数据是服从“均值为 2、标准差为 5”的正态分布，这与生成随机数时的结果一致。

在 x2 使用 ks.test(x = x2,"pgamma",shape = 5, rate =1)时，检验其是否符合特定的 gamma 分布，从下面程序的输出结果中可以知道，p-value 大于 0.05，可以认为其是 shape = 5，rate =1 的 gamma 分布。

```
## 检验 x2 是否为 gamma 分布
ks.test(x = x2,"pgamma",shape = 5, rate =1)
##
##  One-sample Kolmogorov-Smirnov test
##
```

```
## data:  x2
## D = 0.038573, p-value = 0.4465
## alternative hypothesis: two-sided
```

如果在 ks.test( ) 函数中前两个参数都是数值变量，那么就会进行判断两组数据是否具有相同分布的检验。下面的程序就是检验 x1 和 x2 是否具有相同分布，从输出的结果中可知，p-value 远小于0.05，不能认为两组数据的分布相同，实际上 x1 为正态分布，x2 为 gamma 分布。

```
## 检验两组数据是否有相同的分布
ks.test(x = x1,y = x2)
##  Two-sample Kolmogorov-Smirnov test
## data:  x1 and x2
## D = 0.484, p-value < 2.2e-16
## alternative hypothesis: two-sided
```

(3) 估计特定分布的参数

上面的程序在使用 ks.test( ) 函数时，需要指定特定分布的参数才能进行相应的检验，如果一组数据不知道其对应的参数，可以先使用 fitdistr( ) 函数进行参数估计。对 x1 和 x2 进行参数估计的程序如下所示，从输出结果中可以知道，其估计值和生成随机数时使用的真实值很接近。

```
## 对数据可以通过 fitdistr()函数进行参数估计
fitdistr(x1,"normal")
##      mean         sd
##  1.8857017    4.7492570
##  (0.2123932)  (0.1501847)
fitdistr(x2,"gamma")
##      shape         rate
##  5.06697583    0.99674668
##  (0.31048673)  (0.06420716)
```

9.4.2 t 检验

t 检验分为单样本 t 检验和双样本 t 检验，前者常用来检验一个来自正态分布的样本的期望值（均值）是否为某一实数，后者常作为判断两个来自正态分布（方差相同）的独立样本的期望值（均值）之差是否为某一实数。

单样本 t 检验：

H0：样本的均值等于指定值；H1：样本的均值不等于指定值。

双样本 t 检验：

H0：两样本的均值差等于指定值；H1：两样本的均值差不等于指定值。

在 R 语言中，t.test( ) 函数可完成单样本和双样本的 t 检验。

(1) 单样本 t 检验

下面生成一组随机数 t1，检验其均值是否等于 0，程序如下所示。

```
## 单样本 t 检验:检验样本的均值是否为指定值
t1<-rnorm(200,mean = 0,sd = 4)
t.test(t1,mu = 0)
```

```
##  One Sample t-test
## data:  t1
## t = 1.0069, df = 199, p-value = 0.3152
## alternative hypothesis: true mean is not equal to 0
## 95 percent confidence interval:
##  -0.2497197  0.7708245
## sample estimates:
## mean of x
## 0.2605524
```

输出结果中 p-value = 0.3152>0.05，说明不能拒绝原假设，即样本 t1 的均值等于 0。同时，结果中还包含样本的均值估计为-0.2605524，均值的置信区间为［-0.2497,0.7708］。

（2）双样本 t 检验

双样本 t 检验，仍然使用 t.test( ) 函数。下面生成一组随机正态分布 t2，检验 t1 和 t2 的均值差是否等于 0，程序如下。

```
## 双样本 t 检验:检验样本的均值差是否为指定的值
t2<-rnorm(300,mean = 4,sd = 4)
t.test(t1,t2,mu = 0)
##  Welch Two Sample t-test
## data:  t1 and t2
## t = -11.396, df = 457.2, p-value < 2.2e-16
## alternative hypothesis: true difference in means is not equal to 0
## 95 percent confidence interval:
##  -4.679472 -3.303005
## sample estimates:
## mean of x mean of y
## 0.2605524 4.2517908
```

从输出结果中可知 p-value < 2.2e-16，可以拒绝原假设，即 t1 和 t2 的均值之差不等于 0。下面继续检验两组数据的均值差是否等于-4，程序如下。

```
t.test(t1,t2,mu = -4)
##  Welch Two Sample t-test
## data:  t1 and t2
## t = 0.025017, df = 457.2, p-value = 0.9801
## alternative hypothesis: true difference in means is not equal to -4
## 95 percent confidence interval:
##  -4.679472 -3.303005
## sample estimates:
## mean of x mean of y
## 0.2605524 4.2517908
```

从输出的结果中可知 p-value = 0.9801，说明应接受原假设，即 t1 和 t2 的均值之差等于-4。

9.5 方差分析

方差分析（Analysis of Variance）是分析实验数据的一种方法，它是由英国统计学家费希尔在进行实验设计时，为解释实验数据而提出的。对于抽样测得的实验数据，一方面，由于观测条件不同会引起实验结果有所不同，该差异是系统的；另一方面，由于各种随机因素的干扰，实验结果也会有所不同，该差异是偶然的。

方差分析的目的在于从实验数据中分析出各因素的影响，以及各因素间的交互影响，以确定各因素作用的大小。从而把由于观测条件不同引起实验结果的不同与由于随机因素引起实验结果的差异用数量形式区别开来，以确定在实验中有没有系统的因素在起作用。方差分析根据所感兴趣的因素数量，可分为单因素方差分析、双因素方差分析和协方差分析等内容。本节介绍如何使用 R 语言进行单因素方差分析、双因素方差分析以及多变量方差分析。

9.5.1 单因素方差分析

假设试验只有一个因素 A 在变化，且 A 有 r 个水平A_1，A_2，…，A_r，在水平A_i下进行n_i次独立观测，将对应的实验结果x_{i1}，x_{i2}，…，x_{in_i}看成来自第 i 个正态总体$X_i \sim N(\mu_i, \sigma^2)$的样本观测值，且每个总体$X_i$都相互独立，则单因素方差分析的数学模型（一种线性模型）为：

$$\begin{cases} x_{ij} = \mu_i + \varepsilon_{ij} = \mu + \alpha_i + \varepsilon_{ij} \\ \varepsilon_{ij} \sim N(0, \sigma^2), \text{且各}\varepsilon_{ij}\text{相互独立} \\ i = 1, 2, \cdots, r;\ j = 1, 2, \cdots, n_i \end{cases} \tag{9-6}$$

其中μ_i为第 i 个总体的均值，ε_{ij}为相应的实验误差，μ 为总平均值，α_i为水平A_i对指标的效应。

比较因素 A 的 r 个水平的差异，归结为比较这 r 个总体X_i的均值是否相等，即检验假设：

$$H0: \mu_1 = \mu_2 = \cdots = \mu_r; H1: \mu_1, \mu_2, \cdots, \mu_r$$

至少有两个不等，

若 H0 被拒绝，则说明因素 A 的各水平的效应之间有显著的差异。

在 R 语言中，使用 aov( ) 函数完成方差分析，使用 summary( ) 函数提取计算结果（方差分析表）。由于方差分析模型本质上是线性模型的一种，所以也可以使用 lm( ) 函数计算，用 anova( ) 函数给出方差分析表。

单因素方差分析中，如果 F 检验的结论是拒绝 H0，则说明因素 A 的 r 个水平效应有显著的差异。但这并不意味着所有均值间都存在差异，还需要对每一对μ_i和μ_j进行一对一的比较，即多重比较。具体地说，要比较第 i 组与第 j 组的平均数，即检验假设：

$$H0: \mu_i = \mu_j; H1: \mu_i \neq \mu_j, i \neq j, i, j = 1, 2, \cdots, r$$

在 R 语言中，用 pairwise.t.test( ) 函数或 TukeyHSD( ) 函数可完成均值的多重比较。下面继续使用学生成绩数据，进行单因素方差分析。

（1）数据准备

下面先导入要使用到的包和数据，针对学生成绩数据集，将会主要分析不同分组下的 mathscore 是否有差异。

```
library(car);library(gplots)
## 读取数据
stuper <- read.csv("data/chap9/StudentsPerformance.csv")
head(stuper)
##      ID gender  group   mathscore  readingscore  writingscore
## 1 Name1 female  group B        72            72            74
```

```
## 2 Name2 female  group C       69          90          88
## 3 Name3 female  group B       90          95          93
## 4 Name4  male   group A       47          57          44
## 5 Name5  male   group C       76          78          75
## 6 Name6 female  group B       71          83          78
```

（2）方差齐性检验

方差齐性检验是检验不同样本的总体方差是否相同的一种方法。常用的检验方法有 F 检验、Bartlet 检验和 Levene 检验。F 检验和 Bartlet 检验均要求样本服从正态分布，检验结果对数据分布较敏感，而 Levene 检验更为稳健，且不依赖总体分布，可用于多个总体方差的齐性检验，是首选的方差齐性检验方法。

下面使用 leveneTest( ) 函数对待分析的数据，进行方差齐性 Levene 检验，程序如下所示。

```
## 方差齐性检验:H0:所有组的方差相等
leveneTest(mathscore~group,data = stuper)
##Levene's Test for Homogeneity of Variance (center = median)
##        Df F value Pr(>F)
## group   4  0.5903 0.6697
##       995
```

从输出结果中可知，P 值为 0.6697 大于 0.05，说明不能拒绝原假设，即所有组的方差相等，可以对数据进行方差分析。

（3）单因素方差分析

使用 aov( ) 函数对不同分组下的数学成绩进行方差分析，从输出的结果中可知，P 值远小于 0.05，说明可以拒绝原假设 H0，认为各组数据的方差不等。

```
## 单因素方差分析:H0:各因子水平下均值相等
stuperaov <- aov(mathscore~group,data = stuper)
summary(stuperaov)
##              Df Sum Sq Mean Sq F value   Pr(>F)
## group         4  12729    3182   14.59 1.37e-11 ***
## Residuals   995 216960     218
##Signif. codes:  0'***'0.001'**'0.01'*'0.05'.'0.1''1
```

接下来分析哪些分组之间均值相差较大，可使用 TukeyHSD( ) 函数对方差分析的结果进行多重比较，也可以使用 plotmeans( ) 函数将方差分析的结果可视化，即可视化不同分组下数学成绩的均值和置信区间，运行下面的程序后，可获得图 9-14 所示的图像。

```
##TukeyHSD()函数提供了对各组均值差异的成对检验
tky <- TukeyHSD(stuperaov)
tky
##  Tukey multiple comparisons of means
##    95% family-wise confidence level
## Fit: aov(formula =mathscore ~ group, data = stuper)
## $group
##                       diff        lwr        upr     p adj
## group B-group A   1.823418 -3.35997818  7.006814 0.8723586
## group C-group A   2.834736 -2.00279565  7.672268 0.4968040
```

```
## group D-group A  5.733382  0.78239222 10.684372 0.0138238
## group E-group A 12.192215  6.72151591 17.662914 0.0000000
## group C-group B  1.011318 -2.68671543  4.709352 0.9451894
## group D-group B  3.909964  0.06470228  7.755225 0.0440476
## group E-group B 10.368797  5.87410158 14.863492 0.0000000
## group D-group C  2.898646 -0.46589828  6.263189 0.1289617
## group E-group C  9.357479  5.26646348 13.448494 0.0000000
## group E-group D  6.458833  2.23426347 10.683403 0.0003084
## 也可将均值可视化出来,分析哪些组之间的数据有差异
plotmeans(mathscore~group,data = stuper,col = "red",main = "")
```

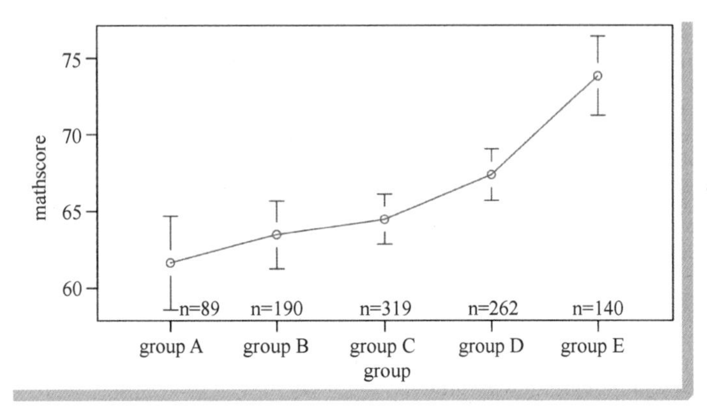

● 图 9-14　不同分组下的数学成绩均值

结合 TukeyHSD( )函数检验的输出和可视化图像，可以发现 group A 和 group B、group A 和 group C、group C 和 group B 之间的差异不是很明显外，其余组之间的差异较明显。

9.5.2　双因素方差分析

双因素方差分析就是考虑两个因素对结果的影响，其基本思想是通过分析不同来源的变异对总变异的贡献大小，确定出可控因素对研究结果影响的大小。

双因素方差分析分两种情况，一个是不考虑交互作用，即假定因素 A 和因素 B 的效应之间是相互独立的；另一个是考虑交互作用，即假定因素 A 和因素 B 的结合会产生出一种新的效应。

(1) 不考虑交互作用

每组条件下只取一个样本，假定样本观测值$x_{ij}\sim N(\mu_{ij},\sigma^2)$，且各$x_{ij}$相互独立，则数据可分解为：

$$\begin{cases} x_{ij}=\mu+\alpha_i+\beta_j+\varepsilon_{ij} \\ \varepsilon_{ij}\sim N(0,\sigma^2)\text{，且相互独立} \\ i=1,2,\cdots,r;\ j=1,2,\cdots,s \end{cases} \tag{9-7}$$

其中 μ 为总平均值，α_i为水平A_i对指标的效应，β_j为水平B_j对指标的效应，ε_{ij}为相应的实验误差。

判断因素 A 和 B 对实验指标是否明显等价于检验假设：

H01：$\alpha_1=\alpha_2=\cdots=\alpha_r=0$；H11：$\alpha_1$，$\alpha_2$，$\cdots$，$\alpha_r$不全为 0。

H02：$\beta_1=\beta_2=\cdots=\beta_s=0$；H12：$\beta_1$，$\beta_2$，$\cdots$，$\beta_s$不全为 0。

（2）考虑交互作用

每组条件下要取多个样本，假定样本观测值$x_{ijk} \sim N(\mu_{ij}, \sigma^2)$，且各$x_{ijk}$相互独立，则数据可分解为：

$$\begin{cases} x_{ijk} = \mu + \alpha_i + \beta_j + \delta_{ij} + \varepsilon_{ijk} \\ \varepsilon_{ijk} \sim N(0, \sigma^2), \text{且相互独立} \\ i = 1, 2, \cdots, r;\ j = 1, 2, \cdots, s; k = 1, 2, \cdots, t \end{cases} \tag{9-8}$$

其中μ为总平均值，α_i为水平A_i对指标的效应，β_j为水平B_j对指标的效应，δ_{ij}为A_i与B_j的交互效应，ε_{ijk}为相应的实验误差。

判断因素 A 和 B 对实验指标是否显著等价于检验假设：

H01：$\alpha_1 = \alpha_2 = \cdots = \alpha_r = 0$；H11：$\alpha_1$，$\alpha_2$，…，$\alpha_r$不全为 0，

H02：$\beta_1 = \beta_2 = \cdots = \beta_s = 0$；H12：$\beta_1$，$\beta_2$，…，$\beta_s$不全为 0，

H03：$\delta_{ij} = 0$；H13：δ_{ij}不全为 0，i=1，2，…，r；j=1，2，…，s。

与单因素方差分析一样，仍然使用 aov( )函数完成双因素方差分析，下面仍然使用成绩数据进行双因素方差分析。

首先使用小提琴图可视化数学成绩，展示在 group 和 gender 两个分组数据下的数据分布情况，运行下面的程序可获得图 9-15 所示的图像。

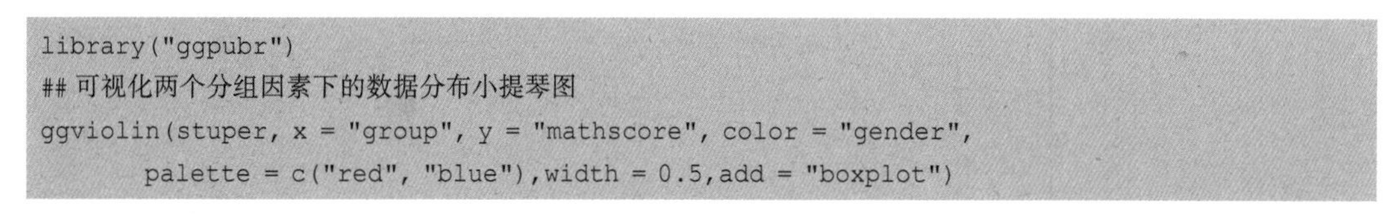

```
library("ggpubr")
## 可视化两个分组因素下的数据分布小提琴图
ggviolin(stuper, x = "group", y = "mathscore", color = "gender",
       palette = c("red", "blue"),width = 0.5,add = "boxplot")
```

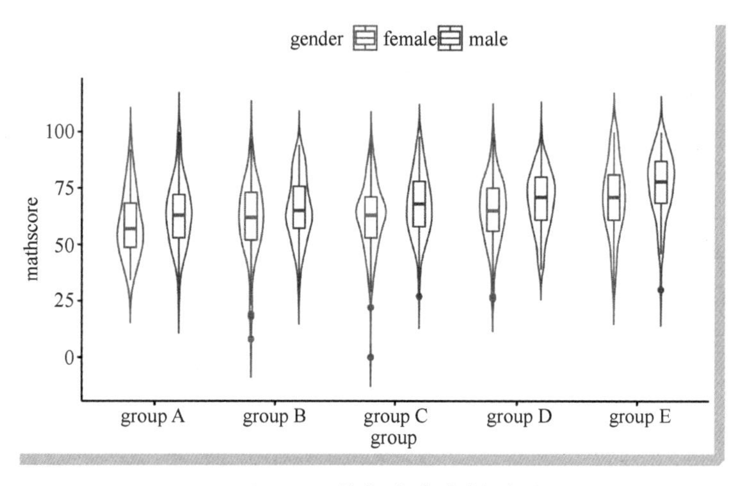

● 图 9-15　数据分布小提琴图

（3）不考虑交互作用的双因素方差分析

使用 aov（mathscore ~ group+gender，data = stuper）可对数据进行双因素方差分析，其中“group+gender”两个因子之间使用加号“+”连接，表示在分析时不考虑 group 和 gender 之间的交互作用。针对分析的结果使用 ggline( )函数进行可视化，辅助对分析结果的解读，运行程序后可获图图 9-16 所示的图像。

```
## 双因素方差分析,不考虑交互作用
stuperaov2 <- aov(mathscore~group+gender,data = stuper)
summary(stuperaov2)
##               Df Sum Sq Mean Sq F value   Pr(>F)
## group          4  12729    3182   15.01 6.42e-12 ***
## gender         1   6241    6241   29.44 7.24e-08 ***
## Residuals    994 210719     212
##Signif. codes:  0'***'0.001'**'0.01'*'0.05'.'0.1''1
## 可视化方差分析交互图
ggline(stuper, x = "group", y = "mathscore", color = "gender",
     shape = "gender",add = "mean_se",palette = c("red", "blue"))
```

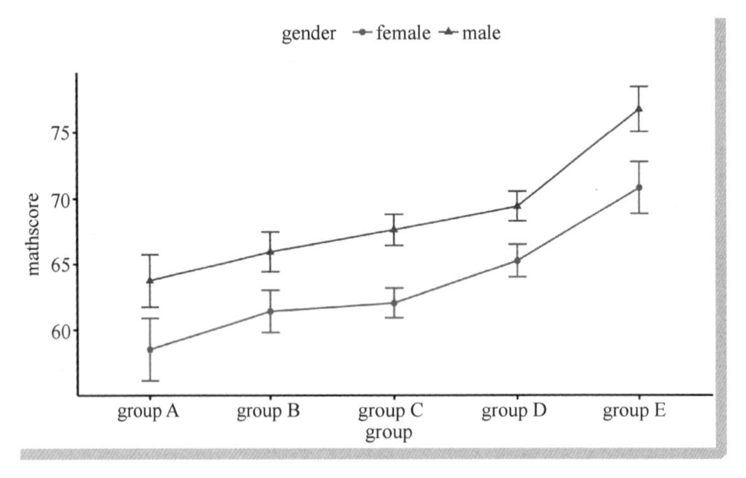

● 图 9-16　不考虑交互作用的双因素方差分析

从输出的结果和可视化图像 9-16 中可以发现，性别和分组对数学成绩的影响都是显著的，并且在相同的分组下，不同的性别得分也有明显的差异。

（4）考虑交互作用的双因素方差分析

使用 aov（mathscore~group * gender，data = stuper）可对数据进行双因素方差分析，其中“group * gender”两个因子之间使用乘号“ * ”连接，表示在分析时需要考虑 group 和 gender 之间的交互作用。从程序的输出结果中可以发现，对应于交互作用（group:gender）的 *P* 值远大于 0.05，说明交互作用的影响不显著。

```
## 双因素方差分析,考虑交互作用
stuperaov3 <- aov(mathscore~group*gender,data = stuper)
summary(stuperaov3)
##               Df Sum Sq Mean Sq F value   Pr(>F)
## group          4  12729    3182  14.959 7.08e-12 ***
## gender         1   6241    6241  29.340 7.63e-08 ***
## group:gender   4    114      28   0.134     0.97
## Residuals    990 210605     213
##Signif. codes:  0'***'0.001'**'0.01'*'0.05'.'0.1''1
```

9.5.3 多变量方差分析

前面介绍的是单变量方差分析，而多变量方差分析（MANOVA）作为一个多变量过程，它在有两个或多个因变量时使用，多变量方差分析也叫多元方差分析。

下面使用 manova( ) 函数对数据进行多变量方差分析，分析分组（group）对 mathscore、readingscore、writingscore 的影响，程序如下所示。

```
library(MASS);library(dplyr);library(tidyr)
stupermova <- manova(cbind(mathscore,readingscore,writingscore) ~ group,stuper)
summary(stupermova)
##           Df  Pillai approx F num Df den Df    Pr(>F)
## group      4  0.10286  8.8317     12   2985 < 2.2e-16 ***
## Residuals 995
##Signif. codes:  0'***'0.001'**'0.01'*'0.05'.'0.1''1
```

从输出的结果中可知，P 值远小于 0.05，说明数据间的差异是显著的。针对多变量方差分析结果 stupermova，可以使用 summary.aov( ) 函数输出更详细的信息。还可输出不同分组下每个变量的均值，辅助对分析结果的解读，运行下面的程序后可获得图 9-17 所示的图像。

```
summary.aov(stupermova)
##  Responsemathscore :
##             Df Sum Sq Mean Sq F value    Pr(>F)
## group        4  12729  3182.2  14.594 1.373e-11 ***
## Residuals  995 216960  218.1
##Signif. codes:  0'***'0.001'**'0.01'*'0.05'.'0.1''1
##  Response readingscore :
##             Df Sum Sq Mean Sq F value  Pr(>F)
## group        4  4706 1176.57  5.6217 0.000178 ***
## Residuals  995 208246  209.29
##Signif. codes:  0'***'0.001'**'0.01'*'0.05'.'0.1''1
##  Response writingscore :
##             Df Sum Sq Mean Sq F value    Pr(>F)
## group        4  6456  1614.03  7.1624   1.098e-05 ***
## Residuals  995 224221  225.35
##Signif. codes:  0'***'0.001'**'0.01'*'0.05'.'0.1''1
## 可视化不同分组下每科成绩的均值
stuper%>%group_by(group)%>%
  summarise(mathscore = mean(mathscore),readingscore = mean(readingscore),
          writingscore = mean(writingscore))%>%
  pivot_longer(cols =mathscore:writingscore)%>%
  ggplot(aes(x = group,y = value,fill = name,colour = name,
          group = name,shape = name))+
  geom_line()+geom_point(size = 4)+theme(legend.position = c(0.1,0.8))+
  labs(title = "多元方差分析均值可视化")
```

从输出的结果中可以发现，不同分组下的多个数值变量之间均有较明显的差异，而且数值变量之间也有较强的相关性。

下面同时分析在分组 group 和 gender 两个变量的影响下，3 个数值变量的情况，从输出的结果中可知，两个分组的影响均是显著的。

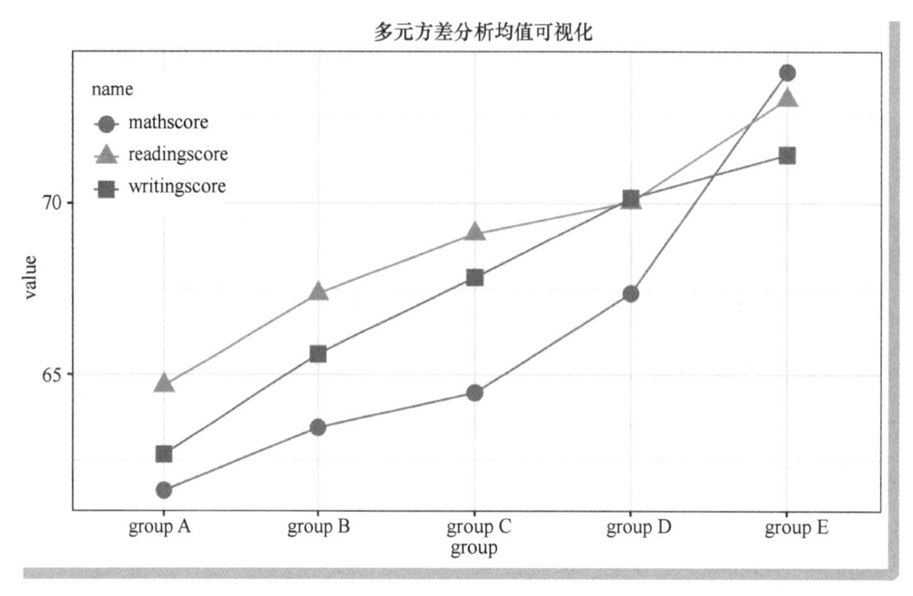

● 图 9-17 多元方差分析均值可视化

```
## 多元方差分析分析两个分组对 mathscore,readingscore,writingscore 的影响
mova2 <- manova(cbind(mathscore,readingscore,writingscore) ~ group+gender,
              stuper)
summary(mova2)
##              Df  Pillai approx F num Df den Df    Pr(>F)
## group         4 0.14611    12.72     12   2982 < 2.2e-16 ***
## gender        1 0.57793  452.77      3    992 < 2.2e-16 ***
## Residuals 994
##Signif. codes:  0'***'0.001'**'0.01'*'0.05'.'0.1''1
summary.aov(mova2)
##  Responsemathscore :
##                Df Sum Sq Mean Sq F value     Pr(>F)
## group           4  12729  3182.2  15.011 6.416e-12 ***
## gender          1   6241  6241.5  29.442 7.238e-08 ***
## Residuals     994 210719  212.0
##Signif. codes:  0'***'0.001'**'0.01'*'0.05'.'0.1''1
##  Response readingscore :
##                Df Sum Sq Mean Sq F value     Pr(>F)
## group           4   4706  1176.6  5.9781 9.374e-05 ***
## gender          1  12613 12612.5 64.0832 3.313e-15 ***
## Residuals     994 195634  196.8
##Signif. codes:  0'***'0.001'**'0.01'*'0.05'.'0.1''1
##  Response writingscore :
##                Df Sum Sq Mean Sq  F value     Pr(>F)
## group           4   6456  1614.0  7.8911 2.914e-06 ***
## gender          1  20910 20910.1 102.2311 < 2.2e-16 ***
```

```
## Residuals   994 203311   204.5
##Signif. codes:  0'***'0.001'**'0.01'*'0.05'.'0.1''1
```

本节主要介绍了如何使用 R 语言对数据进行方差分析，分析数据的取值在不同因素下的差异情况。

9.6 本章小结

本章介绍了一些基础的统计分析方法，这些方法常用于数据探索性分析等任务。关于概率和分布的内容，介绍了随机数生成、数据分布的概率函数以及如何对数据进行抽样等；关于数据的描述统计，介绍了数据中常用的描述统计量，表示数据的分布情况，以及对离散分类变量的频数与列联表进行分析，并利用卡方检验、对应分析等方法，分析变量的独立性和相关关系；关于数据相关性分析，主要介绍了 3 种线性相关系数的使用和检验；关于假设检验，主要介绍了如何检验数据的分布，以及数据的 t 检验；关于数据的方差分析，主要介绍了数据的单因素方差分析、多因素方差分析，以及多变量方差分析。每一部分的内容，都尽可能地使用了数据可视化，辅助读者对分析结果的解读。

回归分析

❖本章导读

回归分析（Analysis of Regression）是一种预测性的建模技术，也是统计理论中最重要的方法之一，目的在于了解两个或多个变量间是否相关、相关方向与强度，并建立数学模型以便观察特定变量，来预测或控制研究者感兴趣的变量。本章重点介绍一元线性回归、一元非线性回归、多元线性回归、逐步回归，以及逻辑回归等。

❖知识技能

本章知识技能及实战案例如下所示。

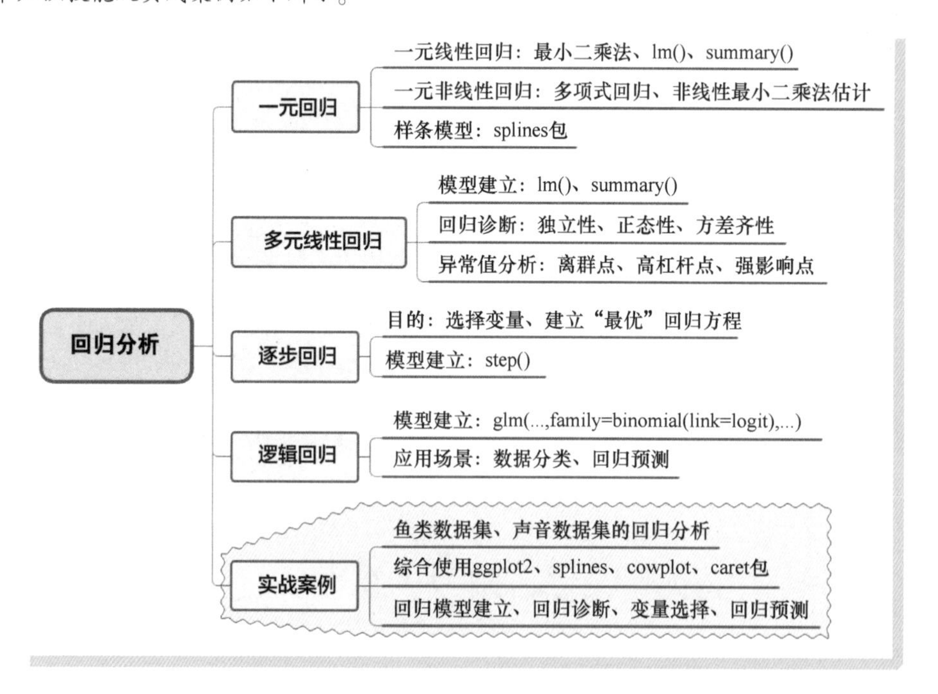

本章介绍了一些初级回归分析模型的建立与预测，欲了解更多的回归分析和统计方法，请参阅其他的参考资料。

10.1 一元线性回归

一元线性回归主要研究一个自变量和一个因变量之间的线性关系。

10.1.1 一元线性回归模型

设 y 是一个可观测的随机变量，它受到非随机变量因素 x 和随机误差 ε 的影响。如果 y 与 x 有如下线性关系：

$$y=ax+b+\varepsilon \tag{10-1}$$

且 ε 服从正态分布 $\varepsilon \sim N(0,\sigma^2)$，其中 a，b 是固定的未知参数，称为回归系数，y 称为因变量，x 称为自变量，则式10-1为一元线性回归方程。

对于样本 (x_i,y_i)，模型的预测值为$\hat{y}_i=a\,x_i+b$，真实值y_i与预测值$\hat{y}_i$的差称为样本 (x_i,y_i) 的残差，记为$\varepsilon_i=y_i-\hat{y}_i$。

给定训练集 $D=\{(x_1,y_1),(x_2,y_2),\cdots,(x_n,y_n)\}$，回归分析的目标是找到一条直线 $y=ax+b$，使得所有样本尽可能地落在它的附近。可以通过最小化残差平方和（Residual Sum of Squares，RSS）来达到上述目标，从而寻找出最优的参数，即求解

$$\min \mathrm{RSS}(a,b)=\min_{a,b}\sum_{i=1}^{n}(y_i-a\,x_i-b)^2 \tag{10-2}$$

将残差平方和 RSS(a,b) 分别对 a 和 b 求导，并令导数等于0，得到最优解为

$$\begin{cases}\hat{a}=\left(\sum_{i=1}^{n}x_i\,y_i-n\,\bar{x}\,\bar{y}\right)/\left(\sum_{i=1}^{n}x_i^2-n\,(\bar{x})^2\right)\\ \hat{b}=\bar{y}-\hat{a}\,\bar{x}\end{cases} \tag{10-3}$$

这种方法叫作最小二乘法。

一元线性回归的主要任务有：

1）利用样本观测值对回归系数 a、b 进行估计。

2）对线性回归方程（回归系数 a）做显著性检验。

3）根据新的自变量 x 的取值预测 y。

在R语言中，使用 lm( )函数可以完成线性回归系数的估计、回归系数和回归方程的检验等。lm( )函数的结果非常简单，为了获得更多的信息，通常会与 summary( )函数一起使用。lm( )函数的使用格式为：lm(formula，data)，其中，formula 表示要拟合的模型表达式，data 表示要使用的数据框。关于要使用的模型表达式，通常具有 y~x1+x2+…+xn 的形式，其中~左边为响应变量（因变量），右边为预测变量（自变量）。lm( )函数的表达式有多种不同的使用形式，formula 表达式的符号使用方式如表10-1所示。

表10-1　formula 表达式的符号使用方式

符　号	使用方式
~	分割符，左边为因变量，右边为自变量。例如：使用 x1、x2 预测 y，可使用 y~x1 + x2
+	自变量分割符

（续）

符　号	使用方式
:	表示自变量的交互项。例如：使用 x1、x2、x1 与 x2 的交互项预测 y，可使用 y~x1 + x2 + x1:x2
*	表示所有交互项的方式。例如：使用 x1、x2、x1 与 x2 的交互项预测 y，可使用 y~x1 * x2
.	表示包含数据框中除因变量外的所有自变量。例如：数据框中有 x1、x2、y 3 个变量，使用 x1、x2 预测 y，可使用 y ~ .
-	表示从表达式中移除某项。例如：数据框中有 x1、x2、x3、y 4 个变量，使用 x1 和 x2 预测 y，可使用 y ~ . - x3
-1	表示删除截距项。例如：使用 x 预测 y 并且删除截距，可使用 y ~ x - 1
^	表示交互项达到某个次数。例如：y~(x1 + x2 + x3)^2，可表示为：y ~ x1 + x2 + x3 + x1:x2 + x2:x3 + x1:x3
I()	表示从算术角度解释括号中的元素。例如：y~I((x1 + x2)^2)，表示 y~h，其中 h 为(x1 + x2)^2 生成的新变量

formula 表达式不仅在回归分析中使用，在 R 语言中的其他函数中都可以使用，例如：在方差分析、决策树、随机森林、支持向量机等算法函数中，而且使用方式是一致的。

10.1.2　一元线性回归实例

简单了解一元线性回归之后，下面使用一个数据集为例，建立一元线性回归方程，并对分析结果进行解释和分析。首先导入要使用的包和数据，程序如下。

```
## 读取数据进行一元线性回归分析
library(tidyverse)          ## 导入 R 包
library(gridExtra)
## 数据导入
lmdata <- read_csv("data/chap10/一元线性回归.csv")
head(lmdata,2)
## # Atibble: 6 x 2
##       x     y
##   <dbl> <dbl>
## 1 2.81   9.80
## 2 9.88   54.5
```

导入的数据 lmdata 中一共有两个变量，分别是自变量 x 和因变量 y。下面使用 lm() 函数建立一元线性回归方程，并使用 summary() 函数输出回归分析的结果，程序如下。

```
## 对数据进行回归分析
lm1 <- lm(y~x,data =lmdata)
summary(lm1)          # 输出回归分析结果
## Call:
## lm(formula = y ~ x, data =lmdata)
## Residuals:
##     Min      1Q   Median     3Q    Max
## -9.2518 -2.8429  0.7426  3.4593  8.6640
## Coefficients:
```

```
##              Estimate Std. Error t value Pr(>|t|)
## (Intercept)  2.4996    1.1165   2.239    0.028 *
## x            4.7133    0.1876   25.118   <2e-16 ***
##Signif. codes:  0'***'0.001'**'0.01'*'0.05'.'0.1''1
## Residual standard error: 4.314 on 78 degrees of freedom
## Multiple R-squared:  0.89,  Adjusted R-squared:  0.8886
## F-statistic: 630.9 on 1 and 78 DF,  p-value: < 2.2e-16
```

上面的程序是对数据建立一元线性回归方程，并输出模型拟合的结果。在lm()函数中，使用公式y~x，即可对数据集lmdata建立一元线性回归方程$y=ax+b$。

关于输出结果，可从以下几个方面进行解释。

1）方程的显著性检验。由F检验和对应的P值（在输出的最后一行）可知，p-value < 2.2e-16，远小于0.05，说明回归模型是显著的，即一元线性回归模型成立。

2）模型的拟合效果。Multiple R-squared = 0.89、Adjusted R-squared = 0.8886，取值均接近1，说明该模型的拟合效果很好。

3）回归系数（在输出的中间位置）及其显著性检验。截距的估计值b为2.4996，自变量x的回归系数估计值a为4.7133，且x的回归系数t检验的P值远小于0.001，说明回归系数是显著的。

因此，所得一元回归模型为：$y=4.7133x+2.4996$。其中自变量的系数4.7133可以理解为：当自变量x的取值每增加1时，y的取值将增加4.7133。

关于上述获得的回归结果，可以将获得的拟合曲线进行可视化，同时可以将回归获得的拟合残差使用直方图进行可视化，观察拟合残差是否符合正态分布。运行下面的可视化程序可获得图10-1所示的图像。

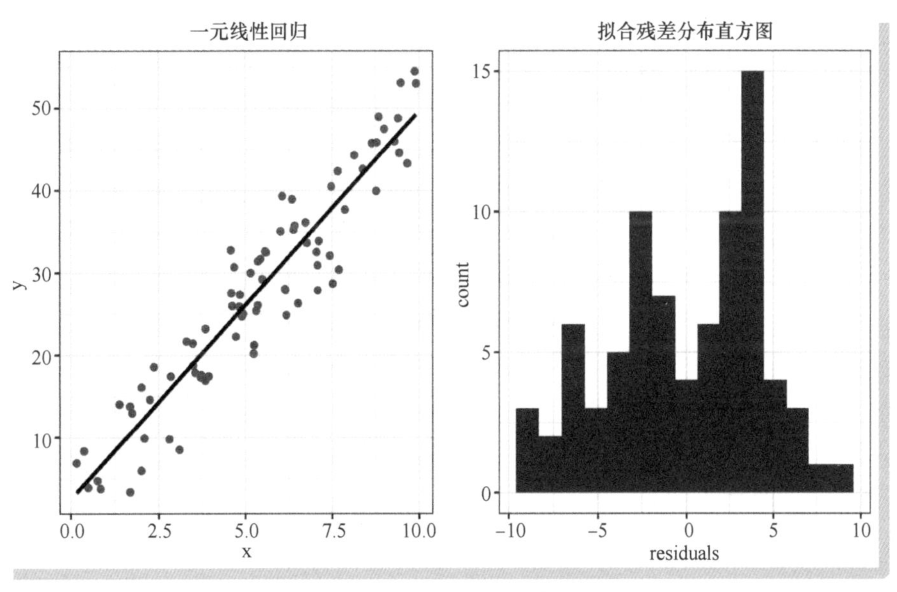

● 图10-1　一元线性回归结果可视化

```
## 可视化回归分析的结果
lmdata$fitted.values <- lm1$fitted.values              # 每个样本的模型拟合值
lmdata$residuals <- lm1$residuals                      # 每个样本的模型拟合残差
```

```
## 可视化数据散点图和回归曲线
p1 <-ggplot(data = lmdata)+
  geom_point(aes(x = x,y = y),colour = "red")+
  geom_line(aes(x = x,y = fitted.values),size = 1)+
  labs(title = "一元线性回归")
p2 <-ggplot(data = lmdata)+
  geom_histogram(aes(residuals),bins = 15)+
  labs(title = "拟合残差分布直方图")
## 将两幅图像组合为一幅图
grid.arrange(p1,p2,nrow = 1)
```

从图 10-1 中可知，获得的回归模型对数据的拟合情况很好，而且模型的拟合残差很接近正态分布，进一步说明了模型的数据拟合效果很好。

10.2 一元非线性回归

一元非线性回归用于对非线性关系的数据拟合，而且关于非线性数据的形式，可以使用各式各样的模型。本节主要介绍对数据进行多项式回归、非线性最小二乘法回归与样条插值模型的使用。

多项式回归：如果因变量 y 和自变量 x 的关系是 n 次多项式的，即：

$$y=a_0+a_1x+a_2x^2+\cdots+a_{n-1}x^{n-1}+a_nx^n+\varepsilon \tag{10-4}$$

其中 ε 是随机误差，服从正态分布 $N(0,\sigma^2)$，a_0，a_1，…，a_{n-1}，a_n为回归系数，则称式 10-4 为一元多项式回归模型。

非线性最小二乘法回归：可以对因变量 y 或者自变量 x 进行一些非线性的变换，然后利用最小二乘法进行回归分析的回归模型，都可以称作非线性最小二乘法回归。例如：对自变量 x 进性指数变化、对数变化等，从某种程度上，多项式回归也可以归类为线性最小二乘法回归。

样条插值模型：光滑的样条可以用于平滑数据，是一种函数逼近式的数据拟合方式，即不需要明确地知道模型的具体表达式，但是可以获得很好的数据拟合效果。样条插值模型也常用于一元非线性回归模型的建立和数据预测。

下面使用一个非线性数据集，介绍如何使用 R 语言中的相关函数建立非线性回归模型对数据进行拟合与预测。首先导入要使用的数据，并对其进行可视化分析，运行下面程序后可获得非线性数据的散点图，如图 10-2 所示。

```
library(tidyverse)        ## 导入 R 包
library(gridExtra)
library(ModelMetrics)
## 数据读取
nlrdata <- read_csv("data/chap10/Chwirut1.csv")
head(nlrdata,2)
## # Atibble: 6 x 2
##       y    x
##   <dbl> <dbl>
## 1  92.9 0.5
## 2  78.7 0.625
```

```
## 可视化数据的分布
ggplot(nlrdata,aes(x = x,y = y))+geom_point(colour = "red")
```

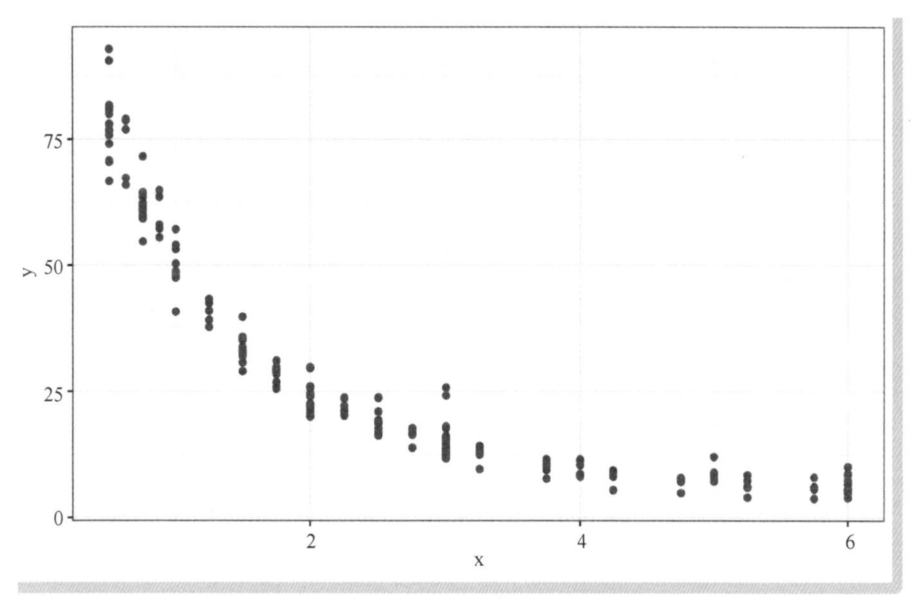

● 图 10-2　数据位置散点图可视化

从图 10-2 中可以发现，数据的分布是非线性的，使用一元线性回归肯定是不合适的。因此，会根据数据的分布趋势，尝试使用多项式回归、指数回归等方式对其进行建模与分析。

10.2.1　多项式回归

(1) 二次多项式回归

R 语言中对数据进行多项式回归的方式有很多种，在下面的程序中，利用 lm(y ~ x + I(x^2)) 完成二次多项式回归模型的建立，并使用 rmse( ) 函数计算模型数据拟合预测值和真实值之间的均方根误差。

```
## 二次多项式回归
poly2 <- lm(y ~ x + I(x^2), data =nlrdata)
summary(poly2)
## Call:
## lm(formula = y ~ x + I(x^2), data =nlrdata)
## Residuals:
##      Min      1Q  Median      3Q     Max
## -13.7467  -4.5832  -0.1849  3.8331  22.5532
## Coefficients:
##             Estimate Std. Error t  value Pr(>|t|)
## (Intercept)  88.2415    1.1975    73.69  <2e-16 ***
## x           -37.8838    0.9317   -40.66  <2e-16 ***
## I(x^2)        4.1890    0.1463    28.63  <2e-16 ***
##---
```

```
##Signif. codes:  0 '***' 0.001 '**' 0.01 '*' 0.05 '.' 0.1 '' 1
## Residual standard error: 5.802 on 211 degrees of freedom
## Multiple R-squared:  0.9405, Adjusted R-squared:  0.94
## F-statistic:  1668 on 2 and 211 DF,  p-value: < 2.2e-16
## 计算模型的均方根误差
sprintf("均方根误差为: %f",rmse(nlrdata$y,poly2$fitted.values))
## [1] "均方根误差为: 5.761431"
```

从输出结果中可以知道，二次多项式回归模型对数据的拟合效果很好，获得的回归模型可以表示为：$y=88.2415-37.8838x+4.189\ x^2$，而且数据拟合的均方根误差也很低。

（2）三次多项式回归

下面对同样的数据，拟合一个三次多项式回归模型。在 lm( ) 函数中，使用的模型表达式为：y ~ poly(x,3,raw = TRUE)，在 poly 函数中参数 “raw = TRUE” 表示使用原始的多项式，该回归模型表达式等价于 y ~ x + I(x^2) + I(x^3)。

```
## 三次多项式回归
poly3 <- lm(y ~ poly(x,3,raw = TRUE), data =nlrdata)
summary(poly3)
## Call:
## lm(formula = y ~ poly(x, 3, raw = TRUE), data =nlrdata)
## Coefficients:
##                           Estimate Std. Error t value Pr(>|t|)
## (Intercept)              105.61310    1.31255   80.46   <2e-16 ***
## poly(x, 3, raw = TRUE)1 -67.07619    1.86554  -35.95   <2e-16 ***
## poly(x, 3, raw = TRUE)2  15.74331    0.70379   22.37   <2e-16 ***
## poly(x, 3, raw = TRUE)3  -1.22883    0.07414  -16.57   <2e-16 ***
##Signif. codes:  0 '***' 0.001 '**' 0.01 '*' 0.05 '.' 0.1 '' 1
## Residual standard error: 3.828 on 210 degrees of freedom
## Multiple R-squared:  0.9742, Adjusted R-squared:  0.9739
## F-statistic:  2646 on 3 and 210 DF,  p-value: < 2.2e-16
## 计算模型的均方根误差
sprintf("均方根误差为: %f",rmse(nlrdata$y,poly3$fitted.values))
## [1] "均方根误差为: 3.792322"
```

从三次多项式回归的输出结果可发现，模型显著性检验的 P 值远小于 0.05，说明模型是显著的，而 “Adjusted R-squared = 0.9578”，说明模型对原始数据的拟合程度非常好。1、2、3 次幂的回归系数分别为−67.07619、15.74331、−1.22883，各回归系数 t 检验的 P 值均小于 0.05，说明回归系数都是显著的。最后得到的三次多项式回归方程为：$y=105.6131+-67.07619x+15.74331\ x^2+-1.22883\ x^3$。

（3）多项式回归结果可视化

关于前面对数据获得的 2 个多项式回归模型，可以使用可视化的方式，将模型对数据的拟合效果进行可视化，对比分析两者的数据拟合效果。运行下面的程序后，多项式回归数据拟合效果如图 10-3 所示。

```
## 可视化多项式回归的数据拟合效果
ggplot(nlrdata,aes(x = x,y= y))+geom_point(colour = "red")+
  geom_smooth(method = lm, formula = y ~ x + I(x^2),
```

```
        aes(color = "poly2",linetype = "poly2"))+
geom_smooth(method = lm, formula = y ~ poly(x,3,raw = TRUE),
        aes(color = "poly3",linetype = "poly3"))+
scale_color_manual(values = c("poly2" = "darkblue","poly3" = "green"),
                labels = c("poly2" = "2 次多项式","poly3" = "3 次多项式"))+
scale_linetype_manual(values = c("poly2" = "solid","poly3" = "dashed"),
                  labels = c("poly2" = "2 次多项式","poly3" = "3 次多项式"))+
labs(color = "多项式回归",linetype = "多项式回归")+
theme(legend.position = c(0.9,0.8))+ggtitle("多项式回归")
```

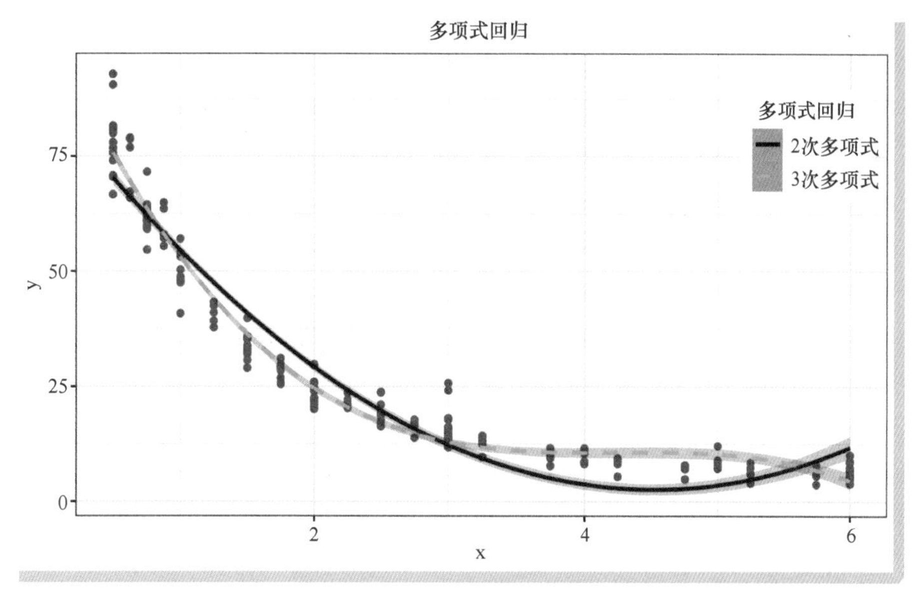

● 图 10-3　多项式回归数据拟合效果

从图 10-3 的拟合效果可知，两个多项式回归模型对数据的拟合效果都很优秀，但是整体上看三次多项式回归模型的拟合误差更低。

10.2.2　非线性最小二乘回归

根据图 10-2 中数据散点图的分布情况，数据更符合指数分布，因此，下面使用非线性最小二乘法，拟合一个指数回归模型。待拟合的指数回归模型可以表示为：

$$y=\frac{\exp(-cx)}{a+bx}+\varepsilon \tag{10-5}$$

其中，a、b、c 为待估计的参数，ε 是随机误差。

在 R 语言中，可以使用 nls( ) 函数进行非线性最小二乘法回归。该指数回归模型可以使用下面的程序对数据进行拟合预测，在 nls( ) 函数中，参数 start 用于指定模型中每个待估计参数的初始值。

```
## 指数回归
nls1 <- nls(y ~ exp(-c * x)/(a+b * x),data = nlrdata,
          start = c(a = 0.01,b = 0.01,c = 0.02))
summary(nls1)
```

```
## Formula: y ~ exp(-c * x)/(a + b * x)
## Parameters:
##    Estimate Std. Error t value Pr(>|t|)
## a 0.0061314  0.0003450  17.772  < 2e-16 ***
## b 0.0105309  0.0007928  13.283  < 2e-16 ***
## c 0.1902779  0.0219385  8.673 1.13e-15  ***
##Signif. codes:  0 '***' 0.001 '**' 0.01 '*' 0.05 '.' 0.1 ' ' 1
## Residual standard error: 3.362 on 211 degrees of freedom
## Number of iterations to convergence: 6
## Achieved convergence tolerance: 1.252e-06
## 计算模型的预测误差
nlrdata$nls1_pre <- predict(nls1,nlrdata)
sprintf("均方根误差为: %f",rmse(nlrdata$y,nlrdata$nls1_pre))
## [1] "均方根误差为: 3.338026"
```

从指数回归的输出结果可发现，a、b、c 为估计值，分别为 0.0061314、0.0105309、0.1902779，每个参数 t 检验的 P 值均小于 0.05，说明它们都是显著的。最后得到的指数回归方程为：$y=\frac{\exp(-0.1903x)}{0.00613+0.01053x}$，并且模型对数据的拟合均方根误差只有 3.338。

关于获得的指数回归模型的结果，可以使用下面的程序可视化出数据的拟合效果，运行程序后，可获得图 10-4 所示的图像。

```
## 可视化指数回归的数据拟合效果
ggplot(nlrdata,aes(x = x,y = y))+geom_point(colour = "red")+
  geom_line(aes(x = x,y = nls1_pre),colour = "blue",size = 1)+
  ggtitle("指数回归")
```

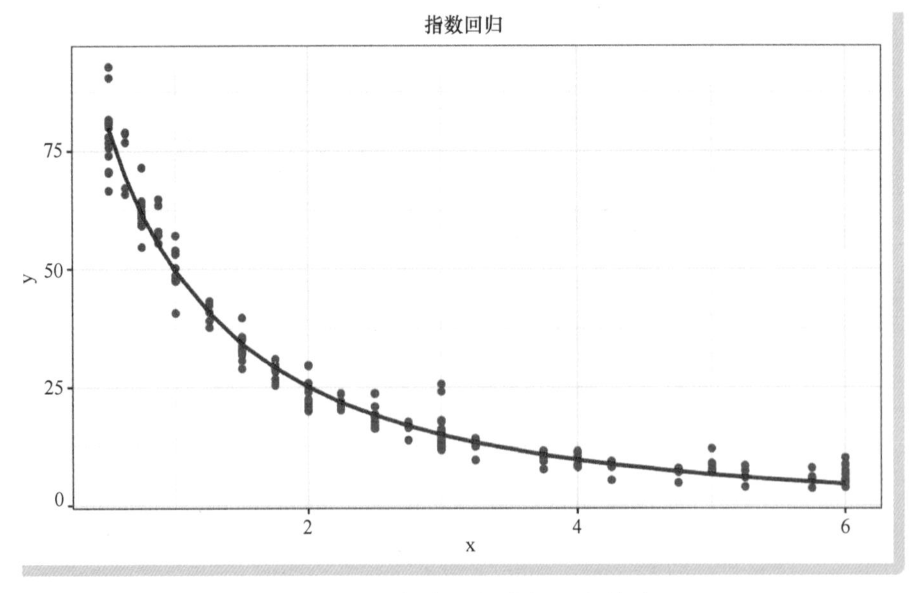

● 图 10-4　指数回归数据拟合效果

从图 10-4 所示的拟合效果可知，指数回归的数据拟合效果很好。

10.2.3 样条模型

关于波动更激烈、数据更复杂的情况，使用样条模型的函数逼近式数据拟合，往往可以获得更好的数据拟合效果。下面利用非线性数据拟合的一个更复杂的数据，主要会使用多项式样条模型和光滑样条模型。下面，首先导入并可视化待使用的非线性数据，运行下面程序可获得图 10-5 所示的非线性数据分布散点图，由图可见该数据的分布比上一个示例更复杂。

```
library(splines)
## 数据读取与可视化
nlrdata <- read_csv("data/chap10/Gauss2.csv")
## 可视化数据的分布
ggplot(nlrdata,aes(x = x,y = y))+geom_point(colour = "red")
```

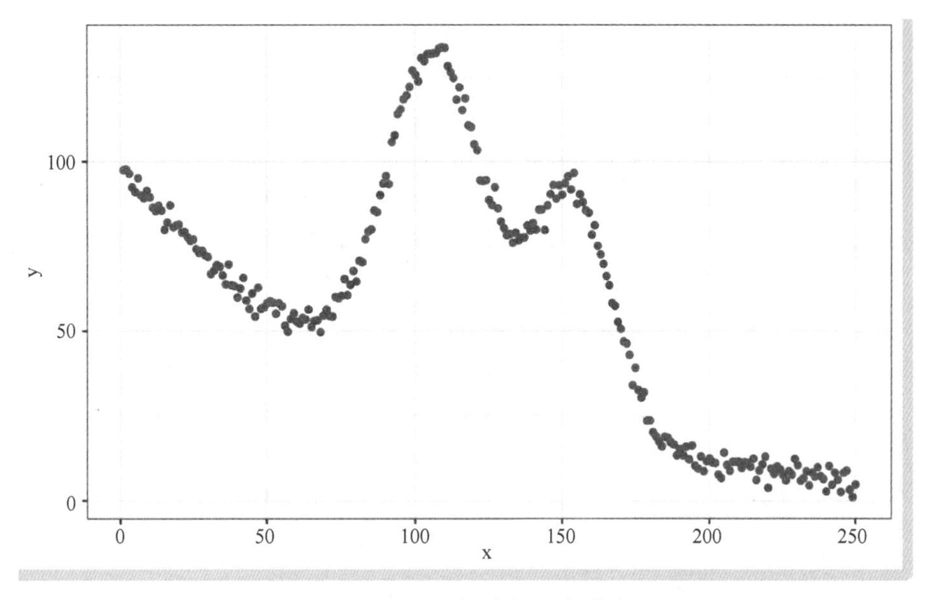

图 10-5　非线性数据分布散点图

(1) 多项式样条

对数据进行多项式样条可以使用 “lm(y ~ bs(x,df = 15),data = nlrdata)”，其中 “bs(x,df = 15)” 表示对数据进行多项式样条插值，df 参数可以控制数据的拟合效果。从最终结果的输出中可知，多项式样条模型的数据拟合均方根误差为 2.509706。

```
## 多项式样条模型
spline1 <- lm(y ~ bs(x,df = 15),data =nlrdata)
nlrdata$spline1 <- spline1$fitted.values
## 计算模型的均方根误差
sprintf("均方根误差为: %f",rmse(nlrdata$y,spline1$fitted.values))
## [1] "均方根误差为: 2.509706"
```

(2) 光滑样条

对数据进行光滑样条可以使用 smooth.spline( ) 函数，从下面程序的输出结果中可知，光滑样条模型的数据拟合均方根误差为2.143255。

```
## 拟合光滑样条模型
spline2 <- smooth.spline(x =nlrdata$x,y = nlrdata$y)
nlrdata$spline2 <- spline2$y
## 计算模型的均方根误差
sprintf("均方根误差为: %f",rmse(nlrdata$y,spline2$y))
## [1] "均方根误差为: 2.143255"
```

（3）样条回归结果可视化

关于前面获得的两种样条回归模型，可以使用可视化的方式对比分析它们对原始数据的拟合效果，运行下面的程序可获得图10-6所示的图像。

```
## 可视化两个数据拟合模型的拟合效果
ggplot(nlrdata,aes(x = x))+geom_point(aes(y = y),colour = "red",shape = 21)+
  geom_line(aes(y = spline1,color = "spline1",linetype = "spline1"),size = 1)+
  geom_line(aes(y = spline2,color = "spline2",linetype = "spline2"),size = 1)+
  scale_color_manual(values = c("spline1" = "darkblue","spline2" = "green"),
                     labels = c("spline1" = "多项式样条","spline2" = "光滑样条"))+
  scale_linetype_manual(values = c("spline1" = "solid","spline2" = "dashed"),
                        labels = c("spline1"="多项式样条","spline2" = "光滑样条"))+
  labs(color = "model",linetype = "model")+
  theme(legend.position = c(0.9,0.8))+ggtitle("样条模型数据逼近")
```

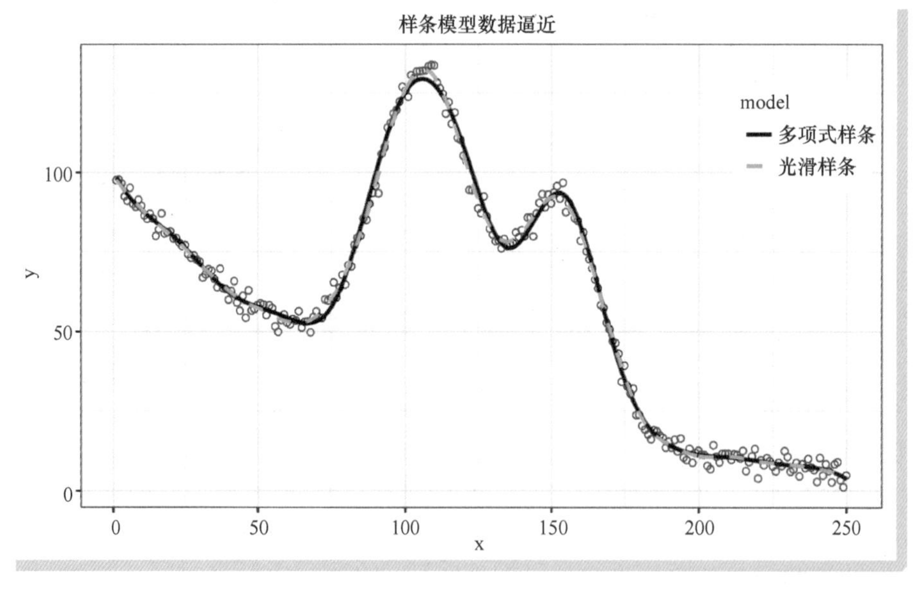

图10-6 样条模型的数据拟合效果

从图10-6中可以发现，两个模型对数据的拟合效果很接近，而且拟合效果都很好。

10.3 多元线性回归

假设y是一个可观测的随机变量，它受到多个（大于等于2）非随机变量因素x_1，x_2，…，x_p和随

机误差 ε 的影响。如果 y 与x_1，x_2，…，x_p可用如下线性关系来描述：

$$y=\beta_0+\beta_1x_1+\beta_2x_2+\cdots+\beta_px_p+\varepsilon \tag{10-6}$$

其中β_0，β_1，…，β_p是固定的未知参数，称为回归系数；y 称为因变量（被解释变量）；x_1，x_2，…，x_p称为自变量（解释变量），它们是非随机的且可精确观测。ε 为随机误差，表示随机因素对因变量 y 的影响，且 $\varepsilon \sim N(0,\sigma^2)$，则称上式为多元线性回归方程。

在 R 语言中，可以使用 lm( )函数建立多元线性回归模型，使用 summary( )函数查看其结果。

10.3.1 回归模型的建立

下面使用一个包含不同种类的鱼的长度、宽度与重量等指标的数据集，介绍如何对数据进行多元回归分析。首先导入要使用到的 R 语言包和数据。

```
library(tidyverse);library(GGally);library(ModelMetrics);library(gridExtra)
library(car)
## 数据读取
usedata <- read_csv("data/chap10/Fish.csv")
usedata$Species <- NULL     ## 剔除鱼的种类变量
head(usedata)
## # Atibble: 6 x 6
##  Weight Length1 Length2 Length3 Height Width
##    <dbl>  <dbl>  <dbl>  <dbl>  <dbl> <dbl>
## 1   242    23.2    25.4    30    11.5  4.02
## 2   290    24      26.3    31.2  12.5  4.31
## 3   340    23.9    26.5    31.1  12.4  4.70
## 4   363    26.3    29      33.5  12.7  4.46
## 5   430    26.5    29      34    12.4  5.13
## 6   450    26.8    29.7    34.7  13.6  4.93
```

数据 usedata 一共有 6 个变量，包含体重（Weight）、不同部位的测量长度（Length1、Length2、Length3、Height）以及宽度（Width）。在进行数据回归分析之前，可以先对数据使用矩阵散点图进行可视化，分析数据变量之间的相关性。运行下面的可视化程序，可获得图 10-7 所示的矩阵散点图。

```
## 使用矩阵散点图分析数据中每个变量之间的关系
ggscatmat(usedata)+ggtitle("数据变量的矩阵散点图")+
  theme_bw(base_family = "STKaiti")+
  theme(plot.title = element_text(hjust = 0.5))
```

通过图 10-7 可以更加清晰地认识 usedata 数据集的全貌。矩阵散点图中，还给出了数据两两特征之间的相关性系数大小（上三角矩阵显示的数值部分），便于分析特征之间的相关性。对角线的位置是数据分布的密度曲线，下三角矩阵是变量之间的散点图。

使用 usedata 数据集，建立一个使用其他变量预测鱼的重量（Weight 变量）的多元回归模型。建模之前将数据集随机地切分为两个部分，使用 75%的数据样本作为模型的训练集，使用剩余的数据作为测试集，使用 lm( )函数、利用训练集建立多元回归模型的程序如下所示。

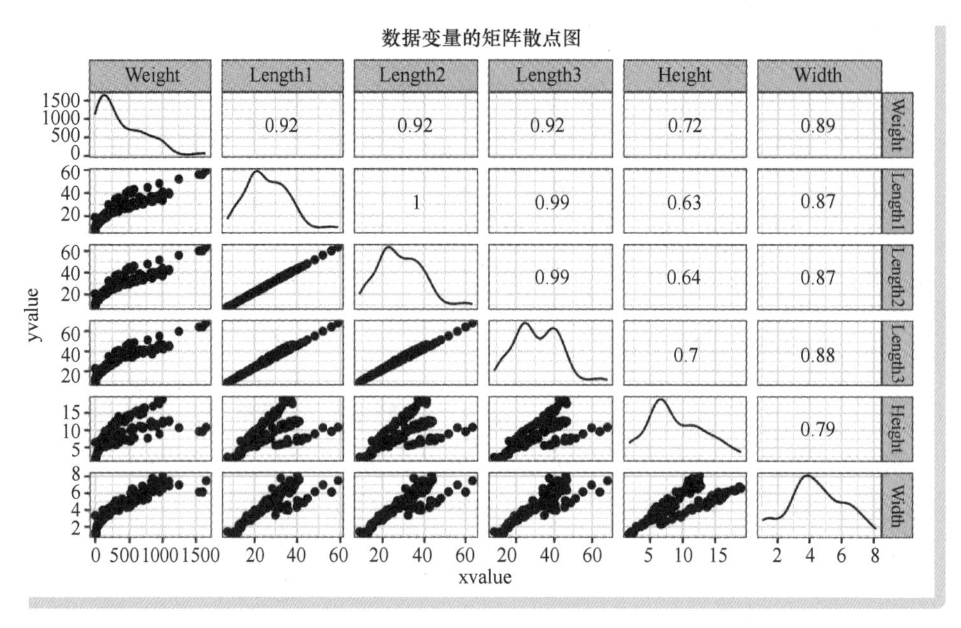

● 图 10-7 矩阵散点图

```
## 将数据集切分为训练集和测试集:训练集 75%
set.seed(1234)
index <- sample(nrow(usedata),round(nrow(usedata) * 0.75))
data_train <-usedata[index,]            # 提取训练集
data_test <-usedata[-index,]            # 提取测试集
## 使用 lm()函数进行多元回归分析,预测鱼的重量
lm_mod1 <- lm(Weight~.,data = data_train)
summary(lm_mod1)
## Call:
## lm(formula = Weight ~ ., data = data_train)
## Residuals:
##    Min      1Q   Median     3Q    Max
## -253.84  -78.71  -24.44  60.96  416.05
## Coefficients:
##              Estimate Std. Error t value Pr(>|t|)
## (Intercept) -539.183    37.712 -14.298   <2e-16 ***
## Length1       48.962    50.035   0.979    0.3299
## Length2        8.523    51.143   0.167    0.8679
## Length3      -30.258    21.025  -1.439    0.1529
## Height        26.642    10.834   2.459    0.0154 *
## Width         24.517    25.370   0.966    0.3359
##Signif. codes:  0 '***' 0.001 '**' 0.01 '*' 0.05 '.' 0.1 ' ' 1
## Residual standard error: 131.5 on 113 degrees of freedom
## Multiple R-squared:  0.8745, Adjusted R-squared:  0.8689
## F-statistic: 157.4 on 5 and 113 DF,  p-value: < 2.2e-16
```

在 lm()函数中，公式“Weight ~ .”表示使用全部的自变量建立回归模型。从输出结果可以发现，模型的 F 检验结果是显著的，“Adjusted R-squared = 0.8689”非常接近于 1，说明模型的拟合效果

较好。但是针对每个自变量系数的显著性检验中，只有 Height 是显著的，因此模型需要进一步调整。调整模型之前，先计算出模型 lm_mod1 在训练集和测试集上的预测绝对值误差，程序和输出如下。

```
## 计算模型对训练集和测试集的预测情况
test_pre <- predict(lm_mod1,data_test)
sprintf("训练集绝对值误差: %f",mae(data_train$Weight,lm_mod1$fitted.values))
sprintf("测试集绝对值误差: %f",mae(data_test$Weight,test_pre))
## [1] "训练集绝对值误差: 97.065783"
## [1] "测试集绝对值误差: 71.181117"
```

从输出中可以发现，在训练集上的绝对值误差为 97.065783，在测试集上的绝对值误差为 71.181117。为了更直观地观察模型对训练集和测试集的预测效果，可以使用下面的程序可视化模型的预测值和真实值之间的差异，运行程序后可获得图 10-8 所示的全部自变量模型的预测效果。

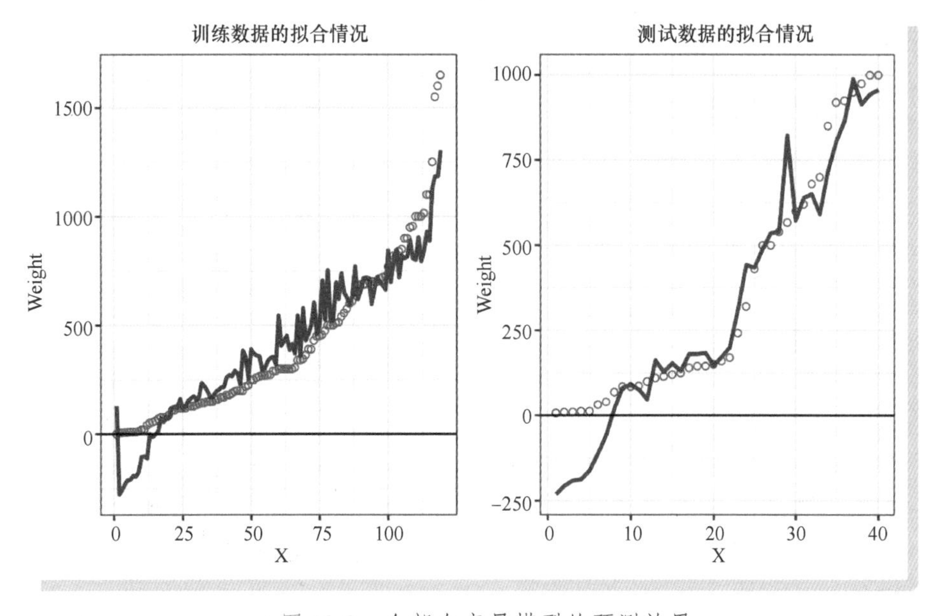

● 图 10-8　全部自变量模型的预测效果

```
## 数据准备
index <- order(data_train$Weight)
X <- sort(index)
Weight <- data_train$Weight[index]
train_lmpre <- lm_mod1$fitted.values[index]
train_plot <- data.frame(X = X,Weight = Weight,train_lmpre =train_lmpre)
## 可视化训练数据集上对原始数据的拟合情况
p1 <-ggplot(train_plot,aes(x = X))+
  geom_point(aes(y = Weight),colour = "red",shape = 21)+
  geom_line(aes(y = train_lmpre),colour = "blue",size = 1)+
  theme(legend.position = "none")+geom_hline(yintercept = 0)+
  ggtitle("训练数据的拟合情况")
## 对测试数据做同样的工作
index <- order(data_test$Weight)
```

```
X <- sort(index)
Weight <- data_test$Weight[index]
test_lmpre <- test_pre[index]
test_plot <- data.frame(X = X,Weight = Weight,test_lmpre = test_lmpre)
## 可视化测试数据集上对原始数据的拟合情况
p2 <-ggplot(test_plot,aes(x = X))+
  geom_point(aes(y = Weight),colour = "red",shape = 21)+
  geom_line(aes(y = test_lmpre),colour = "blue",size = 1)+
  theme(legend.position = "none")+geom_hline(yintercept = 0)+
  ggtitle("测试数据的拟合情况")
## 组合两幅图像
grid.arrange(p1,p2,nrow=1)
```

从图 10-8 中可以发现，一些质量较轻的鱼类的质量预测结果为负，这与实际情况不符，后面将会对该模型进行进一步的调整和修改。

10.3.2 回归诊断

关于前一节建立的多元回归模型，可以通过 R 语言基础包中提供的 plot( ) 函数，可视化 lm( ) 函数的返回对象，对多元回归模型进行诊断。在下面的程序中，使用 plot（lm_mod1）函数输出了 4 幅子图，可视化图像如图 10-9 所示。

```
## 回归诊断分析
par(mfrow = c(2,2))
plot(lm_mod1)
```

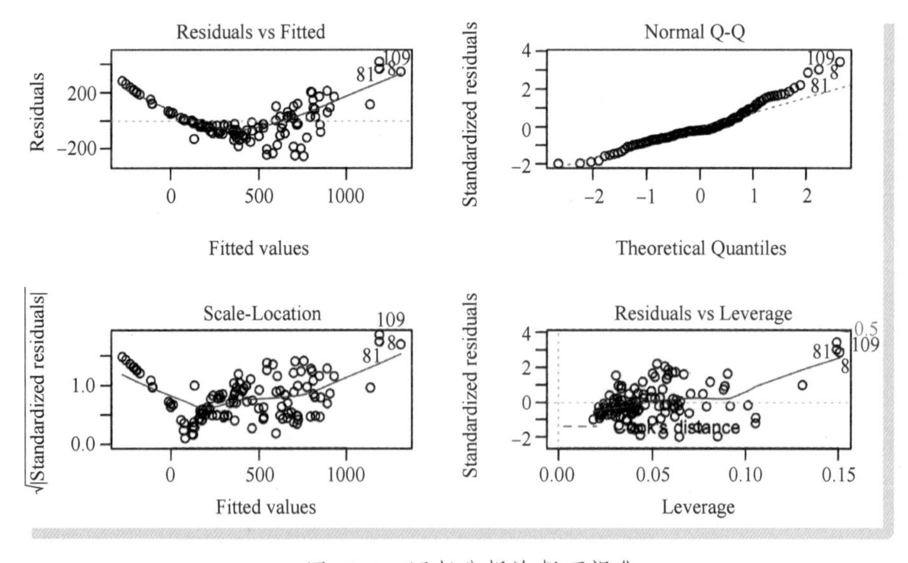

图 10-9　回归分析诊断可视化

图 10-9 中一共有 4 幅子图，它们分别为残差-拟合图（Residuals vs Fitted）、标准化残差的正态性检验 Q-Q 图（Normal Q-Q）、标准化残差-拟合图（Scale-Location）、残差-杠杆图（Residuals vs Leverage）。

为了对检验结果进行进一步的理解，先介绍一下线性回归模型的几个基本假定。

1）零均值正态性假定：由于随机干扰的存在，真实值是在期望值附近随机波动的，因此残差也应该符合均值为 0、标准差为 1 的正态分布，即随机波动的残差可正可负，整体上可相互抵消。

2）同方差性假定：即随机干扰项和因变量具有相同的方差，若满足，则 Scale-Location 图中的散点会在水平线周围随机分布。

3）相互独立性：随机干扰项之间是相互独立的。如果干扰因素是随机的、相互独立的，那么因变量的序列值之间也互补相关。

4）因变量和自变量之间满足线性关系：这是建立线性回归模型所必需的，如果自变量和因变量之间没有线性关系，建立线性回归模型自然也没有任何意义。

关于残差-拟合图（Residuals vs Fitted），可用于检验回归模型是否合理、是否存在异方差性以及是否存在异常值。其中红色实线是通过局部加权回归散点修匀法（LOWESS）绘制的，如其基本贴近 X 轴，或者散点基本均匀分布在 X 轴附近。那么说明回归模型基本是无偏的，而且如果残差的分布不随着预测值的改变而大幅度变化，则可以认为同方差性成立。然而图 10-9 中的残差-拟合图（Residuals vs Fitted）并没有获得理想情况下的结果，说明模型并不符合这些假定，而且红色的实现是一条弯曲的曲线，说明数据模型中可能需要数据的二次项。

关于标准化残差的正态性检验 Q-Q 图（Normal Q-Q），前面已经介绍过 Q-Q 图的使用，从图 10-9 的检验结果中发现，残差不符合零均值正态性假设。

关于标准化残差-拟合图（Scale-Location），其作用和残差-拟合图（Residuals vs Fitted）几乎一致，而且如果标准化残差的平方根大于 1.5，则说明样本点位于 95%置信区间外。

关于残差-杠杆图（Residuals vs Leverage），其主要作用是用于检测数据中是否有异常值存在，同时图像中还可视化库克（Cook）距离参考线。库克距离较大的点可能是模型的强影响点或者异常值，下一小节将会对数据中的异常值进行更详细的分析。

10.3.3 异常值分析

关于前面获得的多元回归模型，如果一组数据预测后和实际的值相比残差较大，则可认为对应的样本是异常值。数据中的异常值可能会使预测失真并影响准确性，尤其是在回归模型中。如果没有正确地对异常值进行处理，将会影响模型的精度和稳定系。下面介绍如何分析回归模型中的离群点、高杠杆点以及强影响点。

（1）离群点

离群点通常表示回归模型中预测不佳的点，即预测结果中残差具有很大的、或正或负的点（即因变量 y 的值是极端值的观测值）。在图 10-9 中，一般带有样本编号的点，可能就是模型中的离群点。也可以使用 car 包中的 outlierTest( )函数，专门为模型做离群点检测。

```
library(car)
## 计算模型的离群点
outlierTest(lm_mod1)
## NoStudentized residuals with Bonferroni p < 0.05
## Largest |rstudent|:
##   rstudent unadjusted p-value Bonferroni p
## 109 3.608382          0.00046198     0.054975
```

在上面的回归模型离群点检测中，可以发现数据中的第 109 号样本，被检测了出来，其 p-value =

0.00046198，远小于 0.05。关于离群点一般是进行删除处理，需要注意的是删除了某次检测到的离群点后，并不代表后面的模型中就不会载有离群点，因此对新的模型仍然需要进行离群点分析。

（2）高杠杆点

高杠杆点（High Leverage Point）是由许多异常的预测变量值组合起来的，与响应变量值没有关系，它们远离样本空间中心，即自变量 X 的值是极端值的观测值。高杠杆值的观测点可通过帽子统计量（Hat Statistic）判断，可以使用 hatvalues（lm_mod1）函数进行计算，也可通过 car 包中的 leveragePlots( )函数可视化模型的高杠杆点。运行下面的程序可获得高杠杆点可视化，如图 10-10 所示。

```
## 可视化模型的高杠杆点
leveragePlots(lm_mod1,layout = c(2,3))
```

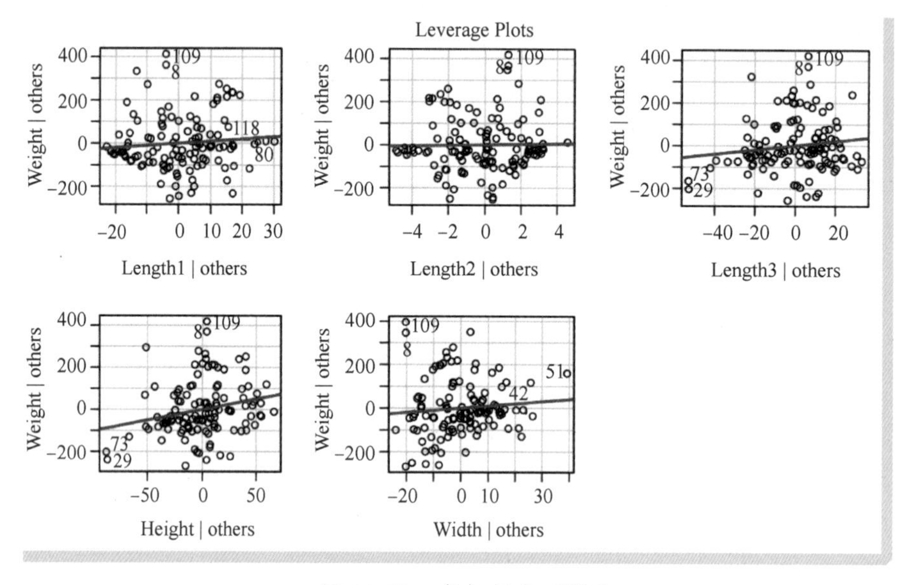

● 图 10-10　高杠杆点可视化

从图 10-10 中可以知道，109、8 号等样本被认为是整个数据集的高杠杆点，73、29、51 号等样本被认为是某些变量的高杠杆点。

（3）强影响点

强影响点（Influential Point），即对模型参数估计值影响有些比例失衡的点，或称为对模型有较大影响的点，如果删除强影响点能改变拟合回归方程。强影响点也可通过库克距离来表示。关于计算出的库克距离，如果大于 $4/(n-k-1)$ 的样本可认为其是强影响点，其中，n 是样本数量、k 是自变量数量。库克距离可以使用 cooks.distance( )函数进行计算，在下面的程序中，还可绘制出回归模型每个样本的库克距离，运行程序可获得图 10-11 所示的图像。

```
## 计算模型的库克距离
cooks.distance(lm_mod1)
##           1            2            3            4            5            6
## 2.106566e-04 7.8701e-07 3.149900e-02 2.365566e-03 3.344892e-03 1.7435e-02
##           7            8            9           10           11           12
## 9.955583e-03 2.6623e-01 2.736708e-02 1.887001e-03 3.538682e-03 2.1909e-04
```

```
...
## 可视化回归模型每个样本的库克距离
cutoff <- 4/(nrow(data_train - length(coef(lm_mod1)) - 2))
plot(lm_mod1, which = 4, cook.levels = cutoff)
abline(h = cutoff,lty = 2)
```

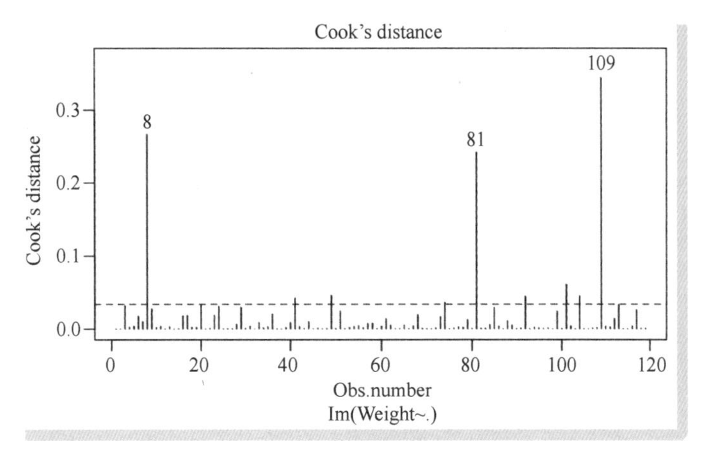

● 图 10-11 各样本库克距离

从图 10-11 中可以发现，8、81、109 号等样本点的库克距离非常大，而且还有一些样本点的库克距离超过的参考线，但是取值相对较小。

前面介绍的几种可能是异常值的情况，可以使用 influencePlot( ) 函数进行统一的可视化分析，运行下面的程序可获得图 10-12 所示的图像。

```
## 将数据中的 3 种影响因素可视化在一张图上
par(family = "STKaiti")
influencePlot(lm_mod1,main = "数据中异常值情况")
##      StudRes       Hat     CookD
## 8    3.133844 0.1491876 0.2662312
## 81   2.953043 0.1507935 0.2415769
## 109  3.608382 0.1491876 0.3439302
```

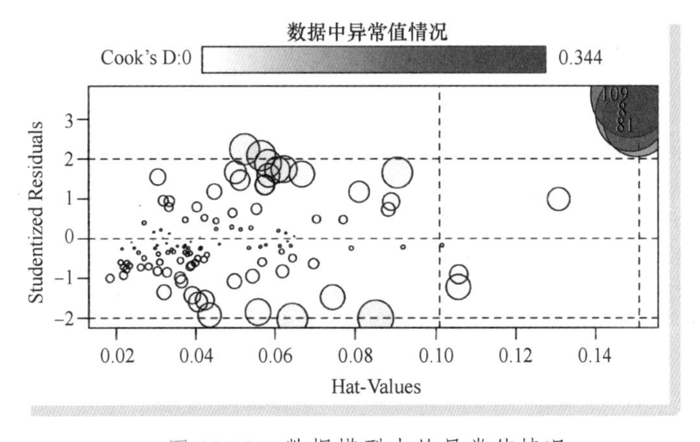

● 图 10-12 数据模型中的异常值情况

从上面的分析结果中可以发现，数据中第 109、8、81 号样本对模型影响较大，可以考虑剔除。在图 10-12 中，纵坐标超过正负 2 的样本可认为是离群点，圆圈的大小和影响强弱成比例，圆圈越大的点，说明越可能是强影响点。

（4）多重共线性分析

因为前面获得的回归模型 lm_mod1 中，有多个自变量是不显著的，因此可能存在自变量之间的多重共线性，在此介绍如何利用 R 语言对模型进行多重共线性分析。

多重共线性分析可以使用模型的条件数或者方差膨胀因子（VIF）进行判断。其中，条件数较大用于分析整个模型是否具有多重共线性，条件数较大说明数据之间具有较强的多重共线性。一般若“*条件数*<100”，则认为多重共线性的程度很小；若“100≤ *条件数*≤1000”，则认为存在中等程度的多重共线性；若“*条件数*>1000”，则认为存在严重的多重共线性。而方差膨胀因子（VIF）可以判断每个自变量是否具有多重共线性，其取值越大，说明其引入模型后，模型的多重共线性就越强。使用下面的程序可以进行相应的计算。

```
## 计算模型的条件数据
base::kappa(lm_mod1,exact=TRUE) #exact=TRUE 表示精确计算条件数
## [1] 321.0274
## 计算方差膨胀因子 VIF
vif(lm_mod1)
##    Length1  Length2    Length3    Height    Width
## 1709.30543 2044.80431  399.00487  12.67625  11.78523
```

从条件数的输出结果中可知，整个回归模型具有多重共线性；从每个变量 VIF 的输出中可知，Length1、Length2 两个变量的 VIF 取值超过了 1000，这两个变量对模型的多重共线性贡献最大。

10.3.4 改进回归模型

经过前面对数据集建立多元回归模型，并且对其从多个方面进行分析后，该模型可以从下面两个步骤进行改进。

第 1 步：剔除训练数据中第 8、81 和 109 号 3 个具有较强影响点的样本。

第 2 步：剔除数据中方差膨胀因子较大的自变量。

首先进行第一步的改进，程序如下所示。

```
## 第 1 步:剔除训练数据中第 8、81 和 109 号 3 个样本
data_train_new <- data_train[-c(8,81,109),]
## 对数据建立回归模型
lm_mod2 <- lm(Weight~.,data = data_train_new)
summary(lm_mod2)
## Call:
## lm(formula = Weight ~ ., data = data_train_new)
## Coefficients:
##             Estimate Std. Error t value Pr(>|t|)
## (Intercept) -450.875    32.115 -14.039  < 2e-16 ***
## Length1       88.559    40.378   2.193 0.030395 *
## Length2      -35.145    41.234  -0.852 0.395885
## Length3      -34.401    16.945  -2.030 0.044758 *
```

```
## Height          33.352        8.792    3.794   0.000243 ***
## Width           62.805       21.024    2.987   0.003471 **
##Signif. codes:  0'***'0.001'**'0.01'*'0.05'.'0.1''1
## Residual standard error: 105.1 on 110 degrees of freedom
## Multiple R-squared:  0.8916, Adjusted R-squared:  0.8867
## F-statistic:  181 on 5 and 110 DF,  p-value: < 2.2e-16
```

从剔除 3 个样本后的输出结果中可以发现，此时只用一个自变量 Length2 是不显著的，回归模型得到了改善。下面计算模型改进后对训练集和测试集的预测效果，同时计算模型的条件数和方差膨胀因子，分析其多重共线性。

```
## 计算模型对训练集和测试集的预测情况
test_pre <- predict(lm_mod2,data_test)
sprintf("训练集绝对值误差: %f",mae(data_train_new$Weight,lm_mod2$fitted.values))
sprintf("测试集绝对值误差: %f",mae(data_test$Weight,test_pre))
sprintf("调整后模型的条件数: %f",base::kappa(lm_mod2,exact=TRUE))
## [1] "训练集绝对值误差: 80.697932"
## [1] "测试集绝对值误差: 69.796261"
## [1] "调整后模型的条件数: 309.475718"
## 计算模型的方差膨胀因子
vif(lm_mod2)
##    Length1    Length2    Length3    Height     Width
## 1330.49055 1593.42258  315.99198  13.03187  12.07663
```

从输出的预测绝对值误差值可知，预测精度得到了提升，但是模型仍然具有较强的多重共线性。因此，在第二步中，剔除数据中方差膨胀因子较大的自变量 Length2，重新建立多元回归模型，程序如下。

```
## 第 2 步:剔除数据中方差膨胀因子较大的自变量 Length2(同时考虑每个变量的显著性)
data_train_new <- data_train_new[,c("Length1","Length3","Height", "Width", "Weight")]
data_test_new <- data_test[,c("Length1","Length3","Height","Width","Weight")]
## 再次对数据建立回归模型
lm_mod2 <- lm(Weight~.,data = data_train_new)
summary(lm_mod2)
## Call:
## lm(formula = Weight ~ ., data = data_train_new)
## Residuals:
##    Min      1Q    Median     3Q     Max
## -189.69  -65.55  -33.87  43.65  311.20
## Coefficients:
##             Estimate Std. Error t value Pr(>|t|)
## (Intercept) -455.001   31.709 -14.349  < 2e-16 ***
## Length1       57.760   17.995   3.210  0.001737 **
## Length3      -39.813   15.692  -2.537  0.012564 *
## Height        33.920    8.756   3.874  0.000181 ***
## Width         57.930   20.206   2.867  0.004960 **
##Signif. codes:  0'***'0.001'**'0.01'*'0.05'.'0.1''1
## Residual standard error: 105 on 111 degrees of freedom
## Multiple R-squared:  0.8909, Adjusted R-squared:  0.887
```

```
## F-statistic: 226.7 on 4 and 111 DF,  p-value: < 2.2e-16
## 计算模型对训练集和测试集的预测情况
test_pre <- predict(lm_mod2,data_test_new)
sprintf("训练集绝对值误差: %f",mae(data_train_new$Weight,lm_mod2$fitted.values))
sprintf("测试集绝对值误差: %f",mae(data_test_new$Weight,test_pre))
sprintf("调整后模型的条件数: %f",base::kappa(lm_mod2,exact=TRUE))
## [1] "训练集绝对值误差: 81.282197"
## [1] "测试集绝对值误差: 70.168816"
## [1] "调整后模型的条件数: 153.098913"
```

从输出结果可知，此时模型中每个自变量都是显著的，而且模型的条件数减少了大约 50%，模型的多重共线性问题也得到了一定程度的缓解。下面可视化新的多元回归模型 lm_mod2，对训练集和测试集的预测效果，运行下面的程序可获得图 10-13 所示的图像。

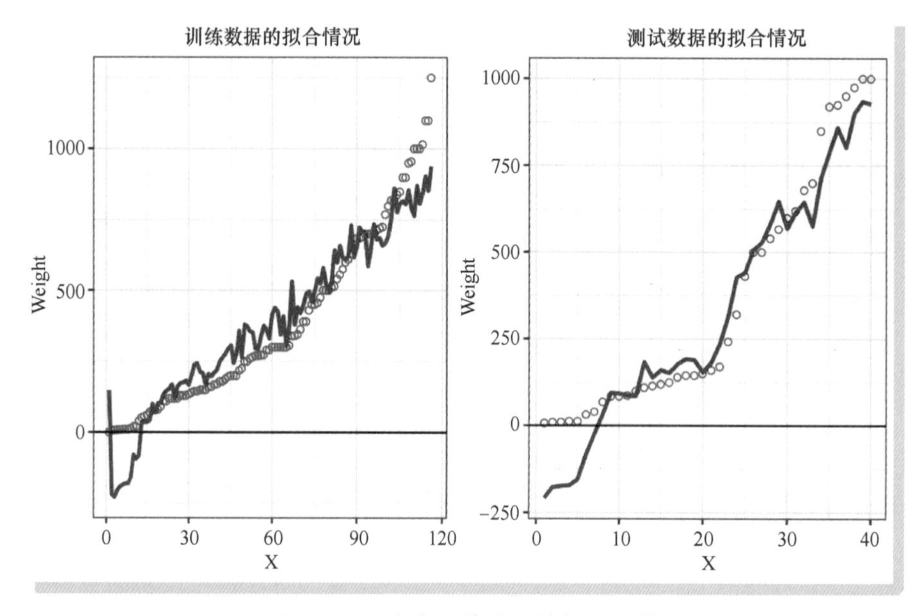

图 10-13　改进后模型的数据拟合情况

```
## 可视化模型的预测值和真实值之间的差异
## 数据准备
index <- order(data_train_new$Weight)
X <- sort(index)
Weight <- data_train_new$Weight[index]
train_lmpre <- lm_mod2$fitted.values[index]
train_plot <- data.frame(X = X,Weight = Weight,train_lmpre =train_lmpre)
## 可视化训练数据集上对原始数据的拟合情况
p1 <-ggplot(train_plot,aes(x = X))+
  geom_point(aes(y = Weight),colour = "red",shape = 21)+
  geom_line(aes(y = train_lmpre),colour = "blue",size = 1)+
  theme(legend.position = "none")+geom_hline(yintercept = 0)+
  ggtitle("训练数据的拟合情况")
## 对测试数据做同样的工作
```

```
index <- order(data_test_new$Weight)
X <- sort(index)
Weight <- data_test_new$Weight[index]
test_lmpre <- test_pre[index]
test_plot <- data.frame(X = X,Weight = Weight,test_lmpre = test_lmpre)
## 可视化训练数据集上对原始数据的拟合情况
p2 <-ggplot(test_plot,aes(x = X))+
  geom_point(aes(y = Weight),colour = "red",shape = 21)+
  geom_line(aes(y = test_lmpre),colour = "blue",size = 1)+
  theme(legend.position = "none")+geom_hline(yintercept = 0)+
  ggtitle("测试数据的拟合情况")
## 组合两幅图像
grid.arrange(p1,p2,nrow=1)
```

从图 10-13 中可以发现，预测的结果中，还是无法很好地解决某些样本预测为负的情况。

针对改进后的模型，重新分析数据中异常值的情况，运行程序后可获得图 10-14 所示的图像。

```
## 可视化改进后模型的数据中异常值情况
par(family = "STKaiti")
influencePlot(lm_mod2)
```

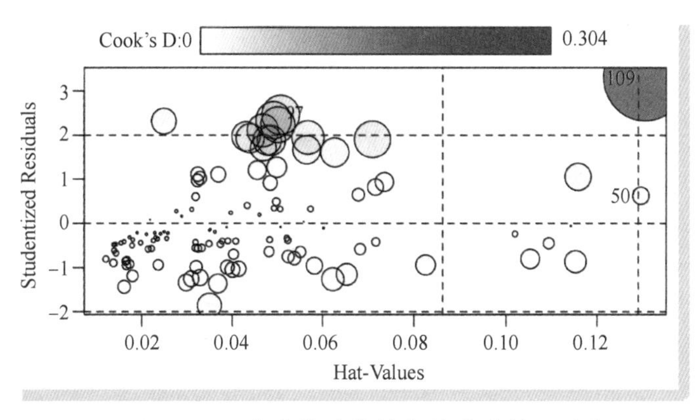

● 图 10-14　改进模型的数据异常值情况分析

从图 10-14 中可以发现，新的模型中有一些新的对数据有较强影响的点，但是新的模型比之前的模型效果较好。针对这种情况可以继续采用剔除异常值重新建模的方式，对数据进行处理，这里不再赘述。

对于改进后的模型，可视化回归分析诊断图，可获得图 10-15 所示的图像。从图 10-15 中可以发现，数据中的异方差性等问题只是得到了缓解，并没有得到充分的解决。

```
## 回归诊断分析
par(mfrow = c(2,2))
plot(lm_mod2)
```

关于改进前后两个回归模型的回归系数的变化，可以使用下面的程序进行可视化，运行程序后可获得图 10-16 所示的图像。

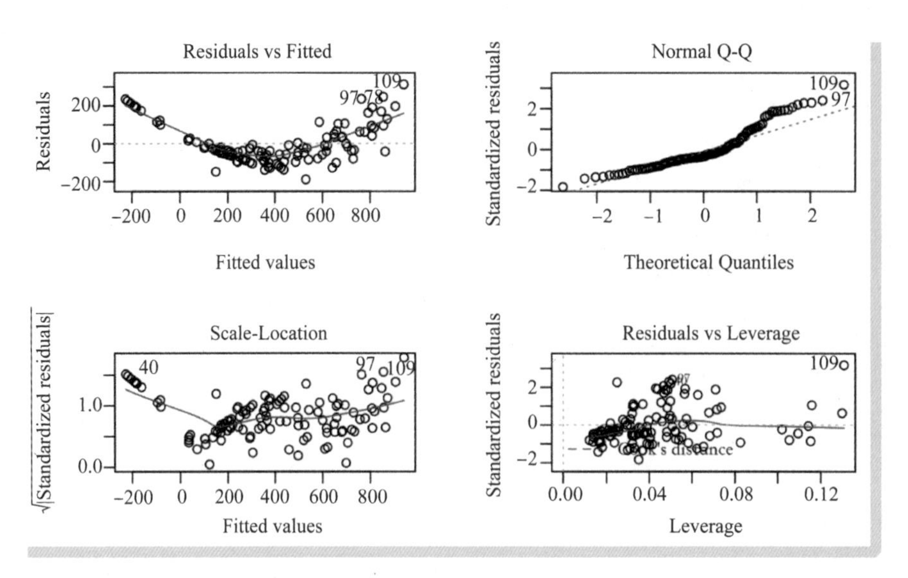

图 10-15　改进模型的回归分析诊断

```
## 对比可视化两个回归模型
lm_mods <- list("改进前" = lm_mod1, "改进后" = lm_mod2)
ggcoef_compare(lm_mods)+ggtitle("多元回归模型系数对比分析")+
  theme(legend.text = element_text(family = "STKaiti"),
        plot.title = element_text(family = "STKaiti",hjust = 0.5))
```

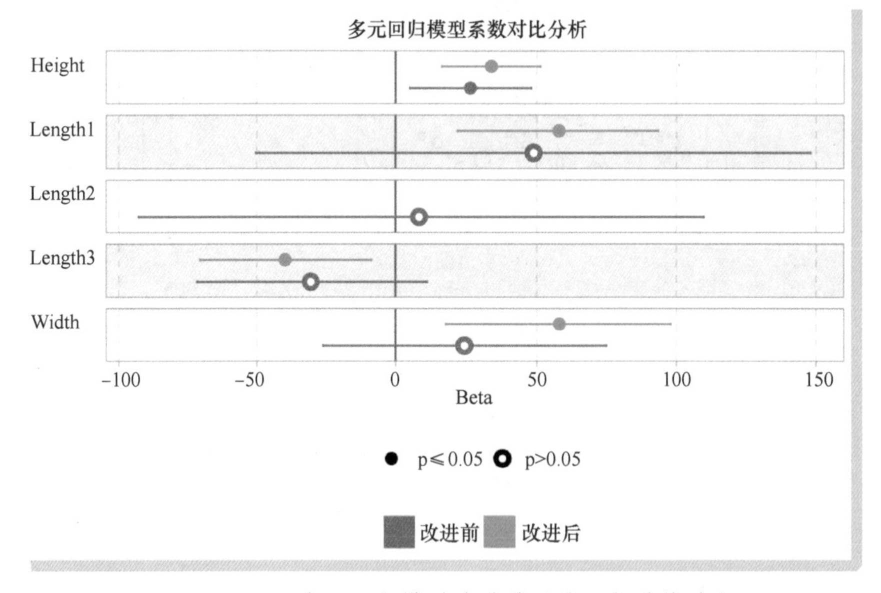

图 10-16　多元回归模型改进前后的回归系数对比

10.4 逐步回归

如果在一个回归方程中，忽略了对因变量 y 有显著影响的自变量，那么所建立的方程必然与实际有较大的偏离。但如果所使用的自变量增多，可能因为误差平方和的自由度的减小而使σ^2的估计增大，从而影响使用回归方程做预测的精度。因此，适当地选择变量以建立一个“最优”的回归方程是十分重要的。

“最优”的回归模型一般满足以下两个条件。

1）模型能够反映自变量和因变量之间的真实关系。

2）模型所使用自变量数量要尽可能的少。

建立多元回归模型时，经常会从可能影响因变量 y 的众多影响因素中，挑选部分作为自变量建立“最优”的回归模型。这时可以通过逐步回归（Stepwise Regression）的方法，挑选出合适的自变量。

逐步回归是一种线性回归模型自变量选择方法，其基本思想是将变量逐个引入，引入的条件是其偏回归平方和经验是显著的。同时，每引入一个新变量，对已入选回归模型的旧变量逐个进行检验，将经检验认为不显著的变量删除，以保证所得自变量子集中每一个变量都是显著的。此过程经过若干步，直到不能再引入新变量为止。这时回归模型中所有变量对因变量都是显著的。

在 R 语言中，使用 step( ) 函数完成逐步回归的计算，它以 AIC（Akaike Information Criterion，由日本统计学家赤池弘次提出，也称其为赤池信息量准则）为准则，通过选择最小的 AIC 信息统计量，来达到选择出显著的自变量的目的。

关于 10.3 节介绍的多元回归模型，可以使用逐步回归的方式对其进行改进。由于 lm_mod1 回归模型还包含强影响点的影响，因此本节在对其进行改进时，会考虑两种逐步回归的方式：第一种为使用逐步回归模型对最初的回归模型进行自动改进；第二种为使用逐步回归模型对剔除了强影响点的回归模型进行自动改进。

10.4.1 直接逐步回归

第一种方式会直接对利用全部训练数据和自变量的多元回归模型，使用 step( ) 函数进行回归分析，程序如下所示。

```
## 使用逐步回归模型对最初的回归模型进行自动改进
step_mod1 <- step(lm_mod1)
summary(step_mod1)
## Call:
## lm(formula = Weight ~ Length1 + Length3 + Height, data = data_train)
## Coefficients:
##             Estimate Std. Error t value Pr(>|t|)
## (Intercept) -529.326    36.284 -14.588  < 2e-16 ***
## Length1       73.202    15.417   4.748 5.97e-06 ***
## Length3      -42.318    14.475 -2.924  0.00417 **
## Height        35.590     6.311   5.639 1.24e-07 ***
##Signif. codes:  0'***'0.001'**'0.01'*'0.05'.'0.1''1
## Residual standard error: 131 on 115 degrees of freedom
## Multiple R-squared:  0.8732, Adjusted R-squared:  0.8699
## F-statistic:  264 on 3 and 115 DF,  p-value: < 2.2e-16
```

从 step_mod1 的输出结果中可知，此时模型中每个自变量都是显著的，并且除了 Length1、Length2、Height 三个自变量得到保留外，其余的自变量都被剔除了。下面计算逐步回归后的模型对在训练集和测试集上的预测误差，同时计算模型条件数，分析模型的多重共线性，程序如下。

```
## 计算模型对训练集和测试集的预测情况
test_pre <- predict(step_mod1,data_test)
sprintf("训练集绝对值误差: %f",mae(data_train$Weight,step_mod1$fitted.values))
sprintf("测试集绝对值误差: %f",mae(data_test$Weight,test_pre))
sprintf("调整后模型的条件数: %f",base::kappa(step_mod1,exact=TRUE))
## [1] "训练集绝对值误差: 96.695148"
## [1] "测试集绝对值误差: 73.989810"
## [1] "调整后模型的条件数: 137.337245"
```

从输出的结果中可发现，在训练集上的绝对值误差为 96.6951（小于逐步回归之前的误差 97.065783），测试集上的绝对值误差为 73.9898（大于逐步回归之前的误差 71.1811），但是模型的条件数减少了很多，模型会更加的稳定。

为了更直观地观察模型对训练集和测试集的预测效果，下面可视化出逐步回归后，模型的预测值和真实值之间的差距，运行下面的程序可获得图 10-17 所示的图像。

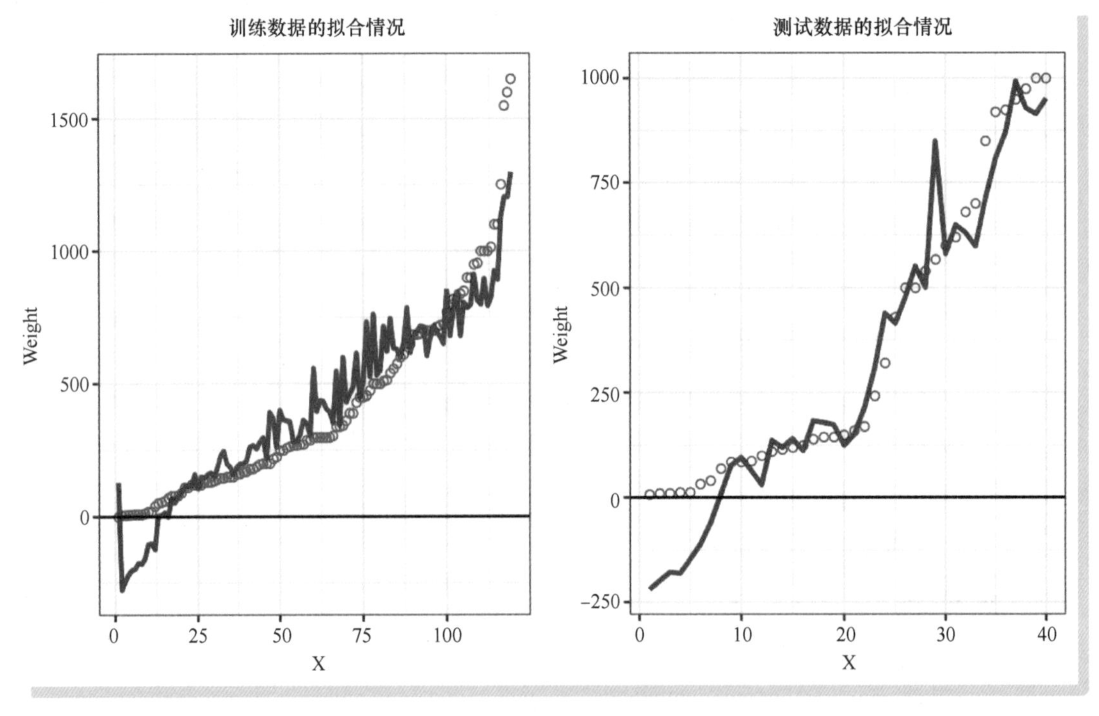

● 图 10-17　逐步回归模型的预测效果

```
## 可视化模型的预测值和真实值之间的差异;数据准备
index <- order(data_train$Weight)
X <- sort(index)
Weight <- data_train$Weight[index]
train_lmpre <- step_mod1$fitted.values[index]
train_plot <- data.frame(X = X,Weight = Weight,train_lmpre =train_lmpre)
## 可视化训练数据集上对原始数据的拟合情况
p1 <-ggplot(train_plot,aes(x = X))+
```

```
  geom_point(aes(y = Weight),colour = "red",shape = 21)+
  geom_line(aes(y = train_lmpre),colour = "blue",size = 1)+
  theme(legend.position = "none")+geom_hline(yintercept = 0)+
  ggtitle("训练数据的拟合情况")
## 对测试数据做同样的工作
index <- order(data_test$Weight)
X <- sort(index)
Weight <- data_test$Weight[index]
test_pre <- predict(step_mod1,data_test)
test_lmpre <- test_pre[index]
test_plot <- data.frame(X = X,Weight = Weight,test_lmpre = test_lmpre)
## 可视化测试数据集上对原始数据的拟合情况
p2 <-ggplot(test_plot,aes(x = X))+
  geom_point(aes(y = Weight),colour = "red",shape = 21)+
  geom_line(aes(y = test_lmpre),colour = "blue",size = 1)+
  theme(legend.position = "none")+geom_hline(yintercept = 0)+
  ggtitle("测试数据的拟合情况")
## 组合两幅图像
grid.arrange(p1,p2,nrow=1)
```

从可视化的结果图 10-17 中可以发现，仍然有一些质量较轻的鱼类的质量预测结果为负。

10.4.2 剔除异常值逐步回归

前面进行的逐步回归模型没有先剔除数据中的强影响点，下面先剔除训练数据中的 3 个强影响点，然后再对数据进行多元线性回归和逐步回归，程序如下。

```
## 使用逐步回归模型对剔除了强影响点的回归模型进行自动改进
## 剔除训练数据中第 8、81 和 109 号 3 个样本
data_train_new <- data_train[-c(8,81,109),]
## 对数据建立回归模型
lm_mod <- lm(Weight~.,data = data_train_new)
step_mod2 <- step(lm_mod)
summary(step_mod2)
## Call:
## lm(formula = Weight ~ Length1 + Length3 + Height + Width, data = data_train_new)
## Coefficients:
##             Estimate Std. Error t value Pr(>|t|)
## (Intercept) -455.001    31.709 -14.349  < 2e-16 ***
## Length1       57.760    17.995   3.210  0.001737 **
## Length3      -39.813    15.692  -2.537  0.012564 *
## Height        33.920     8.756   3.874  0.000181 ***
## Width         57.930    20.206   2.867  0.004960 **
##Signif. codes:  0'***'0.001'**'0.01'*'0.05'.'0.1''1
## Residual standard error: 105 on 111 degrees of freedom
## Multiple R-squared:  0.8909, Adjusted R-squared:  0.887
## F-statistic: 226.7 on 4 and 111 DF,  p-value: < 2.2e-16
## 计算模型对训练集和测试集的预测情况
test_pre <- predict(step_mod2,data_test)
```

```
sprintf("训练集绝对值误差: %f",mae(data_train_new$Weight, step_mod2$fitted.values))
sprintf("测试集绝对值误差: %f",mae(data_test$Weight,test_pre))
sprintf("调整后模型的条件数: %f",base::kappa(step_mod2,exact=TRUE))
## [1] "训练集绝对值误差: 81.282197"
## [1] "测试集绝对值误差: 70.168816"
## [1] "调整后模型的条件数: 153.098913"
```

从输出的结果中可以发现，此时的逐步回归模型只剔除了数据中的 Length2 变量，而且获得的新逐步回归模型与 10.3.4 节中手动改进的回归模型一致。同时，在训练集和测试集上的预测误差更小，模型的多重共线性问题也得到了缓解。

关于前面两种方式获得的逐步回归模型，可以使用下面的程序将两个模型的回归系数可视化，进行对比分析，运行程序后可获得图 10-18 所示的图像。

```
## 对比分析两种情况下的逐步回归模型的回归系数情况
lm_mods <- list("逐步回归 1" = step_mod1, "逐步回归 2" = step_mod2)
ggcoef_compare(lm_mods)+ggtitle("逐步回归模型系数对比分析")+
  theme(legend.text = element_text(family = "STKaiti"),
        plot.title = element_text(family = "STKaiti",hjust = 0.5))
```

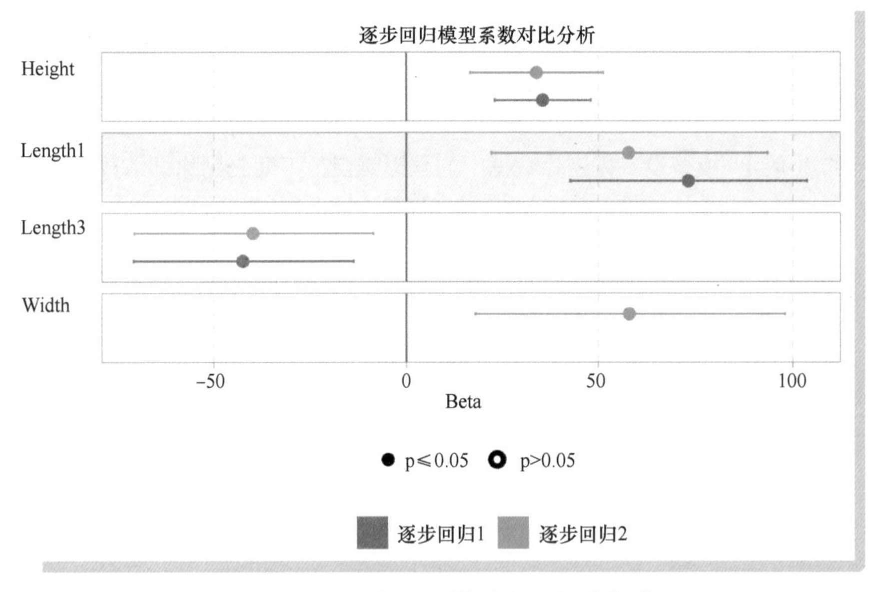

图 10-18 逐步回归模型的回归系数对比

逐步回归可以为模型选择更显著的自变量，虽然不能很大程度上提高模型的精度，但是通过缓解模型的奇异性问题，可以大大增加模型的稳定性。

10.5 逻辑回归

多元线性回归模型可以用来处理因变量是连续值的情况，如果因变量是分类变量或者离散变量，则需要使用广义线性回归模型进行建模分析。

广义线性模型（Generalize Linear Model，GLM）是常见的正态线性模型的直接推广，它可以适用于连续数据和离散数据，特别是后者，如属性数据、计数数据等。关于处理分类问题的广义线性回归模型，逻辑（Logistic）回归模型是最重要、最常用的模型之一。

对于一系列有两个结果的随机试验，最简单的概率模型就是 Bernoulli 分布，即成功的概率为 p，失败的概率为 $1-p$。在实际生活中，各种因素干扰试验结果，这样成功和失败的概率就不固定，而是其他自变量的一个函数。逻辑回归主要研究二分类响应变量（“成功”和“失败”，分别用 1 和 0 表示）与诸多自变量间的相互关系，建立相应的模型并进行预测等。

对响应变量 y 有影响的 p 个自变量（解释变量）记为 x_1，x_2，…，x_p，在这 p 个自变量的作用下出现“成功”的条件概率记为 $p=P\{y=1 \mid x_1, x_2, \cdots, x_p\}$，则逻辑回归模型可表示为

$$p=\frac{\exp(\beta_0+\beta_1 x_1+\beta_2 x_2+\cdots+\beta_p x_p)}{1+\exp(\beta_0+\beta_1 x_1+\beta_2 x_2+\cdots+\beta_p x_p)} \tag{10-7}$$

其中，β_0，β_1，…，β_p 是待估计的模型回归系数。对上式做 logit 变换，则逻辑回归模型可写成线性形式

$$\operatorname{logit}(p)=\ln\frac{p}{1-p}=\beta_0+\beta_1 x_1+\beta_2 x_2+\cdots+\beta_p x_p \tag{10-8}$$

这样就可以使用线性回归模型对各参数进行估计，这也是逻辑回归模型属于广义线性模型的原因。

简单地说，逻辑回归就是将多元线性回归分析的结果映射到 logit 函数 $z=1/(1+\exp(y))$ 上，然后根据阈值对数据进行二值化，来预测二分类变量。例如，图 10-19 所示的 logitic 函数上，可以将变换后值小于 0.5 的样本都预测为 0，大于 0.5 的样本都预测为 1，因此逻辑回归通常建立二分类模型。

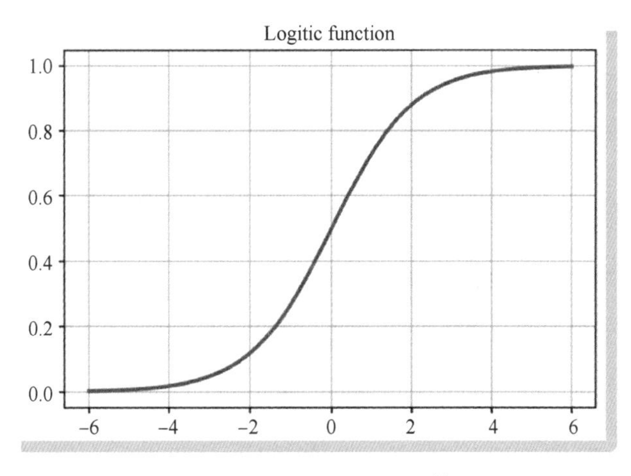

● 图 10-19 logitic 函数

在 R 语言中可使用 glm(formula, family=binomial(link=logit), data=data.frame) 建立逻辑回归模型，其中 link=logit 可以不写，因为 logit 是二项分布族默认的连接函数。同时逻辑回归不仅仅局限于二分类模型，还可以应用到多分类模型中。

10.5.1 用逻辑回归进行数据分类

本小节使用一个实际的数据集为例，介绍如何使用 R 语言进行数据的逻辑回归分类。使用的数据

集为不同性别下的声音数据，男性和女性的声音样本各有 1584 个，一共包含声音信号的 20 个统计特征，如频率的均值、标准差、中位数等。首先使用下面的程序导入要使用到的 R 语言包和数据。

```
library(pROC);library(Metrics);library(corrplot);library(caret)
## 读取数据,对数据情况进行探索
voice <- read.csv("data/chap10/voice.csv",stringsAsFactors = F)
head(voice)
##    meanfreq       sd      median        Q25          Q75         IQR          skew
## 1 0.05978098 0.06424127 0.03202691 0.015071489 0.09019344 0.07512195 12.863462
## 2 0.06600874 0.06731003 0.04022873 0.019413867 0.09266619 0.07325232 22.423285
##        kurt    sp.ent      sfm        mode      centroid     meanfun     minfun
## 1  274.402906 0.8933694 0.4919178 0.00000000 0.05978098 0.08427911 0.01570167
## 2  634.613855 0.8921932 0.5137238 0.00000000 0.06600874 0.10793655 0.01582591
##    maxfun    meandom     mindom     maxdom  dfrange    modindx label
## 1 0.2758621 0.007812500 0.0078125 0.0078125 0.0000000 0.00000000  male
## 2 0.2500000 0.009014423 0.0078125 0.0546875 0.0468750 0.05263158  male
...
table(voice$label)
## female  male
##   1584  1584
```

（1）数据探索性分析

为了更好地了解数据中 20 个特征之间的关系，可以通过相关性系数热力图对数据进行可视化。运行下面的程序可获得图 10-20 所示的相关性系数热力图，可以发现很多特征之间的相关性还是很强的。

```
## 可视化特征之间的相关性系数
voice_cor <- cor(voice[,1:20])
corrplot.mixed(voice_cor,tl.col="black",tl.pos = "lt",
             tl.cex = 0.8,number.cex = 0.45)
```

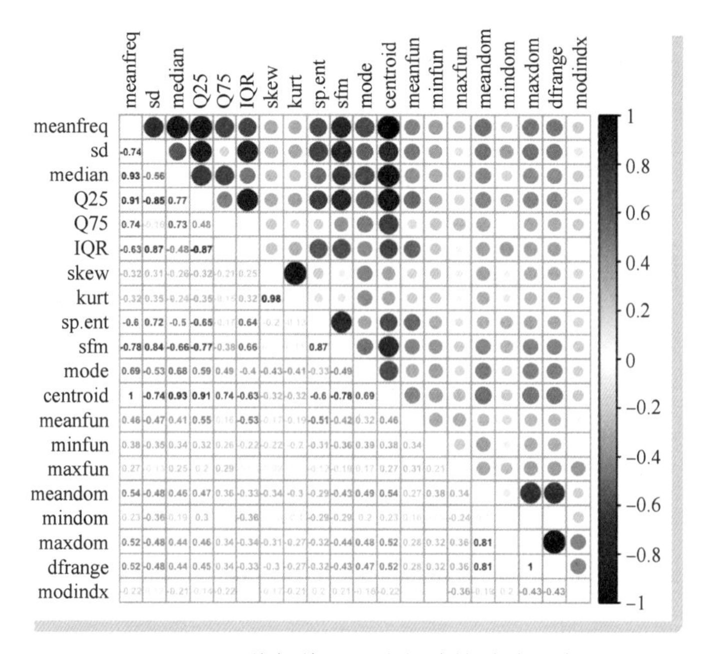

• 图 10-20　数据特征间的相关性系数热力图

分析了数据特征间的相关性，还可以使用密度曲线，可视化在同一数据特征下，不同性别的数据样本之间的数据分布情况，对比分析它们之间的差异。运行下面的程序可获得图 10-21 所示的图像。

```
## 可视化不同特征在两种数据下的分布
plotdata <- pivot_longer(voice,names_to="variable",values_to="value",c(-label))
ggplot(plotdata,aes(fill = label))+
  theme_bw()+geom_density(aes(value),alpha = 0.5)+
  facet_wrap(~variable,scales = "free")
```

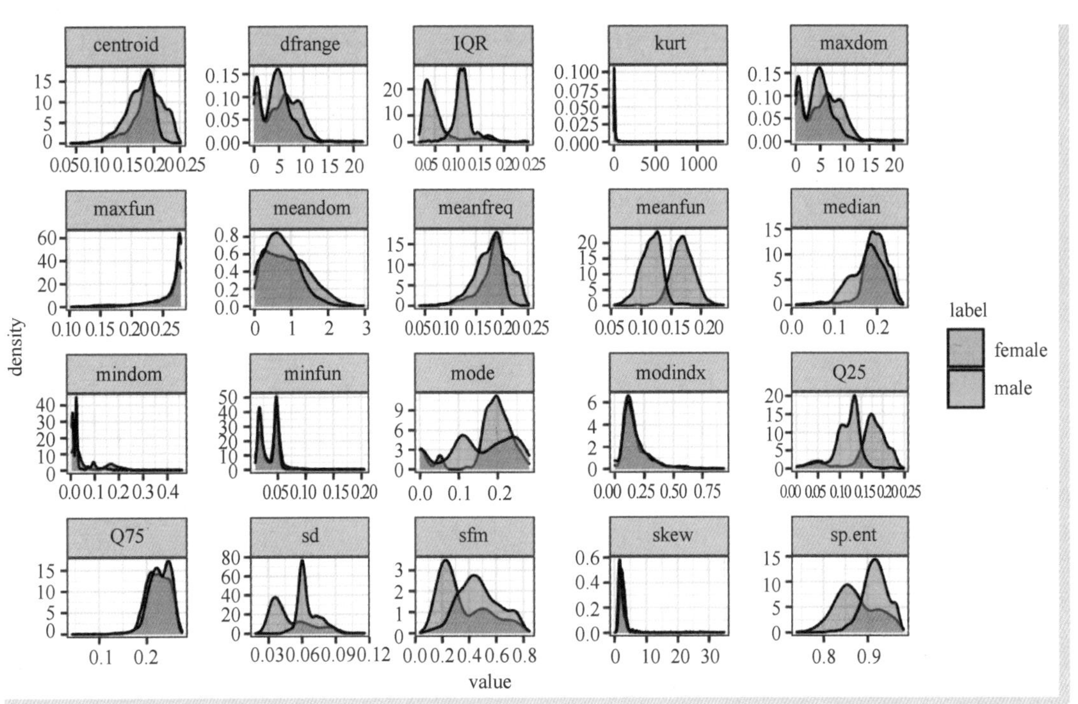

● 图 10-21　各特征在不同性别下的密度曲线图

通过图 10-21 可以发现，某些特征下，男女声音的差异很明显，如 IQR、meanfun、Q25、sd 等特征；而有些特征男女之间的差异不明显，如 maxfun、minfun、modindx、skew 等特征。

（2）建立逻辑回归模型

在了解数据特征之间的关系和差异后，下面就可以建立逻辑回归模型，对性别进行分类。建立 Logistic 回归模型可以通过 glm( ) 函数完成，同时为了更好地评估逻辑回归模型的泛化能力，使用该数据集的 70%作为训练集建立回归模型，使用剩余的数据作为测试集检验模型的效果，程序如下。

```
## 将类别标签转化为因子变量
voice$label <- factor(voice$label,levels = c("male","female"),labels = c(0,1))
## 将数据集切分为 70%训练集和 30%测试集
index <-createDataPartition(voice$label,p = 0.7)
voicetrain <- voice[index$Resample1,]
voicetest <- voice[-index$Resample1,]
## 在训练集上训练模型,使用所有变量进行逻辑回归
voicelm <- glm(label~.,data = voicetrain,family = "binomial")
```

```
summary(voicelm)
## Call:
## glm(formula = label ~ ., family = "binomial", data =voicetrain)
## Coefficients: (3 not defined because of singularities)
##              Estimate Std. Error z value Pr(>|z|)
## (Intercept)  24.718353  11.694933  2.114 0.034550 *
##meanfreq    -56.769155  56.813568  -0.999 0.317689
...
## Q75         -45.417378  24.865886  -1.826 0.067776 .
## IQR                NA         NA      NA       NA
## skew         -0.257759   0.206092  -1.251 0.211045
...
## sfm          12.817865   3.355298   3.820 0.000133 ***
## mode         -1.500810   2.626494  -0.571 0.567720
## centroid           NA         NA      NA       NA
## meanfun     168.336787  10.623168  15.846  < 2e-16 ***
...
## maxdom       -0.031846   0.087388  -0.364 0.715541
## dfrange            NA         NA      NA       NA
## modindx       4.801876   1.943241   2.471 0.013471 *
## Signif. codes:  0 '***' 0.001 '**' 0.01 '*' 0.05 '.' 0.1 '' 1
## (Dispersion parameter for binomial family taken to be 1)
##     Null deviance: 3074.80  on 2217  degrees of freedom
## Residual deviance:  378.36  on 2200  degrees of freedom
## AIC: 414.36
## Number of Fisher Scoring iterations: 8
```

上面程序中，在训练集上训练逻辑回归，在输出的结果中，为了节省空间省略了一些自变量的回归系数的输出。观察输出的结果可以发现，有些特征的回归系数是显著的，有些特征的回归系数是不显著的，还有一些特征的回归系数是用 NA 表示的［这是由于该特征可以由数据中的其他特征进行数学表示，如 dfrange（极差）特征可以使用最大值减去最小值表示］，这就表示获得的模型还可以进行进一步的改进。同时程序中建立逻辑回归模型时，通过指定 glm( ) 函数中的参数 "family = "binomial"" 进行逻辑回归。

下面输出获得的逻辑回归模型在测试集上的预测精度，同时计算回归模型的条件数，查看模型是否具有多重共线性问题。

```
## 计算模型对训练集和测试集的预测情况
voicelmpre <- predict(voicelm,voicetest,type = "response")
voicelmpre2 <- as.factor(ifelse(voicelmpre > 0.5,1,0))
sprintf("逻辑回归模型的精度为: %f",accuracy(voicetest$label,voicelmpre2))
sprintf("逻辑回归模型的条件数: %f",base::kappa(voicelm,exact=TRUE))
## [1] "逻辑回归模型的精度为: 0.974737"
## [1] "逻辑回归模型的条件数: 574094295737193816.000000"
```

从上面的输出结果中可知，模型的预测精度很高，但是模型的条件数很大，说明具有很强的多重共线性。针对这种情况可以使用逻辑回归，对其进行进一步的优化。

10.5.2 逐步逻辑回归分析

使用下面的程序可对上面的逻辑回归模型，利用逐步回归对变量进行筛选，程序如下。

```
## 使用逐步回归自动进行变量的筛选
voicelmstep <- step(voicelm,direction = "both",trace = 0)
summary(voicelmstep)
## Call:
## glm(formula = label ~ Q25 + Q75 + kurt + sp.ent +sfm + meanfun +
##     minfun + modindx, family = "binomial", data = voicetrain)
## Deviance Residuals:
##     Min      1Q    Median     3Q      Max
## -4.4370  -0.1075  -0.0003  0.0352  3.0064
## Coefficients:
##               Estimate Std. Error z value Pr(>|z|)
## (Intercept)   14.591752   8.286667   1.761  0.07826 .
## Q25           60.088807   6.091519   9.864  < 2e-16 ***
## Q75          -59.156010   6.730143  -8.790  < 2e-16 ***
## kurt           0.004172   0.001330   3.137  0.00171 **
## sp.ent       -41.072219  10.301064  -3.987 6.69e-05 ***
##sfm            11.239370   2.414755   4.654  3.25e-06 ***
##meanfun       169.929076  10.368333  16.389  < 2e-16 ***
##minfun        -41.812206   9.711484  -4.305 1.67e-05 ***
##modindx         4.226040   1.495062   2.827  0.00470 **
##---
##Signif. codes:  0'***'0.001'**'0.01'*'0.05'.'0.1''1
## (Dispersion parameter for binomial family taken to be 1)
##     Null deviance: 3074.80  on 2217  degrees of freedom
## Residual deviance:  384.88  on 2209  degrees of freedom
## AIC: 402.88
## Number of Fisher Scoring iterations: 8
```

由逐步逻辑回归的结果可以发现，最终模型的 AIC = 402.88，且模型只使用了 Q25、Q75、kurt、sp.ent、sfm、meanfun、minfun、modindx 共 8 个变量作为逻辑回归模型的自变量，并且每个变量都是显著的，剔除了 12 个不显著的自变量。

下面输出获得的改进后逻辑回归模型在测试集上的预测精度，同时计算回归模型的条件数，查看模型是否具有多重共线性问题。从输出结果中可知经过逐步回归后，模型在测试集上的预测精度没有变化，但是模型的条件数大大减少，一定程度上缓解了原始模型的多重共线性。

```
## 计算模型对训练集和测试集的预测情况
voicelmsteppre <- predict(voicelmstep,voicetest,type = "response")
voicelmsteppre2 <- as.factor(ifelse(voicelmsteppre > 0.5,1,0))
sprintf("逻辑回归模型的精度为: %f",accuracy(voicetest$label,voicelmsteppre2))
sprintf("逐步逻辑回归模型的条件数: %f",base::kappa(voicelmstep,exact=TRUE))
## [1] "逻辑回归模型的精度为: 0.974737"
## [1] "逐步逻辑回归模型的条件数: 14883.317743"
```

关于逐步回归后的逻辑回归模型，可以使用下面的程序可视化每个自变量的回归系数，运行程序后可获得图 10-22 所示的图像。

```
## 可视化逐步逻辑回归模型系数的情况
ggcoef_model(voicelmstep,intercept = TRUE)+
  ggtitle("逐步逻辑回归模型系数对比分析")+
  theme(plot.title = element_text(family = "STKaiti",hjust = 0.5))
```

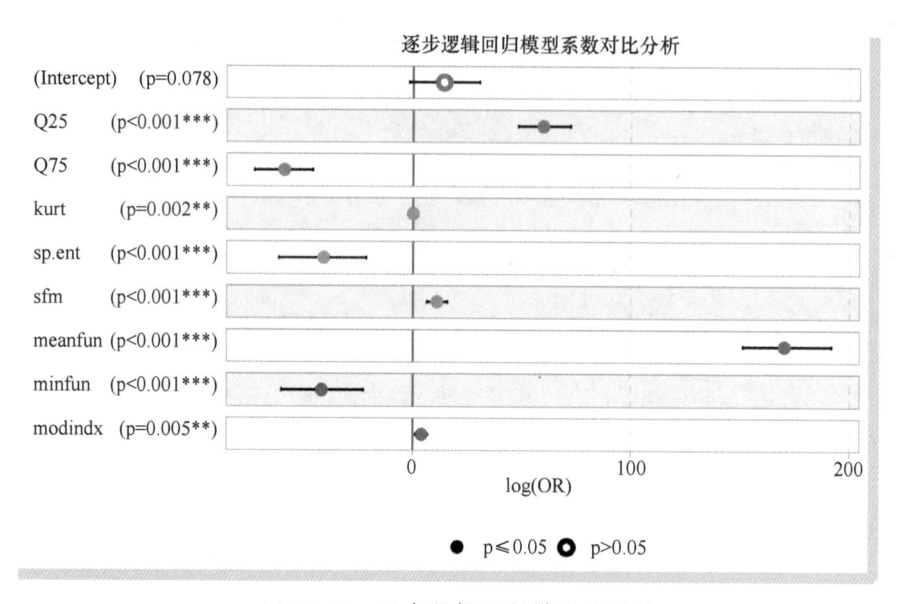

• 图 10-22　逐步逻辑回归模型的系数

图 10-22 在一定程度上展示了，每个自变量对最终预测结果的影响，如可以认为 Q25、sfm、meanfun、modindx 等变量是正向的影响，而且 meanfun 对预测结果的影响较大。

逐步逻辑回归是如何剔除不需要的自变量的，可以通过可视化逐步回归过程中 AIC 取值的变化情况，直观理解模型优化过程。运行下面的程序，可获得自变量剔除过程中 AIC 值的变化情况，如图 10-23 所示。

```
## 可视化在剔除变量过程中 AIC 的变化情况
stepanova <- voicelmstep$anova
stepanova$Step <- as.factor(stepanova$Step)
ggplot(stepanova,aes(x = reorder(Step,-AIC),y = AIC))+
  geom_point(colour = "red",size = 2)+
  geom_text(aes(y = AIC+1,label = round(AIC,2)),size = 3)+
  theme(axis.text.x = element_text(angle = 30,size = 12))+
  labs(x = "删除的特征",title = "逐步逻辑回归变量筛选过程")
```

由图 10-23 可以看出，剔除不需要的特征过程中，AIC 一直在减小，这说明模型在逐渐变得更稳定。但在剔除前 3 个特征之前，AIC 的取值一直没有变化，这是因为这 3 个特征在原始的模型中均是使模型奇异的特征，它们均可以由其他的特征的线性组合代替。如 IQR 变量，可以通过 Q25 和 Q75 计算得到；dfrange 特征可以由最大值和最小值线性组合得到等。它们的存在对模型没有积极影响，反而会增加模型的不稳定性。同时，这 3 个变量也是逻辑回归中，系数为 NA 的特征。

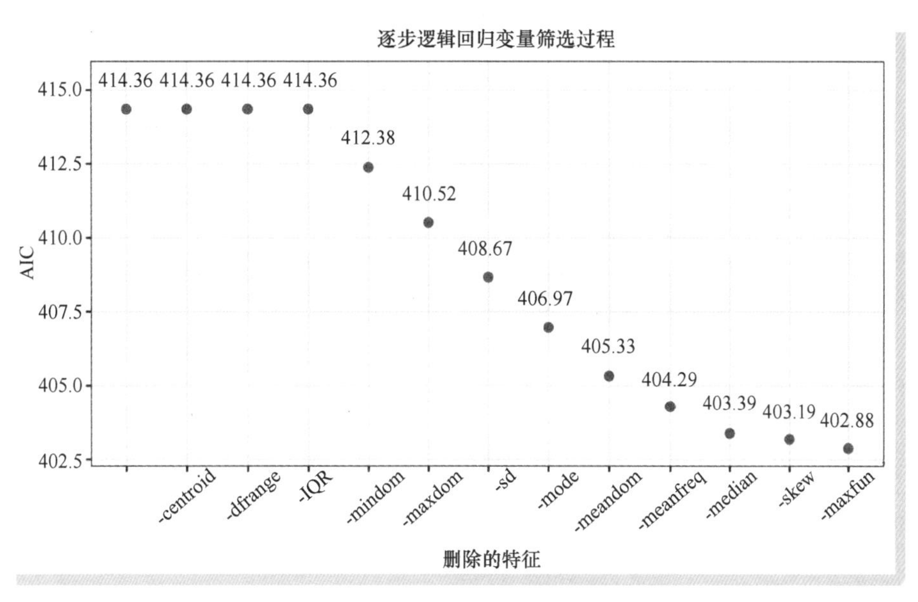

● 图 10-23　逐步回归删除特征的过程

前面使用了在测试集上的预测精度，来表示逻辑回归模型的预测能力。二分类问题还可以利用 ROC 曲线表示模型的预测效果。下面的程序可视化了逐步逻辑回归模型的 ROC 曲线，可视化图像如图 10-24 所示。从图像中可以发现，使用 0.4 作为分类的阈值可以获得更高的预测精度。

```
## 绘制出经过逐步逻辑回归后的 ROC 曲线
voicelmsteppre <- predict(voicelmstep,voicetest,type = "response")
par(pty = "s")
plot.roc(voicetest$label, voicelmsteppre,main="ROC Curve",
       percent=TRUE,print.auc=TRUE,ci=TRUE, of="thresholds",
       thresholds="best",print.thres="best")
```

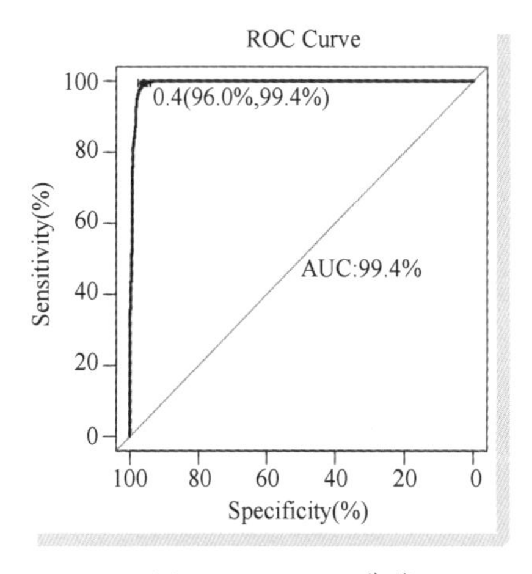

● 图 10-24　ROC 曲线

10.6 本章小结

本章主要介绍了一些初级回归分析的内容，并且根据实际的数据集，介绍如何对不同类型的数据采用合适的回归分析方式。关于一元回归分析的内容，介绍了一元线性回归分析与一元非线性回归分析。关于多元回归分析的内容，介绍了如何建立模型、对模型进行回归诊断、检测模型中的异常值以及如何对其进行改进等内容，还介绍了如何使用逐步回归分析对多元回归分析进行变量筛选。关于二分类的问题，介绍了逻辑回归模型，同时使用逐步回归的方式对其进行优化。

特征提取与降维

❖ 本章导读

大数据时代下，常常会面临海量的、高维度的数据集，这些数据在带来更多信息的同时，也产生了信息冗余、计算困难等问题。如何从数据中找到更有效的特征，就需要使用特征提取与降维的相关方法。特征提取与降维，可以认为是对原始数据特征进行了相应的数据变换，通过选择比原始特征较少数量的特征，以达到降维的目的。很多情况下，特征提取与降维是同时出现的，在机器学习和统计学领域，降维是降低数据中随机变量个数，得到一组“不相关”变量的过程。本章重点介绍主成分分析、因子分析、多维尺度变换、t-SNE降维等常用的特征提取与降维方法，并对这些方法进行实战展示。

❖ 知识技能

本章知识技能及实战案例如下所示。

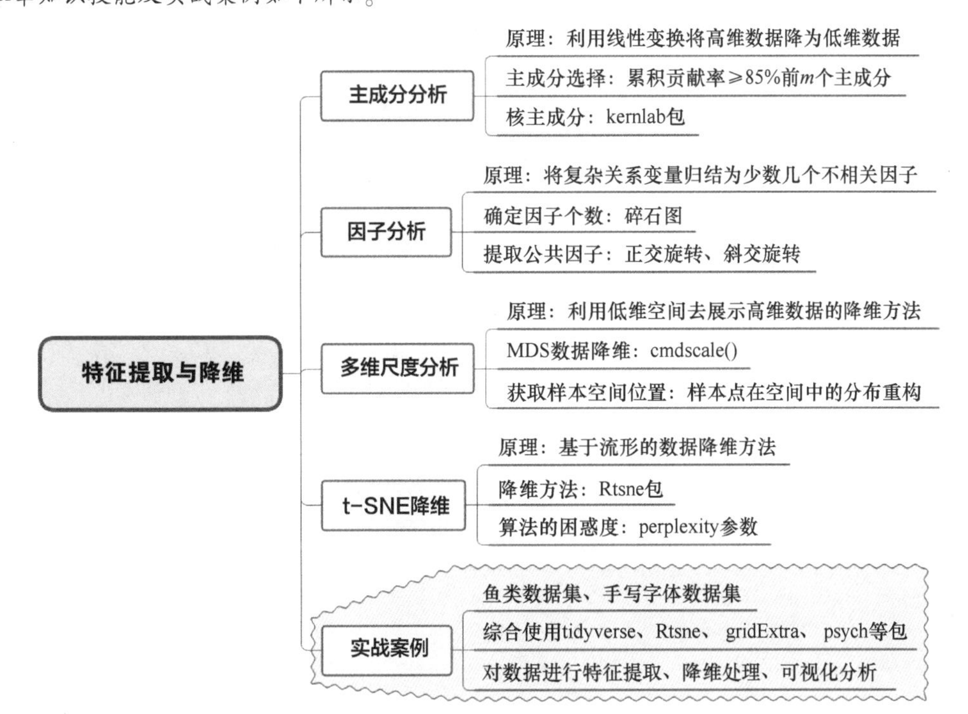

11.1 主成分分析

主成分分析（Principal Component Analysis，PCA）是一种常用的降维技术，用于将高维数据转换为低维数据，同时保留原始数据中的重要信息。主成分分析经常用于减少数据集的维数，同时保留数据集中对方差贡献最大的特征。

通过主成分分析，可以从事物错综复杂的关系中找到一些主要成分（通常选择累积贡献率≥85%的前 m 个主成分），从而能够有效利用大量统计数据进行定性分析，揭示变量之间的内在关系，得到对特征及其发展规律的深层次信息和启发，推动研究进一步的深入。

如果用y_1，y_2，…，y_p表示p个主成分，用x_1，x_2，…，x_p表示原始变量，那么它们之间的关系为：

$$\begin{cases} y_1 = a_{11}x_1 + a_{12}x_2 + \cdots + a_{1p}x_p \\ y_2 = a_{21}x_1 + a_{22}x_2 + \cdots + a_{2p}x_p \\ \quad \vdots \\ y_p = a_{p1}x_1 + a_{p2}x_2 + \cdots + a_{pp}x_p \end{cases} \tag{11-1}$$

其中y_1，y_2，…，y_p分别表示为原始数据的第一主成分、第二主成分……第p主成分，并且主成分之间相互独立。

主成分分析中，信息的重要性是通过方差来表示的，它以最大化数据中的方差为目标，利用保留多少方差来选择降维后的主成分个数。

主成分分析主要有两种形式的应用：一种是提取数据特征的前几个主成分，然后对数据可视化、主成分回归、数据聚类等，这种应用主要是将主成分分析方法看作是数据降维、数据特征提取的过程；另一种是提取数据样本的前几个主成分，作为能代表数据集的不同样本，探索数据样本的主要状态。本节主要关注于第一种形式的应用。

在 R 语言中有多个包可以对数据进行主成分分析，下面继续使用鱼类数据集，利用 psych 包提供的主成分分析方法，对其进行特征提取与降维。首先导入会使用到的 R 语言包和数据，程序如下。

```
library(psych);library(tidyverse);library(GGally)
library(ggplot2);library(gridExtra)
## 读取数据
fish <- read_csv("data/chap11/Fish.csv")
## 对数据进行标准化预处理
fish[,2:7]<- apply(fish[,2:7],2,scale)
head(fish)
## # Atibble: 6 x 7
##   Species  Weight  Length1 Length2  Length3 Height  Width
##   <chr>     <dbl>    <dbl>   <dbl>    <dbl>  <dbl>  <dbl>
## 1 Bream   -0.437   -0.305  -0.281   -0.106   0.595 -0.236
## 2 Bream   -0.303   -0.225  -0.197  -0.00233  0.819 -0.0664
## 3 Bream   -0.163   -0.235  -0.179   -0.0109  0.795  0.165
## 4 Bream  -0.0987  0.00528  0.0545    0.196   0.877  0.0225
## 5 Bream   0.0885   0.0253  0.0545    0.239   0.810  0.425
## 6 Bream    0.144   0.0553   0.120    0.299   1.08   0.302
```

针对该数据集，会使用除 Species 变量之外的其他变量，进行主成分分析的演示，同时使用的数据是经过标准化处理后的。

11.1.1 判断主成分的个数

对数据进行主成分分析时，首先面对的问题是如何确定要提取的主成分个数，通常会选择累积贡献率≥85%的前 m 个主成分，或者选择特征值大于 1 所对应的主成分。但是在具体的问题中，这些评判标准都不是唯一的，主成分的个数要根据分析时的具体情况进行判断。针对这种情况，psych 包提供了 fa.parallel( ) 函数用于探索性分析，给出了从数据中可以提取的主成分个数的建议，同时还会输出相应的碎石图。运行下面的程序可获得图 11-1 所示的碎石图。

```
## 判断合适的主成分个数
fa.parallel(fish[,2:7],fa = "pc")
## Parallel analysis suggests that the number of factors =  NA  and the number of components =
  1
```

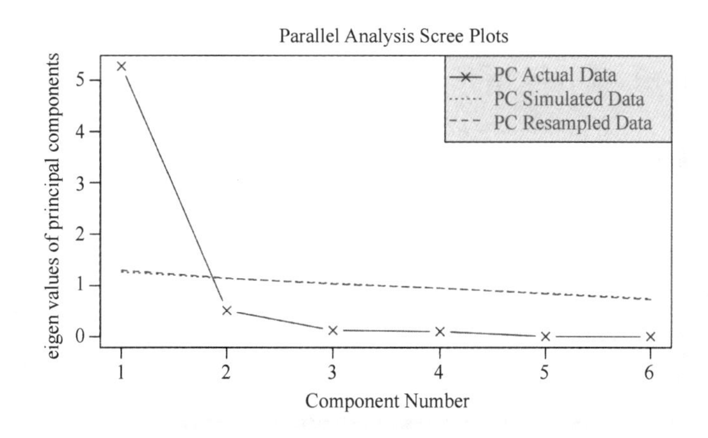

图 11-1 主成分探索性分析碎石图

图 11-1 中主要展示了主成分分析特征值的变化情况，同时在 fa.parallel( ) 函数的输出中建议提取数据中的 1 个主成分。为了更好地对数据降维后的特征进行可视化，同时结合特征值的变化速率，下面对该数据提取两个主成分。

11.1.2 提取主成分得分

经过 11.1.1 小节的分析，针对该数据集提取数据中的两个主成分，对后面的分析更有利。因此，下面介绍如何对数据进行主成分分析，并提取分析后获得的主成分得分。首先使用 principal( ) 函数对数据进行主成分分析，并对输出的结果进行详细的介绍。

在使用 principal( ) 函数时，可以通过 nfactors 参数设置想要获取的主成分个数，通过 rotate 参数指定使用的旋转方法，可以选择方差极大旋转（varimax）、斜交旋转（promax）等方式。其中，斜交旋转会使选择的成分变得相关，而方差极大旋转使得每个成分只由一组少数变量来解释，即载荷矩阵的每列只有少数几个很大的载荷，其他的载荷都很小，从而更加容易理解主成分。

对预处理好的鱼类数据集，使用方差极大旋转提取两个主成分的程序和输出结果如下所示。

```
## 获取数据的主成分,主成分旋转方式为最大方差法
fish_pca <- principal(fish[,2:7],nfactors = 2,rotate="varimax")
fish_pca
## Principal Components Analysis
## Call: principal(r = fish[, 2:7],nfactors = 2, rotate = "varimax")
## Standardized loadings (pattern matrix) based upon correlation matrix
##          RC1  RC2  h2    u2   com
## Weight  0.82 0.50 0.92 0.0814 1.6
## Length1 0.94 0.32 0.99 0.0063 1.2
## Length2 0.94 0.34 0.99 0.0066 1.3
## Length3 0.90 0.41 0.98 0.0164 1.4
## Height  0.33 0.93 0.98 0.0183 1.3
## Width   0.71 0.63 0.91 0.0907 2.0
##                        RC1  RC2
## SS loadings           3.87 1.91
## Proportion Var        0.64 0.32
## Cumulative Var        0.64 0.96
## Proportion Explained  0.67 0.33
## Cumulative Proportion 0.67 1.00
...
```

在输出的结果中展示了主成分分析的载荷矩阵，载荷矩阵中包含主成分和原始数据变量的关系（前面部分），以及每个主成分的一些解释能力的指标（后面部分）。从方差贡献率（Proportion Var）与累积方差贡献率（Cumulative Var），可知，第一个主成分表达了数据集 64%的信息，第二个主成分表达了数据集 32%的信息，两个主成分的和集能够表达数据集 96%的信息。

而在载荷矩阵中，展示了每个主成分和数据中原始变量之间的线性关系，如第一个主成分 RC1 和数据集中的 Length1、Length1、Length3 具有较强的系数（系数均大于 0.9），可以认为第一个主成分主要表达了数据中的长度信息；而第二个主成分 RC2 和数据集中的 Heigth、Width 两个变量的系数均大于其余的变量，说明第二个主成分主要提取了数据中的 Heigth 与 Width 两个变量的信息。

在对数据进行主成分分析后，下一步就是从原始的数据中提取数据的主成分，获取降维后的新数据集，在 R 语言中提供了多种从主成分分析结果中提取主成分得分的方式，下面将介绍 3 种提取数据主成分的方法。

（1）提取 principal( )函数分析结果中的得分

在 R 语言基础包的主成分分析函数 principal( )中，在使用时如果指定了参数 scores = TRUE，则会在其输出的主成分结果中，带有一个 scores 数据框。该数据框为每个样本对应的主成分得分，提取鱼类数据中两个主成分得分的程序如下所示。

```
## 第一种方式,使用 principal()函数时指定参数 scores = TRUE
fish_pca <- principal(fish[,2:7],nfactors = 2,rotate="varimax",scores = TRUE)
head(fish_pca$scores)     # 主成分得分
##          RC1       RC2
## [1,] -0.6516060 0.7124688
## [2,] -0.6462620 0.9575310
## [3,] -0.6090428 1.0164654
## [4,] -0.3866632 0.9010065
```

```
## [5,] -0.2986937 0.9633645
## [6,] -0.3709576 1.1808060
```

（2）利用 predict.psych( )函数进行预测

对于 psych 包中 principal( )函数获得的主成分分析结果，可以使用 predict.psych( )函数对指定的数据集提取主成分得分。提取鱼类数据中两个主成分得分的程序如下所示。

```
## 第二种方式,使用 predict.psych()函数
fish_pca <- principal(fish[,2:7],nfactors = 2,rotate="varimax",scores = FALSE)
fish_pca_score <- predict.psych(fish_pca,fish[,2:7])
head(fish_pca_score)
##            RC1       RC2
## [1,] -0.6516060 0.7124688
## [2,] -0.6462620 0.9575310
## [3,] -0.6090428 1.0164654
## [4,] -0.3866632 0.9010065
## [5,] -0.2986937 0.9633645
## [6,] -0.3709576 1.1808060
```

（3）利用主成分得分系数计算获得

主成分分析输出结果中的载荷矩阵，包含了每个主成分与原始数据中每个变量的系数，可以通过该系数从原始的数据中计算每个主成分的得分，程序如下。

```
## 第三种方式,通过主成分得分系数计算主成分得分
fish_pca$loadings
## Loadings:
##          RC1   RC2
## Weight   0.820 0.496
## Length1  0.943 0.324
## Length2  0.936 0.343
## Length3  0.901 0.415
## Height   0.334 0.933
## Width    0.712 0.634
##                  RC1   RC2
## SS loadings    3.867 1.914
## Proportion Var 0.644 0.319
## Cumulative Var 0.644 0.963
```

利用上面的主成分分析输出的载荷，可以获得计算主成分的公式为：

$$RC1 = 0.82 * weight + 0.943 * Length1 + \ldots$$

$$RC2 = 0.496 * weight + 0.324 * Length1 + \ldots$$

关于从数据中提取的主成分，可以借助散点图可视化，分析数据中样本间的空间分布情况。下面的程序使用散点图可视化出了每种鱼，经过主成分分析后，数据特征在二维空间的分布情况，运行程序可获得图 11-2 所示的散点图。

```
## 利用主成分得分可视化不同种类的鱼的数据在空间中的分布情况
fish_pca_score <- as.data.frame(fish_pca_score)
fish_pca_score$Species <- fish$Species
ggplot(fish_pca_score,aes(x = RC1,y = RC2))+
```

```
geom_point(aes(colour = Species,shape = Species))+
scale_shape_manual(values=c(15,16,17,9,3,4,8))+
labs(x = "RC1(64%)",y = "RC2(32%)",title = "主成分得分")
```

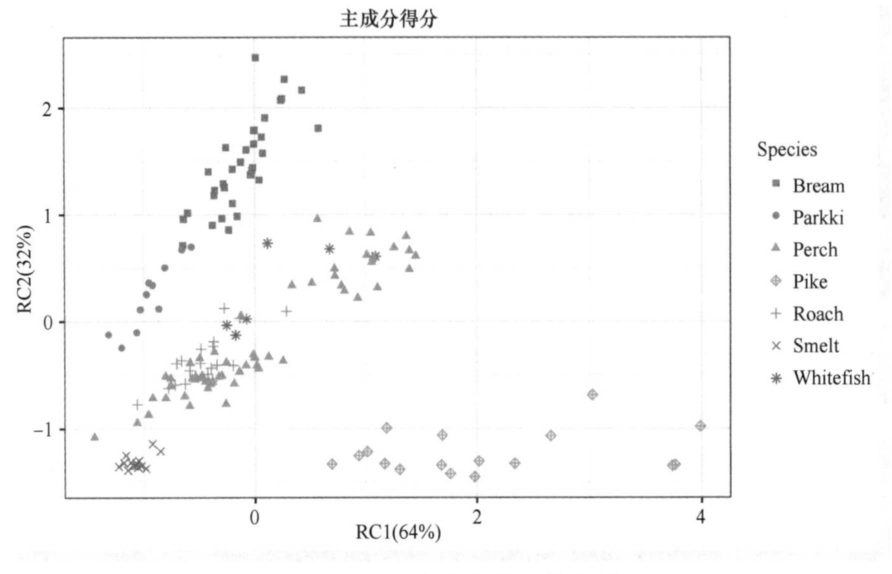

图 11-2 主成分得分散点图

由于原始数据中提供了类别信息，因此在图 11-2 的可视化图像中，也将数据的类别信息进行了展示。从数据分布上可以发现，不同类别的数据在空间分布上有较大的差异。

11.1.3 主成分得分系数

前面的分析中，已经简单地介绍了每个主成分得分的系数，其表示了获得的主成分和原始变量之间的关系，而且取值的大小表示线性关系的相对强弱，取值的正负可以表示是正向的影响还是负向的影响。关于主成分的得分系数，psych 包中的 fa.diagram( )函数可以将其可视化分析，运行下面的程序可获得图 11-3 所示的图像。

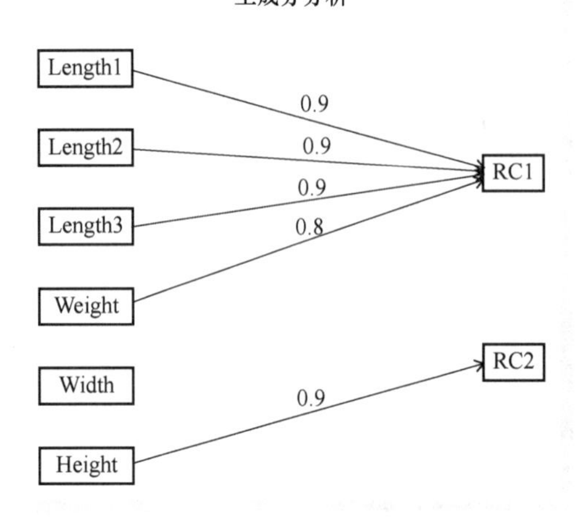

图 11-3 主成分得分系数可视化

```
## 分析每个主成分和原始变量之间的关系,只显示关系较大的表
par(family = "STKaiti")
fa.diagram(fish_pca,cut = 0.8,simple = FALSE,cex = 0.9,
        main = "主成分分析")
```

从图 11-3 中可以发现，以相关性系数 0.8 为界，第一个主成分 RC1 更多地表达数据中的长度、重量信息，第二个主成分 RC1 更多地表达数据中的高度信息。

11.1.4 核主成分分析

核主成分分析（kernel PCA）是多元统计领域中的一种分析方法，是利用核方法对主成分分析的非线性扩展，即将原数据通过核映射到再生核希尔伯特空间后，再使用原本线性的主成分分析，从而处理线性不可分数据的能力更强。

R 语言中的 kernlab 包提供了可进行数据核主成分分析的函数 kpca( )，该函数可以通过 kernel 参数指定不同的核函数。本小节将继续使用鱼类数据集，介绍使用不同核函数下的主成分提取效果。

（1） rbfdot（径向基）核函数

rbfdot 是常用的核函数之一，而且其可以通过参数 sigma 改变核函数的情况。因此，在下面的程序中，在使用 rbfdot 核函数进行数据的主成分降维分析时，同时指定了不同的参数 sigma，从而可以获得不同的主成分得分结果。针对每种情况下的主成分得分，最后会使用散点图进行可视化，运行程序后可获得图 11-4 所示的图像。

```
library(kernlab)
## 对数据进行核主成分分析,返回两个主成分
## 分析在径向基核函数下,不同的参数 sigma 所获的主成分得分情况
sigmas <- c(0.0005,0.005,0.05,0.5)
plots <- list()
## 通过循环,依次更改参数 sigmas
for(ii in 1:length(sigmas)){
  ## 对数据进行核主成分分析,返回两个主成分
  fish_kpca1 <- kpca(as.matrix(fish[,2:7]),features = 2,
                  ## 径向基核函数及相关参数
                  kernel = "rbfdot",kpar = list(sigma = sigmas[ii]))
  ## 利用主成分得分可视化不同种类的鱼的数据在空间中的分布情况
  plotdata <- as.data.frame(fish_kpca1@rotated)
  plotdata$Species <- fish$Species
  plots[[ii]]<-ggplot(plotdata,aes(x = V1,y = V2))+
    geom_point(aes(colour = Species,shape = Species))+
    scale_shape_manual(values=c(15,16,17,9,3,4,8))+
    labs(x = "核主成分 1",y = "核主成分 2")+
    ggtitle(paste("kernel = rbfdot,sigma = ",sigmas[ii]))+
    theme(legend.title = element_blank())
}
## 可视化核主成分分析的结果
grid.arrange(plots[[1]],plots[[2]],plots[[3]],plots[[4]],nrow = 2)
```

从输出的结果中可以发现，针对 rbfdot 核主成分分析，参数 sigma 的取值越小，所得到的特征数据分析越好，每类数据的可分性越好。

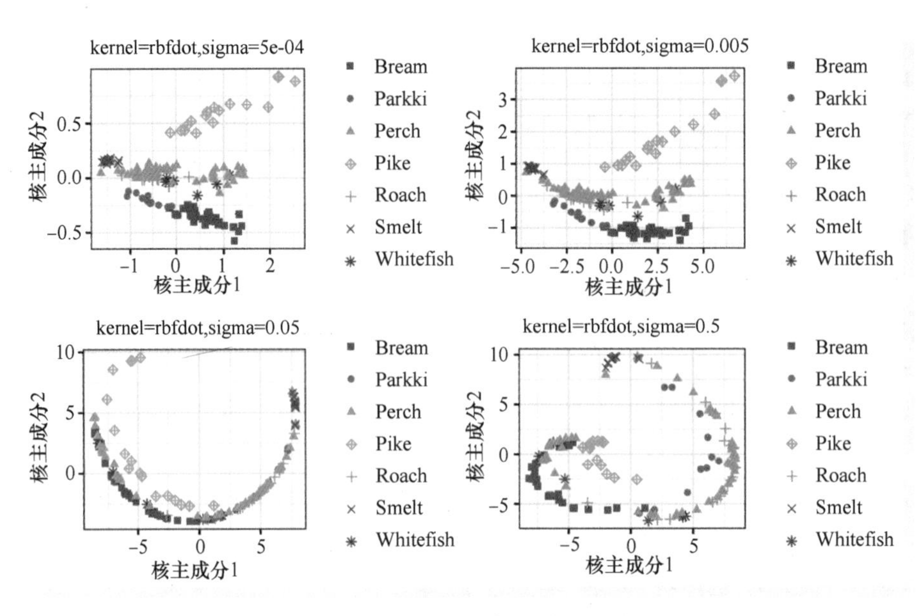

图 11-4 rbfdot 核主成分分析

（2）besseldot（贝塞尔）核函数

下面针对同样的数据使用 besseldot 核函数，进行核主成分分析，对数据进行特征提取与降维，并对数据进行可视化。运行下面的程序可获得图 11-5 所示的图像。

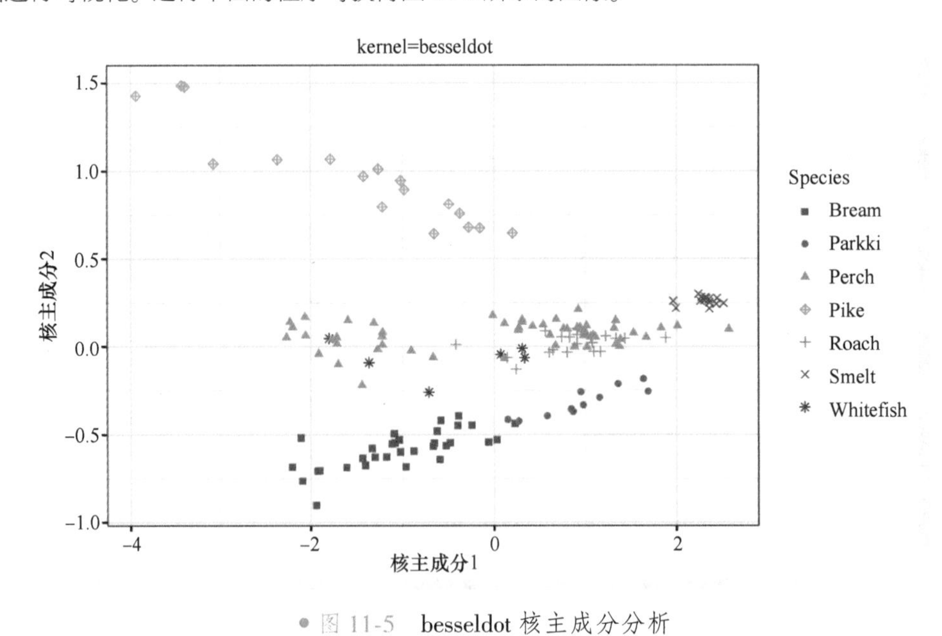

图 11-5 besseldot 核主成分分析

```
## 贝塞尔核函数
fish_kpca2 <- kpca(as.matrix(fish[,2:7]),features = 2,kernel = "besseldot")
## 利用主成分得分可视化不同鱼的数据在空间中的分布情况
plotdata <- as.data.frame(fish_kpca2@rotated)
```

```
plotdata$Species <- fish$Species
ggplot(plotdata,aes(x = V1,y = V2))+
  geom_point(aes(colour = Species,shape = Species))+
  scale_shape_manual(values=c(15,16,17,9,3,4,8))+
  labs(x = "核主成分 1",y = "核主成分 2")+
  ggtitle("kernel = besseldot")
```

(3) polydot (多项式) 核函数

针对同样的数据继续改变核函数，使用 polydot 核函数进行核主成分分析，对数据进行特征提取与降维，并对数据进行可视化。运行下面的程序可获得图 11-6 所示的图像。

```
## 多项式核函数
fish_kpca3 <- kpca(as.matrix(fish[,2:7]),features = 2,kernel = "polydot",
                   kpar = list(degree = 2))
## 利用主成分得分可视化不同种类的鱼的数据在空间中的分布情况
plotdata <- as.data.frame(fish_kpca3@rotated)
plotdata$Species <- fish$Species
ggplot(plotdata,aes(x = V1,y = V2))+
  geom_point(aes(colour = Species,shape = Species))+
  scale_shape_manual(values=c(15,16,17,9,3,4,8))+
  labs(x = "核主成分 1",y = "核主成分 2")+
  ggtitle("kernel = besseldot")
```

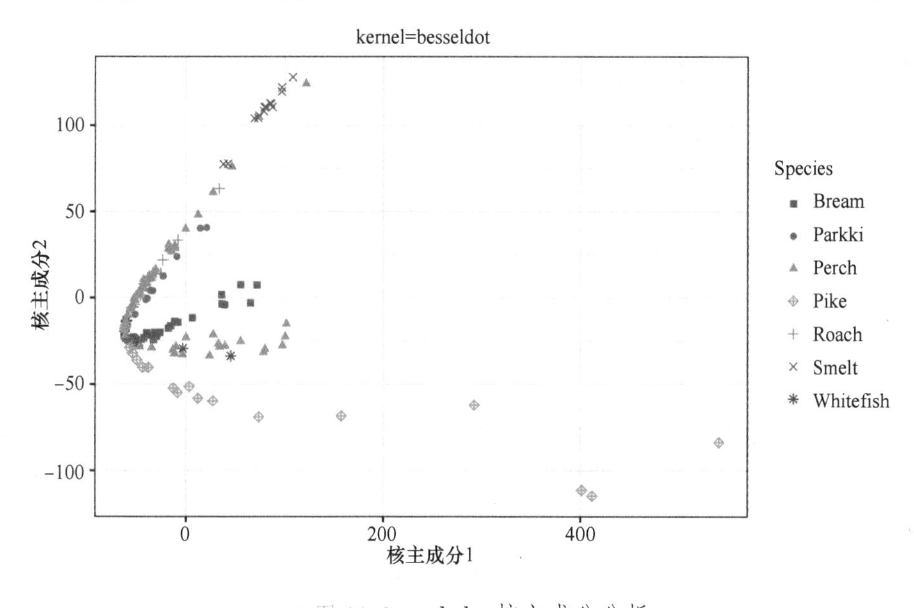

图 11-6 polydot 核主成分分析

11.2 因子分析

因子分析（Factor Analysis）是一种用于理解观测数据背后潜在结构的统计技术。它从研究指标相关矩阵内部的依赖关系出发，把一些信息重叠、具有错综复杂关系的变量归结为少数几个不相关的综合因子，是一种重要的多元统计分析方法。

在数据降维方面，因子分析类似于主成分分析，但不同的是，主成分分析将主要成分表示为原始观察变量的线性组合，因子分析是将原始观察变量表示为新因子的线性组合，原始观察变量在两种情况下所处的位置不同。

因子分析有一个随机模型，它把原始的 p 个变量转换成少数不相关的 m 个因子，因子的数量少于原始变量的个数。而且因子分析过程中，因子数量必须提前确定，不同的因子数量会导致不同的分析结果。在模型上，每个原始变量都可以表示为所有不可观测因子的线性组合加上随机误差项，这里的因子就是不可观测的假定变量，称为隐变量或者潜变量。下面将会继续使用鱼类数据集，介绍如何使用因子分析。

11.2.1 确定因子个数

在因子分析中，因子变量需要提前确定，而且不同的因子数量会导致不同的分析结果。因此，同样可以使用 fa.parallel( ) 函数来确定合适的因子数量。运行下面的程序可获得图 11-7 所示的图像。

```
library(tidyverse)
## 同样使用前面用过的鱼的信息数据
fish <- read_csv("data/chap11/Fish.csv")
## 对数据进行标准化预处理
fish[,2:7]<- apply(fish[,2:7],2,scale)
## 判断需要提取的因子个数
fa.parallel(fish[,2:7],fa = "fa")
## Parallel analysis suggests that the number of factors =  1  and the number of components =
  NA
```

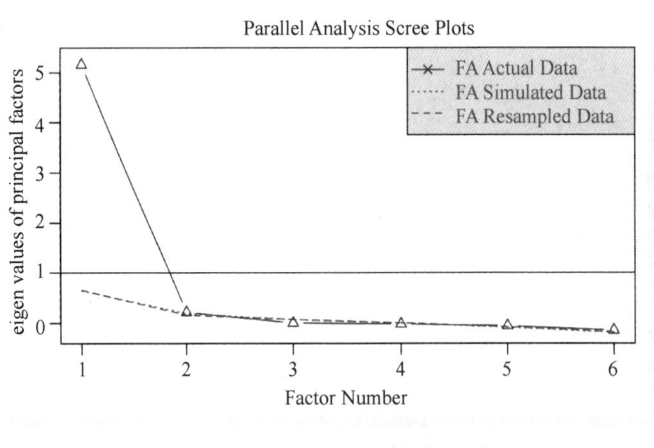

图 11-7　因子分析碎石图

因子分析中因子个数的选择方式和主成分分析中主成分个数的选择方法类似，这里结合碎石图和输出的因子建议个数，在后面的分析中选择使用两个因子。

11.2.2 提取公共因子

在确定要提取的因子个数后，下面介绍两种不同的因子载荷旋转方式下的因子分析，并提取对应选择下的公共因子。它们分别是正交旋转下的方差极大旋转，以及斜交旋转。

（1）正交旋转的因子分析

和主成分分析一样，使用因子载荷旋转也是为了更好地解释所获的因子。进行因子分析可以使用 fa( ) 函数，通过指定参数 rotate = "varimax" 可进行方差极大旋转的因子分析；通过指定 scores 参数的取值可以指定计算因子得分的方式，scores = "regression" 表示使用回归的方式计算因子得分。运行下面的程序可获得因子分析的结果。

```
library(GPArotation)
## 使用 fa()函数提取公共因子
fish_cor <- cor(fish[,2:7])  # 计算相关系数
fish_fa <- fa(fish_cor,nfactors = 2,rotate="varimax",
              scores="regression",fm = "pa")
fish_fa
## Factor Analysis using method =  pa
## Call: fa(r = fish_cor,nfactors = 2, rotate = "varimax", scores = "regression",
##     fm = "pa")
## Standardized loadings (pattern matrix) based upon correlation matrix
##          PA1  PA2  h2      u2  com
## Weight   0.76 0.55 0.89  0.1108 1.8
## Length1  0.93 0.37 1.01 -0.0058 1.3
## Length2  0.92 0.39 1.00 -0.0027 1.3
## Length3  0.87 0.47 0.98  0.0169 1.5
## Height   0.33 0.87 0.86  0.1410 1.3
## Width    0.66 0.66 0.88  0.1172 2.0
##                        PA1  PA2
## SS loadings           3.62 2.00
## Proportion Var        0.60 0.33
## Cumulative Var        0.60 0.94
## Proportion Explained  0.64 0.36
## Cumulative Proportion 0.64 1.00
...
```

从上面程序的输出结果中可知，因子 1 的方差贡献率为 64%；因子 2 的方差贡献率为 36%，前两个因子累积方差贡献率为 100%。从载荷中可以看出，与第 1 个因子相关性系数绝对值最大的 3 个变量分别为 Length1、Length2、Length3，因此可以将第 1 个因子称为长度因子；与第 2 因子相关性系数绝对值最大的 3 个变量分别为 Height、Width、Weight，因此可以将第 2 个因子称为综合因子。

在分析了每个因子的情况后，可以计算出每个因子的得分，并将数据可视化，运行下面的程序可获得图 11-8 所示的图像。

```
## 查看因子得分
fish_fa_score <- as.data.frame(predict.psych(fish_fa,fish[,2:7]))
fish_fa_score$Species <- fish$Species
ggplot(fish_fa_score,aes(x = PA1,y = PA2))+
  geom_point(aes(colour = Species,shape = Species))+
  scale_shape_manual(values=c(15,16,17,9,3,4,8))+
  labs(x = "PA1(64%)",y = "PA2(36%)",title = "因子分析得分,rotate=varimax")
```

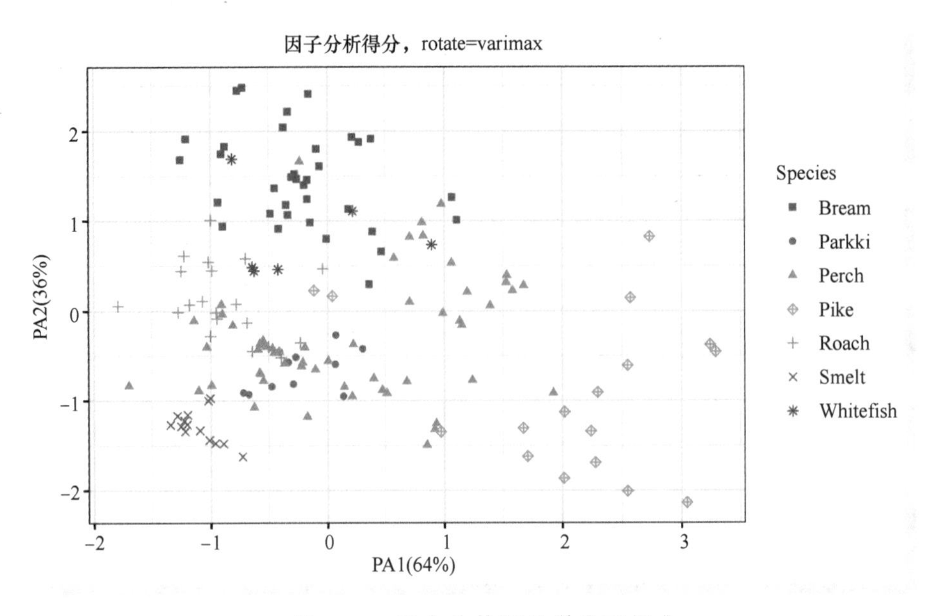

● 图 11-8 正交旋转因子得分可视化

关于因子分析获得的因子和原始变量之间的关系，可以使用 fa.diagram( ) 函数进行可视化，运行下面的程序可获得图 11-9 所示的可视化图像。在图像中两个因子之间没有相关性，这是因为使用的因子旋转方式为正交旋转。

```
par(family = "STKaiti")
fa.diagram(fish_fa,cut = 0.2,simple = FALSE,cex = 0.9, main = "因子分析")
```

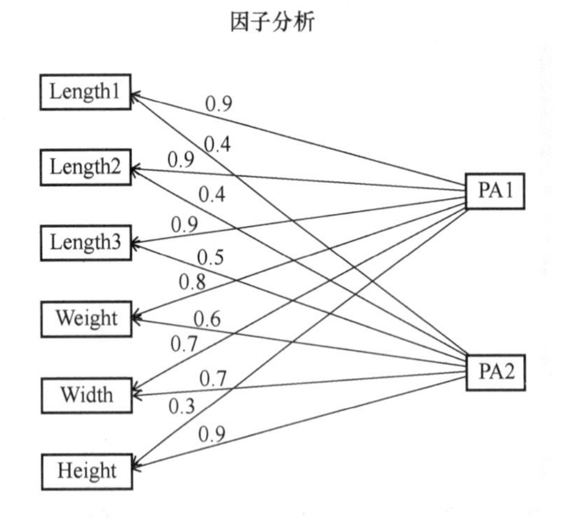

● 图 11-9 正交旋转因子分析

（2）斜交旋转的因子分析

前面介绍的正交旋转的因子分析中，不允许因子之间有相关性，而斜交旋转的因子分析则是允许因子之间有相关性。在 fa( ) 函数中指定参数 rotate = "promax" 则可进行斜交旋转的因子分析，运行下面的程序可获得对应的分析结果。

```
## 斜交旋转的因子分析
fish_fa <- fa(fish_cor,nfactors = 2,rotate="promax",
              scores="regression",fm = "pa")
fish_fa
## Factor Analysis using method =  pa
## Call: fa(r = fish_cor,nfactors = 2, rotate = "promax", scores = "regression",
##     fm = "pa")
## Standardized loadings (pattern matrix) based upon correlation matrix
##          PA1   PA2  h2      u2  com
## Weight   0.71  0.28 0.89  0.1108 1.3
## Length1  1.06 -0.08 1.01 -0.0058 1.0
## Length2  1.03 -0.04 1.00 -0.0027 1.0
## Length3  0.92  0.10 0.98  0.0169 1.0
## Height  -0.08  0.99 0.86  0.1410 1.0
## Width    0.51  0.50 0.88  0.1172 2.0
##                        PA1  PA2
## SS loadings           4.06 1.57
## Proportion Var        0.68 0.26
## Cumulative Var        0.68 0.94
## Proportion Explained  0.72 0.28
## Cumulative Proportion 0.72 1.00
##  With factor correlations of
##      PA1  PA2
## PA1 1.00 0.75
## PA2 0.75 1.00
...
```

在输出的斜交旋转因子分析结果中，除了因子载荷、累积贡献率等信息，还输出了因子之间的相关性系数矩阵，可以发现两个因子之间的相关性为0.75，而且两个因子和原始变量之间的相关性系数取值也和正交因子分析结果有较大的差异。针对原始变量和因子之间的关系同样可以使用fa.diagram( )函数进行可视化，运行程序可获得图11-10所示的图像，在图像中可以发现其与图10-8最大的不同是因子之间也有相关系数的连线。

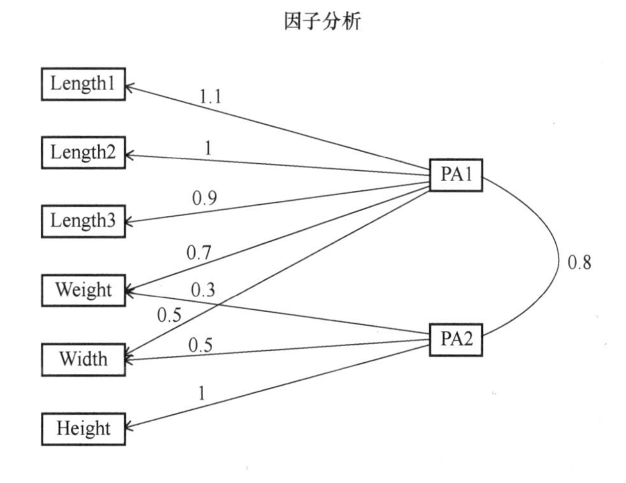

● 图11-10　斜交旋转因子分析

```
par(family = "STKaiti")
fa.diagram(fish_fa,cut = 0.2,simple = FALSE,cex = 0.9, main = "因子分析")
```

因子分析后，继续获得每个因子的得分，并对数据进行可视化分析。运行下面的程序可获得图 11-11 所示的斜交旋转因子得分散点图。

```
## 查看因子得分
fish_fa_score <- as.data.frame(predict.psych(fish_fa,fish[,2:7]))
fish_fa_score$Species <- fish$Species
ggplot(fish_fa_score,aes(x = PA1,y = PA2))+
  geom_point(aes(colour = Species,shape = Species))+
  scale_shape_manual(values=c(15,16,17,9,3,4,8))+
  labs(x = "PA1(72%)",y = "PA2(28%)",title = "因子分析得分,rotate=promax")
```

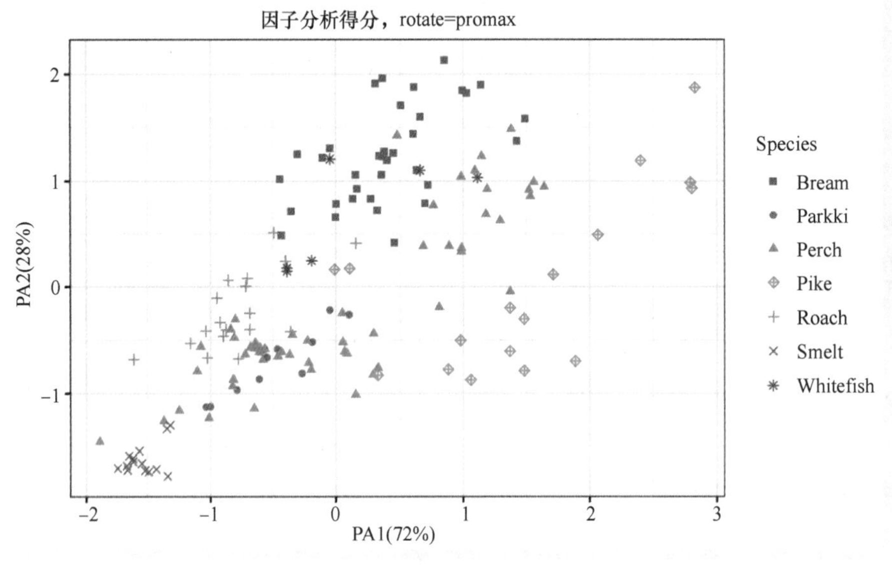

图 11-11　斜交旋转因子得分散点图

11.3 多维尺度分析

多维尺度分析（Multidimensional Scaling，MDS）是一种用于分析数据之间相似性和差异性的技术。它将多维空间的研究对象（样本或变量）简化到低维空间进行定位、分析和归类。同时，又保留对象间原始关系的数据分析方法，是一种利用低维空间去展示高维数据的一种数据降维、数据可视化方法。该方法仅仅需要样本之间的相似性或者距离，即可对数据进行降维。

多维尺度分析起源于，当仅能获取物体之间的距离时，如何利用距离去重构物体之间的欧几里得坐标。多维尺度分析的基本目标是将原始数据“拟合”到一个低维坐标系中，使得由降维所引起的任何变形最小。多维尺度分析的方法很多，按照相似性数据测量测度的不同可以分为：度量的 MDS 和非度量的 MDS。

本节主要使用常用的 Classic MDS 方法对数据进行多维尺度分析，并利用 MDS 进行数据降维可视化、利用距离矩阵重构样本的空间坐标等，介绍如何在 R 语言中进行多维尺度分析。

11.3.1 MDS 数据降维

利用前面使用的鱼的信息数据，利用多维尺度分析方法对其进行降维，并对降维后的数据进行可视化，程序如下所示。

```
library(tidyverse)
## 导入数据,同样使用前面用过的鱼的信息数据
fish <- read_csv("data/chap11/Fish.csv")
## 对数据进行标准化预处理
fish[,2:7]<- apply(fish[,2:7],2,scale)
## 计算样本之间的距离
fish_dist <- dist(fish[,2:7],method = "euclidean")
## 针对距离进行 MDS 数据降维
fish_cmd <- cmdscale(fish_dist,k = 2)
## 可视化样本降维后的分布情况
fish_cmd <- as.data.frame(fish_cmd)
fish_cmd$Species <- fish$Species
ggplot(fish_cmd,aes(x = V1,y = V2))+
  geom_point(aes(colour = Species,shape = Species))+
  scale_shape_manual(values=c(15,16,17,9,3,4,8))+
  labs(x = "D1",y = "D2",title = "MDS 数据降维")
```

在上面的程序中，读取数据后，先对数据进行标准化处理，然后使用 dist( ) 函数计算每个样本之间的欧式距离。针对得到的距离矩阵 fish_dist 使用 cmdscale( ) 函数进行数据变换，将其降维到二维空间中（由参数 k 的取值控制），针对降维后的结果使用散点图进行可视化，运行程序后可获得图 11-12 所示的散点图。

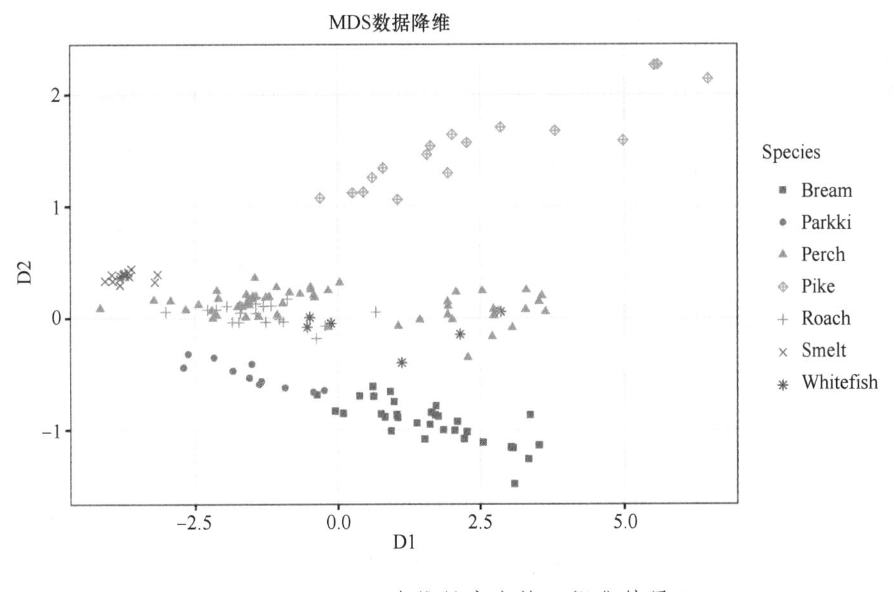

图 11-12　多维尺度变换可视化结果

11.3.2 计算样本的空间位置

11.3.1 小节介绍的是在知道数据样本特征后情况下计算样本间的距离，然后通过距离矩阵计算每个样本的空间分布。实际上，多维尺度变换很多时候不需要知道每个样本的特征，只需要知道样本之间的距离矩阵（相关性矩阵），即可对样本点在空间中的分布情况进行重构，其通常用于在知道地点之间距离的情况下，计算出每个地点在空间中的分布情况。

表 11-1 给出了澳大利亚 8 个城市之间的距离矩阵，利用多维尺度变换找到每个城市在空间的位置，并和城市的真实位置进行对比。

表 11-1　澳大利亚 8 个城市之间的距离　（单位：km）

城　市	城市间的距离							
	Adelaide	AliceSprings	Brisbane	Darwin	Hobart	Melbourne	Perth	Sydney
Adelaide	0	1328	1600	2616	1161	653	2130	1161
AliceSprings	1328	0	1962	1289	2463	1889	1991	2026
Brisbane	1600	1962	0	2846	1788	1374	3604	732
Darwin	2616	1289	2846	0	3734	3146	2652	3146
Hobart	1161	2463	1788	3734	0	598	3008	1057
Melbourne	653	1889	1374	3146	598	0	2720	713
Perth	2130	1991	3604	2652	3008	2720	0	3288
Sydney	1161	2026	732	3146	1057	713	3288	0

针对这样的问题，首先导入要使用的数据，程序如下。

```
library(maps)
library(leaflet)
## 读取澳大利亚 8 个城市之间的距离数据
citydist <- read.csv("data/chap11/dist_Aus.csv")
row.names(citydist) <- citydist[,1]
citydist <- citydist[,-1]
citydist
##             Adelaide AliceSprings Brisbane Darwin Hobart Melbourne Perth
## Adelaide           0         1328     1600   2616   1161       653  2130
##AliceSprings     1328            0     1962   1289   2463      1889  1991
...
```

在上面的程序中，导入了需要使用的距离矩阵，为了将多维尺度变换得到的结果和城市之间的真实位置进行对比，先利用 leaflet 包可视化出每个城市在地图上的位置分布，可视化程序如下所示，运行程序后可获得各城市分布的地图。

```
## 在地图上可视化出 8 个城市的空间位置,并和 MDS 的计算结果进行对比
citynames <- c("Adelaide", "Alice Springs", "Brisbane","Darwin",
               "Hobart", "Melbourne", "Perth", "Sydney")
data(world.cities)               # 提取所有城市的地图数据
```

```
## 获取几个城市的数据
citydf <- world.cities[world.cities$name %in% citynames,]
citydf <- citydf[citydf$country.etc == "Australia",]
## 在地图上可视化城市所在位置
leaflet(data =citydf,width = 700, height = 500) %>%addTiles() %>%
  setView(lng = mean(citydf$long),lat = mean(citydf$lat),zoom = 4)%>%
  addCircleMarkers(lat = ~lat, lng = ~long, label = ~name,radius = 5,
                   color = "red",fillOpacity = 0.6,stroke = FALSE,
                   labelOptions = labelOptions(noHide = TRUE))
```

下面利用城市之间的距离矩阵，计算每个城市在二维空间中的位置，同样使用 cmdscale( ) 函数计算，同时将计算的结果进行可视化。需要注意的是，在可视化时，*X* 轴和 *Y* 轴的坐标均适用计算值是负值（这是因为多维尺度变换的结果可能与实际的位置坐标相反）。运行下面的程序后可获得图 11-13 所示的图像。

```
##根据距离计算城市在空间中的相对位置
citycmd <- cmdscale(citydist, eig = FALSE, k = 2)
## 获取每个城市在空间中的坐标
citypos <- as.data.frame(citycmd)
colnames(citypos) <- c("X","Y")
citypos$name <- citynames
## 在二维空间中可视化出城市的分布
ggplot(citypos,aes(x = -X,y = -Y))+geom_point(colour = "red")+
  geom_text(aes(x = -X+100,y = -Y+100,label = name))+
  ggtitle("城市之间的空间位置")+coord_equal()
```

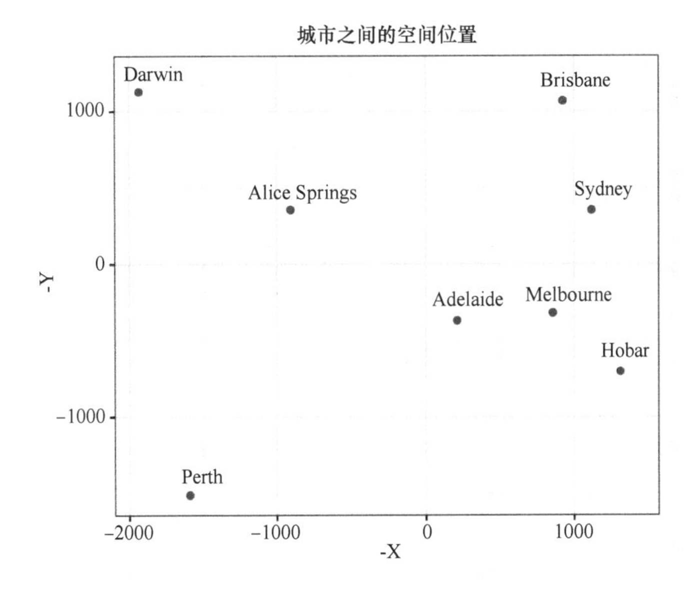

● 图 11-13 利用多维尺度变换计算得到的空间分布

由图 11-13 可以发现，利用多维尺度变换计算得到的结果，与每个城市的真实空间分布很相似。

11.4 t-SNE 降维

t-SNE（t-distributed Stochastic Neighbor Embedding）是一种用于降维和可视化高维数据的非线性技术，是一种基于流形的数据降维方法。它特别适用于在低维空间中保留数据点之间的局部相似性结构，通常将数据从高维空间降维到二维、三维，用于数据可视化，观察数据的分布情况。

t-SNE 降维方法主要包括以下两个步骤。

1）t-SNE 使用原始数据构建一个高维对象之间的概率分布，使得相似的对象有更高的概率被选择，而不相似的对象有较低的概率被选择。

2）t-SNE 在低维空间里构建对应点的概率分布，使得这两个概率分布尽可能地相似，同时会使用 KL 散度度量两个分布之间的相似性。

这里就不详细介绍 t-SNE 算法的计算细节了，下面使用一个手写字体数据集，介绍如何使用t-SNE 算法进行数据特征提取与降维，并将提取的特征进行可视化分析。

11.4.1 t-SNE 数据降维案例

在使用的手写数字数据中，每个样本已经被采样为 8×8 的图像，因此每个数字包含 64 个像素值。在 R 语言中可以使用 Rtsne 包对数据进行降维，首先导入数据，在使用 Rtsne 包中的 Rtsne( ) 函数时，需要剔除数据集中的重复样本。导入的数据一共有 65 个特征，前 64 个是数据的像素值，第 65 个特征是每个手写数字的类别标签。

```
library(Rtsne)
library(gridExtra)
## 使用一个手写数字数据
digit <- read_csv("data/chap11/digit.csv",col_names = FALSE)
## 剔除重复的样本
digit <- unique(digit)
head(digit)
## # Atibble: 6 x 65
##  X1    X2    X3    X4    X5    X6    X7    X8    X9    X10   X11   X12   X13
## <dbl> <dbl> <dbl> <dbl> <dbl> <dbl> <dbl> <dbl> <dbl> <dbl> <dbl> <dbl> <dbl>
## 1 0    0     5     13    9     1     0     0     0     0     13    15    10
## 2 0    0     0     12    13    5     0     0     0     0     0     11    16
...
## #  X60 <dbl>, X61 <dbl>, X62 <dbl>, X63 <dbl>, X64 <dbl>, X65 <dbl>
```

使用 t-SNE 算法时可以通过调整算法的参数困惑度，影响最终的数据降维效果，可以通过 Rtsne( ) 函数中的 perplexity 参数调整算法的困惑度。在下面的程序中，使用困惑度参数 perplexity = 10，将数据降维到二维空间中，并将降维后的数据使用散点图进行可视化。运行程序后可获得图 11-14 所示的图像。

```
## 设置困惑度参数 perplexity = 10
digit_tsne <- Rtsne(digit[,1:64],dims = 2,pca = FALSE, perplexity = 10,theta = 0.0)
## 可视化降维后的数据分布
```

```
digit_tsneY <- as.data.frame(digit_tsne$Y)
digit_tsneY$label <- as.factor(digit$X65)
ggplot(digit_tsneY,aes(x = V1,y = V2))+
  geom_point(aes(colour = label,shape = label))+
  scale_shape_manual(values=c(15,16,17,13,2,3,4,5,8,9))+
  labs(x = "tSNE1",y = "tSNE2",title = "t-SNE 数据降维")
```

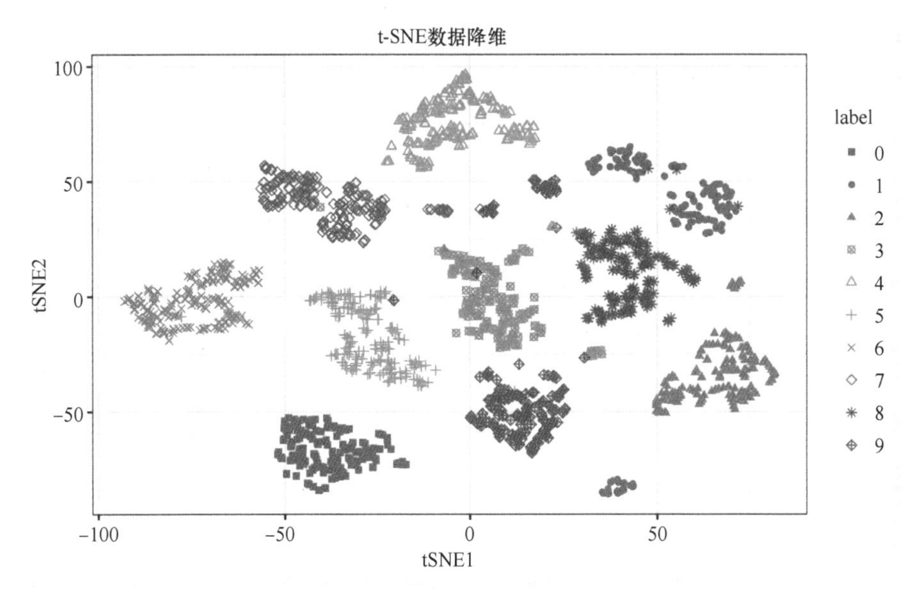

● 图 11-14 t-SNE 数据降维可视化

从图 11-14 中可以发现，同类别的手写字体样本在空间中更聚集，不同类别的数据比较分离。这也是 t-SNE 常用于数据降维可视化的原因。

11.4.2 调整 t-SNE 算法的困惑度

下面通过使用不同的困惑度，可视化其对数据降维效果的影响情况。在程序中分别使用了困惑度为 5、15、30、50 四种情况，运行程序结果如图 11-15 所示。

```
## 通过调整不同的困惑度参数 perplexity,分析数据的降维效果
perplexitys <- c(5,15,30,50)
## 进行 t-SNE 分析,并可视化
plots <-lapply(perplexitys, function(x){
  digit_tsne <- Rtsne(digit[,1:64],dims = 2,pca = FALSE,
                      perplexity = x,theta = 0.0)
  plotdata <- data.frame(tSNE1 = digit_tsne$Y[,1],tSNE2 = digit_tsne$Y[,2],
                         label = as.factor(digit$X65))
  ggplot(plotdata,aes(x = tSNE1,y = tSNE2))+
    geom_point(aes(colour = label,shape = label))+
    scale_shape_manual(values=c(15,16,17,13,2,3,4,5,8,9))+
    ggtitle(paste("perplexity = ",x))+
    theme(legend.title = element_blank(),legend.position = "none")
```

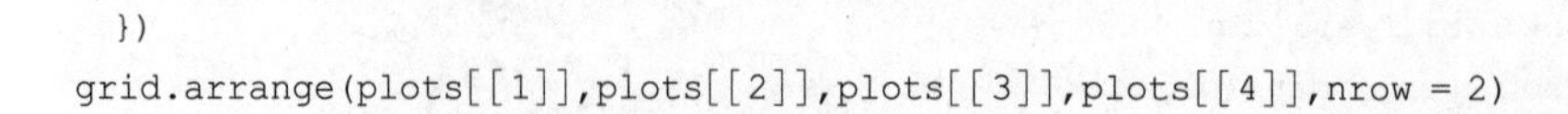

```
})
grid.arrange(plots[[1]],plots[[2]],plots[[3]],plots[[4]],nrow = 2)
```

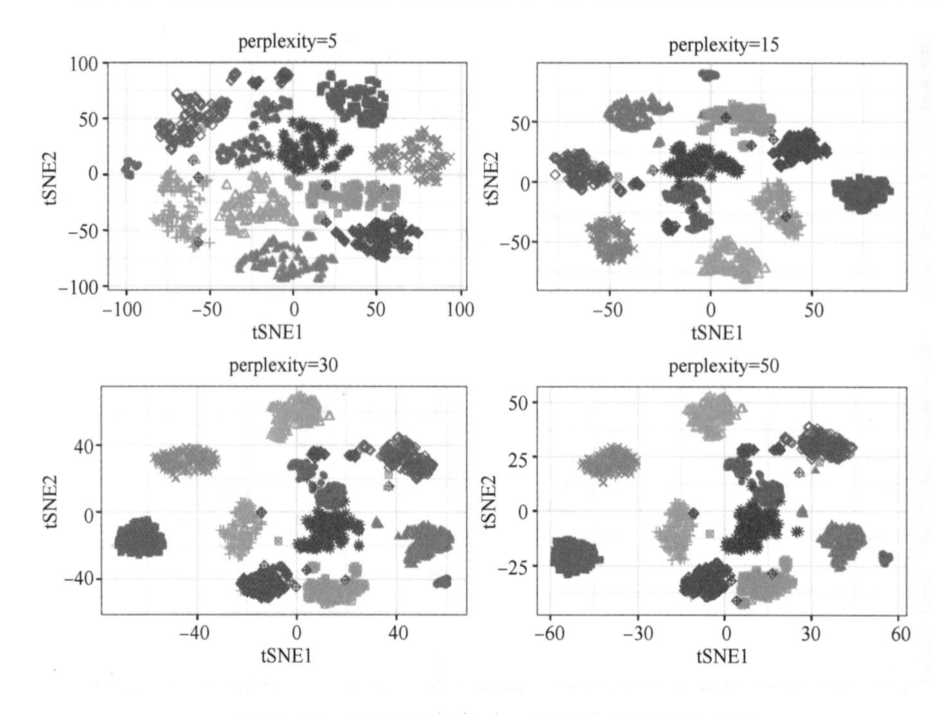

图 11-15　不同困惑度对 t-SNE 降维效果的影响

从图 11-15 中可以发现，针对该数据集，当困惑度较小时，虽然不同类别的数据也能分离，但是同类型的数据之间不够紧密。而随着困惑度的增大，降维的可视化效果更好一些。

11.5 本章小结

本章主要介绍了数据的特征提取与降维的相关方法，并且不同的算法介绍了不同的应用场景。关于主成分分析与因子分析，介绍了如何确定要提取的主成分个数和公因子个数，并且还介绍了核主成分分析的应用。关于多维尺度降维，除了介绍数据降维可视化外，还介绍了如何利用距离矩阵进行重新定位。关于 t-SNE 算法则是利用一个手写数字数据集，展示了其在降维与可视化方面的应用。

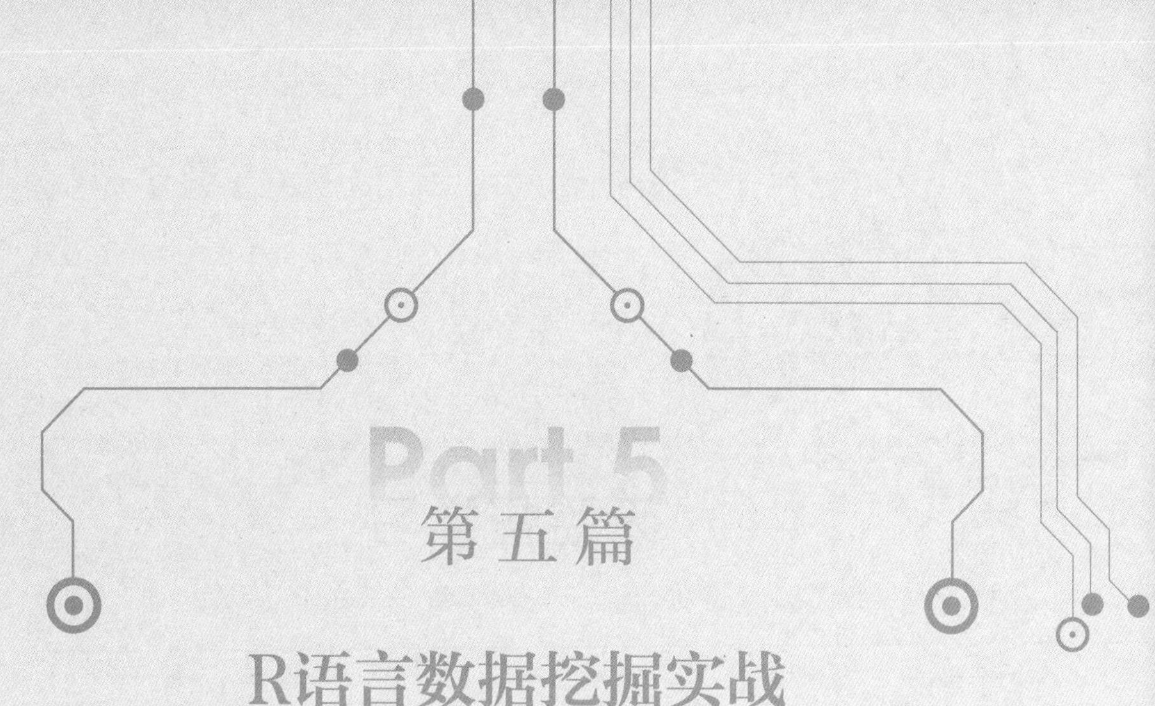

Part 5
第五篇
R语言数据挖掘实战

数据挖掘是指从大量数据中揭示出隐含的、先前未知的，并有潜在价值的信息的过程。它主要基于机器学习、模式识别、统计学、数据库、可视化技术等诸多方法来实现上述目标。数据挖掘分为有指导的数据挖掘和无指导的数据挖掘。有指导的数据挖掘是利用可用的数据建立一个模型，这个模型是对一个特定属性的描述。无指导的数据挖掘是在所有的属性中寻找某种关系。具体而言，分类、估值和预测属于有指导的数据挖掘，关联规则和聚类属于无指导的数据挖掘。

在本篇将详细介绍聚类分析、离群点检测、关联分析、网络图数据分析、决策树与随机森林、朴素贝叶斯和支持向量机等无监督和有监督方法。为了将代码、数据和文本无缝融合在一起，以便更好地记录和分享工作成果，本篇最后还介绍了 R Markdown 的使用方法，包括使用其动态创建报告、输出网页、制作幻灯片等，为读者提供了一个优雅而高效的方式，来创建、展示和分享技术文档、数据分析报告以及其他形式的文档等。

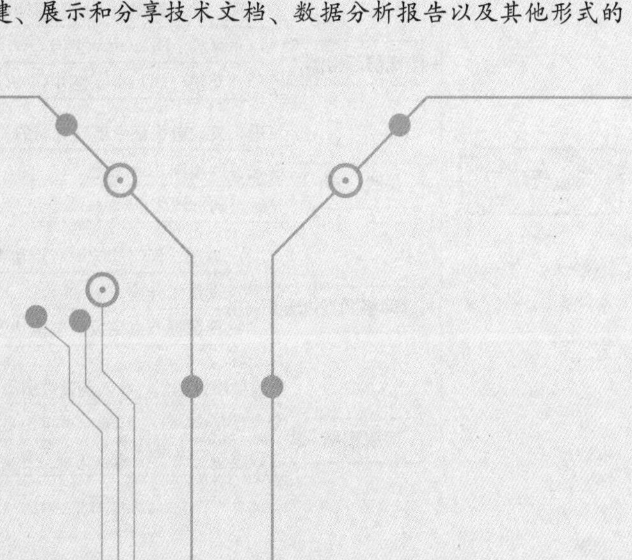

无监督学习

❖ 本章导读

在机器学习方法中，根据学习方式的不同，可以将其分成三类：无监督学习（Unsupervised Learning）、半监督学习（Semi-supervised Learning）和有监督学习（Supervised Learning）。其中无监督学习是一种不受监督的、自由式的学习，它不需要先验知识进行指导，而是不断地自我认知、自我巩固，最后进行自我归纳。无监督学习与其他两种学习方法的区别是不需要提前知道数据集的类别标签。由于数据中没有用于监督目标的信息，因此无监督学习更具有挑战性，而且无监督学习模型的训练更倾向于主观性，不设定明确的目标作为分析对象，因此常用于数据的探索性分析，它在数据挖掘中变得越来越重要。本章重点介绍聚类分析、离群点检测、关联分析、网络图数据分析等常见无监督方法，以及如何使用 R 语言的相关函数完成对数据的无监督学习与分析任务等。

❖ 知识技能

本章知识技能及实战案例如下所示。

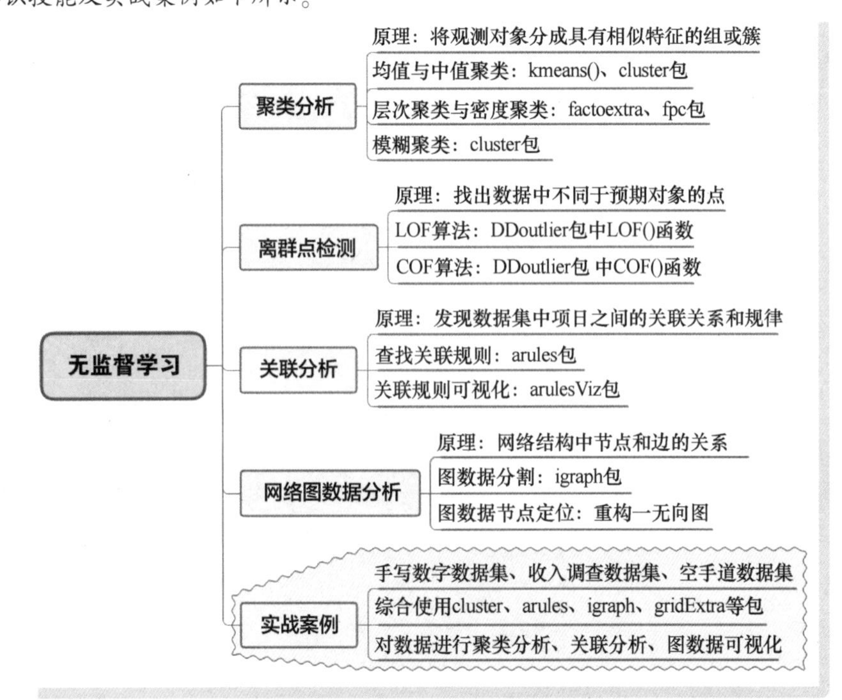

12.1 聚类分析

聚类分析（Cluster Analysis）是一种用于将数据集中的观测对象分成具有相似特征的组或簇的学习方法，其目标是使同一组内数据点之间的相似性较高，而不同组之间的相似性较低。聚类分析通常用于探索数据的内在结构，识别潜在的模式或群集。本节主要介绍 K 均值聚类、K 中值聚类、层次聚类、密度聚类以及模糊聚类等，即使在相同的数据集上，使用不同的聚类算法，也可能会产生不同的聚类结果。这些聚类方法在 R 语言中都有相应的包和函数实现，应用非常方便、高效。

12.1.1 选择合适的聚类数目

在介绍使用具体的数据集进行聚类分析之前，先介绍在 R 语言中针对数据集判断合适的聚类数目的方法，在进行判断时会以 K 均值聚类和 K 中值聚类为例，介绍 Gap 方法、轮廓法与肘方法。先导入会使用到的包和数据，程序如下所示。

```
library(readxl);library(tidyverse);library(factoextra);library(gridExtra)
## 读取手写字体数据
jiudata <- read_xlsx("data/chap12/葡萄酒.xlsx")
## 数据标准化
jiudata <- apply(jiudata[,3:20],2,scale)
```

（1）Gap 方法

Gap 方法即计算聚类度量的 Gap 统计量，针对 Gap 统计量的具体计算方式这里就不做详细介绍，而在利用其选择合适的聚类数目时，通常会选择 Gap 统计量取值最大，而且在其一个标准差之内，没有其他点所对应的聚类数目。在下面的程序中，分别利用 K 均值聚类和 K 中值聚类对数据集 jiudata 进行了聚类分析，并利用 Gap 统计量选择合适的聚类数目，使用了 factoextra 包中的 fviz_nbclust( ) 函数进行结果的可视化，运行程序后可获得图 12-1 所示的图像。

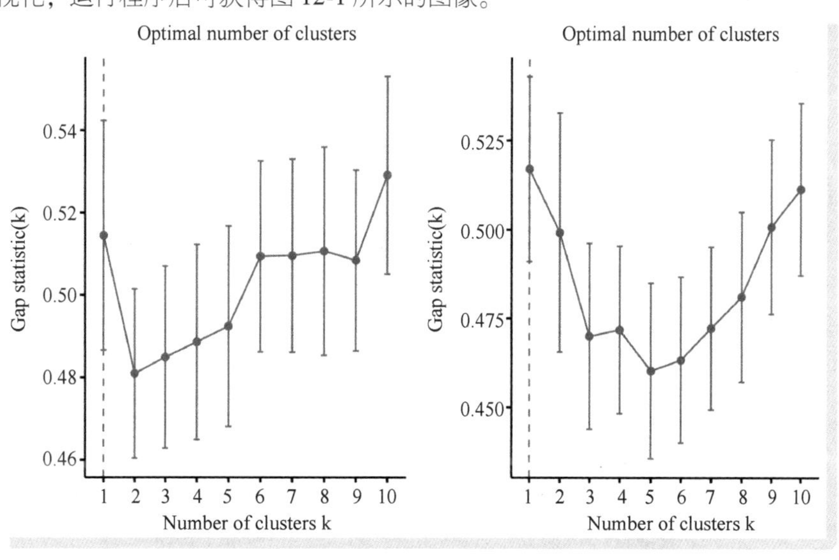

图 12-1　Gap 统计量可视化

```
## 对数据指定不同的聚类方式,利用 Gap 统计量判断合适的聚类数目
p1<-fviz_nbclust(jiudata,                        # 使用的数据
                 FUNcluster = kmeans,            # 指定的聚类方法:K-均值聚类
                 method = "gap_stat",            # 利用 Gap 统计量判断
                 k.max = 10)                     # 数据中最大的聚类数目
## 改变聚类方法为 K-中值聚类
p2<-fviz_nbclust(jiudata,                        # 使用的数据
             FUNcluster = cluster::pam,          # 指定的聚类方法:K-中值聚类
             method = "gap_stat",                # 利用 Gap 统计量判断
             k.max = 10)                         # 数据中最大的聚类数目
grid.arrange(p1,p2,nrow = 1)
```

在图 12-1 中，左边图像对应 K 均值聚类的结果，右边图像对应 K 中值聚类的结果。从图像中可以发现，关于 K 均值聚类的结果，当聚类数目 $k=1$ 时，Gap 统计量取值最大，而且在一个标准差之内没有其他的点。关于 K 中值聚类的结果，当聚类数目 k 在 1～10 时，不能找到 Gap 统计量取值最大，而且在一个标准差之内没有其他点的 k 值。

（2）轮廓法

轮廓法是借助轮廓系数的大小，判断合适的聚类数目。该方法可以产生每个对象在簇内位置的概要图形，用于验证和解释簇的内部一致性。轮廓系数的取值范围在−1 和 1 之间，而且越接近 1，说明聚类的效果越好。如果轮廓系数小于 0，说明该数据不适合划分为相应的簇，反之则表示适合划分为相应的簇。在下面的程序中使用 jiudata 数据集，利用轮廓系数来选择 K 均值聚类和 K 中值聚类较好的聚类数目。运行程序后获得图 12-2 所示的图像。

```
## 针对 K-均值聚类,使用轮廓法判断聚类数目
p1<-fviz_nbclust(jiudata, FUNcluster = kmeans, method = "silhouette",k.max = 10)
## 针对 K-中值聚类,使用轮廓法判断聚类数目
p2<-fviz_nbclust(jiudata, FUNcluster = cluster::pam, method = "silhouette",
              k.max = 10)
grid.arrange(p1,p2,nrow = 1)
```

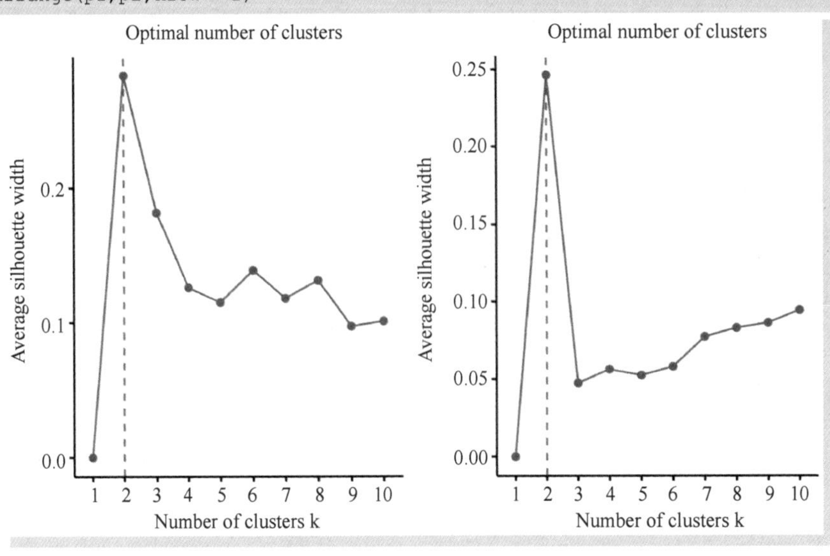

图 12-2　轮廓系数可视化

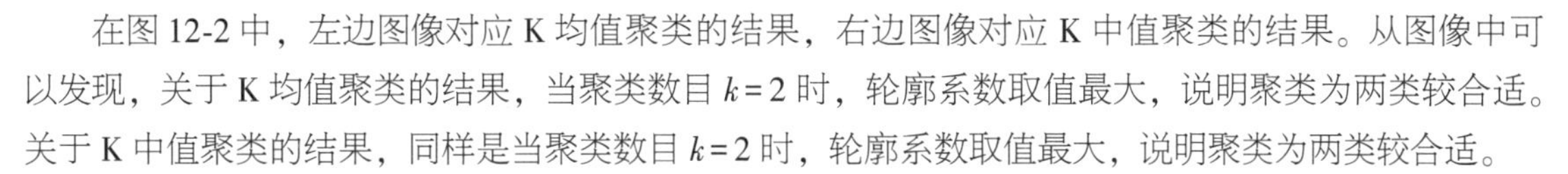

在图 12-2 中，左边图像对应 K 均值聚类的结果，右边图像对应 K 中值聚类的结果。从图像中可以发现，关于 K 均值聚类的结果，当聚类数目 $k=2$ 时，轮廓系数取值最大，说明聚类为两类较合适。关于 K 中值聚类的结果，同样是当聚类数目 $k=2$ 时，轮廓系数取值最大，说明聚类为两类较合适。

（3）肘方法

肘方法是借助数据聚类后的类内平方和的变化趋势来判断合适的聚类数目。随着聚类数目的增加，数据的类内平方和会持续减小，理想情况下会在合适的聚类数据下，出现一个类内平方和大小变化的拐点，针对这种情况可以判断合适的聚类数目。下面的程序中，同样是可视化出 K 均值聚类与 K 中值聚类的类内平方和的变化趋势，运行程序后可获得图 12-3 所示的可视化图像。

```
## 针对 K-均值聚类,使用类内平方和判断聚类数目
p1<-fviz_nbclust(jiudata, FUNcluster = kmeans, method = "wss", k.max = 10)
## 针对 K-中值聚类,使用类内平方和判断聚类数目
p2<-fviz_nbclust(jiudata, FUNcluster = cluster::pam, method = "wss",k.max = 10)
grid.arrange(p1,p2,nrow = 1)
```

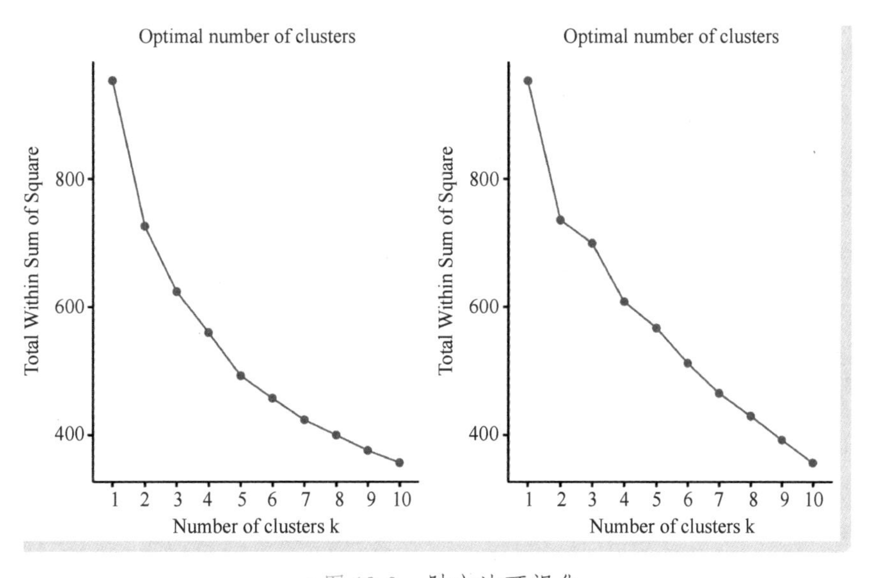

图 12-3　肘方法可视化

图 12-3 中，左边图像对应 K 均值聚类的结果，右边图像对应 K 中值聚类的结果。从图像中可以发现，K 均值聚类与 K 中值聚类的结果，随着聚类数目的增加，类内平方在持续减小，但是并没有出现一个明显的拐点，因此针对该数据集使用肘方法不能很好地确定聚类数目。

通过前面对同一数据、同聚类算法下不同判断方法的可视化结果中可以发现，在不同的判断方法下，会获得不一样的结果。这是正常现象，主要原因是聚类算法簇数量的确定具有很强的主观性，因此在使用时要结合具体的数据情况和使用场景进行适当的判断。

12.1.2　K 均值与 K 中值聚类

K 均值聚类是由麦奎因（Mac Queen，1967 年）提出的，其聚类思想为：假设数据中有 p 个变量参与聚类，并且要聚类为 k 个簇，则需要在 p 个变量组成的 p 维空间中，首先选取 k 个不同的样本作

为聚类种子；然后根据每个样本到达这 k 个点的距离，将所有样本分为 k 个簇；在每一个簇中，重新计算出簇的中心（每个特征的均值）作为新的种子，再把所有的样本分为 k 类；如此下去，直到种子的位置几乎不发生改变为止。在 K 均值聚类中，如何寻找合适的 k 值对聚类的结果很重要。一种常用的方法是，通过观察 k 个簇的组内平方和与组间平方和的变化情况，来确定合适的聚类数目。该方法通过绘制类内部的同质性或类间的差异性随 k 值变化的曲线（形状类似于人的手肘），来确定出最佳的 k 值，而该 k 值恰好处在手肘曲线的肘部，因此称这种确定最佳 k 值的方法为肘方法。

K 中值聚类是由 K 均值聚类衍生出的聚类算法。其与 K 均值聚类算法的差异是，在计算每个簇的样本中心时，K 中值聚类会使用每个特征的中位数作为簇的中心。

R 语言中有很多包都能对数据进行聚类分析，其中 K 均值聚类通常会使用基础包中的 kmeans( ) 函数来完成，K 中值聚类可以使用 cluster 包中的 pam( ) 函数。下面使用手写数字数据集，其已经利用 t-SNE 算法降维到三维空间，进行数据聚类分析的演示。首先使用下面的程序导入要使用到的包和数据。

```
library(tidyverse);library(factoextra);library(gridExtra)
library(cluster);library(mclust)
## 读取数据
digit3D <- read_csv("data/chap12/digit3D.csv")
digit3D$label <- as.factor(digit3D$label)
head(digit3D)
## # Atibble: 6 x 4
##      V1     V2      V3 label
##    <dbl>  <dbl>  <dbl>  <fct>
## 1  -48.1   17.5    6.55   0
## 2   15.6   4.64   -18.6   1
## 3   16.7   11.5   0.939   2
## 4   8.55  -13.4    28.4   3
## 5  -13.1   10.3   -40.0   4
## 6  -5.72  -14.0    28.8   5
digit <- digit3D[,1:3]
```

在导入的数据中，有 3 个数值变量和 1 个类别标签变量，聚类分析时会对 3 个数值变量进行聚类。

（1） K 均值聚类

K 均值聚类分析可以使用 kmeans( ) 函数来完成，而且其输出结果中会输出组内平方和、组间平方和，可以通过这两个值结合肘方法，判断合适的聚类数据。针对导入的手写数字数据集，分别将其聚类为 1～20 类，然后可视化出每个聚类数目下组内平方和、组间平方和的变化趋势，以此来判断合适的聚类数目。在下面的程序中，通过 for 循环使用 kmeans( ) 函数对数据进行聚类，得到对象 k1。在 k1 中包含 tot.withinss 和 betweenss 属性的取值，分别为当聚类结果为 k 时，聚类后所有样本的类内平方和、类间平方和。运行程序后可获得图 12-4 所示的图像。

```
## 利用组内平方和、组间平方和判断合适的聚类数目
tot_withinss <- vector()
betweenss <- vector()
for(ii in 1:20){
  k1 <-kmeans(digit,ii)
  tot_withinss[ii] <- k1$tot.withinss
```

```
  betweenss[ii] <- k1$betweenss
}
## 组内平方和、组间平方和保存为数据表
kmeanvalue <- data.frame(kk = 1:20,tot_withinss = tot_withinss,betweenss = betweenss)
## 可视化组内平方和、组间平方和变化趋势
p1 <-ggplot(kmeanvalue,aes(x = kk,y = tot_withinss))+
  geom_point() + geom_line() +labs(y = "value") +
  ggtitle("Total within-cluster sum of squares")+
  scale_x_continuous("kmean 聚类数目",kmeanvalue$kk)
p2 <-ggplot(kmeanvalue,aes(x = kk,y = betweenss))+
  geom_point() +geom_line() +labs(y = "value") +
  ggtitle("The between-cluster sum of squares") +
  scale_x_continuous("kmean 聚类数目",kmeanvalue$kk)
grid.arrange(p1,p2,nrow=2)
```

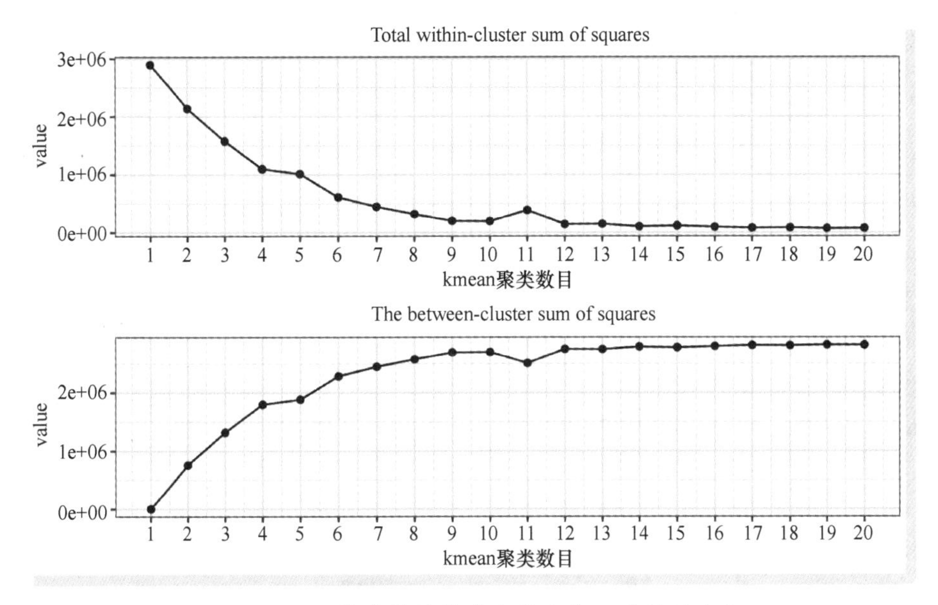

● 图 12-4　聚类结果的类内平方和、类间平方和

观察图 12-4 可以发现，曲线的形状类似于人的手肘，且随着聚类个数的增加，类内平方和在减少，类间平方和在增加。在聚类数目 $k=10$ 之前，曲线的变化趋势很大，当聚类数目大于 10 时，这两个数值的变化范围在减小且曲线较为平缓，这说明将该数据集聚类为 10 个簇较为合适，$k=10$ 即为肘部点。

确定了聚类的 $k=10$ 后，使用 kmeans( ) 函数将数据聚类为 10 类，并输出聚类的结果，程序与输出结果如下。

```
## 将数据聚类为 10 类
set.seed(245)  #设置随机数种子,保证聚类结果的可重复性
k10 <-kmeans(digit,centers = 10,iter.max = 100)
k10
## K-means clustering with 10 clusters of sizes 360, 181, 144, 170, 194, 114, 71, 292, 27, 244
## Cluster means:
```

```
##             V1          V2         V3
## 1  -24.023026  34.4247894   2.075716
## 2  -23.153976 -25.9126086   5.113252
## 3  -11.018075 -10.8502572  29.034270
## 4   39.161281  12.1143754  21.721619
## 5   14.478852 -34.2193850 -23.252785
## 6    7.858044 -14.7852582  29.706743
## 7   14.757373 -22.3746755  25.547481
## 8   14.610650  -0.6778268  -4.441284
## 9   28.276698  31.2736741  18.672987
## 10  -8.253788   4.3707766 -38.701154
## Clustering vector:
##  [1]  1  8  8  6 10  3  1  5  8  3  1 10  4  7 10  2  1  5  8  3  1 10  4  7
## [25] 10  2  1  5  8  3  1  3  2  2  1  2  1  3  8  3  8 10 10  5  5  7  2 10
...
## Within cluster sum of squares by cluster:
##  [1] 264573.1125  14134.4916  5020.3506  9448.1407  15312.8388  4937.4135
##  [7]   2909.1067  42686.4026   131.9852  41818.8656
##  (between_SS / total_SS =  86.2 %)
...
```

从输出结果可以发现，10 个簇的样本数目分别为 360、181、144、170、194、114、71、292、27、244，并且还输出了每个簇的聚类中心（Cluster Means），每个样本所属的类别（Clustering Vector）。

为了方便查看聚类的结果，可以使用 fviz_cluster( ) 函数将聚类结果可视化，运行下面的程序可获得图 12-5 所示的图像。

```
## 利用散点图可视化数据的聚类结果
fviz_cluster(k10,data = digit,geom = "point",main = "K 均值聚类可视化") +
  theme_bw(base_family = "STKaiti") +
  theme(plot.title = element_text(hjust = 0.5))
```

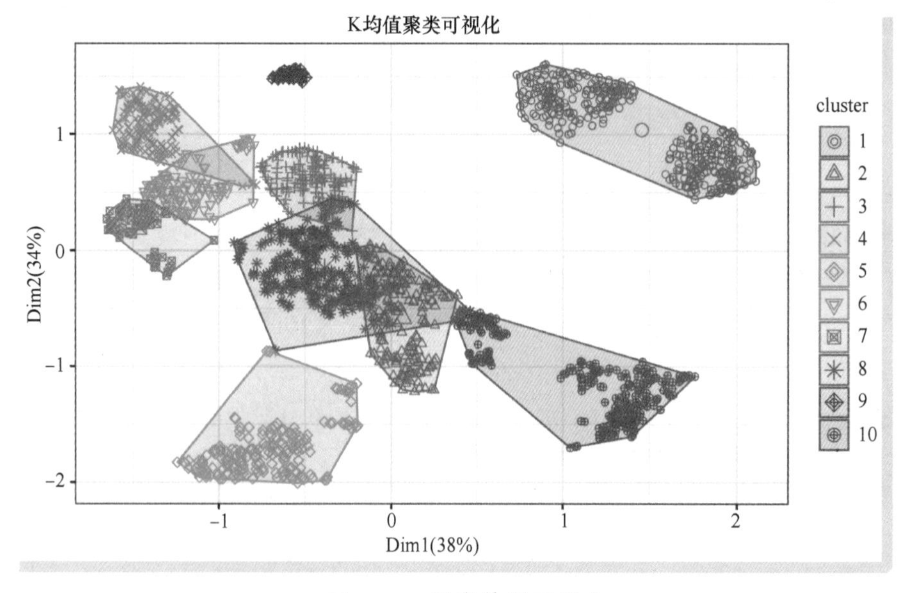

图 12-5　聚类结果可视化

从图 12-5 中可以发现，有些簇的样本很多，而且很明显属于将不同的簇归为了一个簇，如右上角红色圆圈表示的簇；有些簇的样本量则很小，如左上角紫色菱形表示的簇。

关于数据的聚类效果，也可以使用 fviz_silhouette( )函数可视化出每个样本的轮廓系数。运行下面的程序可获得图 12-6 所示的轮廓图。

```
## 关于聚类结果也可以使用轮廓图进行可视化分析
sil <- silhouette(k10$cluster, dist(digit))
fviz_silhouette(sil,print.summary = FALSE)
```

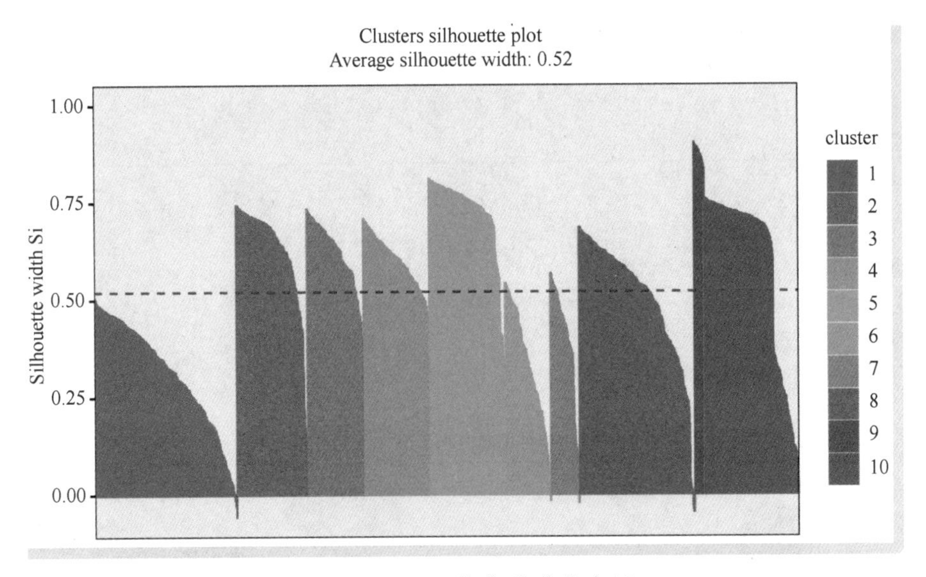

● 图 12-6　K 均值聚类轮廓图

从图 12-6 可以看出，平均轮廓系数为 0.52，并且各簇中绝大多数样本的轮廓系数均大于 0，说明将该数据聚为 10 类的效果是比较好的。但是某些簇的大部分样本轮廓系数小于平均值，如第 1、第 6、第 7 个簇，说明使用 K 均值的聚类效果还需要进一步的改进。

因为使用的数据已经知道每个样本的原始类别，所以可以使用真实的类别度量聚类的结果好坏。如通过调整兰德系数 ARI 进行判断，其取值范围在-1 和 1 之间，值越大意味着聚类结果与真实情况越吻合，聚类效果越好。下面使用 adjustedRandIndex( )函数计算 K 均值聚类的调整兰德系数，从输出结果中可以发现，其值等于 0.6974，距离 1 还有一定的差距，说明针对该数据集使用 K 均值聚类为 10 个簇的聚类效果，并没有那么好。

```
## 计算调整兰德系数 ARI
sprintf("调整兰德系数 ARI = %f",adjustedRandIndex(k10$cluster,digit3D$label))
## [1] "调整兰德系数 ARI = 0.697428"
```

（2）K 中值聚类

前面分析了将数据使用 K 均值聚类为 10 个簇，发现效果并没有那么好。那么使用 K 中值聚类，能够获得比 K 均值聚类更好的聚类效果吗？在下面的程序中，使用 pam( )函数将数据聚类为 10 个簇，然后使用 fviz_cluster( )函数将聚类结果可视化，输出结果如图 12-7 所示。

```
## 对手写数字数据使用 K 中值聚类
## 将数据聚类为 10 类
set.seed(245)  # 设置随机数种子,保证聚类结果的可重复性
pam10 <- pam(digit,k = 10,metric = "euclidean")
pam10
##Medoids:
##        ID          V1          V2          V3
##  [1,]  513 -46.6953454  20.7595577   5.7290206
##  [2,] 1328  15.5108196  -2.4627649  -3.0790329
##  [3,] 1505   9.6695912 -17.7081141  27.7255527
##  [4,] 1457  -9.0202513   7.0008702 -44.8214051
...
##[1777] 10  4  4  7  9  2  9  910  7  510  4  2  2  4  5  1  2  5  2
## Objective function:
##    build    swap
## 8.525318 7.637648
...
## 利用散点图可视化数据的聚类结果
fviz_cluster(pam10,data = digit,geom = "point",main = "K 中值聚类可视化") +
  theme_bw(base_family = "STKaiti") +
  theme(plot.title = element_text(hjust = 0.5))
```

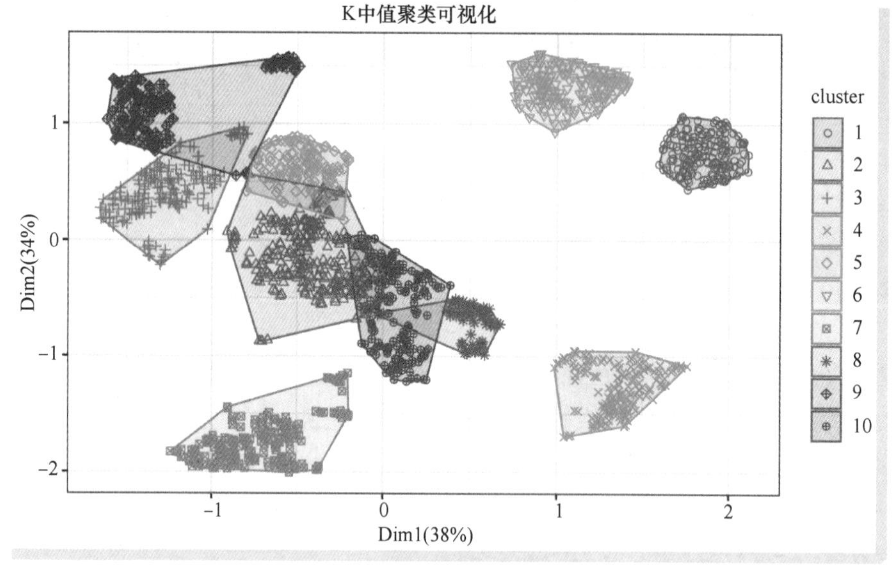

图 12-7　K 中值聚类结果可视化

从图 12-7 中可以发现，与 K 均值聚类的结果（图 12-6）相比，在右上角被 K 均值聚类归为 1 个簇的数据，被 K 中值聚类切分为 2 个簇。而且在图 12-6 左上角具有较小样本的一个簇，和其他的簇进行了合并。整体上 K 中值聚类的结果，每个簇的样本数量更加均匀，效果更好。

同样将 K 中值的聚类结果使用轮廓系数进行判断，使用 fviz_silhouette( ) 函数可视化得到的轮廓图，如图 12-8 所示。从图中可以发现，平均轮廓系数为 0.65（大于 0.52），并且各簇中绝大多数样本

的轮廓系数均大于平均值，而且可视化效果比 K 均值聚类的效果更好。

```
## 针对聚类结果也可以使用轮廓图进行可视化分析
sil <- silhouette(pam10$clustering, dist(digit))
fviz_silhouette(sil,print.summary = FALSE)
```

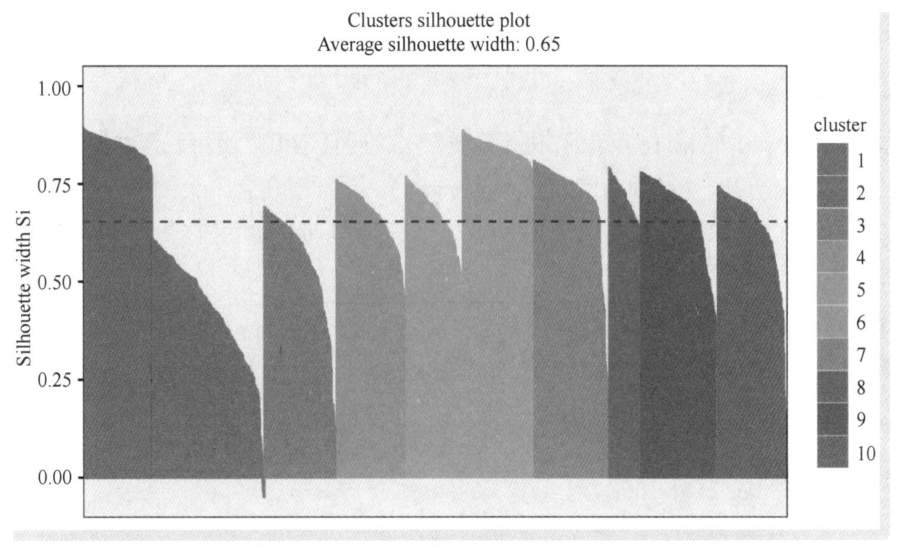

● 图 12-8　K 中值聚类轮廓图

通过可视化分析和轮廓系数判断，K 中值聚类效果要优于 K 均值聚类。下面计算出 K 中值聚类的调整兰德系数 ARI，其取值为 0.833，远远大于 K 均值聚类的 0.6974，进一步说明了 K 中值聚类要优于 K 均值聚类。

```
## 计算调整兰德系数 ARI
sprintf("调整兰德系数 ARI = %f", adjustedRandIndex( pam10$clustering, digit3D$label ))
## [1] "调整兰德系数 ARI = 0.833024"
```

经过上面的分析可以知道，K 中值聚类的效果会比 K 均值聚类的效果更稳定、更优秀，因此在实际的应用中建议使用 K 中值聚类代替 K 均值聚类。

12.1.3　层次聚类

层次聚类（Hierarchical Cluster）又叫系统聚类，是一种常见的聚类方法，它是在不同层级上对样本进行聚类，逐步形成树状的结构。根据层次分解是自底向上（合并）还是自顶向下（分裂）可将其分为两种方式，即凝聚与分裂。

凝聚的层次聚类方法使用自底向上策略。即开始令每一个对象形成自己的簇，并且迭代地把簇合并成越来越大的簇（每次合并最相似的两个簇），直到所有对象都在一个簇中，或者满足某个终止条件。在合并的过程中，根据指定的距离度量方式，它首先找到两个最接近的簇，然后合并它们，形成一个簇，这样的过程重复多次，直到聚类结束。

分裂的层次聚类算法使用自顶向下的策略。即开始将所有的对象看作为一个簇，然后将簇划分为多个较小的簇（每次划分时，将一个簇划分为差异最大的两个簇），并且迭代把这些簇划分为更小的簇。在划分过程中，直到最底层的簇都足够凝聚或者仅包含一个对象，或者簇内对象彼此足够相似。

层次聚类中可以指定样本间计算距离的方式，也可以指定簇与簇之间计算距离的方式，来影响最终的聚类结果。常用的样本间计算距离的方式有欧式距离（euclidean）、曼哈顿距离（manhattan）、最大距离（maximu）、肯贝尔距离（canberra）、二进制距离（binary）、闵可夫斯基距离（minkowski），以及三种相关距离（pearson、spearman、kendall）；常用的簇与簇之间计算距离的方式有 Ward 法（ward.D、ward.D2）、最短距离法（single）、最长距离法（complete）、类平均法（average）等。

（1）确定合适的聚类数目

R 语言 factoextra 包中的 hcut( ) 函数可进行系统聚类，而且还可以使用该包中的相关可视化函数，快速画出系统聚类的树形图（或称为谱系图 dendrogram）。下面对包含多个国家一些统计指标的数据进行系统聚类，分析国家之间的差异。首先读取数据，并使用 NbClust 包中的 NbClust( ) 函数判断数据的合适聚类数目。相关程序及输出结果如下。

```
## 读取用于层次聚类的数据
country <- read_csv("data/chap12/Country-data.csv")
## 只使用 gdpp > 3000 的样本数据
country <- country %>% filter(gdpp > 3000)
## 数据标准化
country[,2:10] <- apply(country[,2:10],2,scale)
head(country)
## # Atibble: 6 x 10
##   country child_mort exports health imports income inflation life_expec
##   <chr>        <dbl>   <dbl>  <dbl>   <dbl>  <dbl>     <dbl>      <dbl>
## 1 Albania     0.0453  -0.691 -0.236  0.0374 -0.805    -0.203      0.142
## 2 Algeria      0.655  -0.353  -1.10  -0.594 -0.660      1.36      0.177
...
## # ... with 2 more variables: total_fer <dbl>, gdpp <dbl>
## 判断合适的聚类数目
library(NbClust)
nbc <-NbClust(country[,2:10],distance = "euclidean",method = "ward.D2")
##                    ***** Conclusion *****
##
## * According to the majority rule, the best number of clusters is  4
```

在上面的 NbClust( ) 函数中，通过参数 distance 指定计算样本聚类的方法，该参数支持多种聚类计算方式的选择，通过参数 method 指定计算簇之间距离的方法。该函数会输出最合适的聚类数量，上面的输出中表示最优的聚类数量为 4。

（2）使用欧式距离进行聚类

在获得合适的聚类数目后，使用 hcut( ) 函数将数据聚类为 4 个簇，然后使用 fviz_dend( ) 函数可视化层次聚类树。下面的程序在使用 fviz_dend( ) 函数时，使用参数 type = "circular" 表示可视化圆形的层次聚类树，运行程序后可获得图 12-9 所示的图像。

```
## 对数据进行层次聚类分析
hcut1 <- hcut(country[,2:10],k = 4,hc_method = "ward.D2",     # 样本的聚集方式
              hc_metric = "euclidean")                       # 样本间聚类的计算方法
hcut1$labels <- country$country
```

```
## 可视化层次聚类树
fviz_dend(hcut1,type = "circular",rect = TRUE,cex = 0.5)
```

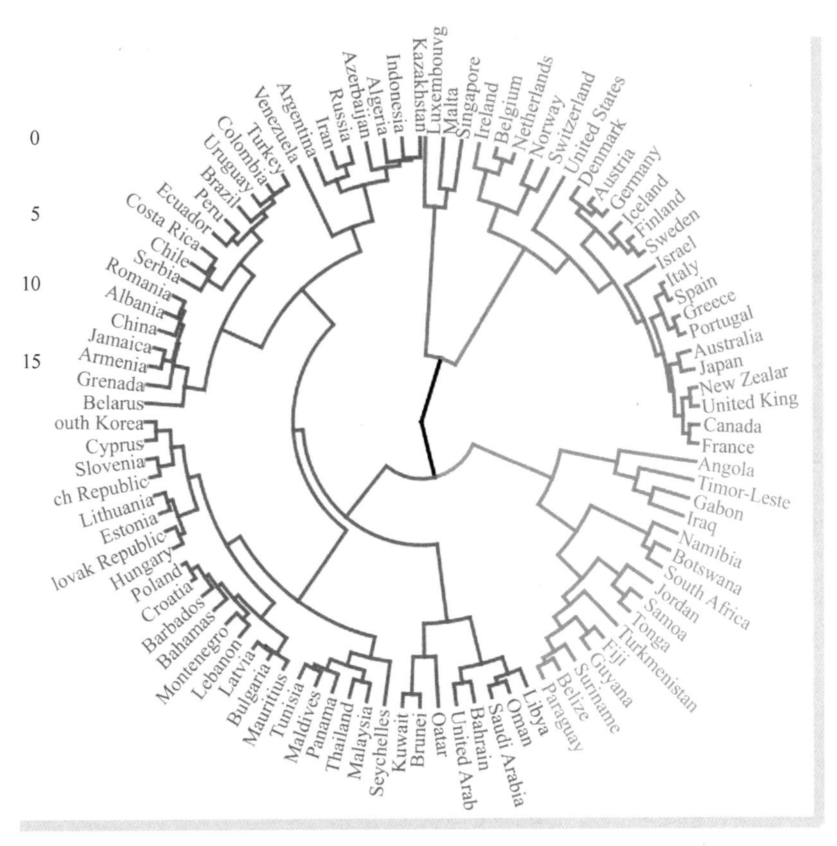

● 图 12-9 层次聚类树

除了可以用层次聚类树对聚类结果进行可视化外，还可以使用 fviz_cluster( ) 函数可视化聚类结果，运行下面的程序可获得图 12-10 所示的图像。

```
## 使用分组散点图可视化出不同国家的聚类位置
fviz_cluster(hcut1,main = 'hc_method = "ward.D2",hc_metric = "euclidean"')
```

(3) 使用肯贝尔距离进行聚类

系统聚类可以通过改变样本间距离计算方式与簇间距离计算方式，调整聚类的最终效果。在下面的程序中，使用肯贝尔距离表示样本间的距离，并使用最长距离法计算簇间距离的方式，对数据重新进行聚类分析，其层次聚类树的可视化结果如图 12-11 所示。

```
## 调整使用的距离和聚集方式
hcut2 <- hcut(country[,2:10],k = 4,hc_method = "complete",        # 样本的聚集方式
              hc_metric = "canberra")                              # 样本间聚类的计算方法
hcut2$labels <- country$country
## 可视化层次聚类树
fviz_dend(hcut2,type = "phylogenic",rect = TRUE,cex = 0.6)
```

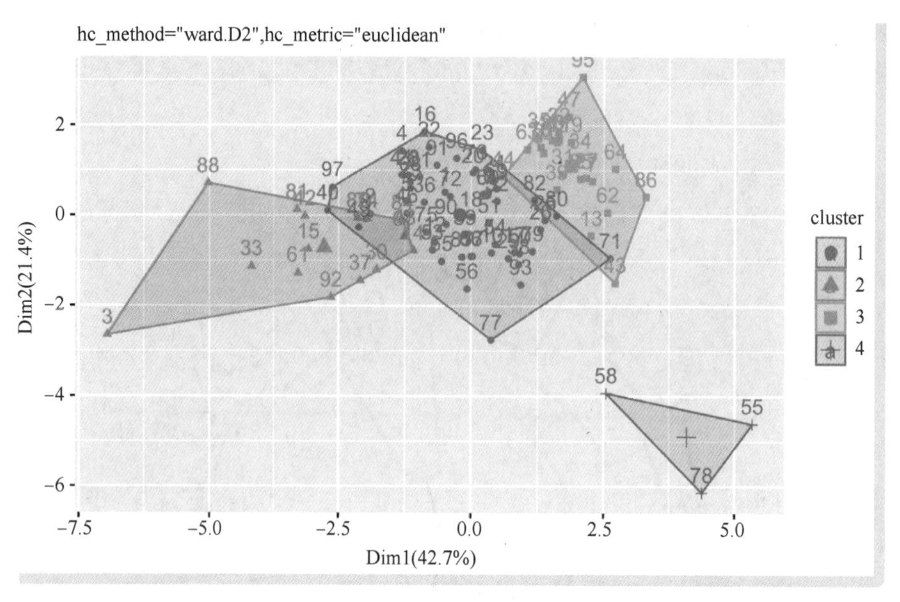

● 图 12-10　通过分组散点图可视化聚类效果

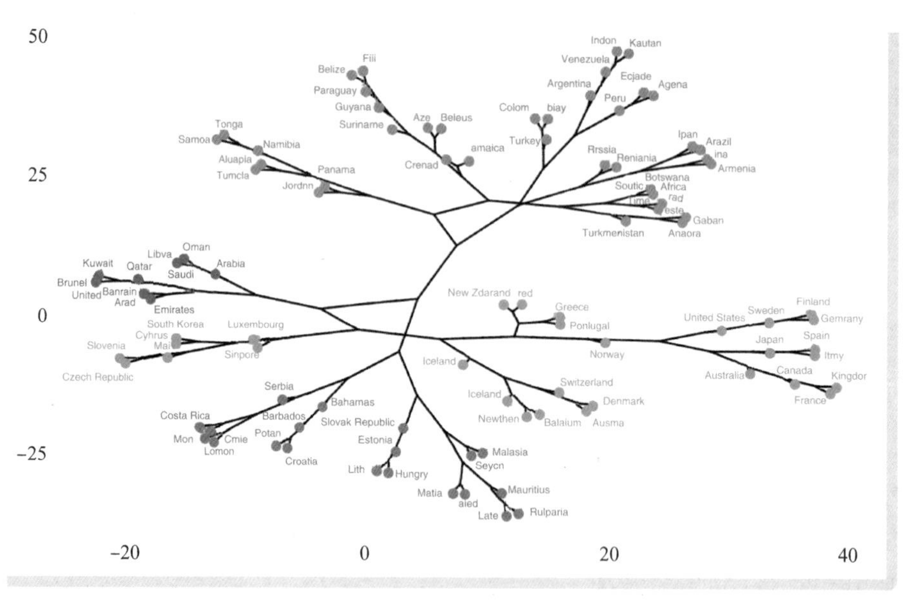

● 图 12-11　层次聚类树

同样使用 fviz_cluster( )函数可视化层次聚类的分组散点图，运行下面的程序可获得图 12-12 所示的图像。

```
## 使用散点图可视化出不同国家的聚类位置
fviz_cluster(hcut2,main ='hc_method = "complete",hc_metric = "canberra"')
```

（4）对比两种聚类效果

前面获得的两种聚类结果，虽然进行了可视化，但是只能从视觉上对比两种聚类效果的好坏，不能定量地分析哪种聚类效果更好，因此下面使用轮廓系数进行对比。运行下面的程序可获得图 12-13 所示的图像。

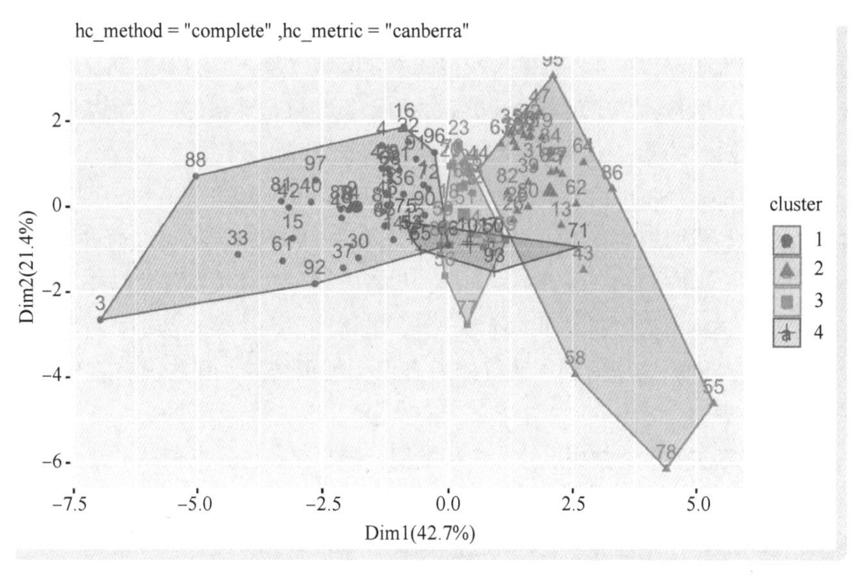

图 12-12 层次聚类分组散点图

```
## 使用轮廓图判断两种方式哪种聚类效果更好
p1 <-fviz_silhouette(hcut1,print.summary = FALSE)
p2 <-fviz_silhouette(hcut2,print.summary = FALSE)
grid.arrange(p1,p2,nrow = 1)
```

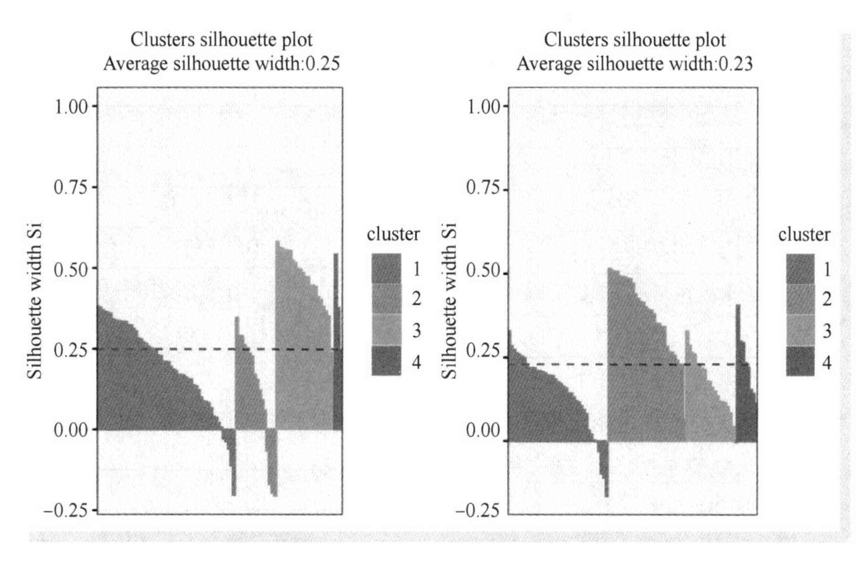

图 12-13 层次聚类轮廓图

在图 12-13 中，左图为使用欧式距离的轮廓图，右图为使用肯贝尔距离的轮廓图。对比两幅图可以发现，使用欧式距离的平均轮廓系数更高、聚类效果更好。

12.1.4 密度聚类

密度聚类也称基于密度的聚类（Density-Based Clustering），其基本出发点是假设聚类结果可以通过样本分布的稠密程度来确定，主要目标是寻找被低密度区域（噪声）分离的高（稠）密度区域。与基于距离的聚类算法不同的是，基于距离的聚类算法的聚类结果是球状的簇，而基于密度的聚类算法的聚类结果可以是任意形状的簇，所以对于带有噪声数据的处理比较好。

DBSCAN（Density-Based Spatial Clustering of Applications with Noise）是一种典型的基于密度的聚类算法，也是科技论文中最常引用的算法。这类密度聚类算法一般假定类别可以通过样本分布的紧密程度决定。同一类别的样本，它们之间是紧密相连的，也就是说，在该类别任意样本周围不远处一定有同类别的样本存在。通过将紧密相连的样本划为一类，就得到了一个聚类类别。将所有各组紧密相连的样本划为各个不同的类别，这就得到了最终的所有聚类类别结果。那些没有划分为某一簇的数据点，则可看作为噪声数据。

DBSCAN 密度聚类算法通常将数据点分为 3 种类型：核心点、边界点和噪声点。

核心点：如果某个点的邻域内的点个数超过某个阈值，则该点为一个核心点，可以将该点划分为对应簇的内部。邻域的大小由半径参数 eps 确定，阈值由 MinPts 参数决定。

边界点：如果某个点不是核心点，但是它在核心点的邻域内，则可以将该点看作一个边界点。

噪声点：既不是核心点也不是边界点的点称为噪声点，噪声点也可以单独看作为一个特殊的簇，只是该类数据可能是随机分布的。

在 DBSCAN 密度聚类算法中，会将所有的点先标记为核心点、边界点或者噪声点，然后将任意两个距离小于半径参数 eps 的点归为同一个簇。任何核心点的边界点也与相应的核心点归为同一个簇，而噪声点不归为任何一个簇，独立对待。

DBSCAN 密度聚类算法具有如下几个优点。

（1）相比 k-means 聚类，DBSCAN 不需要预先声明聚类数量，即数据聚类数量会根据邻域和 MinPts 参数动态确定，从而能够更好地体现数据簇分布的原始特点。但是选择不同的邻域和 MinPts 参数往往会得到不同的聚类结果。

（2）DBSCAN 密度聚类可以找出任何形状的聚类，甚至能找出某个聚类——它包围但不连接另一个聚类，所以该方法更适合于数据分布形状不规则的数据集。

在 R 语言中可使用 fpc 包进行密度聚类的相关分析。下面使用一个圆形数据集，进行数据密度聚类实战。

（1）数据可视化探索分析

在使用 DBSCAN 算法进行数据密度聚类之前，先导入会使用的包和数据。使用的数据包括 3 个变量、两个数值变量和一个类别标签变量，每类数据的分布是一个圆形。运行下面的程序可以获得图 12-14 所示的数据分布散点图。

```
library(fpc)
library(gridExtra)
library(mclust)
# 读取数据
circledata <- read.csv("data/chap12/圆形数据.csv")
```

```
circledata$label <- as.factor(circledata$label)
str(circledata)
##'data.frame':    500 obs. of  3 variables:
##  $x    : num  -0.353 -0.469 0.144 -0.88 1.114 ...
##  $y    : num  0.3479 0.0848 0.4078 -0.187 -0.3384 ...
##  $label: Factor w/ 2 levels "0","1": 2 2 2 1 1 1 1 2 2 1 ...
## 可视化数据的情况
ggplot(circledata,aes(x = x,y = y,shape = label,colour = label))+
  geom_point()+ggtitle("数据的分布情况")
```

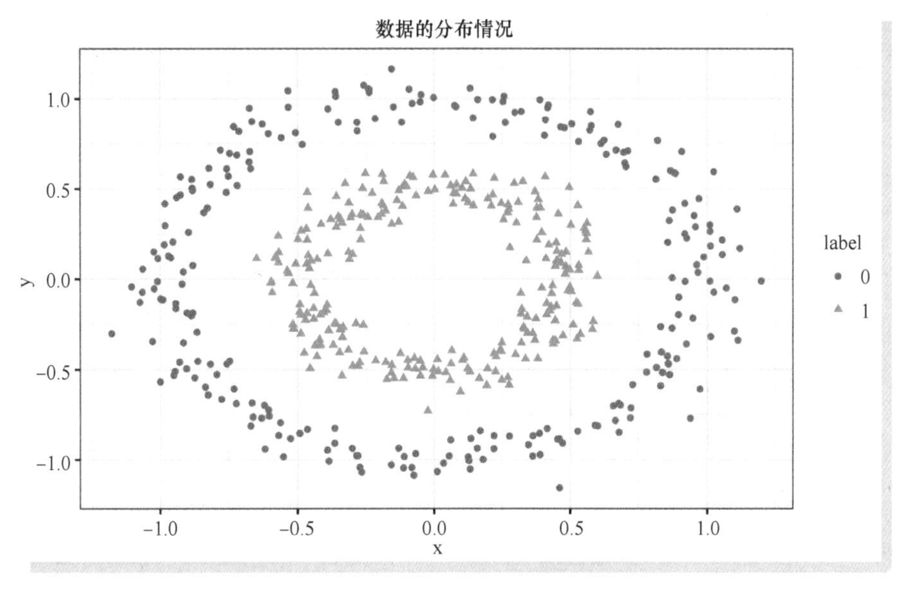

● 图 12-14　数据分布散点图

（2）密度聚类与 K 均值聚类结果对比分析

针对图 11-13 所示的数据，聚类目标是使用变量 x 和 y，将数据集正确地划分为两个簇，下面使用 dbscan( ) 函数对其进行密度聚类，程序如下所示。

```
## 用 fpc 包中的 dbscan()函数进行密度聚类:eps=0.2
model1 <-dbscan(circledata[,1:2],eps=0.2,MinPts=10)
model1
##dbscan Pts=500 MinPts=10 eps=0.2
##         0   1   2
## border 2    3  20
## seed   0 247 228
## total  2 250 248
```

在上面的密度聚类输出结果中，可以发现密度聚类算法识别出了 3 种类型的点，分别为 2 个噪声点（使用标签 0 表示），以及包含 250 个点的簇 1 与包含 248 个点的簇 2。而且在进行密度聚类时，并没有指定将数据聚为几个类的参数。为了和 K 均值聚类结果进行对比，下面使用 kmeans( ) 函数将同样的数据聚类为两个簇，并将密度聚类的结果和 K 均值聚类的结果同时可视化，运行程序后可获得图 12-15 的散点图。

```
## 通过可视化对比分析密度聚类和 K 均值聚类的效果
k2 <-kmeans(circledata[,1:2],centers = 2)      ## k 均值聚类
circledata$dbscan <- model1$cluster
circledata$kmeans <- k2$cluster
p1 <-ggplot(circledata,aes(x = x,y = y))+theme(legend.position = "top")+
  geom_point(aes(shape = as.factor(dbscan),colour  = as.factor(dbscan)))+
  ggtitle("密度聚类")
p2 <-ggplot(circledata,aes(x = x,y = y))+theme(legend.position = "top")+
  geom_point(aes(shape = as.factor(kmeans),colour  = as.factor(kmeans)))+
  ggtitle("K 均值聚类")
grid.arrange(p1,p2,nrow = 1)
```

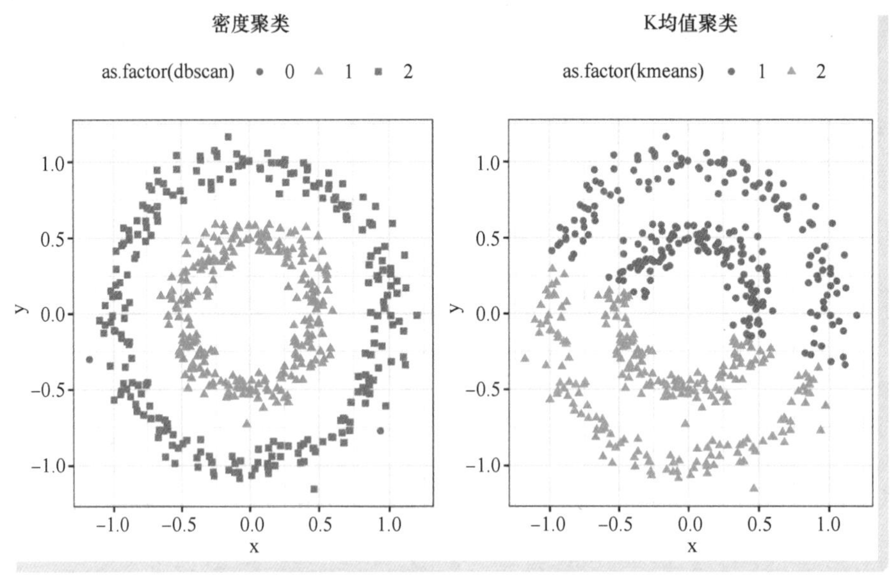

图 12-15　密度聚类和 K 均值聚类结果

在图 12-15 中，左边为密度聚类结果，右边为 K 均值聚类结果。从聚类结果中可以发现，相对于 K 均值聚类，密度聚类的结果更符合预期目标。

为了定量地对比两种算法对数据的聚类效果，通过聚类获得的标签和数据集的原始类别标签计算两种聚类算法的调整兰德系数 ARI，程序如下所示。

```
## 计算此时两种聚类方法的调整兰德系数 ARI
sprintf("密度聚类调整兰德系数 ARI = %f",
        adjustedRandIndex(model1$cluster,circledata$label))
## [1] "密度聚类调整兰德系数 ARI = 0.992048"
sprintf("K 均值聚类调整兰德系数 ARI = %f",
        adjustedRandIndex(k2$cluster,circledata$label))
## [1] "K 均值聚类调整兰德系数 ARI = -0.002008"
```

从输出结果中可以发现，使用密度聚类的结果比使用 K 均值聚类的结果更接近于真实数据标签，而且密度聚类的调整兰德系数非常接近 1。

（3）调整密度聚类的参数

前面已经介绍过了密度聚类有两个可以调整的参数，下面展示在不同的参数组合下，密度聚类所

获得的可视化效果。在下面的程序中，在获得不同参数下的密度聚类结果后，使用分组散点图进行数据可视化，运行程序后可获得图 12-16 所示的图像。

```
## 对数据进行密度聚类,可视化在不同的参数下聚类的情况
eps <- c(0.07,0.2,0.21,0.217)
name <- c("one","two","three","four")
dbdata <- circledata[,1:2]
for (ii in 1:length(eps)) {
  modeli <- dbscan(dbdata[,1:2],eps=eps[ii],MinPts=10)
  dbdata[[name[ii]]] <- as.factor(modeli$cluster)
}
head(dbdata)
##          x           y  one two three four
## 1 -0.3530513  0.34792632  3   1    1    1
## 2 -0.4685707  0.08475439  0   1    1    1
## 3  0.1436008  0.40777346  0   1    1    1
...
## 可视化不同参数下的聚类效果
p1<-ggplot(dbdata,aes(x = x,y = y,shape = one,colour = one))+
  theme_bw(base_size = 8)+geom_point()+
  theme(legend.position = "right")+ggtitle("eps=0.07,MinPts=10")
p2<-ggplot(dbdata,aes(x = x,y = y,shape = two,colour = two))+
  theme_bw(base_size = 8)+geom_point()+
  theme(legend.position = "right")+ggtitle("eps=0.2,MinPts=10")
p3<-ggplot(dbdata,aes(x = x,y = y,shape = three,colour = three))+
  theme_bw(base_size = 8)+geom_point()+
  theme(legend.position = "right")+ggtitle("eps=0.21,MinPts=10")
p4<-ggplot(dbdata,aes(x = x,y = y,shape = four,colour = four))+
  theme_bw(base_size = 8)+geom_point()+
  theme(legend.position = "right")+ggtitle("eps=0.217,MinPts=10")
grid.arrange(p1,p2,p3,p4,nrow = 2)
```

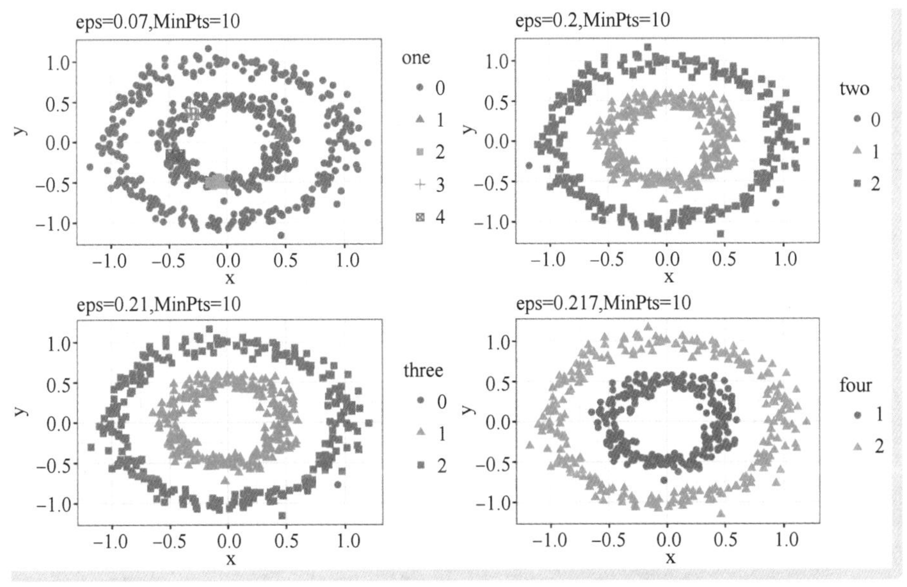

图 12-16　不同参数的密度聚类结果

由图 12-16 可以发现，在 eps = 0.217、eps = 0.21 和 eps = 0.2 时，密度聚类将数据都分为了两个簇，但是只有在参数 eps = 0.217 是没有噪声点的干扰。而参数 eps = 0.07 时将所有的数据分成了 4 个簇。可见在密度聚类时，选择合适的聚类参数是非常重要的。

12.1.5 模糊聚类

模糊聚类（Fuzzy Cluster）不同于 K 均值聚类这种非此即彼的硬划分方法，模糊聚类会计算每个样本属于各个类别的隶属度，常用的模型聚类算法是模糊 C 均值聚类（Fuzzy C-means，FCM）。

针对数据集 X，需要对 X 中的每个数据样本划分为不同的簇，如果把这些数据划分成 c 个簇，那么有 c 个簇中心计为c_i，每个样本x_j属于某一类c_i的隶属度定为U_{ij}，那么 FCM 目标函数及其约束条件如下：

$$J = \sum_{i=1}^{c}\sum_{j=1}^{n} U_{ij}^{m}\|x_j - c_i\|^2, s.t. \sum_{i=1}^{c} U_{ij} = 1, j = 1,2,\cdots,n \tag{12-1}$$

目标函数 J 越小越好，而且每个样本的隶属度之和为 1。

下面使用 cluster 包中的 fanny( ) 函数对鸢尾花数据集进行模糊聚类分析。先导入要使用的包和数据，程序如下所示。

```
library(cluster)
library(tidyverse)
library(mclust)
## 导入鸢尾花数据集
data("iris")
iris <- iris[,-5]
head(iris)
##   Sepal.Length Sepal.Width Petal.Length Petal.Width
## 1          5.1         3.5          1.4         0.2
## 2          4.9         3.0          1.4         0.2
## 3          4.7         3.2          1.3         0.2
...
## 使用模糊聚类将数据聚集为 3 类
irisclu <- fanny(iris,k = 3,metric = "euclidean")
irisclu
## Fuzzy Clustering object of class 'fanny' :
## m.ship.expon.         2
## objective      45.07716
## tolerance         1e-15
## iterations           28
## converged             1
## maxit               500
## n                   150
## Membership coefficients (in %, rounded):
##        [,1] [,2] [,3]
##  [1,]   91    4    5
##  [2,]   86    6    8
##  [3,]   87    5    8
##  [4,]   84    7    9
```

在上面的 fanny( )函数中，通过欧式距离将数据利用模糊聚类算法，划分为 3 个簇。其输出结果中包含每个样本对每个簇的隶属度（Membership Coefficients），关于该数据可以认为其取值越大，所属对应类别的可能性就越高。例如第一个样本，可以认为其有 91%的可能性属于第一个簇。

关于模糊聚类的结果，可以使用 fviz_cluster( )函数可视化出聚类分组散点图，使用 fviz_silhouette( )函数可视化聚类结果的轮廓图。运行下面的程序可获得图 12-17 所示的可视化结果。

```
## 可视化出模糊聚类的情况
p1 <-fviz_cluster(irisclu,print.summary = FALSE)+
  theme(legend.position = c(0.88,0.82))
p2 <-fviz_silhouette(irisclu,print.summary = FALSE)+
  theme(legend.position = c(0.88,0.82))
grid.arrange(p1,p2,nrow = 1)
```

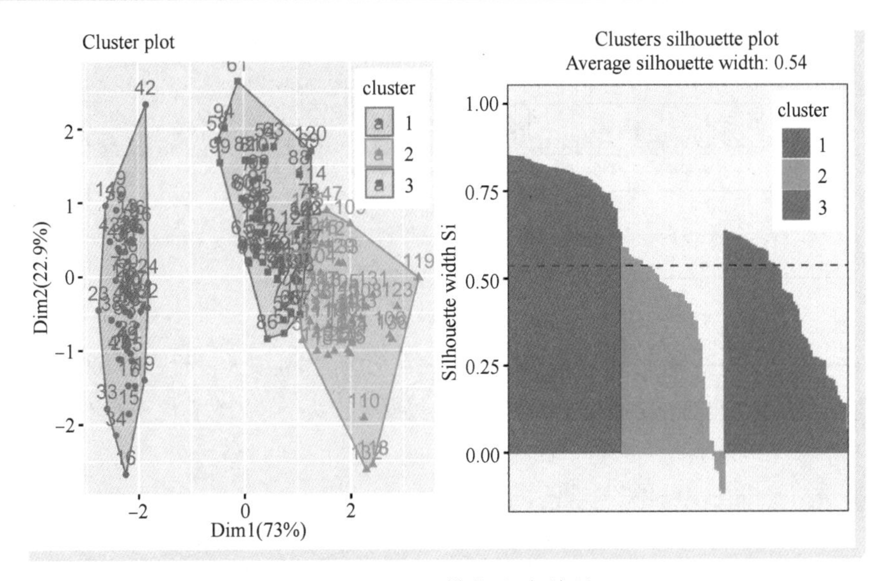

● 图 12-17　模糊聚类效果

从图 12-17 可以看出，针对鸢尾花数据利用模糊聚类获得的聚类效果是很不错的，而且平均轮廓系数也很高。

对每个样本的隶属度可以使用直方图进行数据可视化。在下面的程序中，先将隶属度数据转化为数据表，然后将宽数据转化为长数据后，使用 geom_bar( )函数将数据进行可视化，运行程序后可获得图 12-18 所示的图像。

```
## 通过条形图可视化出每个样本模糊聚类隶属度
membership <- as.data.frame(irisclu$membership)
colnames(membership) <- c("cluster1","cluster2","cluster3")
membership$sample <- 1:nrow(iris)
##宽数据转化为长数据
mslong <- pivot_longer(membership,cols = starts_with("cluster"),
                       names_to = "class",values_to = "value")
ggplot(mslong,aes(x = sample,y = value,fill = class))+
  geom_bar(stat = "identity",colour = "black",alpha = 1,size = 0.1)+
```

```
labs(x = "样本",y = "可能性",title = "模糊聚类") +
theme(legend.position = "top") +
scale_fill_brewer(palette = "Set2")
```

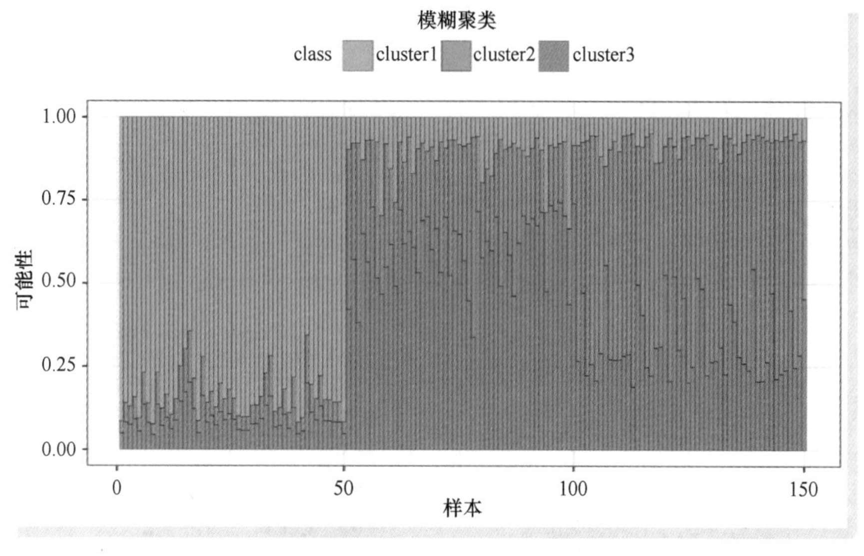

● 图 12-18　模糊聚类隶属度可视化

从图 12-18 中可以看出，前面 50 个样本属于第一个簇的可能性很大，而后面 100 个样本中，某些数据的隶属度不再明显，也在一定程度上说明了原始数据只有两个簇的数据区分度不是很高。

12.2 离群点检测

离群点检测（Outlier Detection）也可称为异常值检测，是找出其行为不同于预期对象的过程，这种对象称为离群点。数据离群点和数据噪声有一定的区别，噪声是由观测变量的随机误差和方差引起的，在可接受的范围内，而离群点则是因为产生机制和其他数据的产生机制有根本性的差异。离群点检测通常有两种方式，一种是在已知数据中有离群点的情况下，训练一个二分类模型对离群点进行预测，是一种有监督的学习方式；另一种则是在不知道数据中哪些是离群点的情况下，利用无监督的算法将离群点识别出来。

数据的离群点检测算法有很多，在 R 语言 DDoutlier 包中，包含了多种基于距离或密度的离群点检测算法，如 LOF（局部离群值因子算法）、COF（基于连通性的离群因子算法）、DB（在给定邻居数量后，基于距离的离群点检测算法）、KDEOS（基于高斯核的核密度离群点检测算法）、LDF（基于高斯核的局部密度因子算法）等。本节主要介绍 LOF 和 COF 两种无监督的离群点检测算法，其他离群点检测算法的使用方式与这两种类似。

12.2.1　LOF 离群点检测

局部离群值因子（Local Outlier Factor，LOF）算法通过估计每个样本和它的局部邻域的分离程度来获得样本的离群值得分。如果样本的局部密度低，LOF 得分会很大，那么可能会被看作是离群值，但该算法不能给出是否为异常值的确切判断。

LOF 算法可以使用 DDoutlier 包中的 LOF( )函数，下面使用数据（离群点检测数据.csv）来演示如何进行异常值检测。该数据集实际上是鸢尾花数据集使用主成分分析降维到二维后的数据，一共有两个数据特征，使用二维数据是为了方便可视化分析，实际上 LOF 等离群点检测算法在使用时，没有数据维度上的限制。在程序中，计算出每个点的 LOF 得分后，通过判断其取值是否大于 3 来确定是否为异常值，如果大于 3 则认为其是离群点。运行程序后可获得图 12-19 所示的图像。

```
library(DDoutlier)
## 读取数据
outldata <- read.csv("data/chap12/离群点检测数据.csv")
head(outldata)
##       Comp.1    Comp.2
## 1 -2.264703  0.4800266
## 2 -2.080961 -0.6741336
## 3 -2.364229 -0.3419080
## 4 -2.299384 -0.5973945
## 5 -2.389842  0.6468354
## 6 -2.075631  1.4891775
## 以周围 k 个点判断离群点
lof1 <- LOF(outldata,k = 2)
## 使用散点图可视化出每个点的离群点得分
plotdata <- outldata
plotdata$score <- lof1
plotdata$isOutlier <- as.factor(ifelse(lof1 > 3,"是","否"))
ggplot(plotdata,aes(x = Comp.1,y = Comp.2))+
  geom_point(aes(size = score,shape = isOutlier),alpha = 0.8)+
  scale_shape_manual(values=c(16,15))+
  ggtitle("LOF 离群点检测")
```

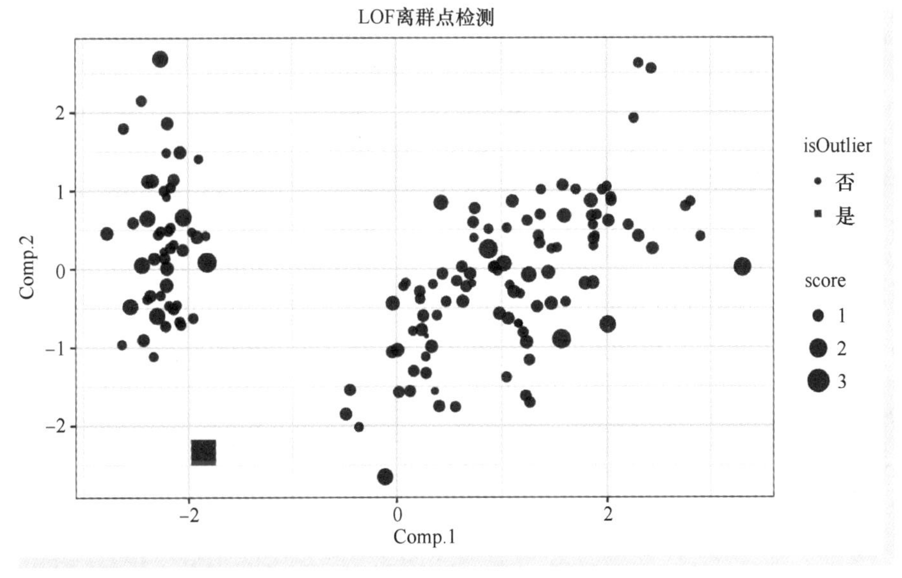

图 12-19 LOF 离群点检测

前面使用 LOF 得分是否大于 3 来判断样本是否为离群点，具有一定的主观性。从图 12-19 中可以发现，有一个点被认为是离群点。

下面分析在不同的 k 值（近邻数量）下，每个样本的 LOF 得分，并将结果进行可视化，运行下面的程序可获得图 12-20 所示的图像。

```
## 分析在不同的 k 值情况下,样本 LOF 得分的情况
ks <- c(2,5,8,11)
plots <- list()
for (ii in 1:length(ks)){
  lof1 <- LOF(outldata,k = ks[ii])
  plotdata <- outldata
  plotdata$score <- lof1-0.4
  plotdata$isOutlier <- as.factor(ifelse(lof1 > 3,"是","否"))
  plots[[ii]] <-ggplot(plotdata,aes(x = Comp.1,y = Comp.2))+
    geom_point(aes(size = score,shape = isOutlier),alpha = 0.8)+
    scale_shape_manual(values=c(16,15))+
    ggtitle(paste("LOF:k =",ks[ii],"离群点数量 =",sum(lof1 > 3)))+
    theme(legend.position = "none")
}
grid.arrange(plots[[1]],plots[[2]],plots[[3]],plots[[4]],nrow = 2)
```

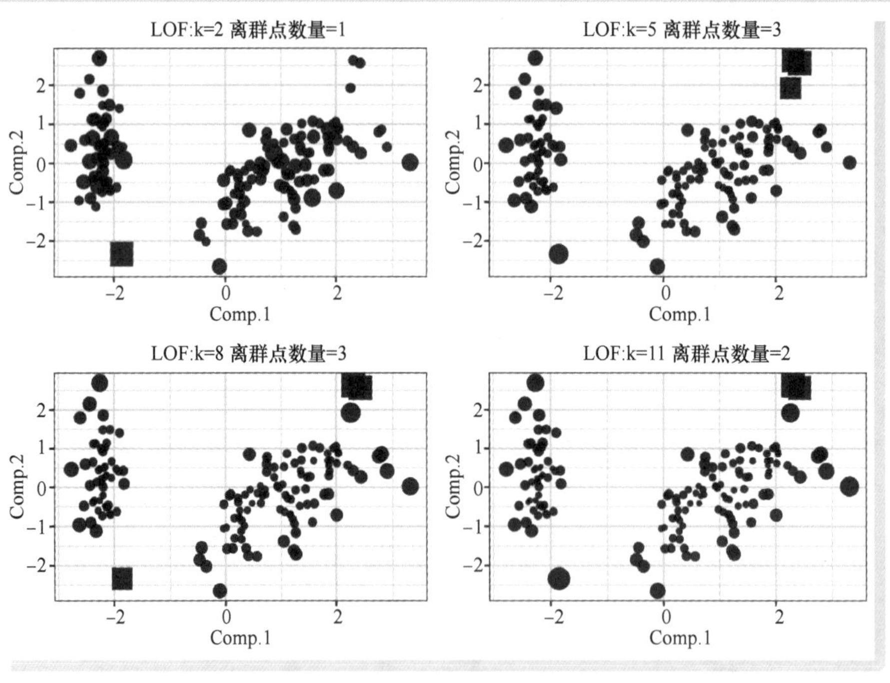

图 12-20 近邻数（k 值）对结果的影响

从图 12-20 中可以发现：当 k = 2 时，识别出 1 个离群点；当 k = 5 时，识别出 3 个离群点；当 k = 8 时，识别出 3 个离群点；当 k = 11 时，识别出 2 个离群点。

12.2.2 COF 离群点检测

COF 离群点检测算法和 LOF 的思想类似，也会给出一个是异常值可能性的得分，得分越大，对应

的样本是异常值的可能性就越大。

下面使用 COF 算法判断每个样本是否为离群点，使用 COF( ) 函数，该函数同样可以使用参数 k 指定判断时使用的近邻数量，运行下面的程序可获得图 12-21 所示的 COF 离群点检测结果。

```
## 以周围 k 个点判断离群点
cof1 <- COF(outldata,k = 2)
## 使用散点图可视化出每个点的离群点得分大小
plotdata <- outldata
plotdata$score <- cof1
plotdata$isOutlier <- as.factor(ifelse(cof1 > 3,"是","否"))
ggplot(plotdata,aes(x = Comp.1,y = Comp.2))+
  geom_point(aes(size = score,shape = isOutlier),alpha = 0.8)+
  scale_shape_manual(values=c(16,15))+
  ggtitle("COF 离群点检测")
```

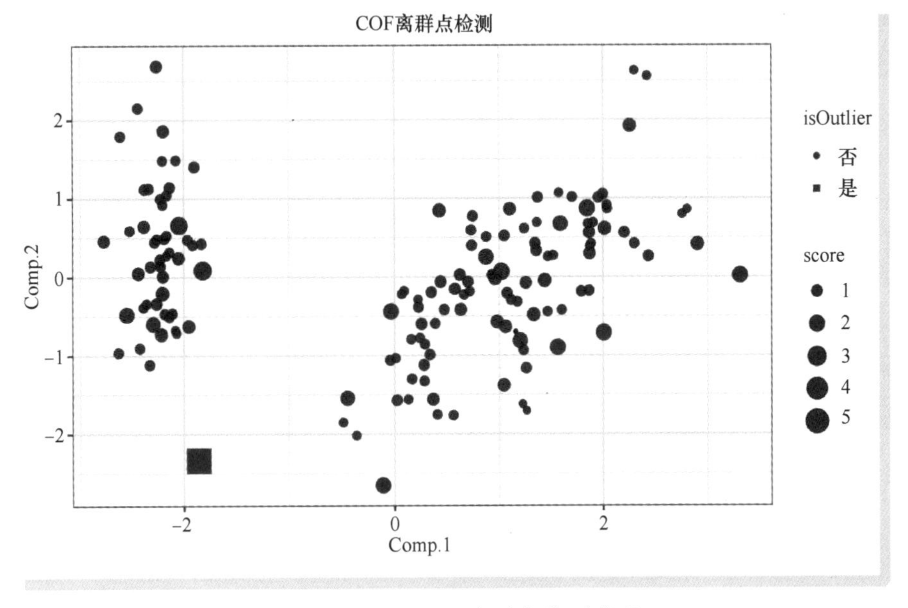

图 12-21　COF 离群点检测结果

从图 12-21 中可知，以 3 为 COF 离群点检测的阈值，可以发现数据中有 1 个离群点。

12.3 关联分析

关联分析（Association Analysis）是一种数据挖掘技术，用于发现数据集中项目之间的关联关系和规律。其中，关联规则学习是关联分析的一种方法，旨在发现项目之间的关联规则或模式。

关联规则学习的目的是利用一些量度来识别数据库中的强规则，其特点是通常不会考虑在事务中或事务间项目出现的顺序，而主要分析一些事物同时出现的频率。关联规则分析除了用于购物车分析以外，还广泛用于问卷调查、网络用法挖掘、入侵检测、连续生产及生物信息学中。

下面简单介绍一下关联分析中常用的术语。

项目：交易数据库中的一个字段，对超市的交易来说一般是指一个客户在一次交易中的一个物品（或者一类物品），如啤酒。

事务：某个客户在一次（购物）交易中，（购买）发生的所有项目的集合，如 {面包，啤酒，尿不湿，苹果}。

项集：一次事务中包含若干个项目的集合，一般项集中的项目会大于 0 个。

频繁项集：某个项集的支持度大于设定阈值（预先给定或者根据数据分布和经验来设定），表明该项集的出现次数满足分析要求，即称这个项集为频繁项集。

频繁模式：即频繁地出现在数据中的模式（如项集、子序列或者子结构）。例如，频繁出现在交易数据中的商品（如面包和牛奶）的集合就是频繁项集。一个子序列，如先买了一件 T 恤，然后买了短裤，最后买了双凉鞋，如果这个子序列频繁地出现在所有客户购物的历史数据中，则称它为一个频繁的序列模式。

关联规则：假设 I 是项目的集合，给定一个（商品）交易数据库 D，其中的每项事务d_i都是 I 的一个非空子集，每一个事务都有唯一的标识符对应。关联规则是形如

$$X \Rightarrow Y \tag{12-2}$$

的蕴含式，其中 X 与 Y 属于项目的集合 I，并且 X 与 Y 的交集为空集，X 和 Y 分别称为规则的先导和后继（也称为左项和右项，或前项和后项等）。

支持度：关联规则 $X \Rightarrow Y$ 的支持度（support）是 D 中事务包含 X 和 Y 同时出现的百分比，它就是概率 $P(Y \cup X)$，即

$$\text{support}(X \Rightarrow Y) = P(X \cup Y) \tag{12-3}$$

置信度：关联规则 $X \Rightarrow Y$ 的置信度（confidence）是 D 中包含 X 事务的同时也包含 Y 事务的百分比，它就是条件概率 $P(Y|X)$，即：

$$\text{confidence}(X \Rightarrow Y) = P(Y|X) = \frac{\text{support}(X \cup Y)}{\text{support}(X)} \tag{12-4}$$

规则的置信度可以通过规则的支持度计算出来，得到对应的关联规则 $X \Rightarrow Y$ 和 $Y \Rightarrow X$，可以通过如下步骤找出强关联规则。

1）找出所有的频繁项集，即找到满足最小支持度的所有频繁项集。

2）由频繁项集产生强关联规则，这些规则必须同时满足给定的最小置信度和最小支持度。

提升度：是关联规则的一种简单相关性度量，$X \Rightarrow Y$ 的提升度（lift），即在含有 X 事务的条件下，同时含有 Y 事务的概率与 Y 总体发生的概率之比，即

$$\text{lift}(X, Y) = \frac{P(Y|X)}{P(Y)} = \frac{\text{support}(X \cup Y)}{\text{support}(X)\,\text{support}(Y)} \tag{12-5}$$

如果 $\text{lift}(X,Y)$ 的值小于 1，则表明 X 事务的出现和 Y 事务的出现是负相关的，即一个出现可能导致另一个不出现；如果值等于 1，则表明 X 事务和 Y 事务是独立的，它们之间没有关系；如果值大于 1，则 X 和 Y 是正相关的，即每一个的出现都蕴含着另一个的出现。

在 R 语言中，常用 arules 包进行关联分析，使用 arulesViz 包进行关联分析可视化。下面使用一个和收入相关的调查问卷数据，分析其中所包含的一些隐藏规律。首先导入相关 R 包和数据，程序如下所示。

```
## 导入包
library(arules)
library(arulesViz)
## 导入数据
IncomeESL <- read.csv("data/chap12/IncomeESL.csv")
str(IncomeESL)
##'data.frame':    6876 obs. of  14 variables:
##  $income    : Factor w/ 3 levels "High","Low","Medium": 1 1 2 2 1  2 ...
##  $sex    : Factor w/ 2 levels "female","male": 2 1 1 1 2 2 2 2 2 2 ...
##  $marital.status  : Factor w/ 5 levels "cohabitation",..: 3 3 4 4 3 4 4 ...
##  $age      : Factor w/ 7 levels "14-17","18-24",..: 5 3 1 1 6 2 3 6 7 2 ...
##  $education  : Factor w/ 6 levels "college (1-3 years)",..: 2 2 4 4 1  ...
##  $occupation  : Factor w/ 9 levels "clerical/service",..: 2 5 8 8 6 9...
##  $years.in.bay.area  : Factor w/ 5 levels "<1",">10","1-3",..: 2 2 2 4...
##  $dual.incomes  : Factor w/ 3 levels "no","not married",..: 1 3 2 2 1...
##  $number.in.household  : Factor w/ 6 levels "1","2","3","4",..: 5 3 4 4...
##  $number.of.children  : Factor w/ 4 levels "0","1","2","3+": 3 2 3 3 1...
##$householder.status : Factor w/ 3 levels "live with parents/family",..: 2...
##  $type.of.home  : Factor w/ 5 levels "apartment","condominium",..: 3 1 3 ...
##  $ethnic.classification: Factor w/ 8 levels "american indian",..: 8 8 8 8...
##  $language.in.home  : Factor w/ 3 levels "english","other",..: 1 1 1 1...
```

数据 IncomeESL 源自 *The Elements of Statistical Learning* 一书中的示例，并且对该数据进行了一些适当的调整，如剔除了原始数据中带有缺失值的样本，共包含 6876 个实例，14 个人口统计学变量属量；每个变量都已经处理为了因子变量，其中 Income 表示收入情况，已经划分为 3 个等级，本书将主要探索和 Income 相关的规则。针对导入的数据使用 as( ) 函数将其转化为关联分析使用的事务数据格式，转化后一共包含 6876 行 69 列。

```
## 将数据表数据转化为关联分析可使用的数据结构
Income <- as(IncomeESL, "transactions")
Income
## transactions in sparse format with
##  6876 transactions (rows) and
##  69 items (columns)
```

对于准备好的数据集，可以使用 itemFrequencyPlot( ) 函数可视化数据集中的频繁项目。下面的程序可视化出了出现次数最多的前 30 个项目，运行程序可获得图 12-22 所示的图像。

```
## 可视化出现频率 top30 的项目
par(family = "STKaiti",cex = 0.7)
itemFrequencyPlot(Income,top = 30,col = "lightblue",xlab = "频繁项目",
             ylab = "项目频率",main = "频率 top30 的项目")
```

12.3.1 发现数据中的关联规则

针对准备好的数据可以使用 apriori( ) 函数进行关联规则挖掘。在下面的程序中，通过指定规则的置信度、支持度、长度等参数来寻找规则，运行程序后，一共找到了 109 个规则。

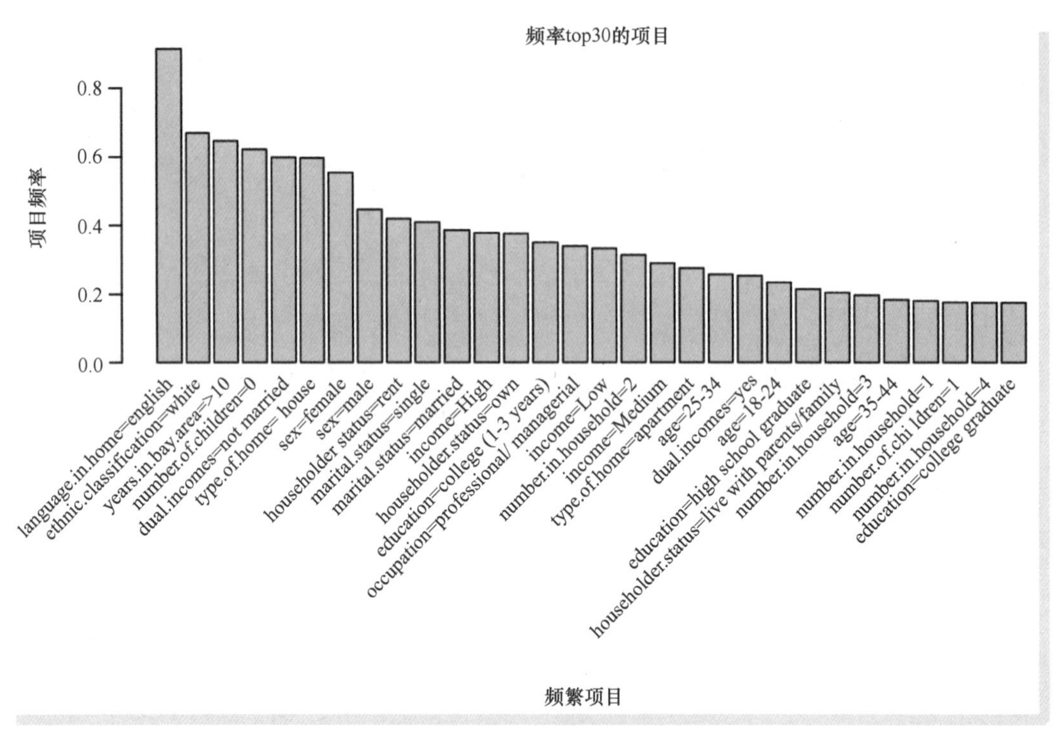

● 图 12-22　频繁项目可视化

```
## 根据给定的支持度、置信度等信息找到规则
myrule1 <- apriori(data = Income,
                parameter = list(support = 0.3,          ## 支持度
                                 confidence = 0.4,       ## 置信度
                                 minlen = 1))            ## 最小长度
summary(myrule1)
## set of 109 rules
## rule length distribution (lhs +rhs):sizes
##  1  2  3
## 10 60 39
##
##    Min. 1st Qu.  Median  Mean 3rd Qu.   Max.
##  1.000  2.000   2.000  2.266  3.000   3.000
##
## summary of quality measures:
##     support        confidence        coverage          lift
##  Min.    :0.3006  Min.    :0.4091  Min.    :0.3213  Min.    :0.8499
##  1st Qu. :0.3460  1st Qu. :0.5792  1st Qu. :0.5122  1st Qu. :0.9934
##  Median  :0.3791  Median  :0.6646  Median  :0.5983  Median  :1.0188
##  Mean    :0.4110  Mean    :0.7034  Mean    :0.6105  Mean    :1.0503
##  3rd Qu. :0.4298  3rd Qu. :0.8983  3rd Qu. :0.6595  3rd Qu. :1.0750
##  Max.    :0.9129  Max.    :1.0000  Max.    :1.0000  Max.    :1.6714
## mining info:
```

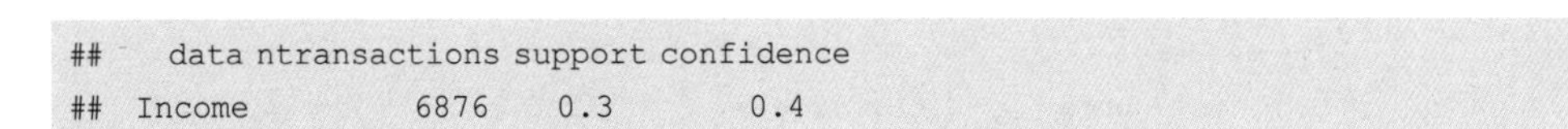

```
##     data ntransactions support confidence
##  Income           6876     0.3        0.4
```

对于找到的规则，可以使用 inspectDT( ) 函数，以表格的形式查看规则的详细信息。程序和输出结果（图 12-23）如下，并且通过表格显示规则前，先根据提升度的大小对规则进行了排序。

```
inspectDT(sort(myrule1,by = "lift"))
```

Show 10 entries　　Search:

	LHS	RHS	support	confidence	coverage	lift	count
	All	All		All			
[1]	{marital.status=single}	{dual.incomes=not married}	0.409	1.000	0.409	1.671	2,813.000
[2]	{dual.incomes=not married}	{marital.status=single}	0.409	0.684	0.598	1.671	2,813.000
[3]	{marital.status=single,language.in.home=english}	{dual.incomes=not married}	0.365	1.000	0.365	1.671	2,508.000
[4]	{dual.incomes=not married,language.in.home=english}	{marital.status=single}	0.365	0.672	0.543	1.643	2,508.000
[5]	{householder.status=own}	{type.of.home=house}	0.316	0.841	0.376	1.410	2,174.000
[6]	{type.of.home=house}	{householder.status=own}	0.316	0.530	0.597	1.410	2,174.000
[7]	{householder.status=rent}	{number.of.children=0}	0.313	0.746	0.419	1.200	2,151.000
[8]	{number.of.children=0}	{householder.status=rent}	0.313	0.503	0.622	1.200	2,151.000
[9]	{number.of.children=0,language.in.home=english}	{ethnic.classification=white}	0.447	0.771	0.580	1.152	3,077.000
[10]	{type.of.home=house,language.in.home=english}	{years.in.bay.area=>10}	0.404	0.742	0.545	1.148	2,779.000

Showing 1 to 10 of 109 entries　　Previous 1 2 3 4 5 … 11 Next

● 图 12-23　自定义规则 1 的输出结果

上面程序在挖掘数据规则时，并没有限制规则的先导（左项）和后继（右项）的内容在 apriori( ) 函数中，可以通过 appearance 参数来控制规则左项和右项的内容（可以指定具体的项目名称）。下面对数据集再一次进行关联规则挖掘，这次需要找出右项 income = High（即收入情况为高）的规则。

```
## 指定右项集的内容
myrule2 <- apriori(Income,   #数据集
               parameter = list(minlen =3,          # 频繁项集长度
                                maxlen = 10,        # 项集的最大长度
                                supp = 0.2,         ## 支持度阈值
                                conf = 0.2,         ## 置信度阈值
                                target = "rules"),
               ## 设定右项集只能出现"income=High",左项集默认参数
               appearance = list(rhs=c("income=High"),
                                default="lhs"))
summary(myrule2)
## set of 11 rules
## rule length distribution (lhs +rhs):sizes
## 3 4
## 9 2
##    Min. 1st Qu.  Median   Mean 3rd Qu.   Max.
##  3.000  3.000   3.000   3.182  3.000   4.000
```

```
## summary of quality measures:
##     support          confidence          coverage            lift
## Min.    :0.2020  Min.    :0.3881  Min.    :0.2987  Min.    :1.028
## 1st Qu. :0.2083  1st Qu. :0.4490  1st Qu. :0.3549  1st Qu. :1.189
## Median  :0.2248  Median  :0.5152  Median  :0.4062  Median  :1.365
## Mean    :0.2277  Mean    :0.5306  Mean    :0.4504  Mean    :1.405
## 3rd Qu. :0.2390  3rd Qu. :0.6443  3rd Qu. :0.5624  3rd Qu. :1.707
## Max.    :0.2789  Max.    :0.6762  Max.    :0.6595  Max.    :1.791
...
```

从上面的输出结果中可知一共找到了 11 条规则，对获得的规则继续使用 inspectDT( ) 函数进行查看，程序和输出结果（图 12-24）如下。

```
inspectDT(sort(myrule2,by = "lift"))
```

Show 10 entries　　Search:

	LHS	RHS	support	confidence	coverage	lift	count
	All	All		All			
[1]	{householder.status=own,type.of.home=house,language.in.home=english}	{income=High}	0.202	0.676	0.299	1.791	1,389.000
[2]	{householder.status=own,type.of.home=house}	{income=High}	0.211	0.667	0.316	1.765	1,449.000
[3]	{householder.status=own,language.in.home=english}	{income=High}	0.233	0.656	0.355	1.736	1,599.000
[4]	{marital.status=married,language.in.home=english}	{income=High}	0.225	0.633	0.355	1.677	1,546.000
[5]	{type.of.home=house,ethnic.classification=white,language.in.home=english}	{income=High}	0.207	0.516	0.401	1.368	1,424.000
[6]	{type.of.home=house,ethnic.classification=white}	{income=High}	0.209	0.515	0.406	1.365	1,439.000
[7]	{type.of.home=house,language.in.home=english}	{income=High}	0.261	0.480	0.545	1.271	1,797.000
[8]	{years.in.bay.area=>10,type.of.home=house}	{income=High}	0.207	0.475	0.436	1.258	1,425.000
[9]	{ethnic.classification=white,language.in.home=english}	{income=High}	0.279	0.423	0.660	1.120	1,918.000
[10]	{years.in.bay.area=>10,language.in.home=english}	{income=High}	0.245	0.408	0.601	1.081	1,688.000

Showing 1 to 10 of 11 entries　　Previous 1 2 Next

图 12-24　自定义规则 2 的输出结果

12.3.2　关联规则可视化

在得到关联规则后，可以将规则进行可视化分析，便于更好地观察规则间的联系（尤其是得到大量的规则后）。

arulesViz 包中提供了多种可视化规则的方式，下面对前面获得的 11 条规则，展示如何使用 graph 和 paracoord 两种方式得到可视化结果。

（1）使用网络图可视化规则

网络图可视化关联规则时有两种方式，一种是静态的网络图，另一种是可交互的网络图。下面的程序是利用静态的网络图可视化获得的规则，并且将规则使用圆形布局，运行程序后可获得图 12-25 所示的图像。

```
## 使用网络图可视化获得的规则
plot(myrule2,method="graph",layout="igraph",ggraphdots=list(algorithm="in_circle"))
```

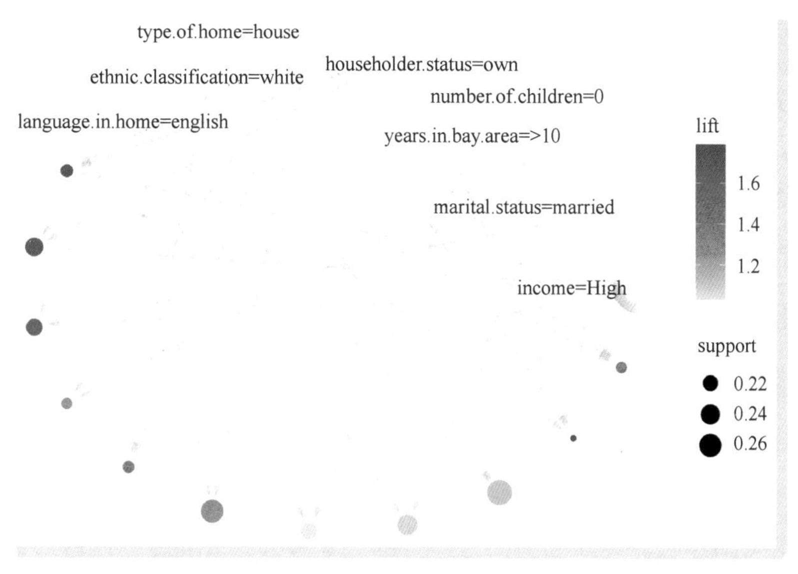

● 图 12-25　利用静态的网络图可视化关联规则

利用网络图还可以绘制可交互的图像，通过参数 engine = " htmlwidget" 即可将网络图转化为可交互的图像。运行下面的程序可获得图 12-26 所示的图像。

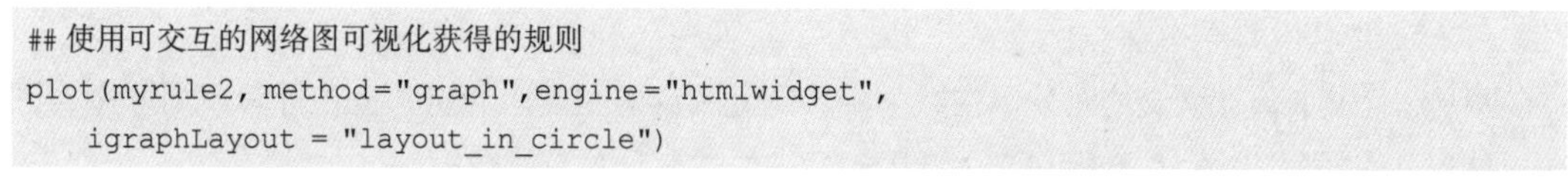

```
## 使用可交互的网络图可视化获得的规则
plot(myrule2, method="graph",engine="htmlwidget",
    igraphLayout = "layout_in_circle")
```

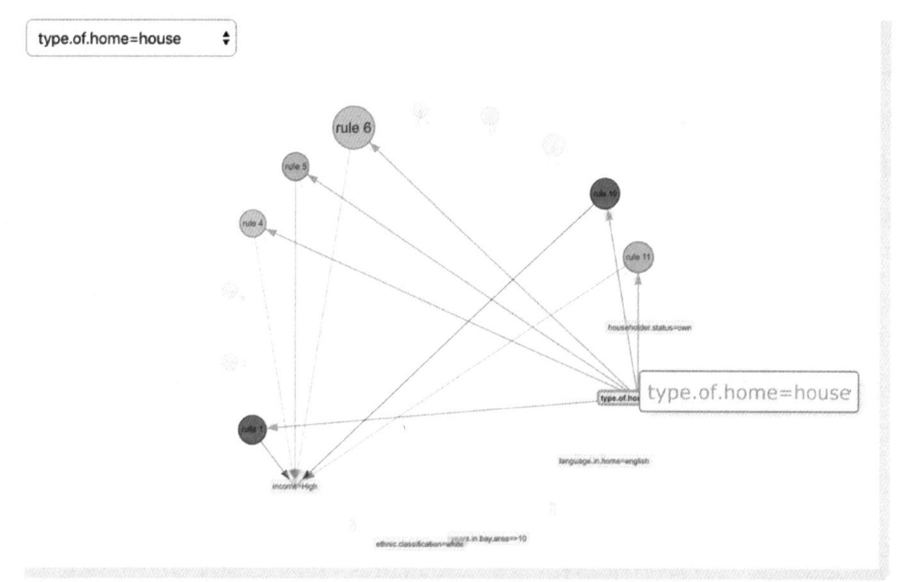

● 图 12-26　可交互网络图可视化关联规则

（2）使用平行坐标图可视化规则

使用 plot( ) 函数可视化关联规则时，通过指定参数 method = " paracoord" ，可获得利用平行坐标图可视化的关联规则。运行下面的程序可获得图 12-27 所示的图像。

```
## 使用平行坐标图可视化获得的规则
plot(myrule2, method="paracoord")
```

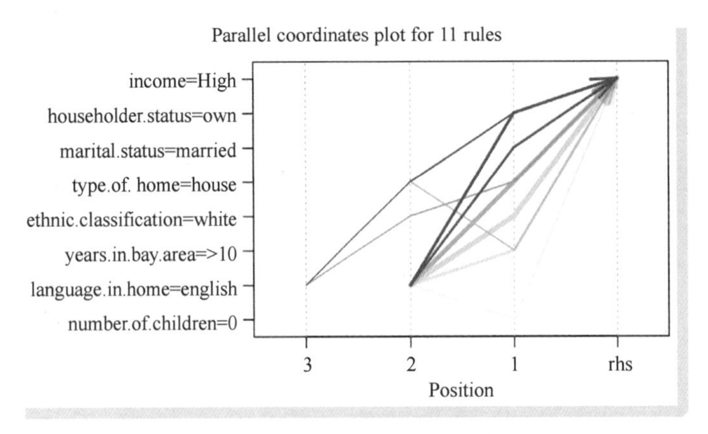

图 12-27 利用平行坐标图可视化关联规则

12.4 网络图数据分析

图是一个具有广泛含义的对象。在数学中，图是图论的主要研究对象；在计算机科学中，图通常是一种常见的数据结构；在数据科学中，图被用来描述各种关系的数据。

网络图数据分析（Network Graph Data Analysis）是一种通过研究图或网络结构中的节点和边的关系来提取和洞察信息的方法。这种分析方法广泛应用于社交网络、生物信息、交通网络等领域。

在 R 语言中用于分析网络图数据的主要包是 igraph 包和 igraphdata 包，其中 igraph 是一个用于创建、操作网络图形和分析网络的包；igraphdata 包中包含多个网络数据集。本节将主要关注与网络图数据的可视化、图数据的分割，以及无监督的图数据的相关分析等任务。

12.4.1 网络图数据可视化

本节使用空手道俱乐部数据集，进行网络图数据的展示，分别介绍在使用 igraph 包可视化时，如何设置图的布局、如何设置节点和边的类型，以及如何可视化分组的网络图。

(1) 设置图的布局

下面的程序是在导入需要的包和图数据后，使用一个循环，可视化出常用的图布局方式，运行程序后获得的可视化图像，如图 12-28 所示。

```
library(igraph);library(igraphdata)
## 导入数据
data("karate")              # 空手道俱乐部数据集
## 通过 for 循环可视化出常用的图像布局
layouts <- c("layout_as_star","layout_in_circle","layout_nicely",
            "layout_on_grid","layout_on_sphere","layout_randomly",
```

```
        "layout_with_fr","layout_with_mds","layout_with_drl")
par(mfrow=c(3,3), mar=c(0.5,0.5,1,0.5))
for (layout in layouts) {
  l <- do.call(layout, list(karate))
  plot(karate, edge.arrow.mode=0, layout=l, main=layout) }
```

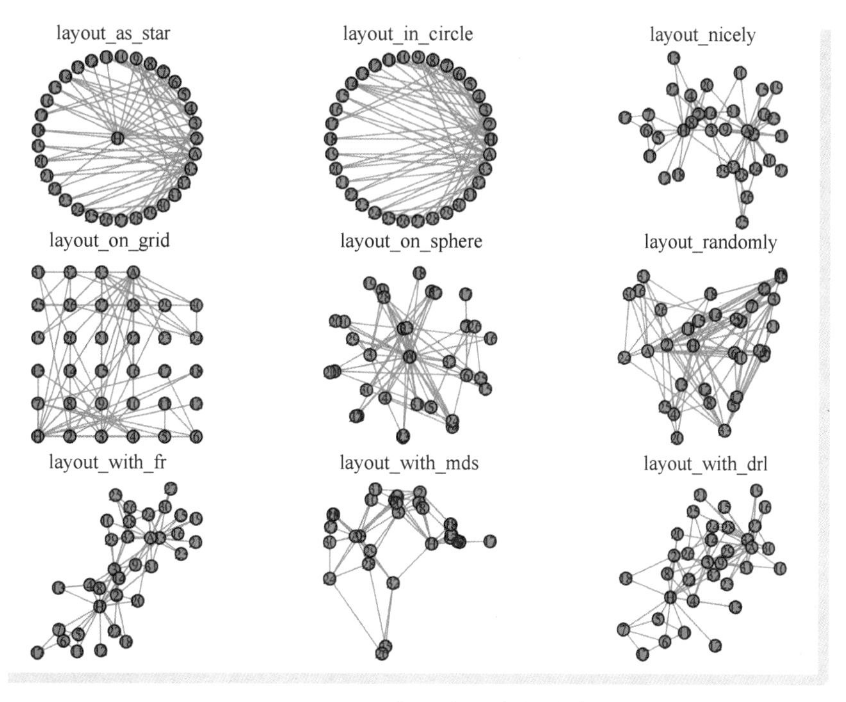

图 12-28 常用的图布局方式

(2) 设置图上节点的边的情况

为了通过图表达更多的信息，在使用 igraph 包对图进行可视化时，除了可以设置图的布局，还可以对图的节点、图的边进行更多的设置，如通过形状、颜色、大小、粗细等内容表示不同的信息。下面使用一个完全图为例，介绍如何进行相应的设置。下面的程序，先创建一个包含 6 个节点的完全图，然后可视化出不进行修饰的图像。运行结果如图 12-29 所示。

```
## 创建完全图
set.seed(123)
g1 <- make_star(6,mode = "out")
par(family = "STKaiti",mfrow=c(1,1))
plot(g1,main = "默认的可视化效果")                ## 可视化出不进行修饰的图像
```

下面使用相关参数设置图 12-29 中每个节点的显示情况，设置了节点的类型、大小、颜色以及标签等内容，运行结果如图 12-30 所示。

```
## 设置可视化时每个节点的显示情况
par(family = "STKaiti")
plot(g1,
    ## 节点的颜色
    vertex.color = c("red","blue","orange","green","lightblue"),
```

```
    vertex.frame.color = "red",                    # 节点边界的颜色
    ## 节点的形状
    vertex.shape = c("circle", "square", "csquare", "raster", "sphere"),
    vertex.size = 15+c(5,2,4,10,8,-2),             # 节点的大小
    vertex.label = paste("V",c(1:6),sep =""),      # 节点的标签
    ## 节点标签的类型和字体颜色
    vertex.label.font = 2,vertex.label.color = "black",
    vertex.label.dist = 3,                         # 标签和点的距离
    vertex.label.degree = 0,                       # 标签在点的右边
    main = "设置节点的显示")
```

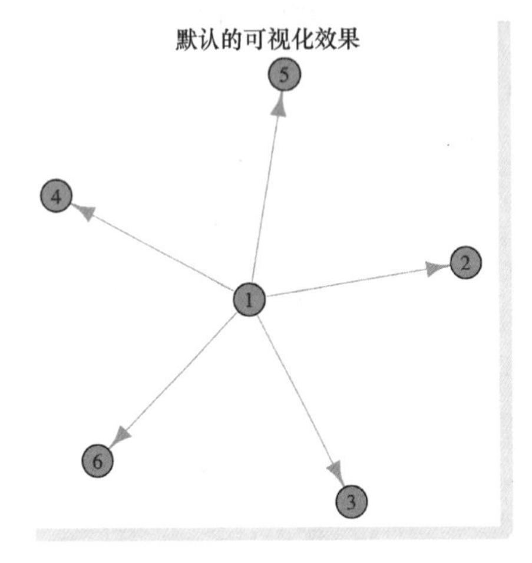

图 12-29 可视化出不进行修饰的图像

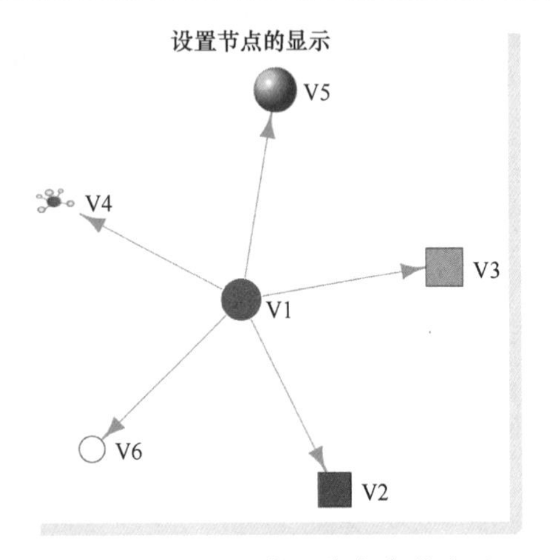

图 12-30 调整了节点参数的图

下面的程序利用与边相关的参数设置图中每条边的显示情况，包括边的类型、粗细、颜色以及标签等内容，运行结果如图 12-31 所示。

```
## 设置图中每条边的情况
par(family = "STKaiti")
plot(g1,                              ## g1 一共有 5 条有向的边
    ## 边的颜色
    edge.color = c("red","red","green","blue","blue"),
    ## 边的宽度和箭头的宽度
    edge.width = c(2,4,2,4,2),edge.arrow.width = 1,
    edge.lty = c(1,2,3,4,5,6),    ## 边的线型
    edge.label = c(paste("edge:",1:5,sep ="")),
    ## 边的标签字体大小
    edge.label.font = 2,edge.label.cex = 1,
    ## 边的曲线弯曲程度
    edge.curved = 0.4,main = "设置边的显示")
```

下面的程序将边的调整和节点的调整进行综合可视化展示，运行结果如图 12-32 所示。

```
## 同时对节点和边进行调整后的情况
par(family = "STKaiti")
plot(g1,vertex.color = c("red","blue","orange","green","lightblue"),
    vertex.frame.color = "red", vertex.size = 15+c(5,2,4,10,8,-2),
```

```
vertex.shape = c("circle", "square", "csquare", "raster", "sphere"),
vertex.label = paste("V",c(1:6),sep =""),
vertex.label.font = 2,vertex.label.color = "black",
vertex.label.dist = 3,vertex.label.degree = 0,
edge.color = c("red","red","green","blue","blue"),
edge.width = c(2,4,2,4,2),edge.arrow.width = 1,
edge.lty = c(1,2,3,4,5,6),edge.label = c(paste("edge:",1:5,sep = "")),
edge.label.font = 2,edge.label.cex = 1,edge.curved = 0.4,
main = "调整图上的节点和边")
```

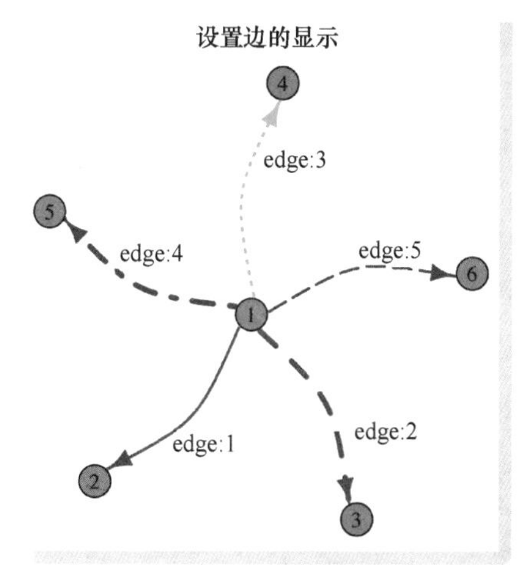

图 12-31 调整了边参数的图

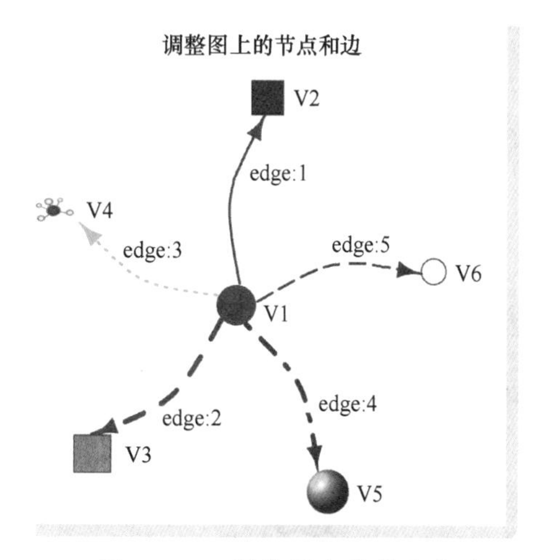

图 12-32 调整图上的节点和边

(3) 可视化分组的网络图

下面对一个分组网络图数据进行可视化分析，使用的数据集为空手道网络数据。将其分为 2 个组后进行可视化分析，并且分别可视化使用默认参数和调整参数的情况，最后对结果进行对比分析，程序如下所示：

```
## 将空手道网络数据进行分组可视化分析
karate2 <- karate
set.seed(12)
par(family = "STKaiti")
plot(karate2,main = "调整前的图像")      # 可视化调整前的图像
## 可视化调整后的图像
## 设置节点的颜色
colrs <- c("lightblue","tomato")
V(karate2)$color <-colrs[V(karate2)$color]
## 调整节点的形状
V(karate2)$shape="square"
V(karate2)[V(karate2)$color == "lightblue"]$shape="circle"
## 设置节点的大小
V(karate2)$size <- 10+degree(karate2)
## 设置边的粗细
E(karate2)$width <- E(karate2)$weight
## 设置边的颜色和曲率
```

```
E(karate2)$color <-  "red"
E(karate2)$curved <- E(karate2)$weight / 10
## 可视化调整后的网络图
set.seed(12)
par(family = "STKaiti")
plot(karate2,layout = layout_with_fr(karate2),vertex.frame.color = "white",
    vertex.label.cex = 0.8,main = "空手道俱乐部关系网络")
## 添加图例
legend(x=1, y=1, c("Group1", "Group2"),
      pch=c(19,15),col=colrs, pt.bg="white",
      pt.cex=1.5, cex=.8, bty="n", ncol=1)
```

在上面的程序中，对图中的节点、边等内容进行了进一步的调整，运行程序后可获得图 12-33 所示的图像。图中分别为调整前和调整后的网络图，可见调整后的网络图数据信息的表达更加丰富。

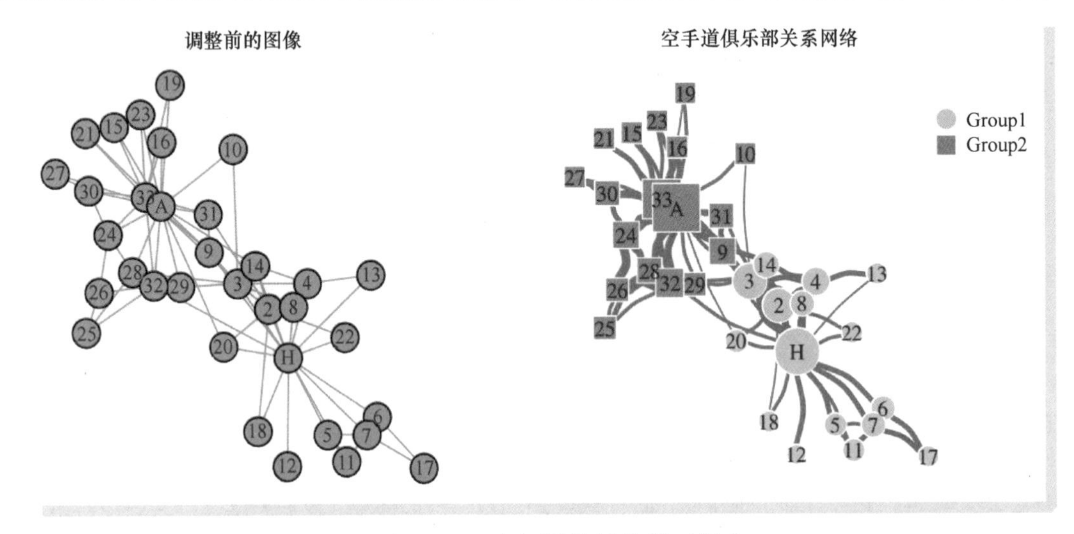

图 12-33　分组网络图数据可视化

12.4.2　网络图数据分割

对于一个网络图，人们往往想要知道图中的关系可以分割为多少个不重叠的小社群，这样更方便研究社群之间的关系。社群的特点是：社群内部的点之间的联系很紧密，而与其他社群的连接比较稀疏。网络图分割常用的方法是使用聚类算法对网络图进行聚类分析。

在 igraph 包中，cluster_fast_greedy( ) 函数可以对网络图数据进行层次聚类分析，从而可以达到网络图数据无监督分割的目的。下面的程序对空手道俱乐部网络进行层次聚类，使用 dendPlot( ) 函数将聚类结果使用层次聚类图可视化，使用 plot( ) 函数将聚类结果可视化，结果如图 12-34 所示。

```
## 对空手道俱乐部的人物网络图进行分割,方法 1:贪婪模块优化算法
cfg <- cluster_fast_greedy(karate2)
sizes(cfg)
## Community sizes
##  1  2  3
## 18 11  5
```

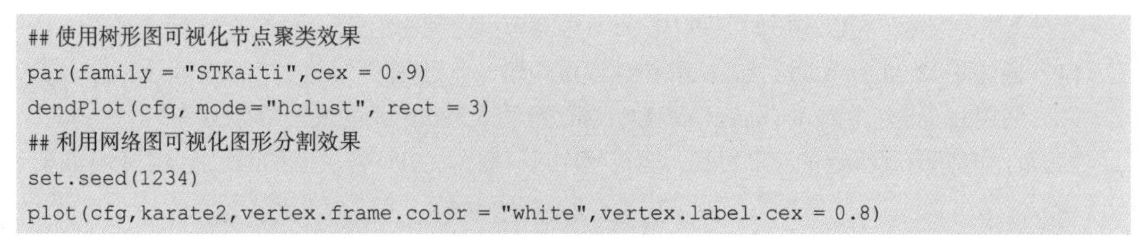

```
## 使用树形图可视化节点聚类效果
par(family = "STKaiti",cex = 0.9)
dendPlot(cfg, mode="hclust", rect = 3)
## 利用网络图可视化图形分割效果
set.seed(1234)
plot(cfg,karate2,vertex.frame.color = "white",vertex.label.cex = 0.8)
```

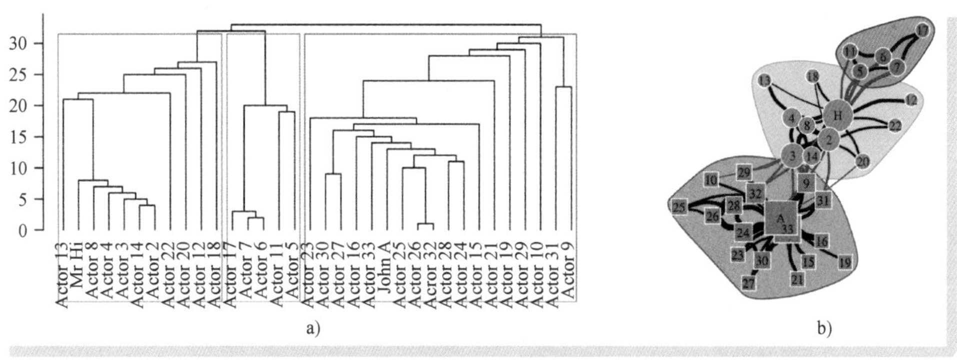

● 图 12-34　网络层次聚类可视化结果

a）层次聚类结果　b）网络分割图

由图 12-34 可以发现，网络被切分为了 3 个部分，分别包含 18、11、5 个节点，通过层次聚类树可以分析簇形成的过程。在 igraph 包中还包含多种通过聚类将图进行分割的方法，使用不同的方法会得到不同的分割结果，如 cluster_walktrap( ) 函数等，这里就不再一一展示了。

12.4.3　网络图数据节点定位

在第 11 章中介绍了如何通过距离矩阵重构地点之间的空间位置，其中需要知道任意两点之间的距离，如果只给出了图 12-35 所示的部分地点之间的距离，应该如何重构每个点的空间位置呢？

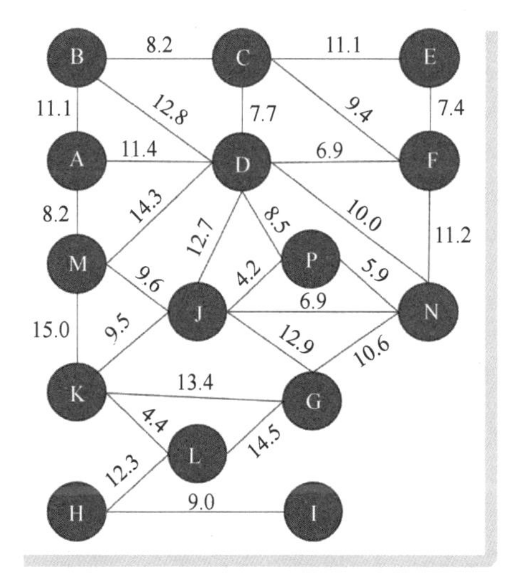

● 图 12-35　各地点之间的邻接关系及距离图

针对上述的问题，可以采用如下的方法计算任意节点之间的距离。

（1）通过图 12-35 所示的链接方式和边的权重构建一个无向图。

（2）使用 igraph 包中的 distances( ) 函数计算任意两个节点之间的最短路径距离。

下面的程序展示了上述的计算过程，运行程序后可获得任意两点之间的最短距离矩阵 Gdist。

```
library(igraph)
library(ggplot2)
library(readxl)
## 读取图数据
graphdf <- read_excel("data/chap12/地点间的距离.xlsx")
head(graphdf)
## # Atibble: 6 x 3
##   from  to    weight
##   <chr> <chr>  <dbl>
## 1 A     B      11.1
## 2 B     C       8.2
## 3 C     E      11.1
## 4 B     D      12.8
## 5 C     D       7.7
## 6 C     F       9.4
## 根据节点节的边数据表生成无向图
G <- graph_from_data_frame(graphdf,directed = FALSE)
## 计算图上任意两点之间的最短距离
Gdist <- distances(G)
Gdist
##      A    B    C    E    D    M    F    J    P    N    K    L    H    G    I
## A  0.0 11.1 19.1 25.7 11.4  8.2 18.3 17.8 19.9 21.4 23.2 27.6 39.9 30.7 48.9
## B 11.1  0.0  8.2 19.3 12.8 19.3 17.6 25.5 21.3 22.8 34.3 38.7 51.0 33.4 60.0
## C 19.1  8.2  0.0 11.1  7.7 22.0  9.4 20.4 16.2 17.7 29.9 34.3 46.6 28.3 55.6
## E 25.7 19.3 11.1  0.0 14.3 28.6  7.4 25.5 22.8 18.6 35.0 39.4 51.7 29.2 60.7
## D 11.4 12.8  7.7 14.3  0.0 14.3  6.9 12.7  8.5 10.0 22.2 26.6 38.9 20.6 47.9
## M  8.2 19.3 22.0 28.6 14.3  0.0 21.2  9.6 13.8 16.5 15.0 19.4 31.7 22.5 40.7
## F 18.3 17.6  9.4  7.4  6.9 21.2  0.0 18.1 15.4 11.2 27.6 32.0 44.3 21.8 53.3
## J 17.8 25.5 20.4 25.5 12.7  9.6 18.1  0.0  4.2  6.9  9.5 13.9 26.2 12.9 35.2
## P 19.9 21.3 16.2 22.8  8.5 13.8 15.4  4.2  0.0  5.9 13.7 18.1 30.4 16.5 39.4
## N 21.4 22.8 17.7 18.6 10.0 16.5 11.2  6.9  5.9  0.0 16.4 20.8 33.1 10.6 42.1
## K 23.2 34.3 29.9 35.0 22.2 15.0 27.6  9.5 13.7 16.4  0.0  4.4 16.7 13.4 25.7
## L 27.6 38.7 34.3 39.4 26.6 19.4 32.0 13.9 18.1 20.8  4.4  0.0 12.3 14.5 21.3
## H 39.9 51.0 46.6 51.7 38.9 31.7 44.3 26.2 30.4 33.1 16.7 12.3  0.0 26.8  9.0
## G 30.7 33.4 28.3 29.2 20.6 22.5 21.8 12.9 16.5 10.6 13.4 14.5 26.8  0.0 35.8
## I 48.9 60.0 55.6 60.7 47.9 40.7 53.3 35.2 39.4 42.1 25.7 21.3  9.0 35.8  0.0
```

通过计算得到距离矩阵之后，可以使用 cmdscale( ) 函数计算每个点在二维空间中的坐标。下面的程序将获得的结果进行了可视化，运行程序后可获得图 12-36 所示的图像。

```
##根据距离矩阵利用 MDS 算法计算每个点在空间中的相对位置
citycmd <- cmdscale(Gdist, eig = FALSE, k = 2)
```

```
## 获取每个地点在空间中的坐标
citypos <- as.data.frame(citycmd)
colnames(citypos) <- c("X","Y")
citypos$name <- rownames(citypos)
## 在二维空间中可视化每个点在空间中的分布
ggplot(citypos,aes(x = X,y = Y))+geom_point(colour = "red",size = 2)+
  geom_text(aes(x = X+1,y = Y+1,label = name))+
  ggtitle("每个点的空间位置")+coord_equal()
```

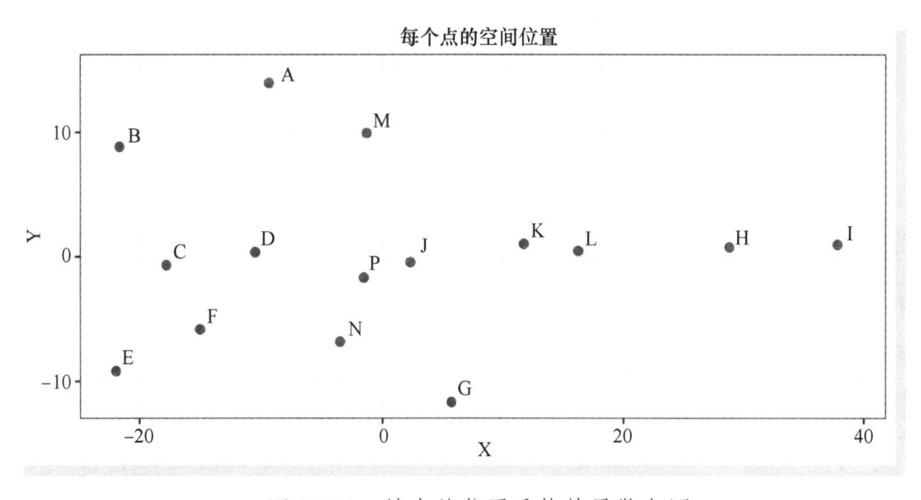

图 12-36　地点的位置重构结果散点图

12.5 本章小结

本章主要介绍了几种无监督学习的方法，关于分析数据的聚集性，介绍了 K 均值聚类、K 中值聚类、层次聚类、密度聚类以及模糊聚类等方法的使用。关于如何发现数据中的离群点，介绍了 LOF 和 COF 等离群点检测算法。关于发现事务数据中的规则，介绍了关联规则挖掘的方法。最后介绍了如何对网络图数据进行分割、最短距离的计算等无监督学习的应用。

有监督学习

❖ 本章导读

有监督学习的基本思想是通过使用标记好的训练数据集来训练模型，使其能够学习输入数据和相应输出标签之间的映射关系。算法的目标是学习一个泛化的映射函数，以便对未标记的新数据进行准确的预测或分类。如果用来指导模型建立的标签是连续的数据（如身高、年龄、商品的价格等），这样的有监督学习称为回归；如果标签是可以分类的（如手写数字识别、垃圾邮件判别等），这样的有监督学习称为分类。在第10章对回归分析已做了详细介绍，本章重点介绍其他常用的有监督分类算法。

分类是将数据划分为不同的簇，这一点看上去与数据聚类很相似，但它们有本质的差异，聚类属于无监督的学习方式，而分类需要有一个用于监督数据的因变量，是一种有监督的学习方式。如果用于监督的因变量的类别只有两类，则称为二分类问题，常用的算法有朴素贝叶斯、逻辑回归（10.5节）等；如果数据的标签多于两类，则称其为多分类问题，常用的算法有决策树、随机森林、支持向量机等。

❖ 知识技能

本章知识技能及实战案例如下所示。

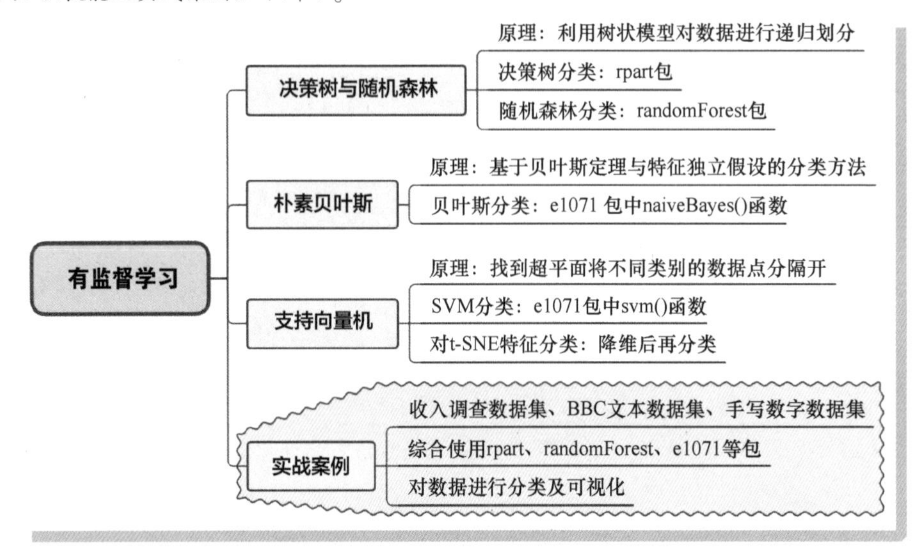

关于数据分类的算法还有很多，需要注意的是，这些分类算法也能进行回归模型的建立，用于预测连续的数据变量。

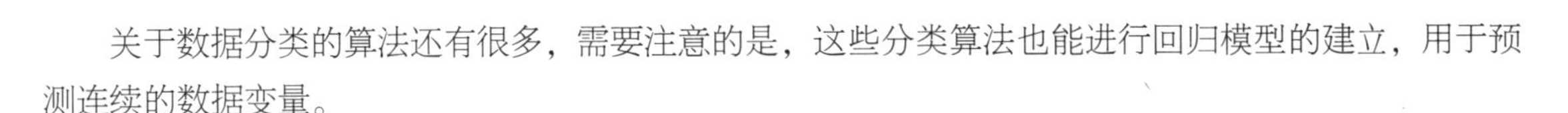

13.1 决策树与随机森林

决策树（Decision Tree，DT）是应用最广的归纳推理算法之一，该方法将学习得到的函数表示为一棵决策树，并且对噪声数据有很好的健壮性。其通常把实例从根节点排列到某个叶子节点来分类实例，在分析数据时和流程图很相似。模型包含一系列的逻辑决策，带有表明根据某一情况做出决定的决策节点。决策节点的不同分支表明做出的不同选择，最终到达叶子节点得到逻辑规则，叶子节点即为实例所属的类别（待预测的变量）。决策树上的每一个节点指定了实例的某个特征（预测变量），并且该节点的每一个后继分支对应于该特征变量的一个可能值。

随机森林（Random forest，RF）可以简单地理解为其是一个包含多棵决策树（森林）的分类器，其输出的类别是由所有决策树输出类别的众数而定（即通过所有单一的决策树模型投票来决定），它在选择划分属性时引入了随机因素（随机）。

传统决策树算法在选择划分属性时，从当前节点属性集合中选择一个最优属性；而在随机森林中，对决策树的每个节点，先从该节点的属性集合中随机选择一个包含 k 个属性的子集，然后从这个子集中选择一个最优属性用于划分。这里的参数 k 控制了随机性的引入程度：若 $k=d$（所有特征数量），则基决策树的构建与传统决策树相同；若 $k=1$，则随机选择一个特征用于划分；一般情况下，推荐 $k=\log_2 d$。而且随机森林算法具有简单、容易实现、计算开销小等诸多优点。

R 语言中有多个包可以对数据进行决策树建模分析，其中通过 rpart 包可进行决策树模型的建立，通过 rpart.plot 包可对决策树模型进行可视化，可使用 randomForest 等包实现随机森林的分类及其可视化分析等。

13.1.1 数据准备与探索

由于随机森林模型可以看作是决策树模型的升级版，因此这里会使用同一个数据集介绍两种算法在数据分类时的应用。本节使用在 12.3 节中使用的与收入相关的调查问卷数据集，并且将数据中的 income 变量作为类别标签，对其分别建立决策树分类模型和随机森林分类模型。先导入要使用的包和数据，程序如下所示。

```
## 导入包
library(tidyverse);library(visNetwork);library(corrplot)
library(rpart);library(rpart.plot)
library(rsample);library(Metrics);library(sparkline)
## 读取数据
Income <- read.csv("data/chap13/IncomeESL.csv",stringsAsFactors = TRUE)
str(Income)
##'data.frame':    6876 obs. of  14 variables:
##  $income     : Factor w/ 3 levels "High","Low","Medium": 1 1 2 2 1 2 3 2  ...
##  $sex        : Factor w/ 2 levels "female","male": 2 1 1 1 2 2 2 2 2 2 ...
...
##  $language.in.home  : Factor w/ 3 levels "english","other",..: 1 1 1 1 1 ...
```

关于导入数据集的情况，已经在 12.3 节进行了详细的描述，这里就不再赘述。下面针对该数据集，将每个变量转化为数据变量，然后可视化数据变量之间的肯德尔相关系数热力图。运行下面的程序可获得图 13-1 所示的相关系数热力图。

```
## 可视化因子变量之间的相关系数,分析变量之间的关系
Income%>%apply(2,function(x) as.numeric(factor(x)))%>% # 转化为数值
  cor(method = "kendall")%>%
  corrplot.mixed(lower = "number", upper = "circle",tl.col="black",
              tl.pos = "lt",tl.cex = 0.7,number.cex = 0.6)
```

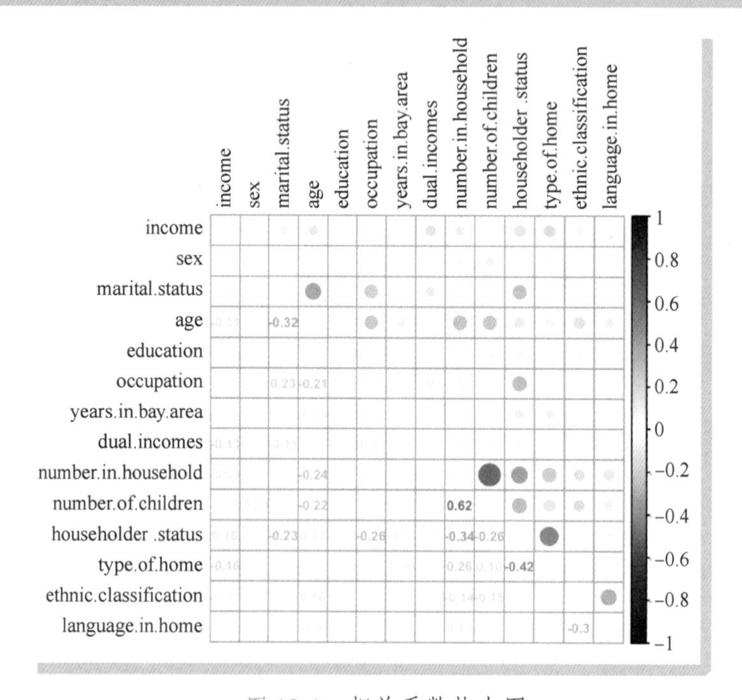

● 图 13-1　相关系数热力图

从图 13-1 中可以发现，其他的数据变量和收入变量 income 的线性相关性并不明显。

在后面的小节中，将从分类算法的角度去分析变量 income 与其他变量之间的关系。

13.1.2　决策树分类

使用 R 语言 rpart 包中的 rpart( ) 函数可以对数据建立决策树分类模型，而且该函数会根据因变量的情况，自动确定学习分类模型（因变量为离散因子）或者回归模型（因变量为连续数值）。在下面的程序中，首先使用了 rsample 包中的 initial_split( )、training( ) 等函数，将数据集分为包含 75%样本的训练集与 25%样本的测试集。然后通过 rpart( ) 函数使用 control 参数建立一个尽可能深的决策树分类模型，并通过 plotcp( ) 函数可视化出了决策树深度和误差变换的曲线图，如图 13-2 所示。

```
## 将数据集切分为训练集和测试集
set.seed(1234)
Income_split <- initial_split(Income,prop = 0.75)
train_data <- training(Income_split)            # 75%训练集
```

```
test_data <- testing(Income_split)                #25%测试集
## 建立一个深度尽可能深的决策树分类模型
set.seed(123)
incom_tree <- rpart(income~., data = train_data,
                    control =rpart.control(cp = 0.001))
## 通过参数复杂性变化进行参数选择
plotcp(incom_tree)
```

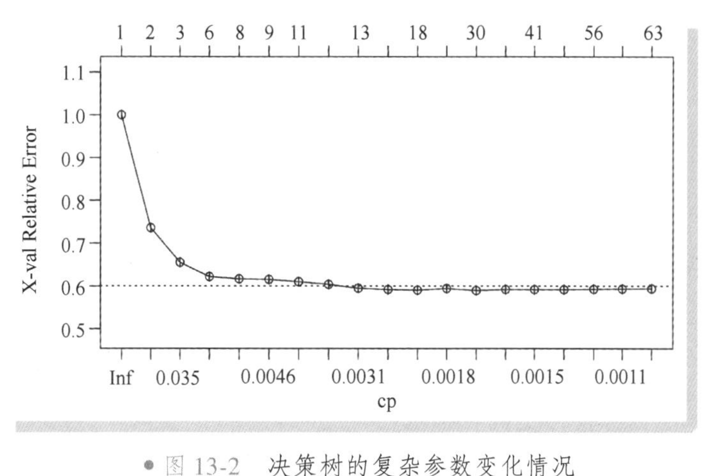

● 图 13-2 决策树的复杂参数变化情况

在图 13-2 中，每一棵深度的决策树（图的上横坐标）都对应着一个复杂性程度的阈值（cp，图的横坐标），而且每个 cp 取值会对应一个相对误差（图的纵坐标），所以可以通过设置参数 cp 的取值对决策树模型进行剪枝优化。根据图中曲线的变化情况，发现 cp 的值在大约小于 0.005 之后，随着决策树的深度增大，相对误差并没有明显的减小。针对这种情况可以利用 cp 值的大小对决策树模型进行剪枝操作，在减小模型复杂度的同时，尽可能保持较高的预测精度。

决策树的剪枝：是为了防止决策树模型过拟合的一种方法。过深的决策树会导致数据过拟合，进而只能在训练集上有很好的预测效果，在测试集上预测效果会很差，从而模型没有泛化能力。但如果决策树生长不充分，就会没有判别能力。针对该问题，常用的解决方案就是进行剪枝处理。

下面通过参数 cp 的取值控制决策树模型的生长深度，从而防止模型过拟合。同时，对于获得的新的决策树模型，预测其在训练集和测试集上的预测精度，程序如下所示。

```
## 设置 cp = 0.005,控制决策树模型的深度,获得新的决策树模型
incom_tree <- rpart(income~., data = train_data,
                    control =rpart.control(cp = 0.005))
## 计算决策树模型在训练集和测试集上的预测精度
train_pre<- predict(incom_tree,train_data,type = "class")
test_pre<- predict(incom_tree,test_data,type = "class")
sprintf("决策树模型在训练集上的预测精度: %4f",accuracy(train_data$income,train_pre))
sprintf("决策树模型在测试集上的预测精度:%4f",accuracy(test_data$income,test_pre))
## [1] "决策树模型在训练集上的预测精度: 0.627109"
## [1] "决策树模型在测试集上的预测精度:0.621873"
```

从上面的输出中可知，剪枝后的决策树模型在训练集和测试集上的预测精度相近，都是 62% 左

右。对于学习得到的决策树模型 incom_tree 可以使用 rpart.plot( ) 函数，进行树结构的可视化，运行下面的程序可获得图 13-3 所示的图像。

```
## 将获得的决策树模型进行可视化
rpart.plot(incom_tree)
```

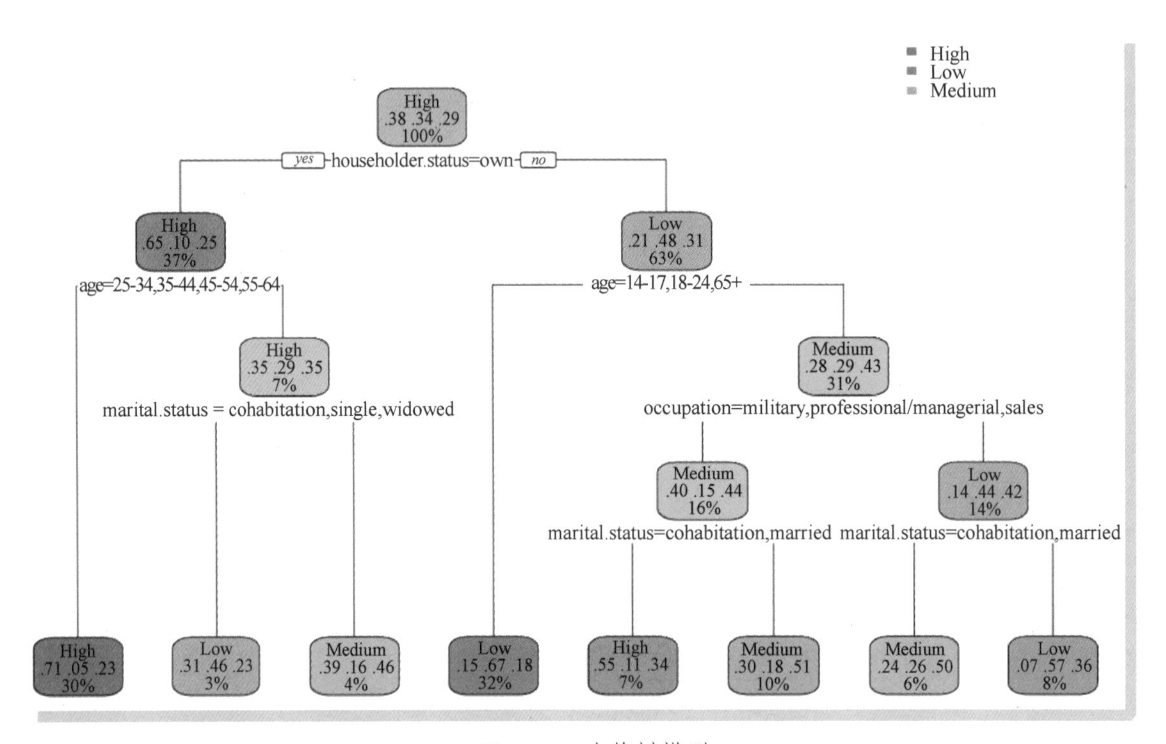

● 图 13-3　决策树模型

从图 13-3 可以发现，决策树模型的根结点是 householder.status 变量，根据其取值将数据分为两个部分。在左边的规则中，如果 householder.status 的取值等于 own，同时 age 的取值在 25~64 之间，那么将会被预测为高收入者（High）。

关于前面学习得到的决策树模型，可以通过查看其输出的变量重要性，分析每个变量对收入的影响情况。在下面的程序中，通过 incom_tree $variable.importance 获取变量的重要性数据，然后将其可视化，运行程序可获得图 13-4 所示的图像。

```
## 可视化每个变量的重要性
varimp <- incom_tree$variable.importance
varimpdf <- data.frame(var = names(varimp),impor = varimp)
ggplot(varimpdf,aes(x = reorder(var,-impor), y = impor))+
  geom_col(colour = "lightblue",fill = "lightblue")+
  theme(axis.text.x = element_text(angle = 45))+
  labs(x = "变量", y = "重要性",title = "决策树模型")
```

从图 13-4 中可见，householder.status 变量的重要性最大，language.in.home 变量的重要性最小。

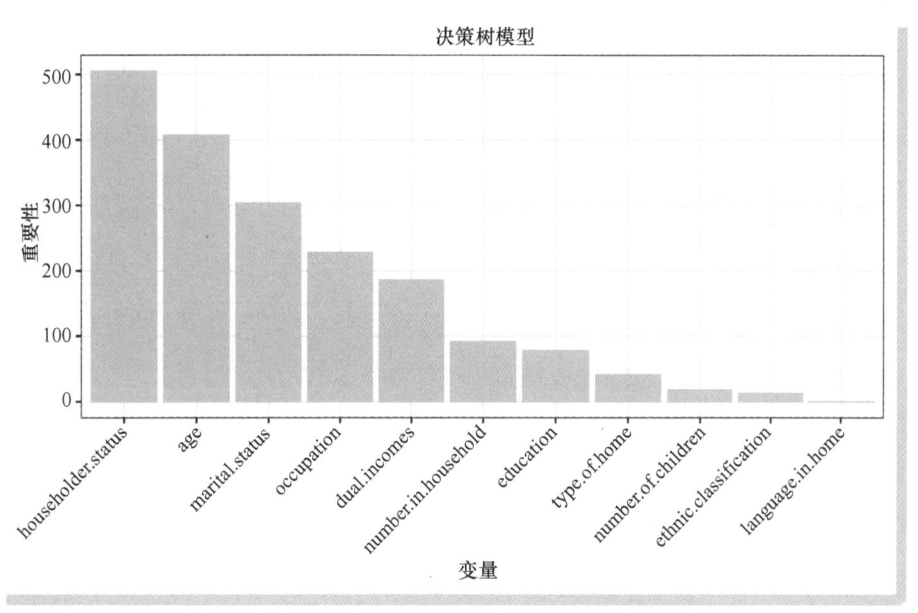

● 图 13-4 决策树模型变量的重要性

13.1.3 随机森林分类

前面介绍了使用决策树预测收入的高低，下面介绍使用随机森林模型预测收入高低的情况。在下面的程序中，通过 randomForest( ) 函数建立包含 100 （ntree = 100） 棵决策树的随机森林模型，并且通过参数 mty 控制每棵决策树的深度。有关模型的学习过程，还通过了 plot( )、gg_error( ) 等函数进行了可视化，程序和输出结果如下所示。

```
## 导入相关库
library(ggRandomForests)
library(randomForest)
## 使用随机森林模型建立分类器
incom_rf <- randomForest(income~., data = train_data, ntree=100,
                   mtry = 3,importance=TRUE)
incom_rf
## Call:
##  randomForest(formula = income ~ ., data = train_data, ntree = 100,  mtry = 3, importance = TRUE)
##                Type of random forest: classification
##                      Number of trees: 100
## No. of variables tried at each split: 3
##        OOB estimate of  error rate: 36.65%
## Confusion matrix:
##        High  Low Medium class.error
## High  1421  225    289  0.2656331
## Low    185 1268    289  0.2721010
## Medium 519  383    578  0.6094595
## 可视化随机森林的训练过程,随着树的增加,训练误差也随之变化
plot(gg_error(incom_rf))+theme(legend.position = c(0.9,0.8))
```

在图 13-5 中，一共包含 4 条曲线，分别表示随着随机森林算法使用树的增多，类别为 High、Low、Medium 的预测误差与包外（OOB）预测误差。可以发现，随着使用树数量的增加，这 4 种误差曲线逐渐变得平稳；在该训练数据集中，中等收入者（Medium）的预测准确率最低。

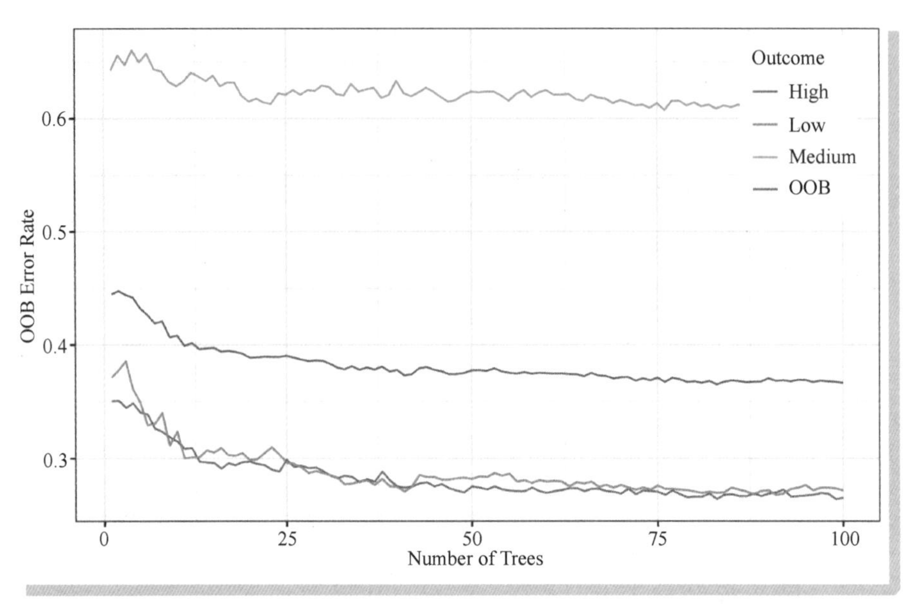

● 图 13-5 随机森林的误差

包外（Out-Of-Bag，OOB）错误率是对测试集合错误的一个无偏估计，表示对随机森林模型未来性能的一个合理估计。OOB 是在随机森林构建后计算的，因为随机森林的每棵树并没有使用全部的样本，所以任何没有选择在某棵树上的自助抽样中的样本，都可以用来预测模型对未来未知数据的性能。在随机森林构建结束时，每个样本每次的预测值都会被记录，通过投票来决定该样本的最终预测值，这种预测的总错误率就构成了 OOB 估计错误率。

使用 randomForest( ) 函数构建随机森林模型时，指定参数 importance = TRUE 的模型还会计算出数据中每个自变量（特征）的重要程度，并且可以使用 varImpPlot( ) 函数将其可视化。特征重要程度的计算方式通常有两种，一种是记录平均信息增益的大小，另一种是每个特征对模型分类准确率的影响程度。上述随机森林分类器的变量重要性可视化结果如图 13-6 所示。

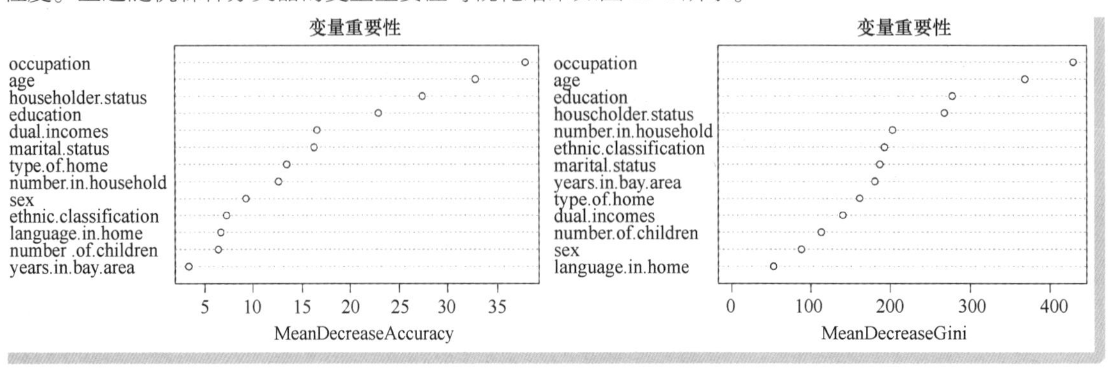

● 图 13-6 随机森林变量的重要性

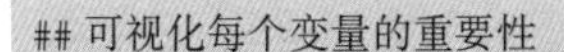

```
## 可视化每个变量的重要性
par(family = "STKaiti")           # 根据预测的精度判断重要性
varImpPlot(incom_rf,type=1,main = "变量重要性")
par(family = "STKaiti")           # 根据节点的不纯度判断重要性
varImpPlot(incom_rf,type=2,main = "变量重要性")
```

在图 13-6 中，左图可视化的特征重要性度量方法为特征对模型分类准确率的影响程度，右图可视化的特征重要性度量方法为平均信息增益的大小。

下面是计算随机森林模型在训练集和测试集上的预测精度的程序。从输出结果中可以发现，随机森林模型在训练集上的预测精度高达 91.6%，相对于决策树模型有很大的提升，但是在测试集上的预测精度仍然较低，只有 65.5%，相对于决策树模型的预测精度提升的较小。

```
## 计算决策树模型在训练集和测试集上的预测精度
train_pre<- predict(incom_rf,train_data)
test_pre<- predict(incom_rf,test_data)
sprintf("随机森林模型在训练集上的预测精度: %4f",accuracy(train_data$income, train_pre))
sprintf("随机森林模型在测试集上的预测精度:%4f",accuracy(test_data$income,test_pre))
## [1] "随机森林模型在训练集上的预测精度: 0.916424"
## [1] "随机森林模型在测试集上的预测精度:0.645143"
```

13.2 朴素贝叶斯

朴素贝叶斯（Naive Bayes）是一种基于贝叶斯定理的统计分类算法，它广泛应用于文本分类、垃圾邮件过滤、情感分析等领域，特别适用于特征维度较高的问题。

在介绍朴素贝叶斯算法之前，需要先了解先验概率、后验概率、贝叶斯公式等概念。

先验概率（prior probability）：是指根据以往经验和分析得到的概率。对某一假设 h，用 $P(h)$ 表示在没有训练数据前假设 h 拥有的初始概率，则 $P(h)$ 被称为先验概率，它反映了 h 是正确假设可能性的背景知识。如抛出一枚硬币出现正反面的概率都是 50%，这 50%就可以认为是先验概率。

后验概率（posterior probability）：是指在得到“结果”的信息后重新修正的概率，是“执果寻因”问题中的“果”。令 $P(D)$ 表示训练数据 D 的先验概率，$P(h|D)$ 表示在已知 D 的情况下假设 h 成立的概率，即后验概率。例如，在过去的 10 次抛硬币实验中，出现的都是正面，那么就会有信心认为下一次也会出现正面（这时有理由怀疑这个硬币有问题），这里 10 次出现正面就表示条件 D，h 就是下次抛硬币会出现正面的假设。

贝叶斯公式（Bayes Rule）：从先验概率 $P(h)$、$P(D)$ 和 $P(D|h)$ 计算后验概率 $P(h|D)$ 的方法，即：

$$P(h|D)=\frac{P(D|h)P(h)}{P(D)} \tag{13-1}$$

可以看出，$P(h|D)$ 随着 $P(D|h)$ 和 $P(h)$ 的增长而增长，随着 $P(D)$ 的增加而减小，即如果 D 独立于 h 时被观察到的可能性越大，那么 D 对 h 的支持度就越小。

朴素贝叶斯分类方法是在贝叶斯公式的基础上变化而来，它假设各属性之间是相互独立的，即它们之间不存在影响关系，而是独立地对结果产生影响，这也就是贝叶斯分类器被称为朴素贝叶斯分类器的原因，就是简单“朴素”的情况，不考虑复杂情况。

使用朴素贝叶斯进行分类时，针对输入 x，若要预测其所属的类别 c，就需要利用贝叶斯公式进行计算，根据各属性之间是相互独立的假设，可得到：

$$P(c \mid x) = \frac{P(x \mid c)P(c)}{P(x)} = \frac{P(c)}{P(x)}\prod_{i=1}^{d} P(x_i \mid c) \tag{13-2}$$

其中，d 表示输入 x 具有的属性数目，x_i 表示输入 x 在第 i 个属性上的取值。

关于相同的类别，通过上述的公式都能计算出一个概率值，而且公式中分母相同，所以输入样本类别的预测可以简化为：

$$y = \text{argmax}_c P(c)\prod_{i=1}^{d} P(x_i \mid c) \tag{13-3}$$

这就是朴素贝叶斯分类器的表达式。

朴素贝叶斯方法是最常见的使用贝叶斯思想进行分类的方法之一，它是目前文本分类算法中最有效的一类，常常应用于文本分类。

本节以一个含多个类别的 BBC 英文文本数据为例，介绍如何使用朴素贝叶斯方法对其进行数据分类。

13.2.1 文本数据准备与探索

针对该数据的预处理操作，在 5.4 节已经进行了详细的介绍。下面的程序是导入进行文本分类时需要的相关 R 语言包和数据。数据一共有两个变量，分别是预处理后的文本内容变量 text_pre 和类别变迁变量 lable。文本数据的前几行如图 13-7 所示。

```
library(tm);library(wordcloud2);library(tidytext);library(reshape2);
library(dplyr);library(e1071);library(ggpol)
## 读取数据:文本数据已经是预处理后的
bbcdata <- read.csv("data/chap13/bbcdata.csv",stringsAsFactors = FALSE)
bbcdata$label <- as.factor(bbcdata$label)
```

	text_pre	label
1	musician tackl us red tape musician group tackl us vi…	entertainment
2	us desir number one u won three prestigi grammi aw…	entertainment
3	rocker doherti onstag fight rock singer pete doherti i…	entertainment
4	snicket top us box offic chart film adapt lemoni snick…	entertainment
5	ocean twelv raid box offic ocean twelv crime caper se…	entertainment
6	landmark movi hail us film profession declar fahrenhe…	entertainment
7	pete doherti miss bail deadlin singer pete doherti will…	entertainment
8	focker retain film chart crown comedi meet focker hel…	entertainment

● 图 13-7 文本数据的前几行

文本数据可以使用词云对其进行可视化。在下面的程序中通过 unnest_tokens( )、group_by( )等函数计算在所有文本中每个词语出现的次数，然后使用 letterCloud( )函数可视化字母词云，运行程序可获得图 13-8 所示的图像。

```
## 对数据使用词云进行可视化,计算词频
wordfre <- bbcdata%>%unnest_tokens(output = word,input = text_pre)%>%
```

```
  group_by(word)%>%summarise(Fre = n())%>%
  arrange(desc(Fre))
letterCloud(wordfre,word = "BBC",wordSize = 1,
          color ="random-dark",backgroundColor = "snow" )
```

● 图 13-8　词云可视化

在图 13-8 中，将词云以字母的形式进行可视化，词越大出现的次数就越多。

利用 tm 包中的 Corpus( ) 函数可以对文本数据构建语料库，使用 DocumentTermMatrix( ) 函数可以获得文本数据的“文档-词项”特征矩阵。而且如果获得的“文档-词项”特征矩阵过于稀疏，可使用 tm 包中的 removeSparseTerms( ) 函数剔除一些不重要的词语，缓解矩阵的系数程度。下面的程序和输出结果展示了上述文本特征的构建过程。

```
## 构建语料库,计算文本的 TF(词频)特征
bbc_cp <- Corpus(VectorSource(bbcdata$text_pre))
bbc_cp
## <<SimpleCorpus>>
## Metadata:  corpus specific: 1, document level (indexed): 0
## Content:  documents: 2225
## 找到频繁出现的词语,出现频率大于 2
dict <- wordfre$word[wordfre$Fre >2]
## 构建 TF 矩阵
bbc_dtm <- DocumentTermMatrix(bbc_cp,
                          control = list(dictionary =dict))
bbc_dtm
## <<DocumentTermMatrix (documents: 2225, terms: 10544)>>
## Non-/sparse entries : 300873/23159527
## Sparsity             : 99%
## Maximal term length : 24
## Weighting            : term frequency (tf)
## 缓解矩阵的稀疏性,同时提高计算效率
bbc_dtm <- removeSparseTerms(bbc_dtm,0.99)
bbc_dtm
```

```
## <<DocumentTermMatrix (documents: 2225, terms: 2355)>>
## Non-/sparse entries: 250109/4989766
## Sparsity           : 95%
## Maximal term length  : 13
## Weighting          : term frequency (tf)
```

从上述程序的输出结果中可知，处理好的语料库中有 2225 条文本，初步提取的“文档-词项”特征矩阵中有 10544 个词，矩阵稀疏度高达 99%。进行缓解稀疏性的操作后，“文档-词项”特征矩阵包含 2355 个词，矩阵稀疏度降低到 95%。

13.2.2 朴素贝叶斯分类

针对前面已经提取的文本特征矩阵，使用 e1071 包中的 naiveBayes( ) 函数即可建立朴素贝叶斯分类器模型。在构建模型之前，将数据切分为训练集和测试集，训练集使用 75%的数据样本，程序和输出结果如下。

```
## 数据随机切分为训练集和测试集
set.seed(123)
index <- sample(nrow(bbcdata),nrow(bbcdata) * 0.75)
bbc_dtm2mat <- as.matrix(bbc_dtm)
train_x <- bbc_dtm2mat[index,]
train_y <-bbcdata$label[index]
test_x <- bbc_dtm2mat[-index,]
test_y <-bbcdata$label[-index]
## 使用 e1071 包中的 naiveBayes()函数建立模型
bbcnb <- naiveBayes(x = train_x,y = train_y,laplace = 1)
## 对测试集进行预测,查看模型的精度
train_pre <- predict(bbcnb,train_x,type = "class")
test_pre <- predict(bbcnb,test_x,type = "class")
sprintf("朴素贝叶斯模型在训练集上的预测精度:%4f",accuracy(train_y,train_pre))
sprintf("朴素贝叶斯模型在测试集上的预测精度:%4f",accuracy(test_y,test_pre))
## [1] "朴素贝叶斯模型在训练集上的预测精度:0.933453"
## [1] "朴素贝叶斯模型在测试集上的预测精度:0.858169"
```

从朴素贝叶斯模型的预测结果中可以知道，其在训练集上的预测精度为 93.3%，在测试集上的预测精度能够达到 85.58%，预测精度较高。

还可以使用混淆矩阵热力图分析模型的预测效果。下面的程序可视化了朴素贝叶斯模型在测试集上的混淆矩阵，运行程序可获得图 13-9 所示的热力图。

```
## 可视化在预测集上的混淆矩阵
ggplot()+labs(x = "Reference",y = "Prediction")+
  geom_confmat(aes(x = test_y, y = test_pre),normalize = TRUE, text.perc = TRUE)+
  scale_fill_gradient2(low="darkblue", high="lightgreen")
```

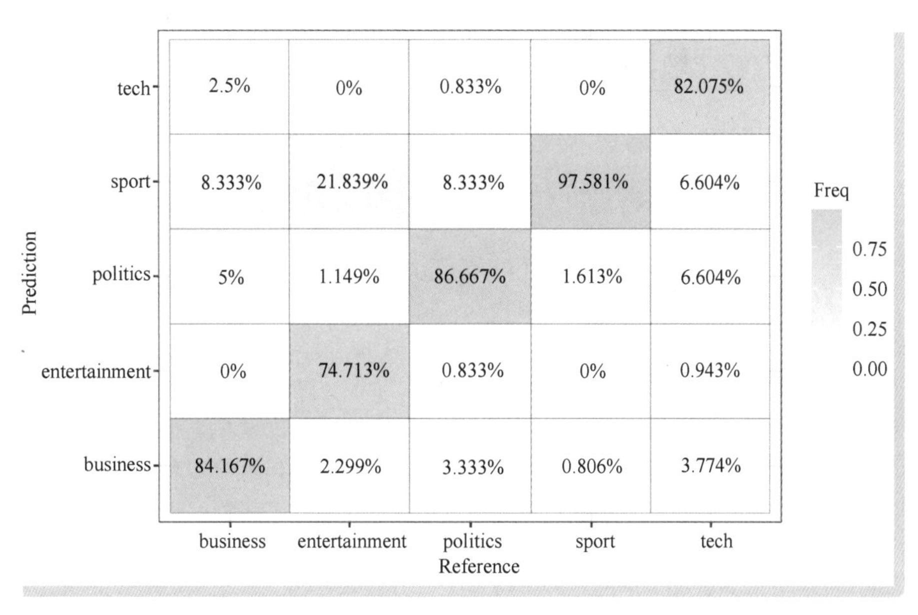

● 图 13-9 测试集上混淆矩阵的热力图

13.3 支持向量机

支持向量机（Support Vector Machine，SVM）是一种有监督学习算法，用于分类和回归任务。它的主要思想是找到一个超平面，将不同类别的数据点分隔开，并且使得该超平面与最近的数据点之间的距离最大化。这些最近的数据点被称为支持向量。

支持向量机分类重点是求解能够正确划分数据集并且几何间隔最大的分离超平面，利用该超平面使得任何一类的数据划分都相当均匀。对于线性可分的训练数据而言，线性可分离超平面有无穷多个，但是几何间隔最大的分离超平面是唯一的。

间隔最大化的直观解释是：对训练数据集找到几何间隔最大的超平面，意味着以充分大的确信度对训练数据进行分类。而最大间隔是由支持向量来决定的，关于二分类问题，支持向量是指距离划分超平面最近的正类的点和负类的点。

使用支持向量机算法时，由于并不是所有的问题都是线性可分的，这就需要使用不同的核函数。正是因为核函数的引入才使支持向量机能够训练出任意形状的超平面。使用核函数的方式又称为核技巧，核技巧可以将需要处理的问题映射到一个更高维度的空间，从而对在低维不好处理的问题转在高维空间中进行处理，进而得到精度更高的分类器。常用的核函数有线性核函数、多项式核函数、径向基核函数和 sigmoid 核函数等。

支持向量机的实际使用中，很少会有一个超平面将不同类别的数据完全分开，所以对划分边界近似线性的数据使用软间隔的方法，允许数据跨过划分超平面，这样就会使得一些样本分类错误。通过对分类错误的样本施加惩罚，可在最大间隔和确保划分超平面边缘的正确分类之间寻找一个平衡。

在 R 语言中，可使用 e1071 包实现支持向量机的分类、回归、异常值的识别，及其可视化分析等。下面介绍如何使用 SVM 算法对手写数字数据进行分类。

13.3.1 手写数字数据准备

使用 SVM 对手写数字数据分类之前，先导入会使用的包，并读取数据的训练集和测试集，程序如下。

```
library(e1071);library(readr);library(Metrics);library(Rtsne)
## 导入数据
train_digit <- read_csv("data/chap13/digit_train.csv",col_names = FALSE)
test_digit <- read_csv("data/chap13/digit_test.csv",col_names = FALSE)
nrow(train_digit)
nrow(test_digit)
## [1] 3823
## [1] 1797
```

从上面的程序输出可知，手写数字数据集一共有 3823 个训练样本、1797 个测试样本。下面从训练集随机挑选 300 个样本，对手写字体图像进行可视化查看。运行下面的程序可获得图 13-10 所示的图像。

```
## 可视化训练集中的几个样本
set.seed(123)
index <- sample(1000,300)
par(mfrow = c(15,20),mai=c(0.01,0.01,0.01,0.01))
for(ii in 1:length(index)){
  im <- matrix(unname(unlist(train_digit[index[ii],1:64])),
              nrow=8,ncol = 8,byrow = F)
  image(im,col = gray(seq(0, 1, length = 256)),xaxt= "n", yaxt= "n")
}
```

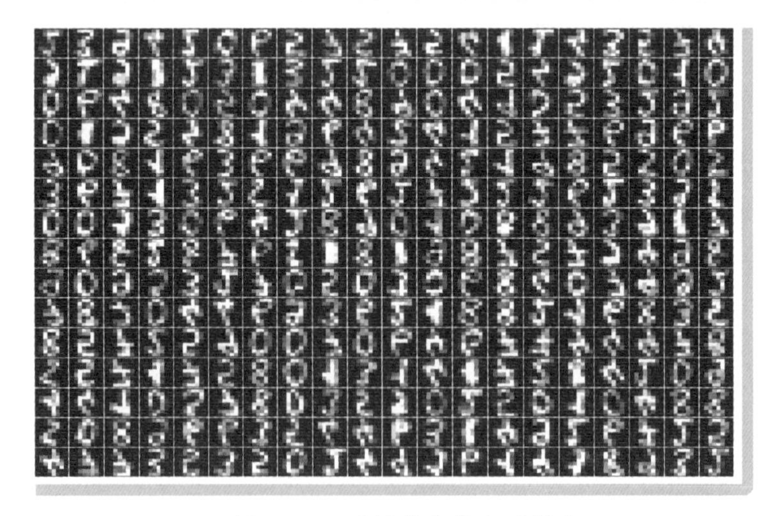

● 图 13-10　手写数字样本可视化

13.3.2 支持向量机分类

下面使用训练数据集训练一个支持向量机分类器，使用 svm( ) 函数，通过参数 kernel ="radial" 指定使用径向基核函数，并计算通过获得的模型在训练集和测试集上的预测精度，程序和输出结果如下。

```
## 使用原始数据建立支持向量机模型并预测精度
train_digit$X65 <- as.factor(train_digit$X65)
test_digit$X65 <- as.factor(test_digit$X65)
digitsvm <- svm(X65 ~., data = train_digit,kernel ="radial",scale = FALSE)
digitsvm
## Call:
## svm(formula = X65 ~ ., data = train_digit, kernel = "radial", scale = FALSE)
## Parameters:
##    SVM-Type:  C-classification
##  SVM-Kernel:  radial
##        cost:  1
## Number of Support Vectors:  3811
## 对训练集和测试集进行预测,查看模型的精度
train_pre <- predict(digitsvm,train_digit,type = "class")
test_pre <- predict(digitsvm,test_digit,type = "class")
sprintf("支持向量机在训练集上的预测精度:%4f",accuracy(train_digit$X65,train_pre))
sprintf("支持向量机在测试集上的预测精度:%4f",accuracy(test_digit$X65,test_pre))
## [1] "支持向量机在训练集上的预测精度:1.000000"
## [1] "支持向量机在测试集上的预测精度:0.562048"
```

从上面的输出结果中可以发现，获得的模型在训练集上的精度为 100%，但是在测试集上的精度并不高。可能的原因是没有对数据进行标准化或者特征提取等操作。下面使用 t-SNE 算法获取数据的降维特征，然后再训练新的 SVM 模型，并查看模型的效果。

13.3.3 SVM 对 t-SNE 特征分类

在下面的程序中，首先利用 t-SNE 算法将手写数字数据集降维到二维空间中，然后再使用相同的参数训练一个 SVM 分类器，并可视化新的分类器在训练集上的分界面（图 13-11），程序和输出结果如下所示。

```
## 利用 t-SNE 算法将训练集和测试集降维到二维空间中
digit_all <-rbind(train_digit,test_digit) ##合并训练集和测试集
system.time(     # 可以获取 t-SNE 算法的消耗时间
digit_tsne <- Rtsne(digit_all[,1:64],dims = 2,pca = FALSE,
                    perplexity = 50,theta = 0.0,max_iter = 500)
)
##    user  system elapsed
## 257.343  82.169 340.113
## 将提取的 t-SNE 特征切分为训练集和测试集
train_digit_tsne <- as.data.frame(digit_tsne$Y[1:nrow(train_digit),])
train_digit_tsne$label <- as.factor(train_digit$X65)
test_digit_tsne <- as.data.frame(digit_tsne$Y[-c(1:nrow(train_digit)),])
test_digit_tsne$label <- as.factor(test_digit$X65)
## 训练支持向量机模型
set.seed(123)  # radial 核 SVM 分类器
digitsvm <- svm(label ~., data = train_digit_tsne,kernel ="radial",scale = FALSE)
digitsvm
## Call:
## svm(formula = label ~ ., data = train_digit_tsne, kernel = "radial",
```

```
##     scale = FALSE)
## Parameters:
##    SVM-Type:  C-classification
##  SVM-Kernel:  radial
##        cost:  1
## Number of Support Vectors:  1431
## 可视化获得的 SVM 分类器对数据的切分情况
par(mfrow = c(1,1))
plot(digitsvm,data = train_digit_tsne,V1~V2,
    symbolPalette = rainbow(10),color.palette = terrain.colors)
```

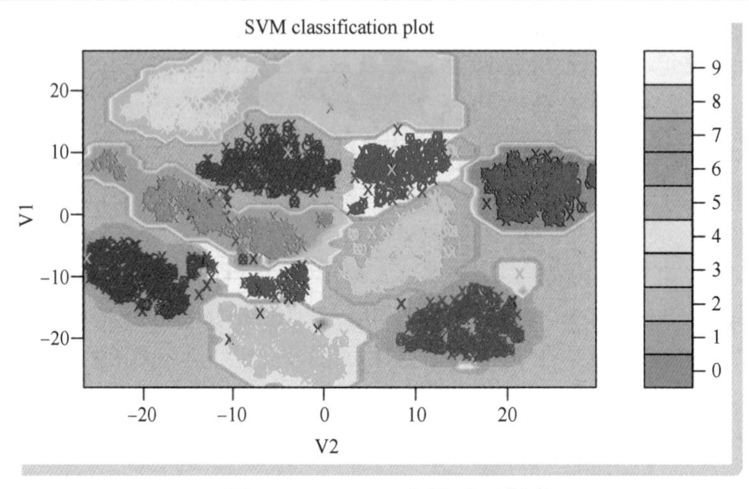

● 图 13-11　SVM 分界面可视化

从图 13-11 所示的分界面可以看出，针对降维后的数据特征，使用 SVM 算法能够很好地将不同类的数据进行划分。

下面是计算新的 SVM 分类器在训练集和测试集上预测精度的程序。从输出结果可以发现，模型在训练集和测试集上的预测精度都很高，预测准确率都接近 100%。

```
## 对训练集和测试集进行预测,查看模型的精度
train_pre <- predict(digitsvm,train_digit_tsne,type = "class")
test_pre <- predict(digitsvm,test_digit_tsne,type = "class")
sprintf("支持向量机在训练集上的预测精度:%4f",
        accuracy(train_digit_tsne$label,train_pre))
sprintf("支持向量机在测试集上的预测精度:%4f",
        accuracy(test_digit_tsne$label,test_pre))
## [1] "支持向量机在训练集上的预测精度:0.991106"
## [1] "支持向量机在测试集上的预测精度:0.989983"
```

13.4 本章小结

本章主要介绍了几种分类算法的 R 语言实战，分别是利用决策树模型和随机森林模型，对关于收入的统计调查数据进行分类；利用朴素贝叶斯模型对文本数据进行分类；以及利用支持向量机模型对手写数字数据进行分类。

使用 R Markdown 创建报告

❖本章导读

R Markdown 是 R 语言环境提供的 Markdown 编辑工具，需要使用 knitr 包和 rmarkdown 扩展包。运用 R Markdown 撰写分析报告，既可以提高数据分析工作的便捷性，也可以提高数据分析报告的复用性。利用 R Markdown 能够更方便地进行数据探索与分析，它能将 R 语言代码、说明文档以及输出的分析结果有机地结合在一起。可视化图表还可以设计成可交互的内容，增强报告的交互性和可读性，有利于对数据的理解和建模，还能在一定程度上避免对结果的伪造和篡改。

R Markdown 格式简称为 Rmd 格式，相应的源文件扩展名为.Rmd。输出格式可以是 HTML、docx、PDF、beamer 幻灯片，也可以是与 shiny、flexdashboard 等相结合制作的可视化应用、仪表盘等。本章主要介绍 R Markdown 框架结构、使用 R Markdown 输出网页，以及使用 R Markdown 制作幻灯片等，以更好地完成数据的分析与挖掘任务。

❖知识技能

本章知识技能及实战案例如下所示。

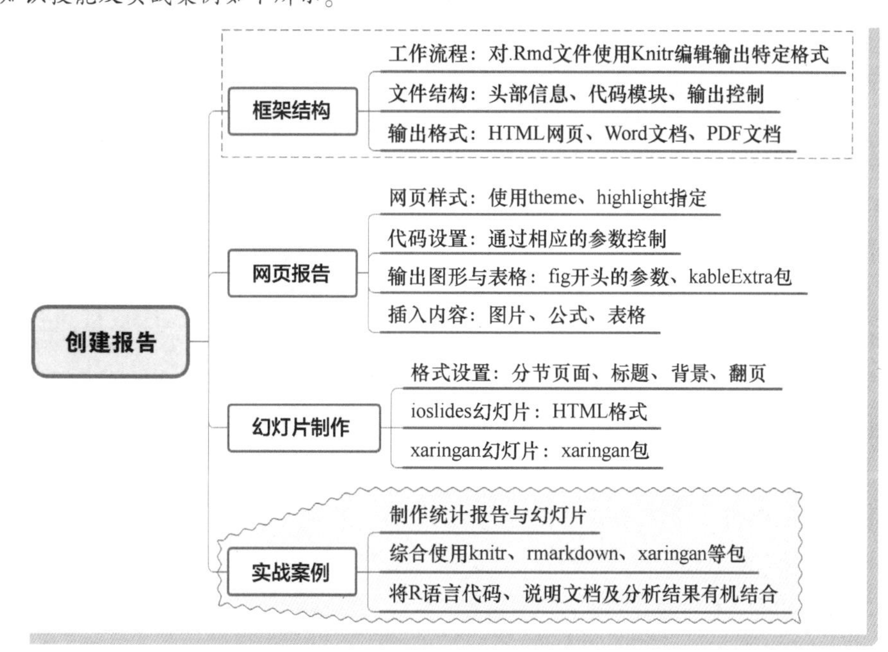

R Markdown 的内容非常丰富，读者感兴趣的话可以参考其他资料。

14.1 R Markdown 框架结构

本节主要介绍利用 R Markdown 生成其对应文档输出的基本过程。

14.1.1 R Markdown 工作流程

利用 R Markdown 生成 HTML、docx、PDF 等文件形式的输出非常简单，只需要将编辑好的.Rmd 文件，使用 Knitr 编辑选择想要的输出格式即可，其使用过程如图 14-1 所示。

需要注意的是：输出 HTML 和 Word 文件（docx 格式），直接使用 R Markdown 即可完成，但是输出 PDF 文件，需要在计算机上安装 Latex 相关的编辑器。

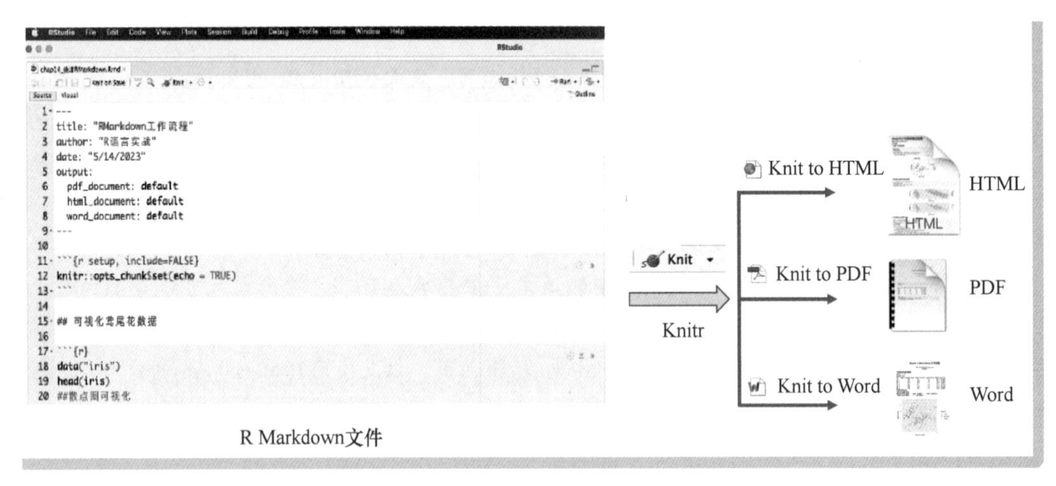

● 图 14-1 将.Rmd 文件输出为想要的格式

14.1.2 R Markdown 文件结构

在 RStudio 中可直接新建 R Markdown 文件，其相应的界面如图 14-2 所示。

在图 14-2 中，不同的部分使用了不同的编号，下面对这些编号的内容进行简单的说明。

1）R Markdown 文件的头部信息，使用一组“---”包围，主要包括文件的名称（title）、作者（author）、日期（date）、输出格式（output）等信息。

2）R Markdown 文件中的标题等内容，通常使用#号开头，几个#号表示为几级标题，一个“#”号表示是一级标题。

3）R Markdown 文件中的 R 语言代码块。该代码块可以正常运行和输出，使用“```{r} ```”包裹。同时代码块也可以使用其他语言，如 Python、D3（JavaScript 的数据可视化库）、SQL 等。

4）R Markdown 文件的二级标题，使用两个#号开头。

5）R Markdown 文件中的普通文本内容，可以对程序和结果进行一些说明等。

6）R Markdown 文件中插入的链接，链接使用“< >”包裹。

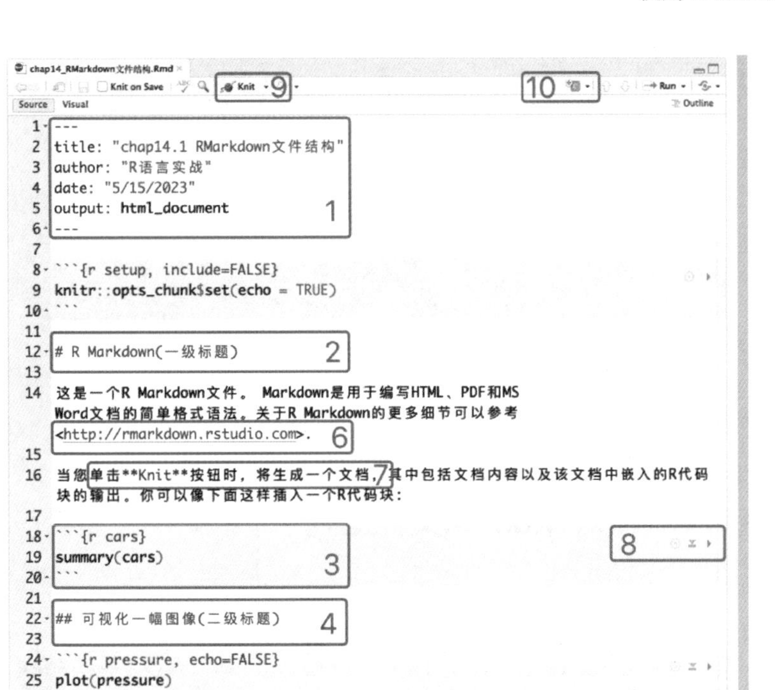

● 图 14-2　R Markdown 文件界面

7）R Markdown 文件中通过“＊＊　＊＊”包裹将文本加粗输出。

8）代码块的设置与运行按钮，可以运行程序并对代码块进行相关的设置。

9）Knit 按钮，对 R Markdown 文件编辑输出的快捷键。

10）R Markdown 文件中插入代码块的快捷按钮，同时也可以选择不同的编程语言。

将图 14-2 所示的 R Markdown 文件输出为 HTML 文件的结果，如图 14-3 所示。

14.1.3　R Markdown 输出格式

本小节介绍使用 R Markdown 文件生成不同格式输出的基本情况，使用的 R Markdown 文件（提供的程序中“chap14.1_RMarkdown 输出格式.Rmd”文件）的内容如下所示。

```
---
title: "chap14.1 RMarkdown 输出格式"
author: "R 语言实战"
date: "5/14/2023"
output:
  pdf_document: default
  html_document: default
  word_document: default
---


```{r setup, include=FALSE}
```
```

```
knitr::opts_chunk$set(echo = TRUE)
```

可视化鸢尾花数据

```{r}
data("iris")
head(iris)
##散点图可视化
library(ggplot2)
ggplot(iris,aes(x = Sepal.Length, y = Sepal.Width))+
  geom_point(aes(colour = Species))
```
```

chap14.1 RMarkdown文件结构

R语言实战

5/15/2023

头部文件的输出

R Markdown(一级标题)

这是一个R Markdown文件。 Markdown是用于编写HTML、PDF和MS Word文档的简单格式语法。关于R Markdown的更多细节可以参考 http://rmarkdown.rstudio.com.

当您单击**Knit**按钮时，将生成一个文档，其中包括文档内容以及该文档中嵌入的R代码块的输出。你可以像下面这样插入一个R代码块:

```
summary(cars)
```

R代码块

```
##      speed           dist       
##  Min.   : 4.0   Min.   :  2.00  
##  1st Qu.:12.0   1st Qu.: 26.00  
##  Median :15.0   Median : 36.00  
##  Mean   :15.4   Mean   : 42.98  
##  3rd Qu.:19.0   3rd Qu.: 56.00  
##  Max.   :25.0   Max.   :120.00  
```

R代码块的输出

可视化一幅图像(二级标题)

图形的程序在此处未输出

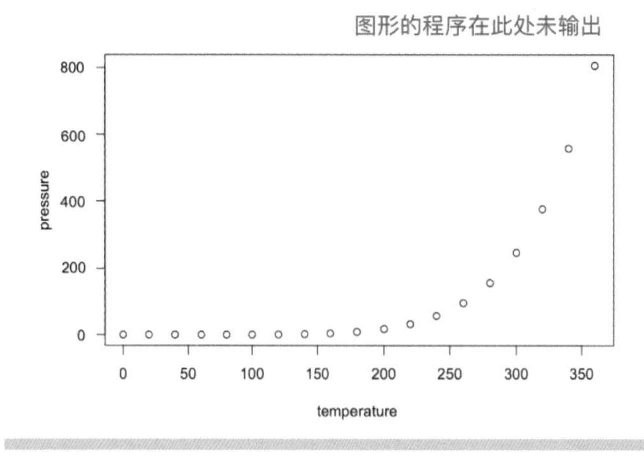

● 图 14-3　输出的 HTML 文件截图

单击 RStudio 中的 Knit 按钮，选择相应的类型，可以输出 HTML 网页、Word 文档和 PDF 文档。

（1）输出 HTML 网页

以输出 HTML 网页为目标，运行程序后可输出图 14-4 所示的结果。
```

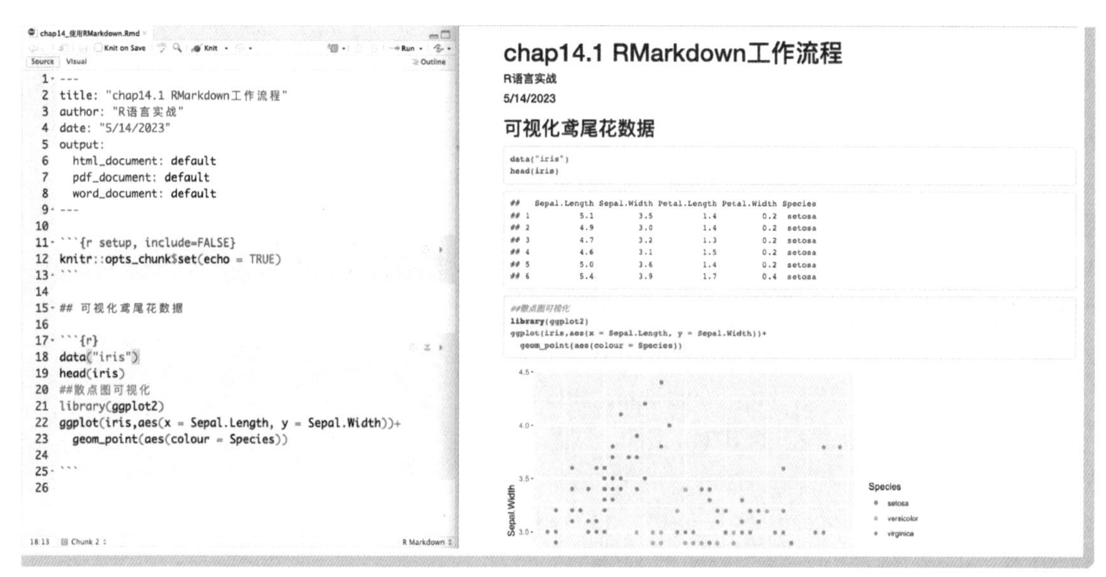

● 图 14-4　输出 HTML 文件截图

输出的 HTML 网页，不仅可以使用 RStudio 中的 Viewer 窗口查看，还可以使用常用的浏览器查看，非常方便。

（2）输出 Word 文档

以输出 Word 文档为目标，运行程序后可获得图 14-5 所示的结果。

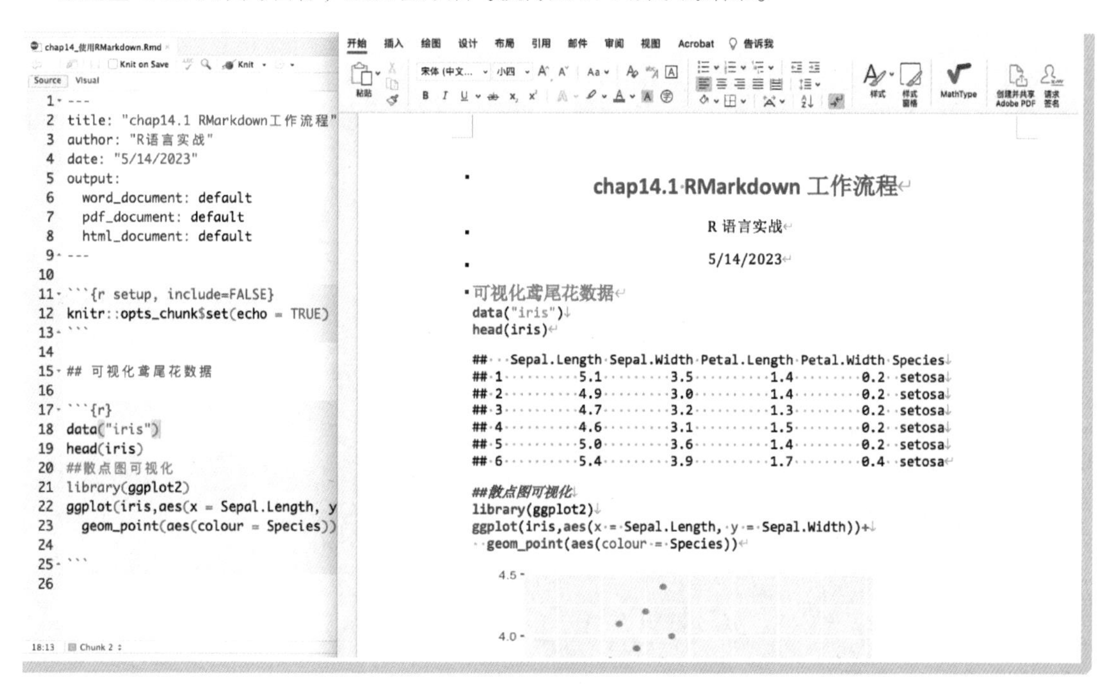

● 图 14-5　输出的 Word 文件截图

输出的 Word 文档，不仅可以使用 Word 等工具查看，还可以对其中的内容进行进一步的编辑，大大提升了工作效率。

（3）输出 PDF 文档

需要注意的是，输出 PDF 格式文档的过程比较麻烦，mac OS 系统需要安装 MacTex2013+、Windows 系统需要安装 MiKTex、Linux 系统需要安装 Tex Live2013+，而且安装各种 Tex 版本也是一件很麻烦的事情。虽然谢益辉为 R Markdown 专门开发了 TinyTex（一个超轻量级的 Latex 环境），但是部署起来还是没有那么容易。因此，这里就不再详细介绍如何正确地输出 PDF 文件，尤其是带有中文的 PDF 文件。感兴趣的读者可以将生成的 HTML 网页、Word 文档转化成 PDF 文件，或参考下面的链接进行尝试。

TinyTex 的 Github 链接：https://github.com/yihui/tinytex。

TinyTex 的使用教程链接：https://yihui.org/tinytex/。

由于使用 R Markdown 输出的 HTML 文件（网页）的查看更加方便，输出格式更加丰富，所以在下面的内容中，将主要介绍输出 HTML 文件的相关内容。

14.2 R Markdown 输出网页报告

R Markdown 生成的 HTML 文件的内容非常丰富，不仅可以设置不同形式的外观输出，还可以控制代码块的输出和渲染结果等。本节将详细介绍，如何输出内容更加丰富的 HTML 格式的网页文件，以及供浏览器查看的相应分析报告。

14.2.1 输出网页的样式

控制输出网页样式的方法有很多种，最简单方便的是通过头文件控制网页的输出结果，例如：

1）通过 theme 指定用于页面的 Bootstrap 主题，常用的选项包括 default、cerulean、journal、flatly、darkly、readable、spacelab、united、cosmo、lumen、paper、sandstone、simplex、yeti 等。如果不指定主题，也可通过 css 参数进行相应的设置。

2）通过 highlight 指定突出（高亮）显示的样式，常用的样式包括 default、tango、pygments、kate、monochrome、espresso、zenburn、haddock、breezedark、textmate，也可以使用 null 防止语法高亮显示。

例如，针对本书提供的 R Markdown 文件“chap14.2_RMarkdown 输出网页的样式 1.Rmd”，通过 theme 和 highlight 设置输出的样式，其头文件的内容如下所示。

```
---
title: "chap14.2 RMarkdown 输出网页的样式"
author: "R 语言实战"
date: "5/15/2023"
output:
  html_document:
    theme: cerulean
    highlight: tango
---
```

运行文件“chap14.2_RMarkdown 输出网页的样式 1.Rmd”，并输出 HTML 文件，其结果如图 14-6 所示。

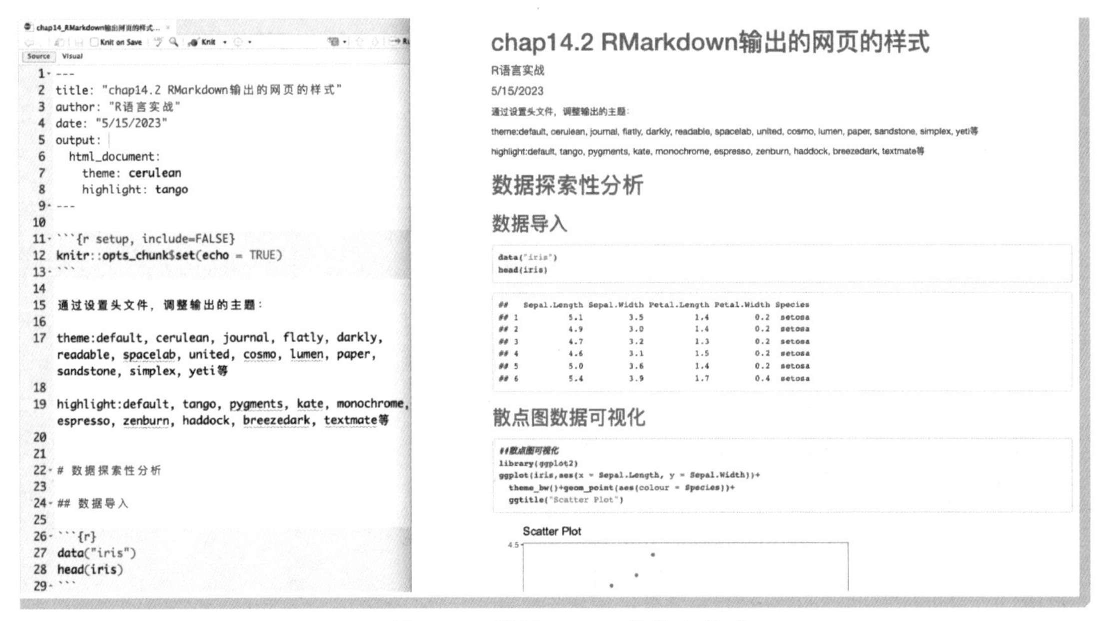

● 图 14-6　设置 HTML 的输出格式

除了可以使用 theme 和 hightlight 之外，还有其他的参数可以设置，如：通过 toc：选项指定是否自动生成目录；使用 toc_depth 选项表示目录包含的章节层级数；使用 toc_float 参数表示生成的文档是否在左侧显示一个目录导览窗格；通过 number_sections 选项表示是否自动对章节编号；使用 df_print 指定表格输出样式；使用 code_folding 指定代码的输出样式，也可以设置与图像相关的参数（如 fig_width、fig_height、fig_retina、fig_caption、dev 等）等。

例如，针对本书提供的 R Markdown 文件“chap14.2_RMarkdown 输出网页的样式 2.Rmd”，通过指定上述的相关参数设置输出的样式，其头文件的内容如下所示。

```
---
title: "chap14.2 RMarkdown 输出网页的样式 2"
author: "R 语言实战"
date: "12/15/2023"
output:
  html_document:
    toc: true
    toc_depth: 2
    #toc_float: true
    number_sections: true
    df_print: paged
    code_folding: show
    fig_width: 8
    fig_height: 6
---
```

运行文件“chap14.2_RMarkdown 输出网页的样式 2.Rmd”，并输出 HTML 文件，其结果如图 14-7 所示。

R Markdowm 除了默认的主题外，还可以通过加载 rticles、prettydoc、rmdformats、tufte 等包获取更多主题格式，如 GitHub 的输出格式，可以使用如下所示的头文件进行控制。

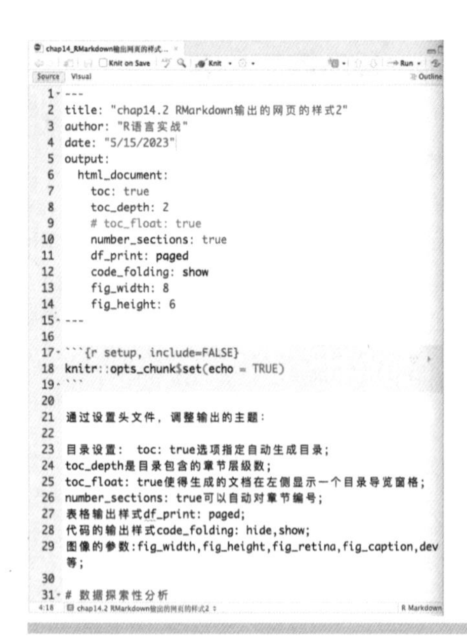

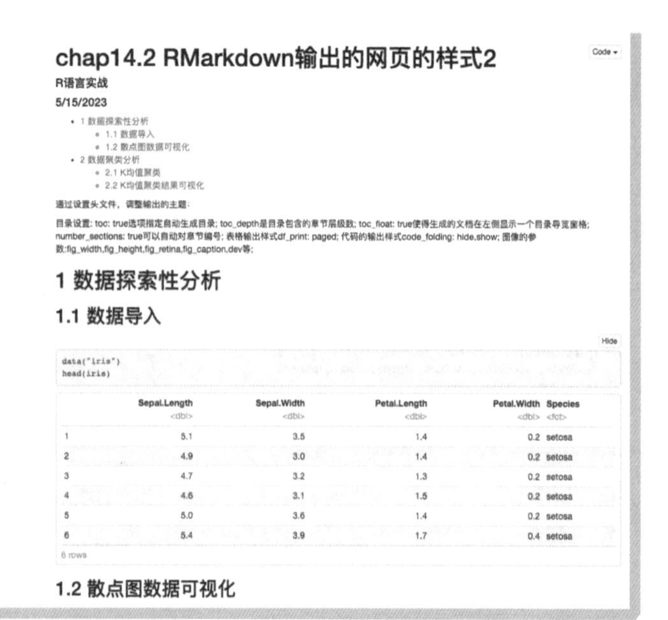

● 图 14-7 带目录的 HTML 文件

```
---
title: "chap14.2 RMarkdown 输出网页的样式 3"
author: "R 语言实战"
date: "12/15/2023"
output:github_document
---
```

运行文件“chap14.2_RMarkdown 输出网页的样式 3.Rmd”，会输出 GitHub 格式的 HTML 文件，其结果如图 14-8 所示。

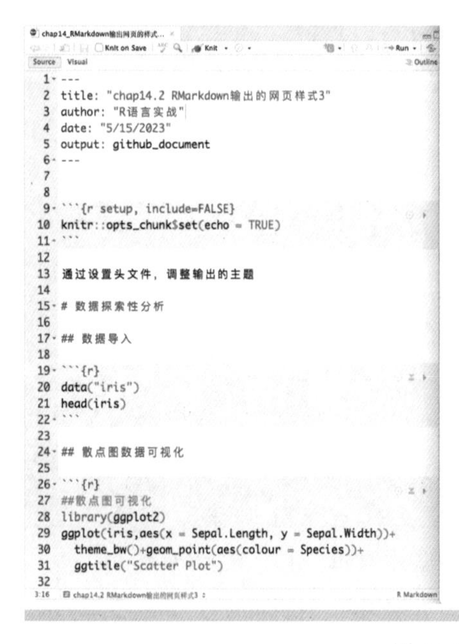

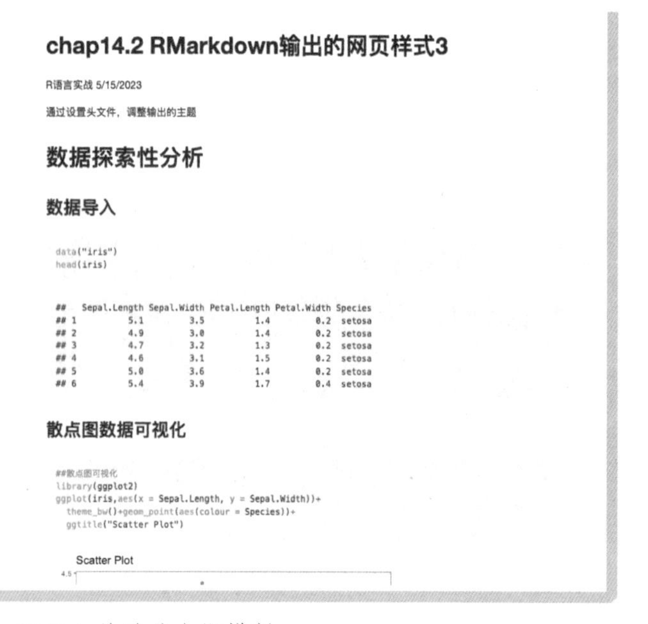

● 图 14-8 GitHub 的默认主题模版

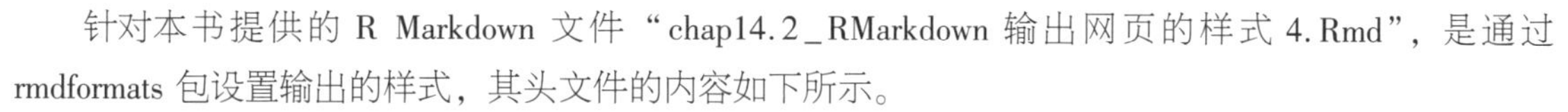

针对本书提供的 R Markdown 文件“chap14.2_RMarkdown 输出网页的样式 4.Rmd”，是通过 rmdformats 包设置输出的样式，其头文件的内容如下所示。

```
---
title: "chap14.2 RMarkdown 输出网页的样式 4"
author: "R 语言实战"
date: "5/15/2023"
output:
  rmdformats::readthedown:
    self_contained: true
    thumbnails: true
    lightbox: true
    gallery: false
    number_sections: true
---
```

运行文件“chap14.2_RMarkdown 输出网页的样式 4.Rmd”，输出的 HTML 文件结果如图 14-9 所示。

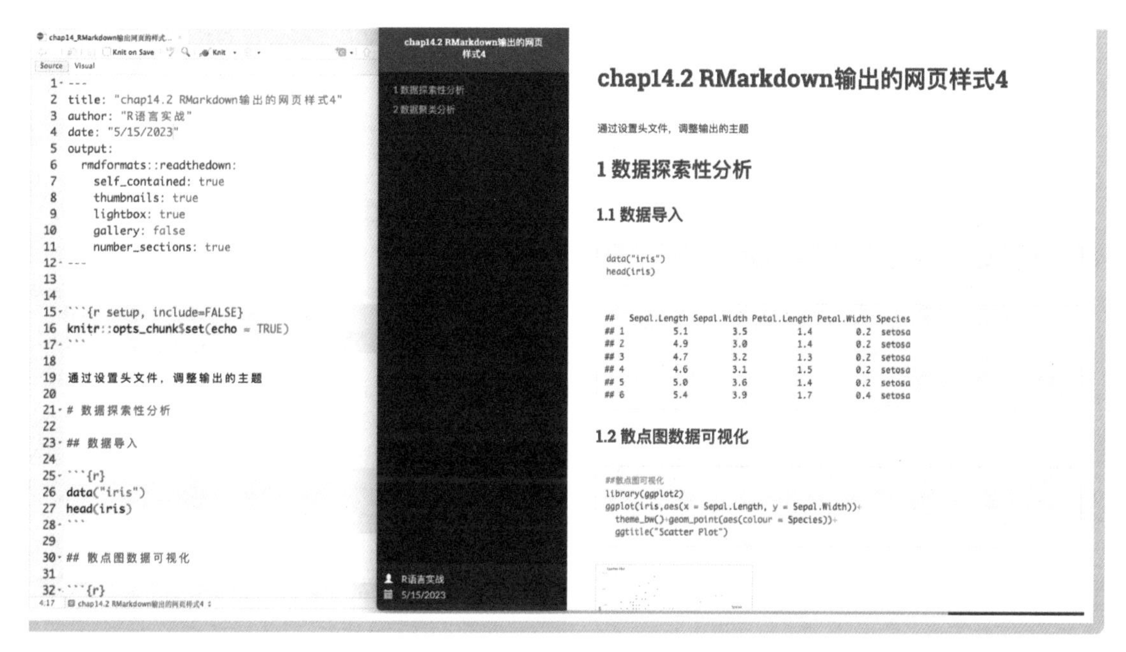

• 图 14-9　通过 rmdformats 包设置的 HTML 样式

14.2.2　行内代码与代码块设置

介绍了如何输出 HTML 文件的主题格式之后，下面介绍在 R Markdown 中如何使用行内代码和 R 代码块。

（1）行内代码

行内代码即在 R Markdown 要输出文本中插入可运行的 R 代码，其需要使用`r `将 R 代码包裹。在上述示例中，分别在 3 个位置插入行内代码（提供的文件 chap14.2_行内代码.Rmd），分别是：

1）在输出的时间上，使用 R 语言行内代码计算程序输出 HTML 时的时间。

2）在输出加粗文本的部分，使用 R 语言行内代码输出加粗的运行结果。

3）在输出的普通文本描述中插入 R 语言行内代码，用于输出数据的相关描述。

运行程序后可获得图 14-10 所示的输出。

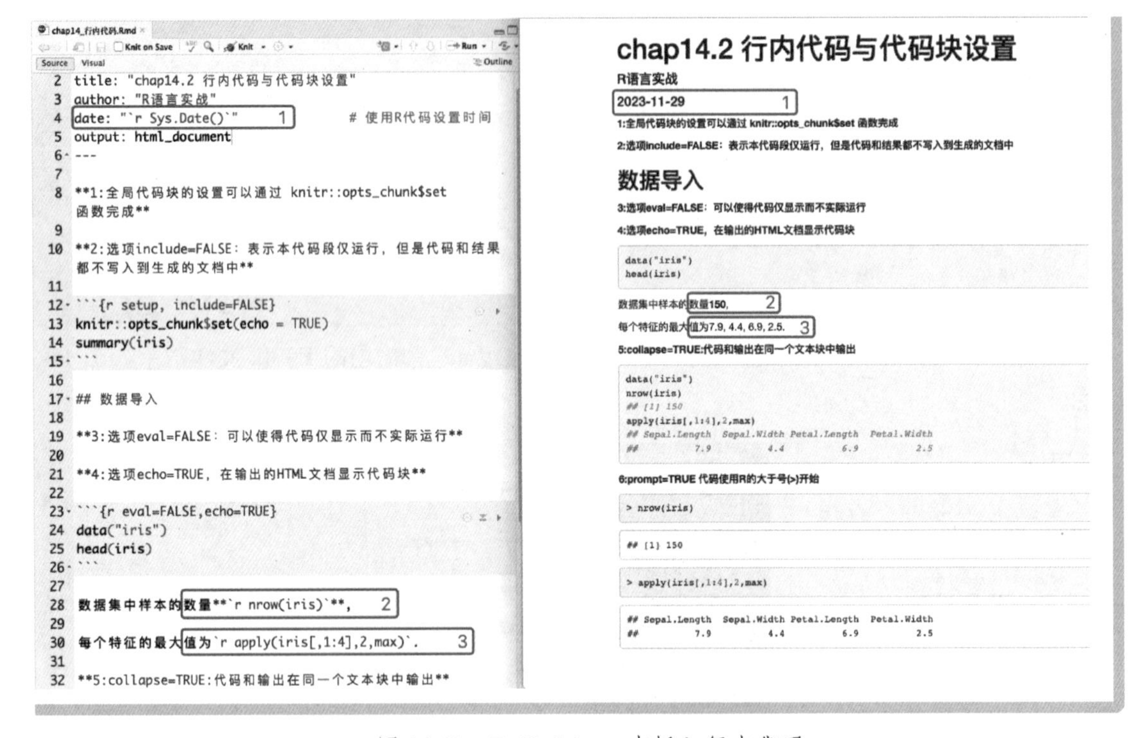

● 图 14-10　R Markdown 中插入行内代码

（2）代码块

关于插入的代码块，可以通过相应的参数控制代码块的输出情况，如只输出程序而不运行程序、只输出程序的运行结果等。相关参数的使用如表 14-1 所示。

表 14-1　控制代码块输出的相关参数

参　数	功　能
include	如果取值为 FALSE，表示本代码段仅运行，但是代码和结果都不写入生成的文档中
eval	如果取值为 FALSE，表示可以使得代码仅显示而不实际运行
echo	如果取值为 TRUE，表示在输出的文档中显示代码块
collapse	如果取值为 TRUE，表示代码和输出在同一个文本块中
prompt	如果取值为 TRUE，表示输出的代码使用 R 语言的大于号（>）开始
results	设置文本型结果的输出类型，可以选择 markup、hide、hold 和 asis 等
warning	如果取值为 FALSE，表示代码段的警告信息不进入编译结果，可用于屏蔽载入包时的提示信息
error	如果取值为 FALSE，表示错误信息不进入编译结果
message	如果取值为 FALSE 表示使 message 级别的信息不进入编译结果

针对表 14-1 相关参数的使用情况，可以参考本书提供的文件“chap14.2_行内代码.Rmd”。运行该程序，可获得图 14-11 所示的结果。

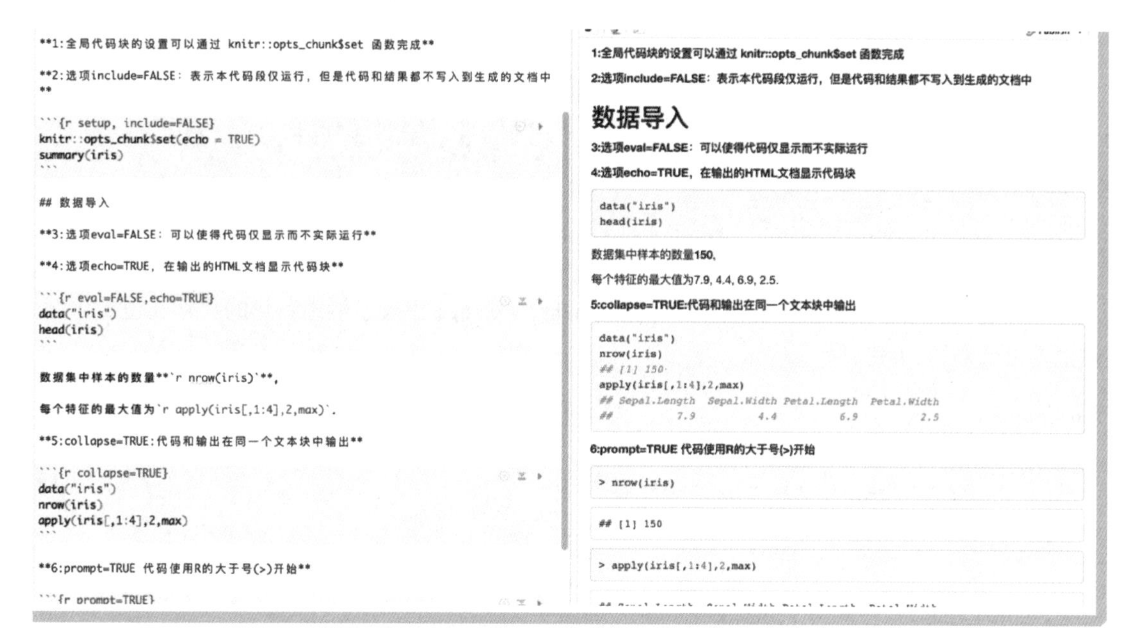

● 图 14-11　代码块相关参数的使用

如果想要对全局代码块进行统一的设置，可以在文件的开头通过 knitr::opts_chunk $set() 函数完成。同时还可以对 R 语言代码块输出的图像进行相应的设置，这些将在下一小节进行相应的介绍。

14.2.3　代码块输出图形

针对代码块中与图形相关的设置，可以使用 fig 开头的相关参数，如表 14-2 所示。

表 14-2　控制代码块输出图形格式的相关参数

参　数	功　能
fig.show	设置图形输出方式，取值为 asis（图形在产生它们的代码后面）、hold（所有代码产生的图形都放在一个完整的代码块之后）、animate（所有生成的图形合成一个动画）、hide（不展示产生的图形）
fig.width	设置图形输出的宽度
fig.height	设置图形输出的高度
fig.align	设置图形位置排版格式，默认为 left（靠左），可以为 right（靠右）、center（居中）
fig.cap	设置图形的标题
fig.subcap	设置图形的副标题
out.width	设置图形输出的实际宽度，可以使用百分比自适应输出的大小
out.height	设置图形输出的实际高度，可以使用百分比自适应输出的大小

针对代码块中输出不同格式图形的示例，可以参考本书提供的文件“chap14.2_行内代码.Rmd”。该文件中介绍了 3 种相关代码块输出图形的示例，下面对它们进行简单的介绍。

（1）设置图形尺寸和排版位置

````
```{r fig.width=4,fig.height=3,fig.align='center'}
data("iris")
##散点图可视化
library(ggplot2)
ggplot(iris,aes(x = Sepal.Length, y = Sepal.Width))+
  theme_bw()+geom_point(aes(colour = Species))+
  ggtitle("Scatter Plot")

```
````

在上面的代码块中，通过参数 fig.width、fig.height、fig.align 设置了输出图形的尺寸和位置，运行后输出的结果如图 14-12 所示。

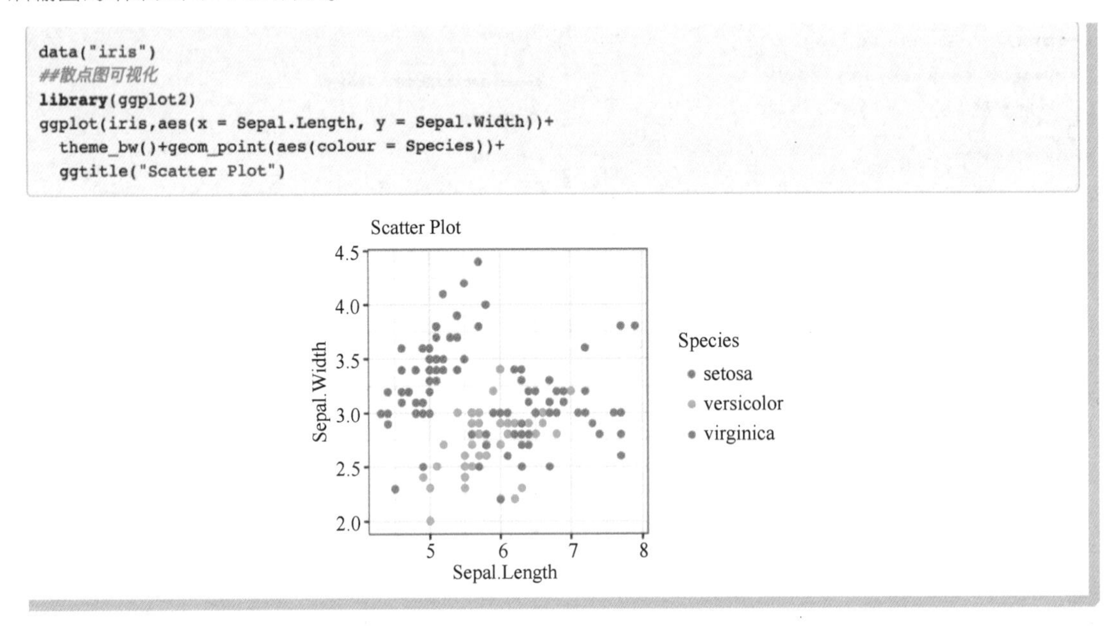

● 图 14-12　设置图形的尺度和位置

（2）所有图形放置在代码块的后面

````
```{r fig.show='hold',fig.align='right',fig.height=2}
k3 <-kmeans(iris[,1:4],centers = 3)
library(ggfortify)
autoplot(k3,iris[,1:4],frame = TRUE)
autoplot(k3,iris[,1:4])
```
````

在上面的代码块中，通过参数 fig.show=' hold '设置所有图像都放在一个完整的代码块后面，运行后输出的结果如图 14-13 所示。

（3）多张图形以动画的形式输出

````
```{r fig.show='animate',animation.hook='gifski'}
spec <- unique(iris$Species)          #  花的种类
````
````

````
colour <- c("red","blue","black")    #  点的颜色
shap <- c(20,21,22)                  #  点的形状
## 可视化散点图
for(ii in 1:3){
  spe <- spec[ii]
  X = iris[iris$Species == spe,1]
  Y = iris[iris$Species == spe,2]
  plot(X,Y,col = colour[ii],pch = shap[ii],xlim=range(4:8),
      ylim=range(2:5), main = "Iris Scatter")
  legend(list(x = 4,y = 4.5),legend = spec,col = colour,pch = shap)
}
```
````

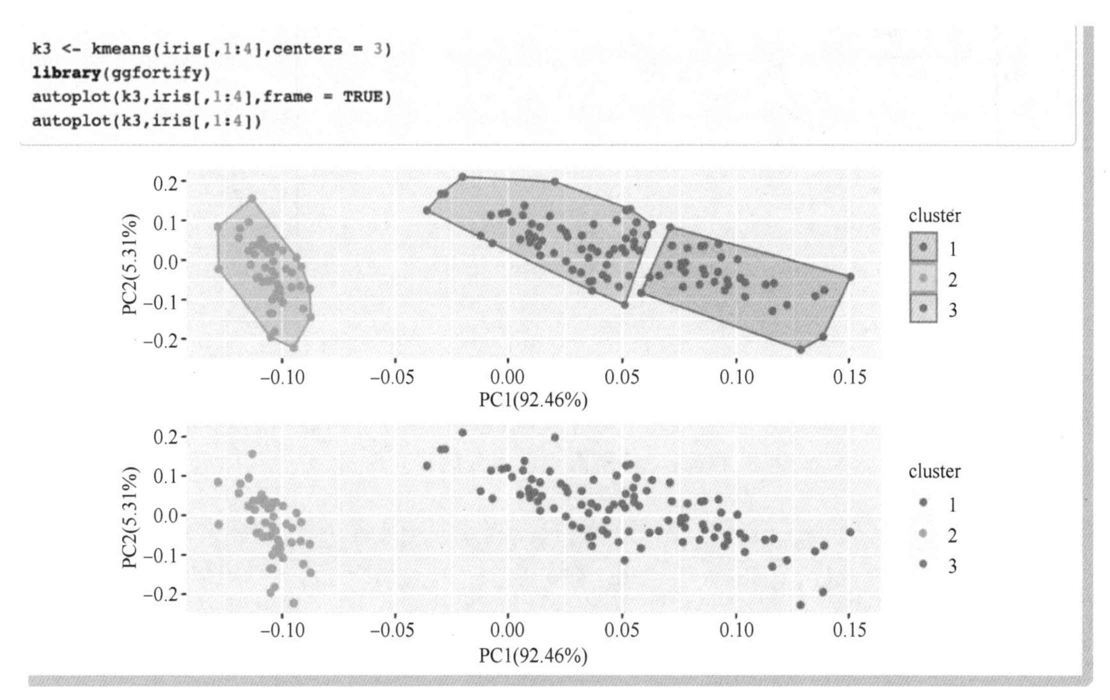

● 图 14-13　所有图形放置在代码块的后面

在上面的代码块中，通过参数 fig.show=' animate '设置将多张图形生成一个动画，然后输出，运行程序后输出结果的一幅截图如图 14-14 所示。

注意：图 14-14 是动画的一张截图，动态过程可以通过运行程序观察。

14.2.4　代码块输出表格

关于表格数据的输出，除了默认的效果外，也能进行相应的设置，在本书提供的 R Markdown 文件“chap14.2_代码块输出表格.Rmd”中，提供了多种不同的表格输出方法，下面对其进行简单的介绍。

(1) 默认的表格输出

R Markdown 的默认输出是通过#开头的，因此针对表格的输出也会使用#开头，如下面的 R 代码
````

段，其默认输出结果如图 14-15 所示。

```
  spe <- spec[ii]
  X = iris[iris$Species == spe,1]
  Y = iris[iris$Species == spe,2]
  plot(X,Y,col = colour[ii],pch = shap[ii],xlim=range(4:8),
       ylim=range(2:5), main = "Iris Scatter")
  legend(list(x = 4,y = 5),legend = spec,col = colour,pch = shap)
}
```

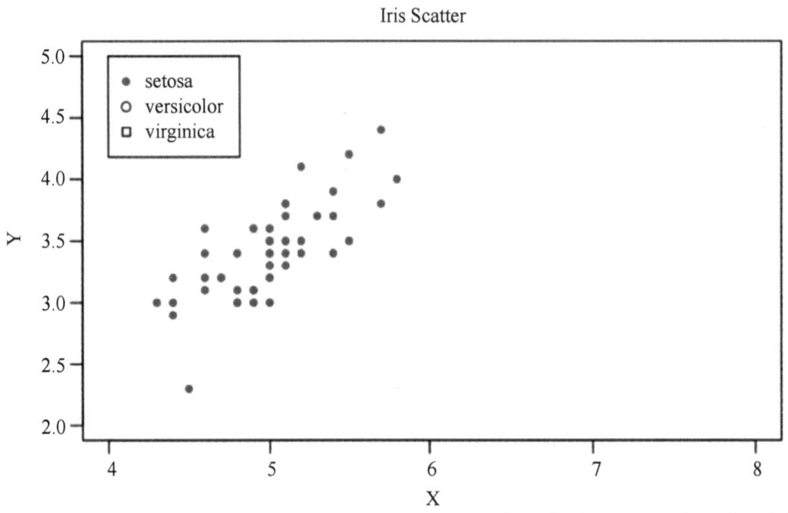

Iris Scatter

setosa
versicolor
virginica

Y

X

● 图 14-14　多张图形以动画的形式输出

```
```{r}
data("iris")
head(iris)
```
```

```
data("iris")
head(iris)
```

```
##   Sepal.Length Sepal.Width Petal.Length Petal.Width Species
## 1          5.1         3.5          1.4         0.2  setosa
## 2          4.9         3.0          1.4         0.2  setosa
## 3          4.7         3.2          1.3         0.2  setosa
## 4          4.6         3.1          1.5         0.2  setosa
## 5          5.0         3.6          1.4         0.2  setosa
## 6          5.4         3.9          1.7         0.4  setosa
```

● 图 14-15　表格的默认输出结果

（2）使用 knitr::kable( )函数设置输出的表格内容

利用 knitr 包中的 kable( )函数，可以设计输出表格的样式。在下面的代码块中，通过 kable( )函数设置输出数据的小数部分，有效位保留到后 4 位数，其输出的结果如图 14-16 所示。

````
```{r}
k3 <-kmeans(iris[,1:4],centers = 3)
knitr::kable(k3$centers,digits = 4)
```
````

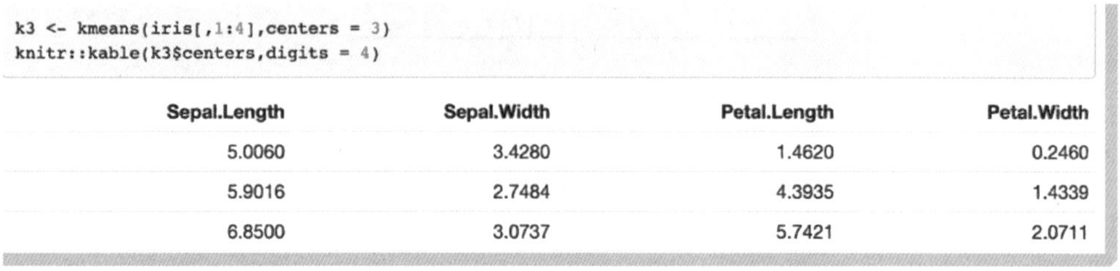

```
k3 <- kmeans(iris[,1:4],centers = 3)
knitr::kable(k3$centers,digits = 4)
```

Sepal.Length	Sepal.Width	Petal.Length	Petal.Width
5.0060	3.4280	1.4620	0.2460
5.9016	2.7484	4.3935	1.4339
6.8500	3.0737	5.7421	2.0711

● 图 14-16　kable( )函数设置的表格输出

从图 14-16 可以看出，此时表格数据的输出形式和默认的输出形式有了很大的变化。

除了上面两种设置表格输出样式的方法之外，R 语言中还有很多包可以对输出的表格样式进行渲染，如 kableExtra 包、huxtable 包等。下面以 kableExtra 包为例，详细介绍其输出数据表格的样式。

（3）kableExtra 包中函数设置输出的表格内容

kableExtra 包使用 kbl( )函数对输出表格的样式进行设计。下面的程序示例：输出了对表格渲染的基础样式，其中参数 full_width = F 表示不会占据显示屏幕的所有宽度，运行程序后其输出的表格结果如图 14-17 所示。

```
## 1:基础的输出样式
kbl(k3$centers,full_width = F)
```

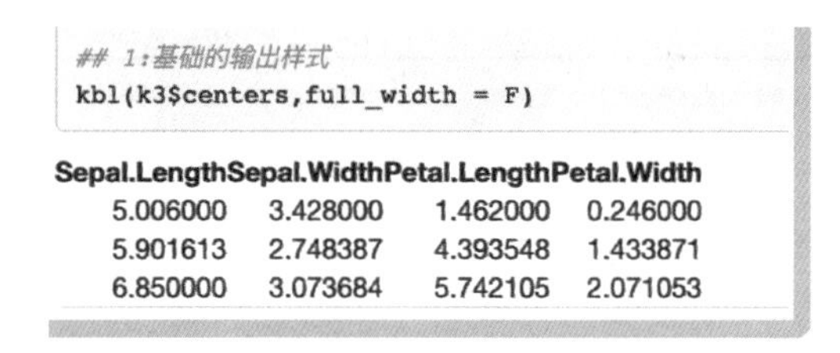

```
## 1:基础的输出样式
kbl(k3$centers,full_width = F)
```

Sepal.Length	Sepal.Width	Petal.Length	Petal.Width
5.006000	3.428000	1.462000	0.246000
5.901613	2.748387	4.393548	1.433871
6.850000	3.073684	5.742105	2.071053

● 图 14-17　kableExtra 包中函数设置输出的表格内容

除此之外，在 kableExtra 包中，还可以用管道操作，为输出的表格设置主题，如 kable_classic（经典主题）、kable_classic_2（经典主题 2）、kable_paper（论文主题）等。同时这些主题中，还可以通过使用相应的参数，设置表格的字体、字体大小、位置等情况，相关的程序示例如下。

1）经典主题默认字体。

下面的程序展示了经典主题默认字体的表格输出情况，运行程序后其输出结果如图 14-18 所示。

```
head(iris)%>%kbl(caption = "鸢尾花数据(classic 主题)")%>%
  kable_classic(full_width = F) ## 经典主题,默认字体
```

```
head(iris)%>%kbl(caption = "鸢尾花数据(classic主题)")%>%
  kable_classic(full_width = F) ## 经典主题,默认字体
```

鸢尾花数据(classic主题)

Sepal.Length	Sepal.Width	Petal.Length	Petal.Width	Species
5.1	3.5	1.4	0.2	setosa
4.9	3.0	1.4	0.2	setosa
4.7	3.2	1.3	0.2	setosa
4.6	3.1	1.5	0.2	setosa
5.0	3.6	1.4	0.2	setosa
5.4	3.9	1.7	0.4	setosa

图 14-18　经典主题默认字体的表格输出

2）设置字体和字体大小。

下面的程序展示了经典主题 2 的情况下，设置字体及其大小的表格输出情况，运行程序后其输出结果如图 14-19 所示。

```
head(iris)%>%kbl(caption = "鸢尾花数据(classic2 主题)")%>%
  kable_classic_2(full_width = F,html_font = "Cambria",      ## 经典主题 2
                  font_size = 15)                             ## 字体大小
```

```
head(iris)%>%kbl(caption = "鸢尾花数据(classic2主题)")%>%
  kable_classic_2(full_width = F,html_font = "Cambria", ## 经典主题2
                  font_size = 15)    ## 字体大小
```

鸢尾花数据(classic2主题)

Sepal.Length	Sepal.Width	Petal.Length	Petal.Width	Species
5.1	3.5	1.4	0.2	setosa
4.9	3.0	1.4	0.2	setosa
4.7	3.2	1.3	0.2	setosa
4.6	3.1	1.5	0.2	setosa
5.0	3.6	1.4	0.2	setosa
5.4	3.9	1.7	0.4	setosa

图 14-19　经典主题 2 的情况下设置字体和字体大小的表格输出

3）设置表格的输出位置。

下面的程序展示了在论文主题的情况下，同时将表格的输出位置靠左，运行程序后其输出结果如图 14-20 所示。

```
head(iris)%>%kbl(caption = "鸢尾花数据(paper 主题)")%>%
  kable_paper(full_width = F,html_font = "Cambria",        ## 论文主题
        position = "left")                                 ## 位置靠左
```

kableExtra 包中还包含了对表格中的行和列进行渲染的函数 row_spec( ) 和 column_spec( )，它们可以设置指定行与列的字体大小、旋转角度、背景颜色、字体颜色，甚至还可以插入图片、链接等内容。下面的程序使用这两个函数对输出的表格进行进一步设置，运行程序后其输出的表格如图 14-21 所示。

```
head(iris)%>%kbl(caption = "鸢尾花数据(paper主题)")%>%
  kable_paper(full_width = F,html_font = "Cambria",    ## 论文主题
              position = "left")            ## 位置靠左
```

鸢尾花数据(paper主题)

Sepal.Length	Sepal.Width	Petal.Length	Petal.Width	Species
5.1	3.5	1.4	0.2	setosa
4.9	3.0	1.4	0.2	setosa
4.7	3.2	1.3	0.2	setosa
4.6	3.1	1.5	0.2	setosa
5.0	3.6	1.4	0.2	setosa
5.4	3.9	1.7	0.4	setosa

● 图 14-20　表格的输出位置靠左

```
## 设置输出表格的行和列
imagepath <-rep("datachap14/鸢尾花.jpg",8)
head(iris,8)%>%kbl(caption = "鸢尾花数据(设置表格的行和列)")%>%
kable_paper(full_width = F,html_font = "Cambria")%>% ## 不是 100% 的宽度输出
  ## 指定列的外观:加粗和设置背景色
  column_spec(column = c(1,2),bold = TRUE,background = "lightblue")%>%
  ## 为字体设置颜色
  column_spec(column = 3,color = spec_color(iris$Petal.Length[1:8]))%>%
  ## 设置表的第 0 行(表头),倾斜-45°
  row_spec(row = 0,angle = -10,font_size = 12)%>%
  ## 指定行的外观:斜体,设置字体大小和字体颜色
  row_spec(row = c(1,2),italic = TRUE,font_size = 20,color = "red")%>%
  ## 表格中插入图像,图像路径数量要等于数据的行数
  column_spec(column = 5,image = spec_image(path =imagepath,width = 80,
                                            height = 80))
```

鸢尾花数据(设置表格的行和列)

Sepal.Length	Sepal.Width	Petal.Length	Petal.Width	Species
5.1	***3.5***	*1.4*	*0.2*	*setosa*
4.9	***3.0***	*1.4*	*0.2*	*setosa*
4.7	**3.2**	1.3	0.2	setosa
4.6	**3.1**	1.5	0.2	setosa
5.0	**3.6**	1.4	0.2	setosa
5.4	**3.9**		0.4	setosa
4.6	**3.4**	1.4	0.3	setosa
5.0	**3.4**	1.5	0.2	setosa

● 图 14-21　对表格进一步渲染后的输出结果

关于在代码块中输出表格的更多内容，可以参看相关包的帮助文档。

14.2.5 插入更丰富的内容

关于在 R Markdown 中需要输出的说明性内容，可以按照 Markdown 的使用方式进行设置，如加粗字体、字体倾斜、插入图片、插入公式、插入表格等。下面先对一些常用的符号进行介绍，如表 14-3 所示。

表 14-3 常见的 Markdown 符号

符 号	功 能
* *(_ _)	文本可通过两个星号或下画线将字体倾斜
** **(__ __)	文本可通过 4 个星号或 4 个下画线将字体加粗
~~ ~~	文本可通过 4 个波浪线删除不需要的内容
^ ^	设置上角标
<font size= > </font>	设置字体的大小
[ ]( ) 或 < >	插入链接
#	不同数量的#表示不同等级的标题
! [ ] ( )	插入图片
$$ $$或 $ $	通过两个或者 4 个 $可以插入 Latex 公式

有关 Markdown 的常用示例，已经在文件“chap14_插入更丰富的内容.Rmd”中一一列出，下面对它们的使用和显示结果进行详细的介绍。

（1）常用的文本设置

图 14-22 是 Markdown 中常用文本设置的输出结果，展示了倾斜、加粗、放大以及插入链接等方式。

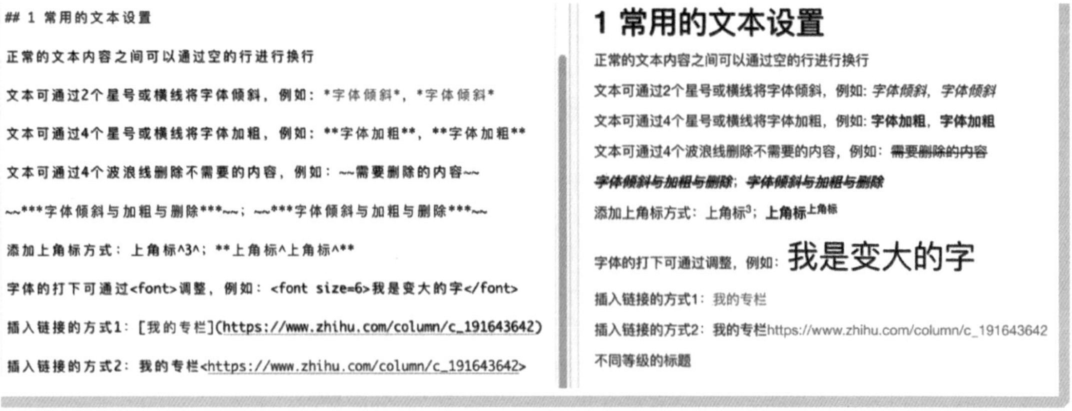
1 常用的文本设置
正常的文本内容之间可以通过空的行进行换行
文本可通过2个星号或横线将字体倾斜，例如：*字体倾斜*，*字体倾斜*
文本可通过4个星号或横线将字体加粗，例如：**字体加粗**，**字体加粗**
文本可通过4个波浪线删除不需要的内容，例如：~~需要删除的内容~~
~~***字体倾斜与加粗与删除***~~；~~***字体倾斜与加粗与删除***~~
添加上角标方式：上角标^3^；**上角标^上角标^**
字体的打下可通过<font>调整，例如：<font size=6>我是变大的字</font>
插入链接的方式1：[我的专栏](https://www.zhihu.com/column/c_191643642)
插入链接的方式2：我的专栏<https://www.zhihu.com/column/c_191643642>
1 常用的文本设置
正常的文本内容之间可以通过空的行进行换行
文本可通过2个星号或横线将字体倾斜，例如：字体倾斜，字体倾斜
文本可通过4个星号或横线将字体加粗，例如：字体加粗，字体加粗
文本可通过4个波浪线删除不需要的内容，例如：需要删除的内容
字体倾斜与加粗与删除；字体倾斜与加粗与删除
添加上角标方式：上角标3；上角标上角标
字体的打下可通过调整，例如：我是变大的字
插入链接的方式1：我的专栏
插入链接的方式2：我的专栏https://www.zhihu.com/column/c_191643642
不同等级的标题

图 14-22 常用的文本设置

（2）不同等级的标题

Markdown 中设置不同等级的标题以及对应标题的显示效果如图 14-23 所示，常用的标题等级有 6 级。

● 图 14-23　不同等级的标题以及对应标题的显示效果

（3）插入图像

Markdown 中不仅可以插入计算机本地的图像，还可以通过链接的方式插入网页上的图片。下面展示了 3 种插入图片的方法，其对应的输出结果如图 14-24 所示。

```
方法 1: ![](datachap14/鸢尾花.jpg)
方法 2: ![](https://www.r-project.org/Rlogo.png)
方法 3: ![](datachap4/image_放大.jpg){width="50%"}
```

● 图 14-24　插入图片

（4）插入表格

Markdown 中还可以快速地插入表格。下面的内容展示了插入一个 3 行 4 列的表格的方式，其对应的输出结果如图 14-25 所示。

```
|Col1 |Col2 |Col3 |Col4 |
|------ |------ |------ |------ |
|   1|  2   |  3   | A  |
|1.2  | 0.4 | 6   | B  |
|  4  | 5   | 6  | C  |
```

表格名称

Col1	Col2	Col3	Col4
1	2	3	A
1.2	0.4	6	B
4	5	6	C

● 图 14-25 插入表格

Markdown 中插入的表格也分有序表格和无序表格，由于这些并不是 R Markdown 的常用内容，所以关于表格的更多内容，可以参考其他的相关学习资料。

（5）插入公式

Markdown 中也可以插入 Latex 公式，其中通过“$ $”包裹的是行内公式，通过“$$ $$”包裹的是自动换行居中的公式。如下面的内容对应的公式输出如图 14-26 所示。

```
可直接通过\$符号包裹编写 Latex 公式:$y = a * x + b$

公式 2: $f(x)=\frac{1}{\sqrt{2\pi}\sigma}e^\frac{(x-\mu)^2}{2\sigma^2}$
放大的公式:<font size=6>$f(x)=\frac{1}{\sqrt{2\pi}\sigma}e^\frac{(x-\mu)^2}{2\sigma^2}$</
font>

公式使用双\$符号包裹,公式会自动换行并居中:$$f(x)=\frac{1}{\sqrt{2\pi}\sigma}e^\frac{(x-\mu)^
2}{2\sigma^2}$$
```

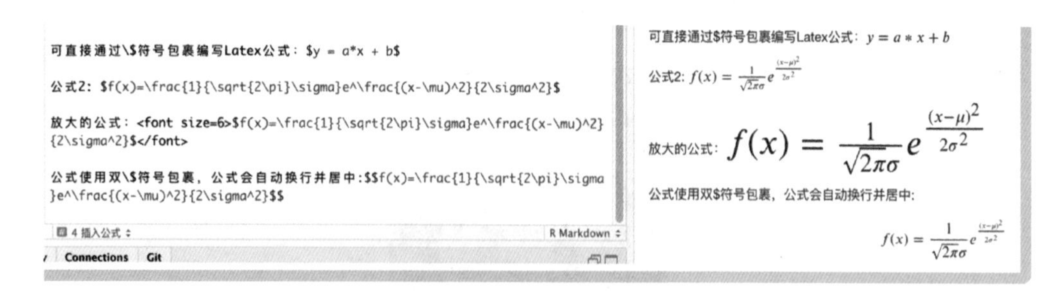

● 图 14-26 插入公式

本小节主要介绍了除添加代码之外，为 R Markdown 文件添加更丰富的信息。下面重点介绍如何使用 R Markdown 制作幻灯片。

14.3 R Markdown 制作幻灯片

R Markdown 制作的幻灯片通常有 4 种演示格式，分别为 ioslides_presentation（使用 HTML 演示的

ioslides 的文稿)、beamer_presentation（使用 LaTeX Beamer 格式的 PDF 演示文稿)、slidy_presentation（使用 HTML 演示的 slidy 文稿)、powerpoint_presentation（使用 PowerPoint 演示的文稿)。

利用 R Markdown 新建幻灯片的页面如图 14-27 所示，本节主要关注 ioslides 格式的幻灯片制作。

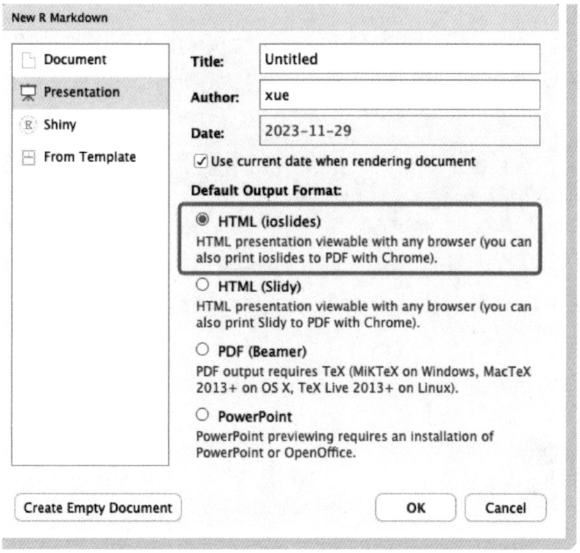

● 图 14-27　利用 R markdown 新建幻灯片的页面

14.3.1 幻灯片相关设置

在 ioslides_presentation 格式的幻灯片中，可以通过一些简单的符号对幻灯片进行分页等操作，具体如下。

1）通过一级标题（#）制作单独的分节页面。

2）通过一个二级标题（##）标志一个页面开始。

3）通过用三个或三个以上短横线（---）标志没有标题的页面开始。

4）通过 data-background 为幻灯片指定背景图像。

5）通过鼠标单击、方向键等进行翻页。

6）通过 Kint 按钮即可将 R Markdown 文件编译为幻灯片。

下面通过一个具体的实例，介绍如何建立一个幻灯片。

14.3.2 制作 ioslides 幻灯片

本小节介绍一个制作 ioslides 幻灯片的实战案例：R 语言时间序列数据分析与预测。由于幻灯片的程序较长，所以选取一些重要的内容进行介绍。

(1) 头部文件

本书提供的制作 ioslides 幻灯片的 R Markdown 文件“chap14.3_RMarkdown 制作幻灯片.Rmd”，其头部文件所包含的内容如下所示。

```
---
title: " chap14.3 RMarkdown 制作幻灯片"
```

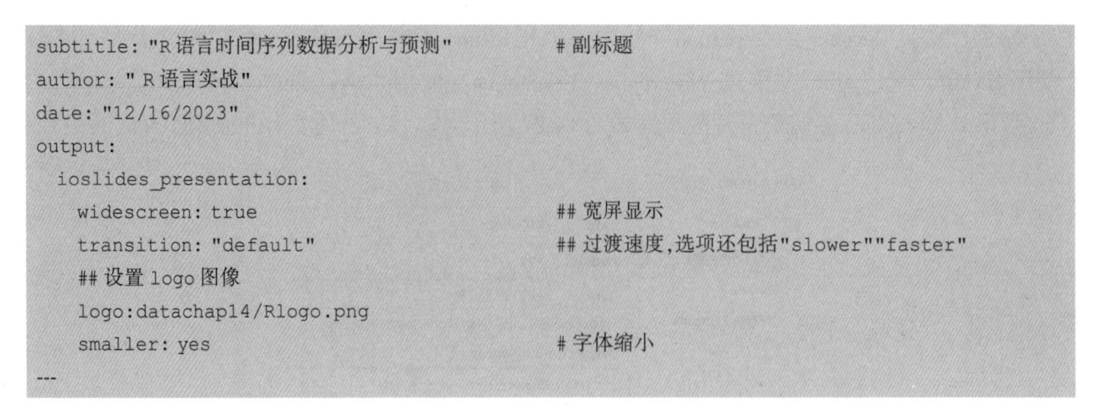

```
subtitle: "R语言时间序列数据分析与预测"          # 副标题
author: " R语言实战"
date: "12/16/2023"
output:
  ioslides_presentation:
    widescreen: true                           ## 宽屏显示
    transition: "default"                      ## 过渡速度,选项还包括"slower""faster"
    ## 设置 logo 图像
    logo:datachap14/Rlogo.png
    smaller: yes                               # 字体缩小
---
```

在头部文件中指定了幻灯片的标题、副标题、作者信息、时间、输出格式等内容，同时还指定了输出幻灯片时的一些简单设置。针对该头部信息，对应的幻灯片如图 14-28 所示。

● 图 14-28　幻灯片的第一页内容

（2）在幻灯片输出图像

下面的内容片段中，通过多个短横线（----）开始一个新的页面，然后在当前页面的幻灯片中，输出导入数据和查看数据波动情况的内容，并且不会输出对应的 R 程序。针对该片段的内容，对应的幻灯片如图 14-29 所示。

```
----

- **1 导入数据**

```{r}
library(ggfortify)
library(ggplot2)
library(gridExtra)
library(forecast)
## 读取数据
```
```

````
datapath <- " datachap14/时序 2.csv"
timedf <- read.csv(datapath,stringsAsFactors = FALSE)
## 将数据转化为时间序列数据
timets <- ts(timedf$value,start = c(1985, 1),frequency = 12)
head(timets,24)
```

- ** 2 查看数据波动情况 **

```{r}
## 可视化时间序列的波动情况
p1 <-autoplot(timets, alpha = 1)+labs(title = "时间序列数据波动情况")
p1

```

可以发现数据中两个波峰依次出现,数据中可能具有一定的 ** 周期性 **
````

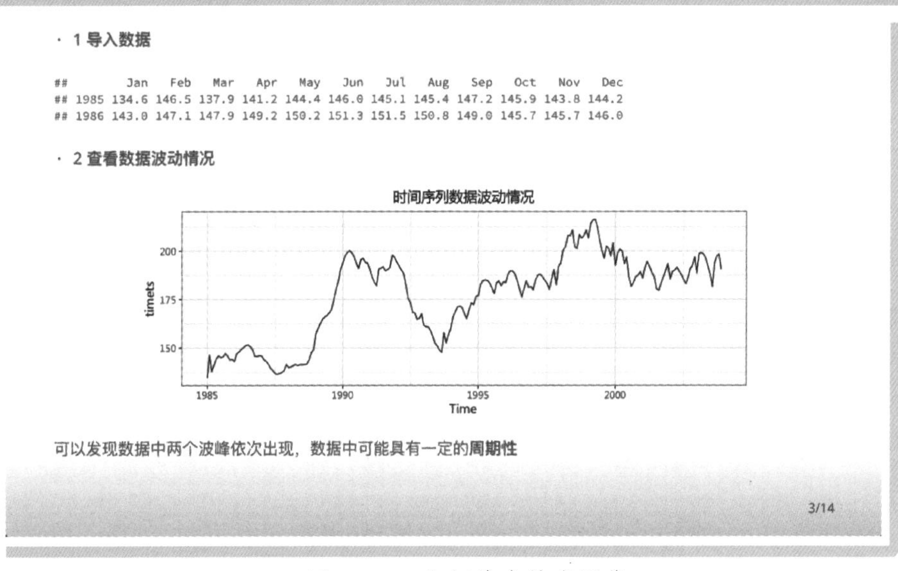

● 图 14-29　幻灯片中输出图像

(3) 幻灯片中输出文本的格式

对于带颜色的字体可以使用<font color=　>　　</font>包裹字体，将其设置为指定的颜色。例如下面的 R Markdown 内容中，对一些文本进行了加粗和设置颜色等。针对该片段的内容，对应的幻灯片如图 14-30 所示。

```
-----

- ** 3 时间序列平稳性检验 **

<font size=4>时间序列是否平稳,对选择预测的数学模型非常关键。如果一组时间序列数据是平稳的,可以直接使用 ** 自回归移动平均模型(<font color=red>ARMA</font>) ** 进行预测,如果数据是不平稳的,就需要尝试建立 ** 差分移动自回归平均模型(<font color=red>ARIMA</font>) ** 等进行预测。</font>
```
```

````
```{r}
library(tseries)
## 单位根检验
adftest <- adf.test(timets)
adftest
```

p-value = 0.4469 大于 0.05,说明时间序列是不平稳的,需要对数据进行查分后检验其平稳性。

- **4 差分后检验其平稳性**

```{r}
timetsdiff <- diff(timets)
## 单位根检验
adftest <- adf.test(timetsdiff)
adftest
```

p-value = `radftest$p.value`,说明在置信度为 90%的情况下,可认为查分后是平稳的。
````

· **3 时间序列平稳性检验**

时间序列是否平稳，对选择预测的数学模型非常关键。如果一组时间序列数据是平稳的，可以直接使用**自回归移动平均模型（ARMA）**进行预测，如果数据是不平稳的，就需要尝试建立**差分移动自回归平均模型（ARIMA）**等进行预测。

```
##
##  Augmented Dickey-Fuller Test
##
## data:  timets
## Dickey-Fuller = -2.3072, Lag order = 6, p-value = 0.4469
## alternative hypothesis: stationary
```

p-value = 0.4469大于0.05，说明时间序列是不平稳的,需要对数据进行查分后检验其平稳性。

· **4 差分后检验其平稳性**

```
##
##  Augmented Dickey-Fuller Test
##
## data:  timetsdiff
## Dickey-Fuller = -4.9253, Lag order = 6, p-value = 0.01
## alternative hypothesis: stationary
```

p-value = 0.01，说明在置信度为90%的情况下,可认为查分后是平稳的。

4/14

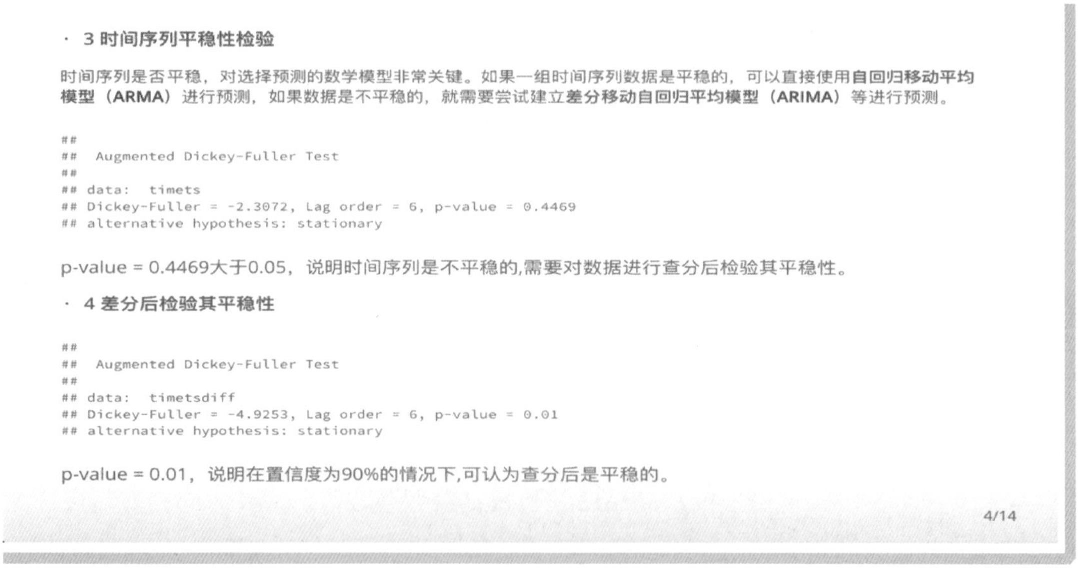

● 图 14-30　设置输出的文本格式

(4) 幻灯片中输出程序和对应的结果

下面的 R Markdown 内容将 R 语言程序和对应的结果同时输出。针对该片段的内容，对应的幻灯片如图 14-31 所示。

```
-----

- **2 可视化模型对后面 24 个数据的预测结果**
```

````
```{r echo=TRUE, fig.height=4}
## 可视化模型预测结果
p5 <-autoplot(forecast(mol,level = c(80,95), h = 24))+
  theme(plot.title = element_text(hjust = 0.5))
p5
```

模型的预测结果是：以后的数据波动趋势是 ** 略微下降的 ** 。
````

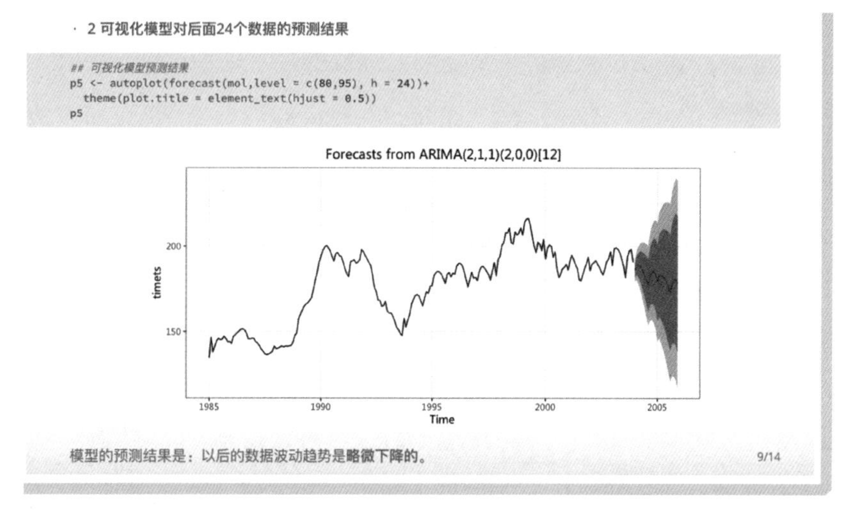

● 图 14-31　同时输出程序和对应的结果

（5）幻灯片中输出公式和表格

下面的 R Markdown 内容会输出公式和设置好的表格。针对该片段的内容，对应的幻灯片如图 14-32 所示。

```
-----

- **1 准备工作 **

** prophet ** 是 ** Facebook ** 的一款开源的时序预测工具，也提供了基于 R 语言的 prophet 包，该包提供的基本模型为：

<font size=5>$$y=g(t)+s(t)+h(t)+\epsilon$$</font>

- $g(t)$:增长函数，用来表示线性或非线性的增长趋势

- $s(t)$:表示周期性变化，变化的周期可以是年、季度、月、天等

- $h(t)$:表示时间序列中潜在的具有非固定周期的节假日对预测值造成的影响

- $\epsilon$:为噪声项，表示随机的无法预测的波动
```

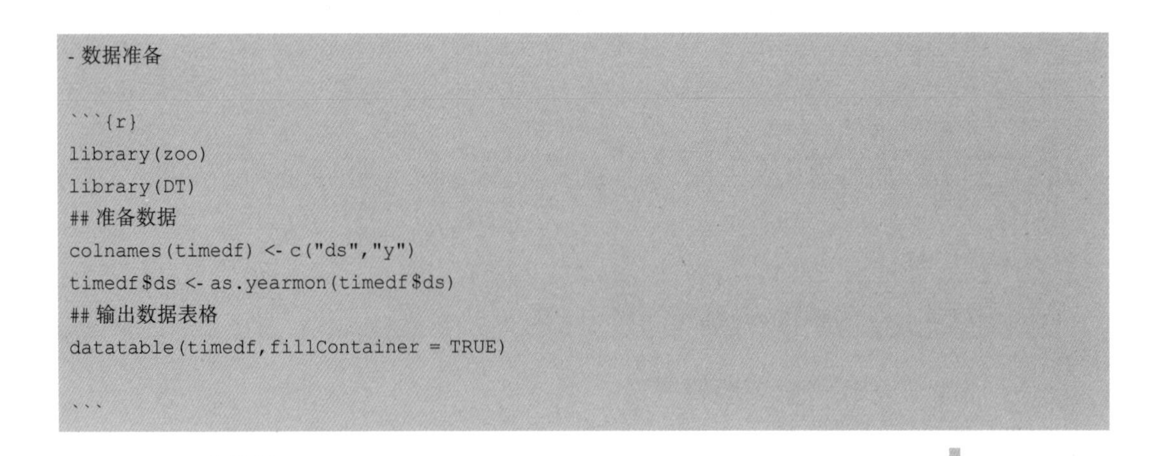

````
- 数据准备

```{r}
library(zoo)
library(DT)
## 准备数据
colnames(timedf) <- c("ds","y")
timedf$ds <- as.yearmon(timedf$ds)
## 输出数据表格
datatable(timedf,fillContainer = TRUE)

```
````

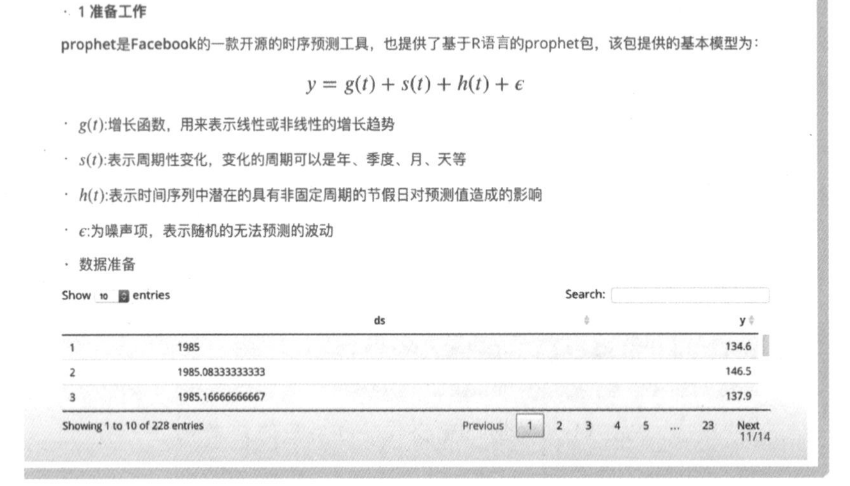

● 图 14-32　幻灯片中输出公式和表格

关于整个幻灯片的内容，这里就不再一一展示了，读者可以自己查看本书提供的 R Markdown 源文件和对应的幻灯片。

14.3.3　制作 xaringan 幻灯片

xaringan（写轮眼）包也是由谢益辉编写的、利用 R Markdown 制作幻灯片的工具。其基于 R Markdown 语法，在幻灯片中可以嵌入 R 代码动态生成输出结果，最后生成 HTML 5 幻灯片，可以在浏览器里打开阅览。关于该包使用的官方教程的链接为 https://slides.yihui.name/xaringan/zh-CN.html。

安装好 xaringan 包后，从 RStudio 菜单 File→New File→R Markdown→From Template→Ninja Presentation（Simplified Chinese）即可创建一个新的 R Markdown 文档。

本小节利用 xaringan 包生成一个和前面示例相似的 R 语言时间序列数据分析与预测幻灯片，对应的源 R Markdown 文件在“chap14.3_写轮眼幻灯片演示.Rmd”中。由于对应的源文件内容较长，这里就不再一一列出了，下面只给出 R Markdown 的头部信息和输出幻灯片的几张截图。

（1）幻灯片头部信息

```
---
title: "chap14.3  写轮眼模版——制作幻灯片"
subtitle: "R 语言时间序列数据分析与预测"
```

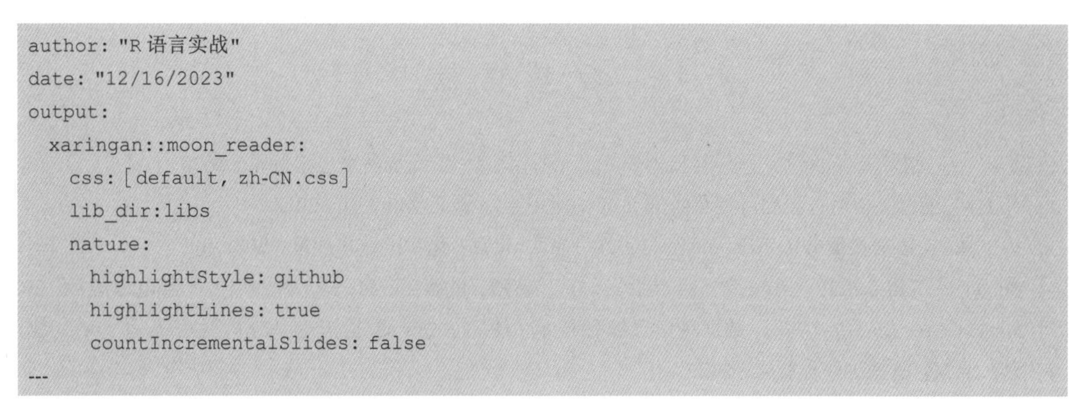

```
author: "R语言实战"
date: "12/16/2023"
output:
  xaringan::moon_reader:
    css: [default, zh-CN.css]
    lib_dir:libs
    nature:
      highlightStyle: github
      highlightLines: true
      countIncrementalSlides: false
---
```

（2）其中的几张幻灯片截图（如图 14-33 所示）

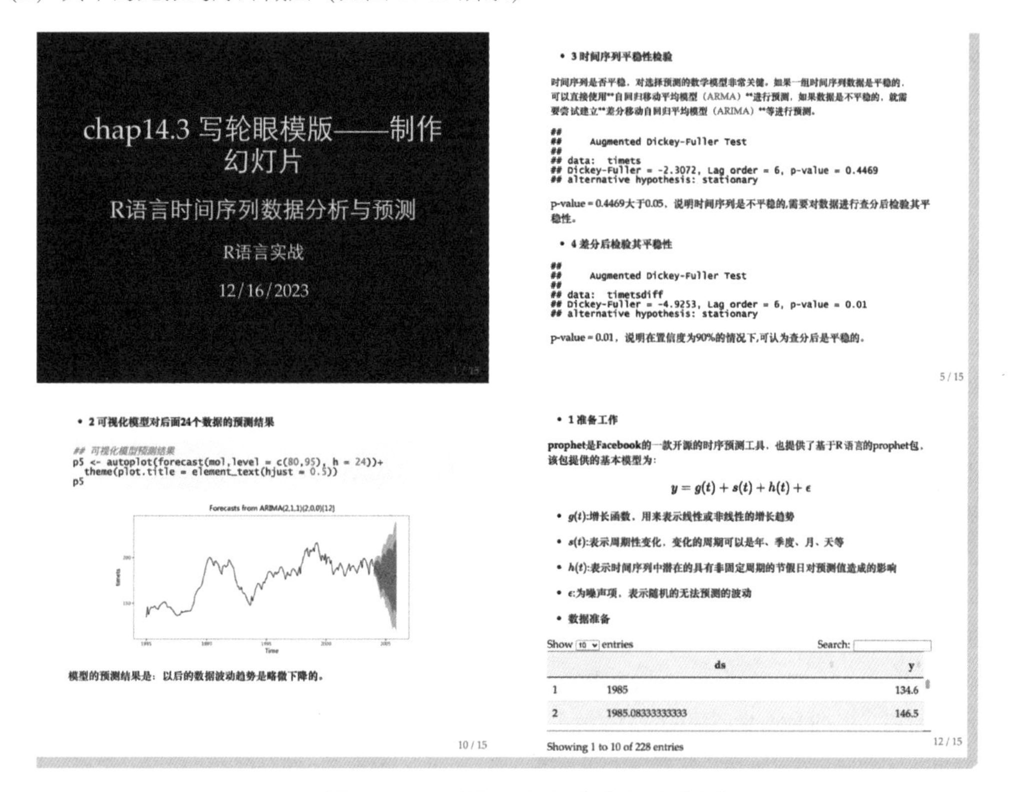

● 图 14-33　写轮眼幻灯片的几张截图

R Markdown 不仅可用于制作幻灯片，还可用于制作可交互的数据分析仪表盘等。关于使用 R Markdown 制作可交互仪表盘和 shiny 应用的示例，可以参考其他的相关资料。

14.4 本章小结

本章主要介绍了如何更好地使用 R Markdown，包括 R Markdown 的工作流程、文件结构以及其输出的格式等；使用 R Markdown 输出 HTML 网页报告的相关设置，如何控制输出的网页样式、行内 R 语言代码、图像、表格等；如何使用 R Markdown 制作幻灯片等。

参考文献

［1］薛震，孙玉林 . R 语言统计分析与机器学习［M］. 北京：中国水利水电出版社，2020.

［2］孙玉林，薛震 . R 语言数据可视化实战［M］. 北京：电子工业出版社，2022.

［3］孙玉林 . R 语言数据分析基础、算法与实战［M］. 北京：化学工业出版社，2023. 9.

［4］Robert I · Kabacoff. R 语言实战（第二版）［M］. 高涛，肖楠，陈钢，译 . 北京：人民邮电出版社，2020.

［5］Michael Freeman，Joel Ross. 数据科学之编程技术：使用 R 进行数据清理、分析与可视化［M］. 张燕妮，译 . 北京：机械工业出版社，2020.

［6］Wickham H，Grolemund G. R for data science：import，tidy，transform，visualize，and model data［M］. California：O'Reilly Media，Inc.，2016.

［7］Hadley Wickham. ggplot2：数据分析与图形艺术［M］. 统计之都，译 . 西安：西安交通大学出版社，2013.

［8］埃里克 · D · 克拉泽克，加博尔 · 乔尔迪 . 网络数据的统计分析：R 语言实践［M］. 李杨，译 . 西安：西安交通大学出版社，2016.

［9］Wickham H，Grolemund G. R for data science：import，tidy，transform，visualize，and model data［M］. California：O'Reilly Media，Inc.，2016.

［10］吴喜之 . 复杂数据统计方法：基于 R 的应用（第三版）［M］. 北京：中国人民大学出版社，2015.

［11］Tang Y，Horikoshi M，Li W. ggfortify：Unified interface to visualize statistical results of popular R packages［J］. R J.，2016，8（2）：474.

［12］李舰，肖凯 . 数据科学中的 R 语言［M］. 西安：西安交通大学出版社，2015.

［13］NormanMatloff. R 语言编程艺术［M］. 陈堰平，邱怡轩，潘岚锋，等译 . 北京：机械工业出版社，2014.

［14］Gerbing D. R Visualizations：Derive Meaning from Data［M］. Florida：CRC Press，2020.

［15］Yangchang Zhao. R 语言与数据挖掘：最佳实践与经典案例［M］. 陈健，黄琰，译 . 北京：机械工业出版社，2014.

［16］Kahle D，Wickham H. ggmap：Spatial Visualization with ggplot2［J］. The R journal，2013，5（1）：144-161.

［17］Julie Steele，NoahIliinsky. 数据可视化之美［M］. 祝洪凯，李妹芳，译 . 北京：机械工业出版社，2011.

［18］Conway J R，Lex A，Gehlenborg N. UpSetR：an R package for the visualization of intersecting sets and their properties［J］. Bioinformatics，2017，33（18）：2938-2940.

［19］Alexandru C. Telea. 数据可视化原理与实践（第二版）［M］. 栾悉道，谢毓湘，魏迎梅，等译 . 北京：电子工业出版社，2017.

［20］张良均，云伟标，王路等 . R 语言数据分析与挖掘实战［M］. 北京：机械工业出版社，2016.

［21］Pradeepta Mishra. R 语言数据挖掘：实用项目解析［M］. 黄芸，译 . 北京：机械工业出版社，2016.